Dr Jean-Pierre de Mondenard

Dopage

L'imposture des performances

Mensonges et vérités
sur l'école de la triche

Nouvelle édition mise à jour

Chiron
ÉDITEUR

Dopage - L'imposture des performances
est le cinquième titre de la série « Sports Pratique »
publiée aux Éditions Chiron

Chez le même éditeur

Éloge du verre d'eau par André Monroche et Pascale Monnerot

Le triathlon par Didier Lehenaff et Didier Bertrand

Le jeu de tennis par Jean-Claude Fréry

Vivre en roller par Serge Rodriguez et Marion Thuriot

La bicyclette par François Piednoir, Gérard Meunier et Pierre Pauget

Comment gagner sans se doper par Damien Galtier

ISBN : 2-7027-0639-8

E-mail : chiron@wanadoo.fr

Préface

Encore le dopage! Sujet récurrent, bien sûr, mais le fléau majeur du sport de compétition, avec entre autres la violence, l'argent et le chauvinisme, n'est plus un sujet tabou. Depuis la chute du mur de Berlin (1989) et les procès instruits en Allemagne suite aux révélations de sportifs de la RDA, et plus récemment depuis l'affaire Festina déclenchée lors du Tour de France 1998, les affaires de dopage relèvent de la justice et quittent donc la rubrique sportive des médias pour celle des faits divers.

Exception faite de certains dirigeants et cadres techniques, qui estiment que cette exposition médiatique nuit à l'image de leur sport, confondant en l'occurrence la cause et les effets, d'aucuns se féliciteraient de cet éclairage *urbi et orbi* – la calamité est sans frontières – s'il s'accompagnait d'explications cohérentes.

Pour assurer le suivi de cette campagne, on imagine combien pourrait être déterminant le rôle de la presse! Mais à l'époque du sport-spectacle envahissant, les journalistes spécialisés sont encore plus enclins que par le passé à faire le panégyrique des idoles du stade plutôt que de défendre une cause éducative qui n'intéresse, à vrai dire, qu'un nombre restreint d'entre eux et encore moins leurs employeurs. Et lorsqu'ils abandonnent le sujet à leurs collègues généralistes, la plupart de ces derniers, pas plus que les premiers, ne bénéficient d'une formation médico-sportive suffisante pour traquer les impostures, débusquer les hypocrisies, relever contradictions et ambiguïtés dans les déclarations et les sanctions, bref pour tenter de confondre les sophistes.

Ne nous étonnons pas, donc, si un contempteur de longue date comme le Dr Jean-Pierre de Mondenard traite sans complaisance cette plaie qui transgresse l'éthique du sport – compétition loyale et naturelle entre les individus – et qui finira peut-être un jour par poser la question de sa survie.

Le Dr de Mondenard étaye ses connaissances, livresques et pratiques, par des références à une documentation sportive personnelle riche de trois décennies de documents archivés. De plus, il conduit son action en critique libéré de toutes attaches institutionnelles et avec la pugnacité qu'on lui connaît raquettes aux pieds sur les hauteurs enneigées de la Clusaz, à la course pédestre dans les sous-bois de Fontainebleau ou bien sur sa bicyclette quand il grimpe les cols alpestres.

C'est bien parce qu'il dérange que Jean-Pierre de Mondenard est vilipendé par certains journalistes, dirigeants, médecins laxistes ou soigneurs usurpateurs de compétences. Quelques-uns de ses détracteurs, je l'ai vérifié, n'ont jamais jugé utile de débattre avec lui, prêtant au contraire à cet iconoclaste des intentions sans fondement, que colporte la rumeur destinée à marginaliser le gêneur...

Aux dirigeants soucieux d'assumer leurs responsabilités d'éducateurs, aux milliers de pratiquants ainsi qu'à un public de plus en plus nombreux qui perçoit, malheureusement sans véritables points de repères, les liens étroits entre le sport et la médecine, la lecture de ce livre ne sera pas superfétatoire. Son mérite est notamment de proposer assez d'éléments de réflexion pour instruire le lecteur et aider le sportif à emprunter les pistes légales dans le maquis des autorisations et des interdictions.

Au reste, dès les premières pages, l'ouvrage aiguise la curiosité. Le découpage des chapitres et leur présentation – notamment la dénonciation vigoureuse de toutes les idées fausses qui circulent concernant le dopage – agrémentent la lecture tout autant que la clarté, la concision et la précision du style de l'auteur.

Mais au-delà de cette facilité d'accès à un sujet, avouons-le, technique et complexe, voire abscons, c'est l'addition des faits et des citations, datés et accompagnés des sources afférentes, qui légitime ce nouvel ouvrage du Dr de Mondenard et lui confère toute sa force.

Yves Montredon

Ancien responsable des sports de l'Agence France Presse (AFP)

CHAPITRE PREMIER

L'histoire du dopage

Dès l'origine, pour survivre, l'homme a été confronté aux réalités de la chasse et de la guerre. Il a directement perçu la nécessité d'être fort, et si possible, le plus fort face à l'animal ou face au rival. Très vite, l'éducation du corps a fait partie intégrante de la plupart des cultures anciennes à travers le monde, en Chine, en Inde et aux Amériques.

Plus près de nous, les Grecs lui ont donné une impulsion encore plus nette, trouvant son aboutissement dans la république belliqueuse de Sparte. Puis les Jeux olympiques, delphiques ou corinthiens, ont entamé la dérive de la préparation guerrière vers le sport. Une évolution parallèle a entraîné ailleurs la naissance des Jeux celtiques. Le sport a ensuite poursuivi sa route dans les mentalités et à travers les siècles : choule, calcio, tournoi, paume, golf en ont formé les étapes jusqu'à l'ère britannique des « paris », laquelle a précédé la symbolique rénovation des Jeux et l'essor du sport moderne. Au fil de cette évolution, le problème ne s'est jamais posé en termes de « dopage », pour les hommes d'armes ni pour les amateurs de paris. Pour ces champions, héritiers des guerriers et des chasseurs, la règle était simple. Peu importaient les moyens, l'essentiel était d'être le meilleur. Et de ces moyens, l'Histoire livre un abondant catalogue.

La préhistoire

En étudiant les sociétés primitives, les ethnologues n'ont pas manqué de remarquer la place importante faite au sang, à son rôle, à son pouvoir vivifiant et symbolique. Georges-Henri Luquet, dans *La Pensée primitive,* remarque :

« Le sang, principe de vie et de force, est le fortifiant par excellence. Se nourrir de chair qui est sang, c'est introduire en soi, assimiler une force étrangère. Peut-être faut-il voir là l'une des raisons qui ont amené l'homme à devenir carnivore, et parfois cannibale. »

Sans doute cette idée a-t-elle conduit, dès le VIe siècle av. J.-C., les athlètes de l'Antiquité à tenter d'augmenter leur force physique par la consommation de viandes. Les chroniques indiquent qu'ils en dévoraient de grandes quantités, absorbant des viandes différentes selon leur spécialité : porc gras pour les lutteurs voulant développer leur masse corporelle, chèvre pour les sauteurs, taureau pour les pugilistes et les lanceurs.

Dans *Vaincre à Olympie,* Maurice Genevoix qui, pour écrire ce livre, s'est livré à de minutieuses recherches, fait dire à Menestrée, racontant l'histoire d'Euthymos, élève de Milon de Crotone :

« Faire ce qu'il faut, pour Euthymos, c'est obéir à Milon de Crotone, manger les mets qu'il a prescrits, les viandes grillées, les fromages frais, boire aux repas un cotyle de vin pur assaisonné d'un oignon cru. Pourquoi juste ce poids de viande, cette exacte mesure de vin et non pas moins ou davantage ? Parce que l'expérience de Milon, ses années, ses souvenirs, ses victoires en ont décidé ainsi. Le grand Alipte a connu le temps où les athlètes ne se nourrissaient que de fromages égouttés, et leur teint devenait blafard et leurs veines charriaient du lait aigre ; jusqu'au jour où Dromeus de Stymphale, s'étant rassasié de bonne viande, distança ses rivaux dans le stade, seul coureur l'estomac plein, au sang rouge. »

D'ailleurs, cette tendance à vouloir profiter des aptitudes sportives des animaux s'est pérennisée au cours des siècles. Ainsi, des laboratoires pharmaceutiques, afin de stimuler la vente de leurs médicaments, n'hésitent-ils pas à leur donner des noms particulièrement évocateurs ; c'est le cas d'un vieux remède contre l'essoufflement ayant comme nom de spécialité *« Pulmo vulpis »* (poumon de renard), faisant allusion au mammifère carnivore bien connu des basses-cours, dont la valeur respiratoire en course à pied n'est plus à démontrer.

Éphédra, coca, khat, iboga, maté...

Les athlètes avaient également recours aux plantes. Chez les Grecs, qui attribuaient l'apparition du point de côté à... la dilatation de la rate, les coureurs absorbaient, rapporte Pline l'Ancien, une décoction savante à base de prêle, une plante très commune appartenant à la famille des équisetacées. Ils devaient d'abord s'abstenir de consommer toute matière grasse pendant vingt-quatre heures, puis boire trois jours durant par doses régulières la décoction préparée dans un récipient de terre n'ayant jamais servi. Ce breuvage, fait par réduction aux deux tiers, avait, croyaient-ils, le pouvoir de consumer l'encombrante rate !

Plus brûlant était le procédé recommandé par Hippocrate qui prescrivait d'appliquer dans la zone de la rate des champignons séchés, et de les enflammer... Beaucoup plus tard, au XVIe siècle, on alla encore plus loin, cette fois sans utiliser ni herbes, ni cryptogames, en procédant à une expérience d'ablation pure et simple de la rate sur des chiens. Tous en moururent, ce qui dissuada provisoirement les hommes d'essayer à leur tour et leur valut une sévère critique dans le sérieux *Journal de Trévoux*. Cependant, un siècle après cette tentative, le médecin allemand Godefroy Moebius [1] fit état de pratiques analogues visant à la suppression de la rate sur des coureurs de la ville d'Haberstadt. On leur brûlait la rate à vif et, dit-on, sur trois opérés, deux survécurent pour « courir comme des dératés ». La suppression de cet organe hématopoïétique, qui dans l'ancienne médecine passait pour sécréter « la bile noire », doit être assimilée à un placebo à ranger aux côtés de ceux, tout aussi folkloriques, sévissant aux premiers jours du XXe siècle.

À cette époque, on estimait que les bonnes performances d'un marcheur étaient obligatoirement dues à la possession de la « jarretière du diable » [1] dans la composition de laquelle entraient entre autres de la peau de loup et des cheveux de pendu, ou de la « ceinture magique », ou du « bâton du voyageur » qui rendait infatigable celui qui le portait et le préservait de l'attaque des brigands, des chiens enragés, des bêtes féroces et... de la rapacité des hôteliers !

Revenons aux plantes : leur utilisation est très ancienne aussi bien en médecine qu'à des fins plus ambiguës dans les filtres, mortels, aphrodisiaques ou stimulants. De nombreux peuples primitifs s'en servaient. Et, comme l'a constaté Lahy-Hollebecque : « À tous les étages de la civilisation, l'homme organise ses paradis artificiels. »

Selon la mythologie scandinave, les Berserks absorbaient une drogue nommée « butotens », extraite de l'amanite tue-mouche *(Amanita muscaria)*. Ce champignon très commun contient en effet de la muscarine et de la muscaridine, substances qui provoquent entre autres des troubles nerveux, des accès de colère, une ivresse apparente pouvant aller jusqu'au délire, le tout accompagné d'hallucinations. Pour les Berserks, le butotens permettait d'« augmenter leur puissance douze fois ».

La médecine chinoise fait, elle aussi, grand cas des plantes depuis des millénaires. La racine de ginseng, dont la forme évoque curieusement un corps humain, est utilisée pour ses vertus puissamment toniques comme une panacée fortifiante et défatigante. Pour accroître la résistance cardiaque et la pression sanguine, les Chinois se servaient également des substances extraites du *ma huang*, un arbrisseau qui est notre éphédra. Ils avaient, ce faisant, découvert l'éphédrine qui ne fut chimiquement identifiée qu'en 1924.

Une peinture rupestre remontant à l'aube des temps historiques chinois, il y a quelque cinq mille ans, représente l'empereur du moment mâchant des feuilles d'éphédra pour y puiser la force d'accomplir sa tâche car, explique le Pr Victor Demole [2] : « L'empereur n'a pas le droit d'être fatigué. Il se doit entièrement à l'État, il reste constamment éveillé. »

Depuis, l'usage de l'éphédrine, cet alcaloïde stimulant, s'est répandu aussi chez les sportifs.

Dans ce qui allait devenir l'Amérique latine, les peuples indiens n'étaient pas en reste. Certains employaient les feuilles du coca, un arbuste du Pérou dont on tire la cocaïne, aux propriétés toniques et antinévralgiques. Ils s'en servaient à des fins religieuses mais également pour entreprendre de longs parcours, au point d'en faire une unité de mesure, la cocada, distance parcourue sous l'effet d'une dose de coca !

Sur les hauts plateaux de l'Équateur, on connaissait aussi depuis longtemps les particularités d'une variété locale de gentiane surnommée *Cashpa china rjugo*, c'est-à-dire « l'herbe qui fait courir ». Les Incas l'avaient adoptée pour ne pas sentir la fatigue.

Au Mexique, les Indiens consomment encore des champignons hallucinogènes des genres *Striopharia* et *Psilocybe*, dont les effets sont également proches de ceux du peyotl, un cactus poussant en Amérique centrale qu'utilisaient les Indiens pour parcourir de grands trajets, à l'époque de la conquête menée par Cortès.

En Afrique, les feuilles de khât avaient la même destination pour les habitants des bords de la mer Rouge, tandis qu'au cœur du continent noir, certaines tribus puisaient dans la racine d'iboga la force nécessaire aussi bien aux longs parcours de chasse qu'aux interminables danses rituelles.

Le célèbre médecin missionnaire français Albert Schweitzer [3], exerçant à Lambaréné au Gabon pendant la première moitié du XXe siècle, a bien décrit les effets roboratifs de ce végétal :

« ... Les gens du pays peuvent, après avoir consommé certaines feuilles ou racines, pagayer vigoureusement tout un jour sans ressentir ni faim, ni soif, ni fatigue et en manifestant une gaieté et un entrain toujours croissants ».

Il est remarquable que les Pahorins (peuple noir du Gabon), qui connaissent et récoltent la noix de kola, n'utilisent pas cette dernière qui est exportée et lui préfèrent la racine d'iboga.

On est déjà bien loin, avec ces pratiques, des vertus que les Grecs cherchaient dans les plantes mellifères à travers l'hydromel, et que les Romains trouvaient dans la sauge, plante miracle qui faisait dire aux sages de l'école de Salerne : *« Cur moriatur homo, cui salvia crescit in horto ? »* (« Pourquoi l'homme meurt-il, quand la sauge pousse dans son jardin ? »).

Breuvages magiques et potions accélératrices

Sautons quelques siècles : comme il y a une ère moderne du sport, il y a une ère moderne du dopage. La légende tenace de la rate a prouvé la permanence du désir d'améliorer les possibilités humaines à n'importe quel prix, mais plus on avance dans le temps et plus les recettes deviennent sophistiquées.

Il y eut bien, au début du XIXe siècle, le célèbre *pedestrian* anglais, le capitaine Robert Barclay Allardyce, pour préconiser gentiment de boire « de la bière forte » afin d'affronter les courses de longue haleine en vogue à l'époque dans les îles britanniques. Mais tout le monde n'écoutait pas ses conseils, à commencer par ses rivaux. En 1807, dans un match défi sur vingt-quatre heures, son adversaire Abraham Wood reconnut avoir absorbé du laudanum, c'est-à-dire une teinture d'opium, ce qui ne l'empêcha pas d'abandonner...

Rapidement, ce sont les cyclistes qui ont brandi bien haut le triste flambeau du dopage. Il est vrai que la création et la multiplication des épreuves de six jours les y encouragea grandement. Les malheureux cherchaient d'ailleurs autant à lutter contre la fatigue qu'à améliorer leurs possibilités : au siècle dernier, ces premiers six jours ne se disputaient pas encore par équipes de deux coureurs chargés de se relayer, de même que le temps passé en piste sans repos n'avait pas fait l'objet d'une limitation.

Les Américains étaient friands de ces courses et des milliers de New-Yorkais se bousculaient pour les suivre, aux portes du tout nouveau Madison Square Garden. L'Amérique achevait bien les chevaux mais ne dédaignait pas de voir les cyclistes aller au bout de leurs forces, augmentant au besoin la durée de leur calvaire.

C'est ainsi qu'en 1896 la foule qui assistait aux premiers six jours du Garden exhorta le vainqueur, l'Irlandais Teddy Hale, à parcourir dix miles de plus après son arrivée. Épuisé, Hale s'exécuta – le mot n'est pas trop fort – jusqu'à devenir victime d'hallucinations. Peu de temps avant, un autre concurrent, Major Taylor, avait été, sous l'effet de la fatigue ou des « remontants », pris d'une véritable crise de folie et, jetant bas sa machine, avait attaqué des spectateurs...

Dans l'ombre de ces pauvres héros s'activaient déjà les « soigneurs », personnages louches qui n'ont jamais quitté l'arrière-plan de la scène cycliste et qui, sous des dehors quelquefois pseudo-scientifiques, sont de redoutables charlatans. Même de nos jours, des journalistes, des champions apparemment évolués n'hésitent pas à « donner » du « docteur » à certains de ces soigneurs, et plus encore à se fier aveuglément à leurs « ordonnances »...

La plume étincelante de Pierre Chany a ciselé un savoureux mais terrifiant portrait de ces soigneurs, dans sa *Fabuleuse Histoire du cyclisme* [4] :

« Ces personnages souvent pittoresques, et douteux parfois, constituent le folklore de la course. Ils sont très conscients de leur importance. Ainsi, les soigneurs, dont Pierre Viel est le porte-drapeau, Joseph Torcin et son cigare, le vieux Giuseppe Leoni et son charabia franco-italien, Léon Sonnet, Guerlache, etc.

Dans sa jeunesse, Pierre Viel a fait des études en pharmacie, qualité qui lui confère une grande autorité auprès des coureurs ! Il a du bagout, Pierre Viel. Sa force de persuasion est exceptionnelle, ses connaissances médicales suffisantes pour lui permettre de réveiller un « moribond » en moins de dix minutes ! Les résultats sont parfois moins heureux. Un soir, Armand Blanchonnet tourne de l'œil. Il faut le transporter d'urgence à l'hôpital Boucicaut où il sera sauvé de justesse : le soigneur a forcé la dose !

Le meilleur ami de Viel, son compère, c'est Fernand Trignol, qui s'intitule lui-même " Roi des truands ". Il a pour fonction officielle de faire visiter le campement aux personnalités désireuses d'approcher les champions – " Ici le domaine de la Brinvilliers ! ", dit-il en désignant la " guitoune " de Viel – et pour occupation plus clandestine de " tondre les caves " à la passe anglaise ou au poker dans une cabine désaffectée du boulevard de Grenelle. »

À l'époque héroïque, quand ils se contentaient de faire boire de la caféine à leurs poulains, le mal n'était pas si grand, mais ces alchimistes au petit pied n'avaient guère de scrupules avec leurs cobayes.

Le plus fameux d'entre eux, à la fin du siècle, fut l'Anglais Choppy Warburton, un ancien coureur à pied qui avait trouvé moins fatigant et plus rentable de faire courir les autres à vélo. Le Gallois Jimmy Michael, prince de la vitesse, ses compatriotes les frères Arthur et Tom Linton, furent les principales vedettes de l'écurie Warburton.

Le journaliste anglais C.-H. Stancer [5] rapporte que les exploits de ces cracks étaient généralement attribués aux mystérieuses potions de Choppy Warburton :

« Les champions bénéficiant des soins de Choppy étaient sujets à des éclairs de forme absolument transcendants, suivis de défaillances insurmontables et dramatiques, ce qui correspond exactement aux symptômes d'un dopage administré par une personne n'ayant que des notions rudimentaires de médecine. Un des breuvages de Choppy était la " Cuca Cup ", sorte de mixture chocolatée que l'on disait à base de cocaïne... »

Le journal *Paris Vélo* décrit Choppy Warburton dans son numéro de magicien :

« De sa poche soudain, on le voit tirer une fiole minuscule, il la montre à son coureur, la débouche avec un luxe inouï de précautions, verse la mixture inconnue qu'elle contient dans une boîte à lait et, toujours courant, bousculant qui le gêne, s'en va à l'autre bout de la piste pour la passer à Linton, avec un sourire entendu. C'est de la drogue, disent les uns, c'est du bluff, disent les autres : drogue ou bluff, c'est tout un... »

Cependant, un jour, au cours d'une épreuve de vitesse, Warburton utilisa son redoutable talent à rebours : comme il avait parié sur... l'adversaire de Jimmy Michael, il fit prendre à ce dernier une potion qui devait ressembler à un « bouillon de onze heures ». Michael dut abandonner l'épreuve et Warburton y laissa sa réputation. Il fut même disqualifié pour le restant de ses jours. Ceux de Jimmy Michael, malheureusement, étaient comptés. Le Gallois devait mourir à vingt-huit ans d'une crise de *delirium tremens,* à bord du paquebot qui l'emportait vers une tournée américaine.

Que pouvait-il y avoir dans les fioles de Choppy Warburton ? Nul ne l'a su exactement, car il est mort avec son secret. Paul Hamelle [6], reprenant l'idée de placebo avancée dans *Paris Vélo,* avança lui aussi, dans *Le Miroir des sports,* que Warburton n'avait peut-être aucun secret et se contentait de recourir à la seule magie de l'effet psychologique :

« Je me suis laissé dire, écrivait-il, que le mystérieux breuvage n'était que de l'eau claire agissant sur le buveur non par voie de digestion mais de suggestion. Il est certain que l'effet moral sur les spectateurs – je n'ose dire les compétiteurs – était considérable : ils regardaient hypnotisés. »

Faute de preuve, on ne peut établir de relation entre l'éventuelle eau claire de Choppy Warburton et le *delirium* de Jimmy Michael. Et C.-H. Stancer [5] conclut prudemment :

« Arthur Linton et Jimmy Michael sont morts jeunes, mais je ne me permettrai pas de dire que l'action de Choppy Warburton y fût pour quelque chose. »

Les topettes du XXe siècle

C'est au cours de ces années charnières entre le XIXe et le XXe siècles que les fioles de Choppy Warburton et de ses collègues prirent le nom de « topettes ». Venue du langage picard, avec la même racine que « toupie », la topette désignait une petite bouteille longue et étroite, ainsi que, par extension, son contenu.

De nos jours, la topette a encore cours dans le jargon cycliste. Elle a pris la forme d'un flacon plat qui se glisse facilement dans la poche dorsale d'un maillot cycliste. On en trouve en vente dans la plupart des boutiques de cycles.

Ce qui constituait les cocktails des coureurs, au temps de Warburton, et malgré le mystère dont il entourait sa propre méthode, leurs « potions magiques », tel cet *american coffee* qui donnait des ailes aux « écureuils » du Garden de New York et d'ailleurs ne nous est pas tout à fait inconnu.

Avec la caféine, la strychnine et la cocaïne, les poètes du vélo trouvaient des rimes riches à souhait ! Certains sorciers ajoutaient à cet arsenal de l'arsenic : en médecine, en effet, on utilisait comme tonique contre le lymphatisme la liqueur de Fowler – de l'arsénite de potasse – à très petite dose. Inconscients du danger, les cyclistes en buvaient à pleines gorgées. De quoi réveiller un mort... après l'avoir tué ! Dans le même style, la liqueur de Pearson – arséniate de soude – avait également ses amateurs.

On note avec intérêt qu'au début du siècle le recours à ces produits n'avait rien de clandestin, au contraire. Choppy Warburton en faisait, on l'a vu, un numéro à grand spectacle et la publicité sur ces mixtures fleurissait partout. La « Kola-Bah-Natton », expérimentée avec succès par l'Académie de médecine en 1890, était proposée comme tonique régulateur du cœur, comme un puissant régénérateur « quintuplant la force de résistance à la fatigue et supprimant l'essoufflement ».

D'autres produits avaient, selon leur créateur, des propriétés spécifiques sur une qualité physique : Harry Leeming, entraîneur de grande renommée dans les années 1890, avait mis au point un « élixir de vitesse ». De même, une annonce de 1892 proposait la potion Coca des Incas « pour un démarrage foudroyant ».

Dans la revue londonienne *Abbotempo,* le spécialiste américain de la drogue et du dopage, Max M. Novich [7], a décrit différents produits, plus ou moins stimulants mais sûrement pas inoffensifs, en vogue autrefois :

« La plupart des coureurs des six jours étaient de grands buveurs de café noir. Certains avaient toujours à portée de main une bouteille de café corsé par quelques gouttes de Peppermint ou par des pastilles de caféine pour lutter contre la somnolence et la fatigue. D'autres coureurs préféraient le thé fort, arrosé de brandy (eau-de-vie). Les entraîneurs dosaient le café et le thé selon les efforts que leur coureur allait devoir fournir et il était notoire que les deux derniers jours de l'épreuve, une forte dose de brandy était ajoutée au café ou au thé. Pour les sprints, les coureurs prenaient des capsules de nitroglycérine (1) afin de diminuer la durée et l'intensité de la dyspnée, fréquente après un effort violent. Souvent, ils ne craignaient pas d'utiliser la cocaïne. Mais son efficacité dépendait du dosage et de la façon dont elle était administrée : généralement par voie buccale, mélangée à de la caféine. Les entraîneurs de la vieille école qui fournissaient ces mixtures à base de cocaïne déclaraient avec assurance qu'un coureur fatigué par une course de six jours retrouvait son deuxième souffle après l'absorption de ces mixtures. »

Certains produits étaient préparés et vendus spécifiquement pour les cyclistes. En 1892, le breuvage au nom évocateur de « Vélo-Guignolet » faisait fureur. Composé d'après la recette attribuée à Jeanne de la Noue, fondatrice, en 1704, de l'ordre des sœurs de la Providence de N.-D. des Ardilliers, c'était, selon la réclame de l'époque, « le breuvage le meilleur, le plus tonique, le plus efficace ». Ses précieuses qualités l'avaient fait adopter par les *velocemen* de France.

En 1894, le docteur Léon Petit (membre du Conseil d'administration du Touring Club de France) tenait une consultation médicale dans l'hebdomadaire sportif *La Bicyclette* [8, 9]. À la question d'un lecteur l'interrogeant sur les produits facilitant l'effort de longue durée, il avait répondu :

« Adressez-vous à M. Grenet, pharmacien, 20 rue des Sablons à Paris, et demandez-lui de vous préparer la potion stimulante qu'il a fournie à Louis Cottereau lors de la dernière course Bordeaux-Paris (2). Vous en prenez un verre à liqueur toutes les quatre heures pendant la course. »

La potion stimulante préconisée par le Dr Petit portait le nom évocateur d'« élixir Saintonger » [10]. Ce breuvage préparé avec du maté – une boisson stimulante obtenue par torréfaction et infusion de « thé du Paraguay », variété de houx sud-américaine – agissait avec précision sur l'appareil respiratoire. Selon son fabricant, elle était parfaite pour « donner du souffle ».

L'effort surhumain demandé aux coureurs cyclistes et les solutions qu'ils tentaient de trouver eux-mêmes ou avec l'aide de leur entourage devaient trouver

(1) La nitroglycérine est un composé chimique tiré de la glycérine. C'est un liquide huileux, jaunâtre, doué de propriétés explosives au plus léger choc. Ce nitrate organique est utilisé en thérapeutique dans le traitement de l'angine de poitrine (obturation temporaire des artères coronaires). On l'emploie sous sa forme trinitrée – c'est la trinitrine – qui a un effet vasodilatateur. C'est un rôle analogue que l'on attribue, avec un peu trop de complaisance, au whisky. Pour les coureurs, la nitroglycérine était censée diminuer les difficultés respiratoires et l'essoufflement à l'effort – ce que l'on nomme « dyspnée ».

(2) Louis Cottereau, un sprinter bourguignon, avait gagné l'épreuve en 1893 ; mais en 1895, c'est un Danois, marchand de cycles à Dieppe, Charles Meyer, qui l'emporta.

un écho très spectaculaire dans le Tour de France en 1924, lors de la rencontre entre un grand reporter, Albert Londres [11], et deux grands champions, les frères Henri et Francis Pélissier.

Les Forçats de la route

Au départ de la troisième étape du Tour, à Cherbourg, Henri, qui a gagné la précédente édition de l'épreuve, est importuné par un commissaire de course tatillon lui reprochant de porter deux maillots superposés au départ et d'en retirer un en cours de route, ce que le règlement interdit. Ulcéré, Henri ordonne un peu plus loin à son frère de quitter la course sur-le-champ. Albert Londres, cherchant les Pélissier sur le parcours, apprend leur abandon et les retrouve au café de la Gare, à Coutances.

Les deux Pélissier sont là, en effet, exhalant leur rancœur que le journaliste traduit le soir même dans un papier à sensation titré « Les Forçats de la route ». Henri y raconte l'incident du départ à Cherbourg, puis il enchaîne devant son auditeur ravi :

« Vous n'avez pas idée de ce qu'est le Tour de France. C'est un calvaire. Et encore, le chemin de croix n'avait que quatorze stations tandis que le nôtre en compte quinze. Nous souffrons sur la route, mais voulez-vous savoir comment nous marchons ? Tenez… ». De son sac il sort une fiole : ça, c'est de la cocaïne pour les yeux, et ça du chloroforme pour les gencives. Et des pilules, voulez-vous des pilules ? Les frères en sortent trois boîtes chacun. « Bref, dit Francis, nous marchons à la dynamite ! »

Ce faisant, les rusés duettistes avaient aussi profité de l'oreille attentive mais inexperte d'Albert Londres pour laisser filtrer toute leur mauvaise humeur à l'égard de l'organisateur du Tour, Henri Desgrange. Pierre Chany [4] estime que le journaliste, humaniste mais étranger au phénomène du sport, s'est laissé prendre au jeu.

« Londres était un fameux reporter mais il ne savait pas grand-chose du cyclisme », dira beaucoup plus tard Francis Pélissier, devenu directeur sportif de l'équipe La Perle. « Nous l'avons un peu bluffé avec notre cocaïne et nos pilules ! Ça nous amusait d'emmerder Desgrange. Cela dit, le Tour de France, en 1924, c'était pas de la tarte ! »

On croit volontiers Francis pour ce qui est de chatouiller Henri Desgrange et pour la tarte. Mais la suite des événements incline à plus de réserves sur la… véracité des fausses confidences à base de pilules.

Le dopage, en tout cas, ne va plus quitter le devant de la scène, qu'il s'agisse de cyclisme ou d'autres sports gagnés petit à petit par la gangrène, à coup de scandales vérifiés ou de rumeurs insidieuses… Car le mal est tel qu'il finira par entraîner la suspicion dès qu'un exploit sortira de l'ordinaire ou dérangera l'ordre établi. Avec l'avènement du sport comme phénomène social du XXe siècle, le dopage devient aussi bien un moyen de triompher qu'une excuse à ses propres échecs. Le dopé, c'est toujours l'autre évidemment…

La contribution olympique

Les Jeux olympiques de l'ère moderne, restaurés par le baron Pierre de Coubertin en 1896, ne tardent pas à verser leur contribution à notre histoire. En 1904, à Saint-Louis, aux États-Unis, le marathon se dispute sur un parcours écrasé par la chaleur et la poussière...

L'Américain Fred Lorz figure en bonne place dans le groupe de tête lorsque des crampes le terrassent. Il abandonne, monte à bord d'une voiture qui file vers l'arrivée. Mais à huit kilomètres du but, Lorz se sent mieux et, sans complexes, descend de voiture pour terminer le parcours. Sur le stade, il évite de détromper ceux qui l'acclament et, jusqu'à l'arrivée du vrai vainqueur, l'Américain Thomas Hicks, il fait illusion !

Un officiel rétablit alors la vérité, accusant Lorz de tricherie. Hicks a donc gagné. Il est champion olympique, mais non sans peine et sans une toute autre forme d'assistance... Son entraîneur Charles Lucas [12] raconte en effet qu'à quelques kilomètres de l'arrivée, son coureur a, lui aussi, été victime d'une soudaine défaillance.

« Je décidais alors de lui injecter un milligramme de sulfate de strychnine et de lui faire boire une large rasade de brandy. Il repartit tant bien que mal et il fallut avoir recours à une seconde injection à quatre miles du but pour que Hicks reprenne un semblant de rythme de course et termine son parcours... »

Il faut croire qu'à l'époque la menace du dopage sur la santé des athlètes comme sur l'équité sportive n'a pas encore pénétré les mœurs car, après ce marathon mouvementé, le rapport officiel de la course juge bon de voir dans ces faits un côté « positif » (qui n'a pas le sens donné de nos jours au résultat d'un contrôle !) :

« Le marathon, dit ce communiqué, a démontré du point de vue médical que les drogues peuvent être très utiles aux athlètes en cours d'épreuve. »

Coubertin, qui est resté en Europe et dénonce les nombreux scandales de Saint-Louis, ne se leurre pas sur le danger qui monte :

« Deux aspects de ces Jeux doivent nous donner à réfléchir, écrit alors le baron : le trucage et la mascarade. Une performance est truquée quand elle est le fruit d'un entraînement devenu l'alpha et l'omega d'une existence, et quand on dope l'athlète comme un cheval...»

L'anathème du baron ne s'adresse évidemment pas à Lorz, mi-tricheur, mi-farceur, dans le style du plaisantin qui devança Frank Shorter en 1972 sur la ligne d'arrivée du marathon des Jeux de Munich, mais à Hicks, le vainqueur...

Aux Jeux de 1932, à Los Angeles, on joue sur un tout autre registre et sur un tout autre terrain. En natation, la razzia des Japonais a un avant-goût de Pearl Harbour sur des eaux jusqu'alors largement contrôlées par la flotte des nageurs américains. Dans le bassin californien, les Nippons gagnent le 100 mètres avec Yasuji Miyazaki, le 1 500 mètres avec Kusuo Kitamura, qui n'a que quatorze ans et demi et dont le record tiendra plus de 20 ans, le 100 mètres dos avec Masaji Kiyokawa, le 200 mètres brasse avec Yoshiyuki Tsuruta et enfin le relais 4 x 200 mètres, qui laisse l'équipe américaine à plus de 12 secondes !

Sur les six épreuves masculines du programme de natation, l'équipe du Japon rafle cinq titres olympiques, abandonnant seulement le 400 mètres à Clarence « Buster » Crabbe. Dans le camp américain, on digère mal l'humiliation, et tout ce qui peut l'expliquer est bienvenu ! On attribue volontiers le raz de marée japonais à l'emploi d'une technique nouvelle – l'oxygénothérapie – qui consiste à faire inhaler de l'oxygène à un nageur avant le départ de l'épreuve.

On parle aussi de mystérieuses fioles découvertes dans les vestiaires des Japonais après les épreuves : l'analyse de ces fioles aurait révélé la présence, entre autres produits chimiques, de trinitrine... Naturellement, on ne manque pas de faire remarquer que l'entraîneur japonais Matsuwada est, dans le civil, professeur de chimie à l'université de Tokyo...

Ce faisant, on oublie aussi de dire que la natation japonaise doit sa réussite à l'effort qui a été fait pour ce sport dans tout le pays, au point d'en avoir fait un sport national. On passe sous silence le fait que Matsuwada est un entraîneur de qualité doublé d'un observateur remarquable.

Il a, selon ses propres critères, modifié le battement de jambes de ses nageurs pour le rendre efficace dans les deux sens. Mais comme on le constatera souvent par la suite, les battus auront de plus en plus tendance à oublier les éléments objectifs de leur défaite pour s'abriter – à tort ou à raison – derrière le dopage de l'adversaire.

La technique de la rumeur a encore fait ses preuves et toujours en natation, lors des Jeux olympiques de Montréal où les nageuses américaines furent sévèrement dominées par celles d'Allemagne de l'Est. Curieusement, deux ans plus tard, lors des Championnats du monde organisés en 1978 à Berlin, les Américaines triomphantes ne firent pas la moindre allusion au dopage éventuel de leurs rivales. Il est vrai que dans ces Championnats, les nageurs soviétiques avaient, contrôle positif à l'appui, pris le relais !

Entre-temps, de Los Angeles (1932) à Mexico (1968), le dopage avait changé d'ère, passant insensiblement du stade artisanal et empirique à celui de l'industrie pharmaco-scientifique détournée de son cours.

Alors que la partie purement historique s'achevait, la chimiothérapie le faisait entrer dans l'histoire contemporaine.

L'avoine enchantée envahit les hippodromes

Pour être complet sur cette « vieille histoire », on ne peut manquer de souligner les routes parallèles du dopage des sportifs et du dopage des chevaux. En effet, dans le même temps où l'homme s'efforçait d'améliorer ses propres possibilités physiques en empruntant des chemins détournés, il suivait pour sa plus noble conquête des voies elles aussi cavalières.

Ceux qui ont vu sur grand écran la formidable course de chars de Ben Hur comprendront mieux la fureur dégagée par ces formules 1 antiques dont les chevaux étaient abreuvés d'hydromel : en place pour le quadrige ! Avec le temps, l'imagination des propriétaires et des cavaliers devait montrer ses possibilités. Dans son traité *De l'Agriculture,* écrit au XVIe siècle, Varron rapporte que les hippiatres – c'est-à-dire les vétérinaires spécialisés dans les maladies du cheval – recommandaient, pour donner du punch à leurs patients, de leur faire absorber du miel, de la semence d'anis, et même de la sandaraque, une résine tirée du thuya...

Quelquefois, les effets des potions dépassaient largement les prévisions du préparateur. Dans ce cas, le cheval n'était pas seul à faire les frais de l'opération. En Angleterre où, en apparence du moins, on ne badine pas avec la santé des chevaux, on pendit haut et court Daniel Dawson, coupable d'avoir forcé la dose et expédié quelques chevaux de race au paradis des pur-sang ! C'était en 1810... À cette époque, le folklore avait encore sa place dans le dopage équestre. Dans la tradition du miel fermenté des Romains, certains n'hésitaient pas à faire partager à leurs chevaux le goût des boissons alcoolisées ou simplement stimulantes : thé, café, vin blanc, cidre, sherry, whisky, champagne...

Ces pratiques n'étaient pas seulement destinées à des triomphes en course. La revue hebdomadaire omnisports *Sport universel illustré* [13] donne, en 1903, l'exemple de contrebandiers qui opéraient sur la frontière belge et faisaient boire à leurs montures « une infusion très forte de café ou de thé fortement alcoolisée » pour mieux échapper aux poursuites douanières!

Au XIXe siècle, les entraîneurs américains dont la corporation florissante était liée au développement du turf, étaient à l'affût de tous les procédés capables d'embellir leur carte de visite. C'est ainsi que les alcaloïdes, déjà utilisés spontanément par certaines tribus indiennes d'Amérique latine, furent enrôlés dans l'aventure.

Vers 1890, l'usage de la cocaïne, de la morphine, de l'atropine et de l'héroïne était devenu courant. Il devait se répandre lentement à travers les pays de tradition équestre : Angleterre en 1836, Russie, Autriche en 1899, Allemagne et France en 1900. Dans ces pays, les succès des chevaux américains devaient être en grande partie attribués au dopage. On oubliait, comme on allait le faire plus tard à propos des nageurs japonais, de prendre en compte également la qualité intrinsèque des chevaux, celle de leur ferrure, et la rigueur des nouvelles méthodes d'entraînement développées par les entraîneurs d'Outre-Atlantique.

Le dopage, cependant, était une réalité assortie d'un certain nombre de gadgets comme l'emploi de produits vésicants appliqués sur les cuisses, ou la mise en place d'appareils fixés au sulky et envoyant des décharges électriques au cheval. Au début du XXe siècle, les chroniques abondent en récits dramatiques sur les accidents et les morts subites de chevaux dopés, dans les courses de vitesse comme dans les raids d'endurance. Dans le *Journal des vétérinaires britanniques,* Robert G. Mars [14] consigne ses expériences personnelles et constate que dans les années 1930, aux États-Unis, les écuries de course ressemblaient à des pharmacies où l'on usait couramment de tous les alcaloïdes en vogue à l'époque.

D'autres études vétérinaires sur le dopage des chevaux attestent du pouvoir détonant des préparations utilisées. Certaines sont connues, comme les pilules contenant à la fois caféine, héroïne, acide salicylique et conchonine (un alcaloïde extrait des quinquinas). Certaines étaient tenues secrètes, à la manière des potions de Choppy Warburton. Telle était la « merveille médicale du Dr Wonder »!

Comme pour les sportifs, la seconde guerre mondiale devait amener le monde du turf aux ressources infinies de la chimiothérapie. Par chevaux interposés, les hommes n'en finissent décidément pas de vouloir gagner des courses... et des paris!

La guerre de trente ans : 1968-1998

Les Jeux de Grenoble et Mexico en 1968 furent les premiers à instituer un contrôle antidopage des athlètes. Ce fut le début d'une longue guerre entre les voleurs de podiums et les gardiens de l'éthique où chaque bataille porte le nom d'une molécule. Pendant ces trente dernières années, l'histoire contemporaine du dopage va se décliner au rythme des performances des toxicologues, qu'ils soient dans le camp des tricheurs ou dans celui de la lutte antidopage.

Une bombe à retardement

Le dopage a complètement envahi la sphère sportive au point de poser la question de sa survie. Certes, il est difficile de se faire une photographie exacte de la situation. On ne saura la vérité que dans dix ou quinze ans lorsque enfin les langues se délieront. Mais les témoignages qu'on recueille à présent sur le sport des trois décennies passées laissent présager le pire. On pense évidemment au rapport du juge Charles Dubin (3) ou au livre de Charlie Francis [15] qui firent suite à l'affaire

(3) Responsable de la Commission d'enquête sur le recours aux drogues et aux pratiques interdites pour améliorer la performance athlétique qui fut mise en place par le gouvernement canadien après le scandale provoqué par la disqualification de Ben Johnson aux Jeux de Séoul en 1988. [17]

Ben Johnson. Mais il y a aussi le témoignage de Brigitte Berendonk [16], ex-athlète de RDA. Ou l'exhumation des dossiers secrets de la Stasi. De même, l'affaire Festina du Tour de France 1998 ne laisse planer aucun doute sur l'importance du fléau. Tout cela tranche avec les propos rassurants du pouvoir sportif qui invoque le très faible pourcentage d'athlètes positifs. C'est exact. Sur les 16 872 tests effectués depuis les JO d'hiver de Grenoble, 53 seulement ont donné lieu à des sanctions, soit 0,31 % ! Mais il ne faut pas se leurrer. Ce chiffre est ridiculement bas par rapport à la réalité du dopage. Les experts de la chose athlétique, champions et médecins, ne s'y trompent pas. Selon Pat Connolly [17], ex-pentathlète olympique et entraîneur de l'équipe féminine américaine aux JO 1984 : « Le dopage concerne 30 % des athlètes féminines américaines ». L'Anglais David Jenkins [18], finaliste au 400 m en 1972, précise : « Un tiers des athlètes d'accord, mais 63 % des médailles ! ». Dans certaines disciplines, la situation est pire encore. Le Dr Robert Kerr [19] estime ainsi que « 90 % des sprinters de l'élite internationale sont dopés ». Ce décalage entre les chiffres officiels et la réalité du terrain s'explique très bien lorsqu'on sait que plusieurs substances dopantes sont toujours indétectables : hormone de croissance, corticoïdes naturels, érythropoïétine, ACTH, etc. Et si des progrès se confirment dans les méthodes de détection de certaines de ces substances-là, on peut imaginer que demain, d'autres apparaîtront sur le marché, probablement des précurseurs ou des dérivés de ces mêmes molécules qui obligeront de tout reprendre à zéro. Voilà l'enseignement principal que l'on peut tirer du survol de trente années de lutte.

1960 : Les années amphétamines

En 1968, le Comité international olympique (CIO) institue les contrôles antidopage pour répondre à une situation inquiétante. Les athlètes puisaient un peu trop facilement dans les armoires à pharmacie. Remarquons qu'au début les tests avaient plutôt un but dissuasif. On ne détectait que certaines amphétamines (Maxiton®, Tonédron®) et encore lorsqu'elles étaient consommées à des doses de cheval. En outre, différentes techniques avaient vu le jour pour tromper la surveillance très laxiste des contrôleurs : mélange d'additifs à l'urine, siphonnage de la vessie, système de pipette cachée, etc. Dans un tel contexte, on ne s'étonnera pas que les contrôles à Grenoble (86 tests) et à Mexico (668 tests) ne pincèrent qu'un malheureux pentathlète suédois... parce qu'il avait trop bu (4) ! Pas de soucis, en revanche, pour ceux qui carburaient aux stéroïdes anabolisants, aux corticoïdes ainsi qu'aux amphétamines et apparentées (pémoline, pipéridine). Ces dernières surtout posaient problème. N'oublions pas qu'un an plus tôt, le cycliste Tom Simpson avait trouvé la mort sur les pentes du mont Ventoux. Comme d'autres avant lui, l'Anglais avait été victime du triptyque effort intense – chaleur – amphétamines. Mais ce décès en images eut l'effet d'un électrochoc. Il faut dire qu'à l'époque les amphétamines n'étaient pas connotées aussi péjorativement qu'aujourd'hui. On les voyait, au contraire, parées de toutes les vertus, notamment en Angleterre, celle d'avoir permis de gagner la guerre. Lorsque le 12 octobre 1940, Hitler abandonne son opération Otarie pour la conquête du Royaume-Uni, un grand journal britannique titre : « La Méthédrine® a gagné la bataille de Londres ». Pendant cette période, le

(4) L'alcool est considéré comme dopage dans l'épreuve de tir car à faible dose il permet de supprimer les tremblements. L'équipe suédoise fut disqualifiée de sa troisième place qui revint à la France.

ministry of Supply (ministère de l'Approvisionnement) avait distribué 72 millions de comprimés de métamphétamine, qui permirent aux Britanniques de supporter trois mois de bombardements intensifs et aux aviateurs de livrer une résistance héroïque. Selon le général major D. Grant [20, 21], les amphétamines « permettaient le retour à la vivacité chez un sujet prêt à tomber de sommeil, lui procuraient un sentiment de bien-être et de confiance sans altérer son jugement ». Ce médicament augmente en effet la confiance en soi, la volonté, la vigilance, etc. Dès les années 1940, on s'était aussi aperçu de son efficacité dans le cadre d'une performance sportive. Le 7 novembre 1942, le cycliste italien Fausto Coppi bat le record de l'heure du Français Maurice Archambaud grâce à « sept cachets d'amphétamine » [22]. En 1950, le Maxiton® (5) fait aussi partie de la pharmacie de la célèbre expédition Annapurna Premier 8000, dirigée par Maurice Herzog [23, 24, 25]. Comme toujours, il fallut attendre quelques années pour appréhender ses effets parfois désastreux. Les Jeux olympiques de Rome en 1960 furent endeuillés par la disparition du cycliste danois Knud Enemark-Jensen qui mourut d'avoir consommé des amphétamines et de l'acide nicotinique (vasodilatateur). En 1965, des pays européens adoptèrent leurs premières lois antidopage : la Belgique, la France (6), l'Italie, etc. Ce n'est pas un hasard si ces pays sont au premier rang des grandes nations cyclistes ! Le problème du dopage se pose là avec particulièrement d'acuité. En 1966, les premiers contrôles effectués en France révèlent des chiffres effarants : près d'un tiers des coureurs sont « positifs » ! Le mal est plus profond encore qu'on ne l'imaginait. On décide d'élargir le cadre de la lutte, ce qui entraîne une grève des coureurs du Tour de France. Mais rien n'y fait et les premiers cas de dopage aux amphétamines sont sanctionnés parmi lesquels le Belge Hermann Van Springel ou le champion de France de l'année 1967, Désiré Letort. Voilà dans quel contexte se situe l'année olympique 1968. Nous l'avons dit : les méthodes approximatives de détection ne permettent pas au début d'espérer de belles moissons de tricheurs. Les progrès viendront cependant assez vite. En 1974, treize cyclistes de premier plan (dont Walter Godefroot) sont déclarés positifs à une famille de substances jusqu'alors indécelables et proches parentes des amphétamines : les pipéridines (Lidépran®, Mératran®, Ritaline®, etc.). Puis, trois ans plus tard, le Pr Michel Debackere met au point une technique d'identification de la pémoline, une substance apparentée aux amphétamines, stimulant le système nerveux central, interdite mais jusque-là indécelable. Six gros bras, dont Eddy Merckx, Freddy Maertens et Michel Pollentier, se font épingler. C'est la fin d'une époque. Certes, les amphétamines continuent de circuler dans les poches de sportifs. Dans une interview au *Washington Post* le 10 janvier 1990, l'Américain Carl Lewis affirme d'ailleurs « qu'il ne fait aucun doute que Ben Johnson a pris des amphétamines aux Jeux olympiques de Séoul en 1988, pour pouvoir jaillir de la sorte lors de la finale du 100 mètres ».

Mais il s'agit d'un usage risqué, dont l'élite se détourne progressivement, du moins en période de compétition.

---

(5) Le Maxiton® est la plus connue des amphétamines françaises. Il est apparu pour la première fois au Vidal (dictionnaire officiel des médicaments français) en 1949. Un an plus tard, on commercialisera la première métamphétamine française : le Tonédron®.

(6) Ironie du sort, il s'agit de la loi Herzog du nom du ministre des Sports de l'époque, ex-alpiniste… et ancien consommateur de dopants ! [21]

1970 : Les années anabolisants

L'histoire des anabolisants dans le sport commence évidemment avant le début des années 70. Rappelons que la mise au point du Dianabol® (métandiénone), premier stéroïde anabolisant utilisé par les sportifs, date de 1956. Déjà, aux Jeux de Tokyo, en 1964, le recours aux stéroïdes est dénoncé aux dirigeants du CIO, parmi lesquels le jeune prince Alexandre de Mérode, qui vient tout juste d'être coopté, à trente ans, et qui soumet un projet d'étude au président de l'époque, Avery Brundage. Celui-ci est accepté et le prince de Mérode entre à la Commission médicale jusqu'alors en sommeil. Il travaille à sa refonte qui sera terminée en 1967 et occupe sa présidence encore aujourd'hui. Car le lièvre levé à Tokyo n'est pas mince. On en aura la confirmation plus tard, lorsque le lanceur de marteau Harold Connolly [26], champion olympique aux Jeux précédents en 1956 à Melbourne, déclarera devant une commission d'enquête du Sénat américain en 1973 : « Juste avant les Jeux de Tokyo, il semblait qu'autour de moi de plus en plus d'athlètes absorbaient des stéroïdes pour se préparer aux compétitions et l'on avait l'impression de se placer dans une position nettement désavantageuse en ne s'embarquant pas dans le train de la médecine sportive... »

Dès lors, on décide d'interdire le produit. Cette décision est prise par la Fédération internationale d'athlétisme (IAAF) aux Jeux de Munich en 1972. Parallèlement, on s'efforce de trouver les moyens de déceler son usage. Des travaux sont conduits par le professeur britannique Arnold Beckett, membre de la Commission médicale du CIO, ce qui débouche sur la mise au point du système de détection par son compatriote Raymond Brooks en 1973. À Montréal, en 1976, les premiers tests sont effectués. On découvre neuf cas positifs au Dianabol®. Pas mal. Pourtant ces résultats sont nettement sous-évalués dans la mesure où un athlète, arrêtant sa cure quinze jours avant les compétitions, ne saurait être épinglé par les machines du CIO. En outre, seulement 15 % des échantillons avaient été soumis à des tests de dépistage spécifiques aux stéroïdes anabolisants. Cela suffit néanmoins pour prendre conscience de l'ampleur du problème et, progressivement, des règlements anti-stéroïdes furent élargis aux autres disciplines, suscitant un nombre incalculable d'affaires à rebondissements. Aujourd'hui encore, la question de sécrétion endogène de la nandrolone divise le landerneau des spécialistes. Notons tout de même deux avancées significatives dans cette guerre aux anabolisants. D'abord, en 1987, une disposition réglementaire de la Fédération internationale d'athlétisme (IAAF) oblige les organismes membres à effectuer des tests inopinés, c'est-à-dire hors compétition, pour épingler les athlètes en phase de préparation. Ensuite, en 1991, on parvient à remonter plus loin dans le temps à la recherche du produit. Les stéroïdes anabolisants sont solubles dans la graisse. Le produit forme un dépôt dans les tissus, surtout s'il est administré par injection, qui peut être décelable vingt semaines durant, voire jusqu'à six à huit mois après la dernière prise. Enfin, un dernier paramètre complique la vie des tricheurs. Depuis 1997, plusieurs laboratoires ont pris la décision de retirer ces substances du marché, que ce soit en médecine humaine ou vétérinaire (7). Des raisons commerciales mais également de détournement d'utilisation ont favorisé cette décision.

(7) Les dernières spécialités humaines à base de nandrolone, Dynabolon®, Trophobolène®, Durabolin® et Déca-Durabolin® ont été retirées des circuits de ventes au cours de l'année 1997.

1980 : Les années testostérone

Les risques liés à l'usage de substances synthétiques (stéroïdes anabolisants) ont guidé les athlètes vers des substances hormonales naturelles, dotées des mêmes effets. Les autorités s'en sont rapidement rendu compte et, en 1982, il a été décidé d'interdire aussi la testostérone. Seulement, les laboratoires se voyaient confrontés là à un problème quasiment insoluble. En effet, comment identifier l'apport frauduleux d'un produit qui se trouve sécrété naturellement par l'organisme? Pour la première fois depuis sa création en 1966, les procédures d'analyses utilisèrent une notion quantitative. Les experts établirent un seuil critique au-delà duquel la suspicion de dopage parût suffisamment forte pour donner lieu à des sanctions. On se fonde pour cela sur le rapport existant entre la testostérone (T) et l'épitestostérone (épiT). Normalement, le rapport urinaire de T/épiT est voisin de 1. La testostérone exogène (frauduleuse) n'étant pas convertie dans le corps en épitestostérone, toute absorption médicamenteuse de l'hormone mâle augmentera le rapport. Un échantillon sera considéré comme positif si le rapport de la concentration totale de la testostérone à celle de l'épitestostérone dans l'urine dépasse 6. Pourquoi ce taux? Il a été choisi suffisamment haut pour ne pas sanctionner trop de faux positifs. En effet, les études ont montré que, sans dopage, 90 % de la population avait un rapport de T/épiT égal à 1 et pour 99,9 % des individus ce ratio était inférieur à 6. Néanmoins, 0,1 % (1 pour 1 000) et même, selon d'autres études 0,8 % (8 pour 1 000) des sportifs non dopés se situent hors normes et risquent d'être sanctionnés injustement. La situation s'est produite à plusieurs reprises, ce qui fragilise la position des contrôleurs. En outre, les athlètes trouvèrent rapidement la parade en s'administrant aussi de l'épitestostérone, ce qui fut sanctionné, à partir de 1992, pour des concentrations supérieures à 150 ng/ml (8). Toujours est-il qu'en mars 1993 le Comité international olympique assouplit sa position. Désormais, la règle est la suivante : « Un taux de testostérone (T)/ épitestostérone (épiT) dans les urines supérieur à 6 constitue une infraction à moins que l'on puisse prouver que ce taux est dû à un état physiologique ou pathologique ». L'athlète peut donc avoir recours à des tests endocriniens et à des études longitudinales pour prouver son innocence. Toute cette agitation pourrait bien prendre fin prochainement puisqu'on annonce la mise en application d'un nouveau test infaillible. Du moins, c'est la nouvelle qui nous a été donnée en grande pompe le 21 mai 1997 lors d'une réunion de la Commission médicale à Monaco. Cette nouvelle méthode, mise au point trois ans auparavant par des chercheurs français du CNRS, consiste à déterminer le rapport entre carbone 13 et 12 de la testostérone. L'hormone mâle endogène produite par l'individu à partir de son cholestérol contient 99 % de C12 et 1 % de C13 alors que la testostérone exogène, fabriquée artificiellement à partir de stéroïdes végétaux, contient un peu plus de C13. S'il est incontestable que le rapport isotopique C13/C12 apparaît beaucoup plus fiable que le ratio testo/épitesto, il faut nuancer l'optimisme ambiant dans la mesure où, pour l'instant, seuls quelques laboratoires au monde sont capables d'effectuer ce test et qu'il n'interviendrait de toute façon que dans les cas litigieux. Il ne permettra pas d'attraper tous les athlètes qui continuent à consommer de la testostérone en flirtant avec cette barrière de six en dessous de laquelle on ne se trouve jamais inquiété. En outre, il n'empêchera pas la consommation de gonadotrophine chorionique (hCG), une hormone qui permet d'augmenter la sécrétion de la testostérone par le testicule, interdite par le CIO depuis les JO d'hiver 1998 de Calgary, mais toujours indécelable, elle aussi.

(8) En 1995, le seuil est passé à 200 ng/ml.

1990 : Les années ÉPO

L'idée d'accroître la teneur sanguine en oxygène pour faciliter les exercices d'endurance n'est pas franchement récente. Il y a une quinzaine d'années déjà, les cyclistes américains des Jeux de Los Angeles eurent recours à cette forme de dopage sanguin par laquelle on prélève un sang enrichi en globules rouges que l'on réinjecte à proximité de l'épreuve. Ces transfusions sanguines furent prohibées conjointement par le Comité international olympique (CIO) et l'Union cycliste internationale (UCI) deux ans plus tard. Mais on sait ce qu'il advint des recommandations dénuées des outils élémentaires de contrôle. Or les tests urinaires, les seuls pratiqués à l'époque, étaient muets sur ces manipulations du sang. En 1988, on institua les premiers prélèvements sanguins lors du Championnat du monde de ski nordique. Au même moment, des rumeurs se mirent à circuler sur l'apparition d'une nouvelle hormone dans le sport, l'érythropoïétine, qui stimule la fabrication des globules rouges. Cette molécule que l'on apprit rapidement à désigner sous les initiales ÉPO apparut en 1990 dans le groupe F des substances interdites du CIO.

Mais, là encore, on manque de moyens d'analyse. Si bien que l'ÉPO envahit des disciplines comme les courses de fond (où les records explosent) et l'inévitable cyclisme. Le 27 octobre 1996, le cycliste Gilles Delion raconte sur France 2 : « Les coureurs consommateurs d'ÉPO se trahissent en prenant de l'aspirine chaque soir, de manière à liquéfier le sang, histoire de ne pas mourir dans la nuit ».

Des cas de décès étranges surviennent effectivement dans la première partie des années 1990. En 1997, la Fédération internationale de ski (FIS) et l'Union internationale de biathlon (IBU) tentent de limiter l'usage de l'érythropoïétine en imposant des seuils limites d'hémoglobine : 16,5 grammes par litre de sang chez les femmes et 18,5 g/l chez les hommes. Le Comité international olympique relaye ces mesures aux JO de Nagano, au mois de février 1998. Le cyclisme également instaure au début de la saison 1997 des contrôles sanguins pour éviter les taux trop élevés de globules rouges (hématocrite supérieur à 50 %). Subtilité de vocabulaire : le coureur n'est pas suspendu mais jugé « temporairement inapte à la compétition ». En clair, il ne peut pas courir pendant 15 jours.

Rappelons que, comme la plupart des seuils biologiques arbitrairement imposés par le législateur, l'hématocrite à 50 peut condamner des innocents. Les variations physiologiques de l'hématocrite d'un adulte sain varient entre 42 et 54 %. Mais dans la perspective toujours repoussée de la mise au point d'un test fiable de détection de l'ÉPO, les autorités sportives n'ont guère d'autre choix. Et quand bien même ils remporteraient cette bataille, une autre se profile à l'horizon avec l'apparition d'une hémoglobine naturelle humaine de substitution qui, selon certaines sources, aurait déjà pénétré les enceintes sportives. Cette nouvelle substance aurait l'avantage sur l'ancienne d'atteindre plus facilement, grâce à sa petite taille, des tissus ou des organes auxquels le sang chargé de globules rouges parvient difficilement. Et puis, contrairement à l'ÉPO qui doit être prescrite en cure de plusieurs semaines, cette hémoglobine agirait immédiatement. Ce produit qui a fait son apparition sur la liste rouge au début de l'année 1999 doit être, selon le ministère des Sports, décelable dans le sang avant la fin de l'année 2000.

Les pincés

Ces tableaux montrent le nombre d'athlètes positifs, révélés par les JO d'été et d'hiver. Ce résultat modeste apparaît avec plus d'évidence encore lorsqu'on traduit ces chiffres en pourcentage. Ainsi les contrôles aux Jeux d'hiver (5 sur 3 194) montrent-ils une efficacité de 0,13 %, tandis que les Jeux d'été font à peine mieux (46 sur 13 018) avec 0,31 %. De toutes les façons, ces résultats sont très loin de la réalité du dopage.

ÉTÉ				
Année	**Ville**	**Nombre**	**Positifs**	**Femmes**
1968	Mexico (MEX)	668	1	0
1972	Munich (RFA)	2 019	7	0
1976	Montréal (CAN)	1 166	11	0
1980	Moscou (URSS)	1 645	0	0
1984	Los Angeles (USA)	1 507	12	1
1988	Séoul (CDS)	1 598	10	0
1992	Barcelone (ESP)	1 848	5	4
1996	Atlanta (USA)	1 947	2	2
TOTAL		**13 078**	**48**	**8**

HIVER				
Année	**Ville**	**Nombre**	**Positifs**	**Femmes**
1968	Grenoble (FRA)	86	0	0
1972	Sapporo (JAP)	211	1	0
1976	Innsbrück (AUT)	290	2	1
1980	Lake Placid (USA)	440	0	0
1984	Sarajevo (YOU)	424	1	0
1988	Calgary (CAN)	492	1	0
1992	Albertville (FRA)	522	0	0
1996	Lillehammer (NOR)	529	0	0
1998	Nagano (JAP)	700	0	0
TOTAL		**3 794**	**5**	**1**

Les années mortes

Pour les principales substances dopantes, on observe un temps de latence entre leur utilisation par les sportifs et leur interdiction érigée par le CIO. Il se compte en années, parfois en décennies.

Substance dopante	Année de découverte	1re utilisation sportive	Interdiction par le CIO	Année d'identification
Amphétamines	1930	1936	1968	1968
Anabolisants (stéroïdes)	1940	1954	1974	1976
Bêta-bloquants	1958	1978	1985	1985
Coramine	1925*	1929	1968	1968
Corticoïdes « naturels »	1936	1960	1987	Indécelable**
Diurétiques	1956*	1968	1966	1986
Ephédrine	1934*	1964	1968	1968
Erythropoïétine (ÉPO)	1950	1987	1990	2000
Heptaminol	1953	1956	1968	1968
Hormone de croissance (hGH)	1944	1980	1989	Indécelable**
Probénécide (masquant)	1954*	1976	1987	1987
Testostérone (hormone male)	1935	1952	1982	1982

* Date de mise sur le marché des médicaments français

** À ce jour, aucun seuil légal de présence urinaire n'ayant été défini, et les contrôles sanguins étant interdits aux JO, il est impossible au biologiste de conclure à l'apport exogène (médicaments).

Et les années 2000 ?

Même s'ils ont subi quelques défaites au cours des trente dernières années, les dopeurs et les dopés rencontrent aujourd'hui, et ce malgré la découverte récente d'une technique de détection directe dans les urines de la miraculeuse ÉPO, des perspectives plutôt favorables. Les progrès de la pharmacologie leur offrent sans cesse des pistes nouvelles, alors que les anciennes n'ont pas encore toutes été explorées. Les produits indécelables à leur disposition sont nombreux et, dans les prochaines années, cette pharmacopée s'enrichira à la fois de précurseurs – tels que les facteurs hypothalamiques – et d'effecteurs – au sein même de la cellule musculaire. On sait ainsi que les effets de l'hormone de croissance sont indirects, c'est-à-dire qu'elle-même libère les véritables facteurs de croissance connus sous le nom de somatomédines et, parmi eux l'IGF-1 (Insulin like Growth Factor n°1), interdit par le CIO depuis 1999 mais toujours indécelable. Ces somatomédines, véritables « maçons » des différents tissus (os, muscles, cartilages), révèlent des perspectives intéressantes. Apparemment elles semblent très appréciées en Australie puisque devant l'ampleur de la diffusion de l'IGF-1 au sein de l'élite préparant les JO, en mars dernier, le ministre des Sports, Jackie Kelly, a décidé d'ouvrir une enquête. De même, certains dérivés sanguins ou apparentés fabriqués par les techniques d'ingénierie moléculaire, du génie génétique, prendront prochainement la relève de l'ÉPO devenue trop voyante. Au sujet de cette dernière, il est probable, si l'ÉPO est officiellement recherchée, lors du Tour de France, qu'il n'y aura aucun cas positif enregistré au cours de la Grande Boucle 2000. Pendant le mois de juin, les cyclistes se seront « bourrés la gueule » d'ÉPO et bénéficieront d'un surcroît de globules rouges tout au long des trois semaines suivantes sans risquer d'être positifs.

De plus, on progresse aussi dans la connaissance des neurotransmetteurs et on imagine l'attrait d'un médicament qui accélérerait la gestion des informations par le cerveau. Enfin, les tricheurs ont toujours la possibilité de recourir à l'hormone de croissance (GH) pour assurer des résultats. Car même si l'on connaît ce produit depuis vingt ans, on ne possède encore aucun test fiable de détection. Pour se rendre compte de son importance dans le sport, on peut seulement se baser sur des témoignages comme celui du sprinter italien Pietro Mennea qui affirme qu'il en consommait aux JO de Los Angeles en 1984. Comment expliquer un tel retard ? Il est dû en partie à la complexité du problème, mais également à une mauvaise évaluation de départ. Longtemps, le CIO a minimisé l'importance de cette drogue. Manfred Donike [25], le grand patron de la lutte antidopage, affirmait par exemple en 1993 : « L'efficacité de l'hormone de croissance n 'a jamais été prouvée (...) Dans les études en double aveugle effectuées en laboratoire, rien n'indique un effet anabolisant dans le domaine sportif. Certes, ces hormones sont susceptibles d'accélérer le développement chez l'enfant en retard de croissance, mais elles restent sans effet sur des individus de taille normale. »

Deux ans plus tard, le retournement de l'opinion est spectaculaire. En septembre 1995, les experts médicaux du CIO reconnaissent humblement l'importance de cette hormone [28] : « Nous savons maintenant que la GH est une des drogues les plus utilisées dans le sport de haut niveau. Les athlètes savent tous que c'est l'agent anabolisant le plus puissant disponible, qu'il n'existe aucun moyen de détection de l'abus de cette substance et donc aucun risque de disqualification. »

Le Comité international olympique et la Communauté européenne décident conjointement, pour rattraper le temps perdu, de consacrer plus de deux millions de dollars à l'identification du produit. Sans résultat jusqu'ici ! En fait, le seul frein à une utilisation encore plus répandue du produit est son coût prohibitif. On estime que le traitement annuel pour raison médicale varie de 35 000 à 50 000 francs. Dans une optique de dopage, celui-ci devrait être multiplié par 10 ! Et pour les plus pauvres ? Il leur reste la possibilité de recourir à des produits meilleur marché, comme la cortisone naturelle, par exemple, toujours indécelable et qui fit la preuve de son efficacité au fil des décennies. C'est même un des dopants les plus efficaces. Lors de tests réalisés sur des chevaux, les experts toxicologues de la Société d'encouragement ont essayé toutes sortes de molécules en vogue dans les milieux athlétiques. La plupart sont demeurées sans effet sur la performance. Seuls deux produits, dont les corticoïdes, ont amélioré de façon significative les résultats. Chez les hommes, il en va probablement de même. On sait qu'ajoutée à ses qualités intrinsèques, la cortisone permit à Bernard Thévenet [29,30] de remporter deux Tours de France. « J'ai été dopé à la cortisone pendant trois ans, raconte-t-il à Pierre Chany, journaliste à *L'Équipe*, et ils sont nombreux dans mon cas. »

Freddy Maertens l'admet d'ailleurs très volontiers, et si le grand Merckx garde le silence, d'autres parlent pour lui, comme Jacques Goddet [31], le patron du Tour qui, dans son ouvrage de souvenirs publié en 1991, attribue sa subite fin de carrière à la consommation de corticoïdes. Répétons qu'aujourd'hui encore la prise de cortisone naturelle ne donne cours à aucune sanction (9). La chose paraît pourtant complètement illogique, si l'on songe que la substance est sanctionnée au-delà d'1 microgramme par millilitre chez les chevaux. En 1997, une étude sur des cyclistes de haut niveau révélait même que chez 80 % d'entre eux on retrouvait des concentrations abusives de corticoïdes. Les résultats des analyses effectuées sur le Tour de France 1999 n'ont fait que confirmer cette mauvaise habitude du peloton. Cela indique bien que le produit fait toujours l'objet de prescriptions, soit directement sous forme de cortisone, soit sous forme d'ACTH (10), un produit qui augmente lui aussi les taux de corticostéroïdes endogènes dans le sang. Or, on sait pertinemment bien que cette forme de dopage ruine la santé à l'échéance d'une douzaine d'années seulement. C'est d'ailleurs le cas de tous ces produits miracles. Les succès du moment condamnent à des fins de carrière difficiles. Un organisme malmené finit toujours par présenter la note. Les plus grandes craintes sont hélas justifiées au sujet des conséquences à long terme des méthodes actuelles de dopage.

(9) Les corticoïdes synthétiques n'ont été décelés officiellement qu'à partir du Tour de France 1999.

(10) L'ACTH (hormone peptidique corticotrophine) fit son apparition sur la liste des substances et procédés interdits en avril 1989 (CIO) et en décembre 1989 (Jeunesse et Sports). Toujours indécelable.

Références

1. GUYOT-DOBES, *Les Hommes-phénomènes*, Paris, Masson, 1885, 79-82.

2. DEMOLE V., « Médecine sportive et doping » in *Contrôle médico-sportif et fatigue*, recueil des travaux présentés au cours de médecine sportive tenu à Lausanne du 16 au 18 octobre 1941, Lausanne, Librairie de l'université F.-Rouge, 1941,183-202.

3. SCHWEITZER A., *À l'orée de la forêt vierge,* Récits et réflexions d'un médecin en Afrique équatoriale française. Faits se rapportant aux années 1913-1917, Paris, Albin Michel, 1952, 69-70.

4. CHANY P., *La Fabuleuse Histoire du cyclisme,* Paris, ODIL, 1975, 451.

5. « Sport et dynamite », *Sport Digest,* 1949, n° 2, 40-43.

6. HAMELLE P., « Comment engager la lutte contre le doping », *Le Miroir des sports,* 1921, n° 76, 372.

7. NOVICH M.-M., « Sport et doping », *Abbotempo,* Londres, 1964, n° 2, 26-29.

8. PETIT L., « Causerie du docteur : l'entraînement », *La Bicyclette,* 1894, 3, n° 90, 2520-21.

9. PETIT L., « Causerie du docteur : le maté », *La Bicyclette,* 1894, 3, n° 116, 2411-12.

10. PETIT L., « Causerie du docteur : la tête et les jambes », *La Bicyclette,* 1895, 4, n° 145, 4344-47.

11. LONDRES A., « Les frères Pélissier et leur camarade Ville abandonnent », *Le Petit Parisien,* 27 juin 1924.

12. PARIENTÉ R., LAGORCE G. , *La Fabuleuse Histoire des Jeux olympiques*, Paris, ODIL, 1973, 65.

13. ROMAIN J., « De l'emploi de la caféine dans le doping », *Le Sport universel illustré,* 1903, n° 385, 771-72.

14. MARS R.-G., « Le dopage des chevaux de course » (en anglais), *Brit. Vet. J.,* 1958, n° 288, 288-294.

15. FRANCIS Ch., *Le Piège de la vitesse*, Paris, Robert Laffont, 1992.

16. BERENDONK B., *Dossier dopage. De la recherche à la fraude* (en allemand), Berlin Heidelbert, Springer-Verlag, 1991.

17. DUBIN C.-L., *Commission d'enquête sur le recours aux drogues et autres pratiques interdites pour améliorer la performance athlétique,* Ottawa, Centre d'édition du gouvernement du Canada. Approvisionnements et services Canada, 1990, 380.

18. *L'Équipe*, 18 août 1988.

19. *L'Équipe*, 21 juin 1989.

20. GRANT D.-N.-W., *Air Force,* 1944, 3.

21. S'JONGERS J.-J., *Mise au point des données actuelles concernant les agents de doping,* Travaux du service d'études de l'INEPS : le doping, volume 2, Bruxelles, éd. INEPS, 1962, 159 p. (pp. 89-159), p. 128.

22. BRERA G., *Le Géant et la lime,* Vicenza, Éd. Campagnolo, 1995, 70.

23. HERZOG M., *Annapurna premier 8 000,* Paris, Arthaud, 1968, 100 et 190.

24. DYHRENFURTH G.-O., *L'Himalaya troisième pôle,* Paris, Payot, 1953, 147.

25. TERRAY L., *Les Conquérants de l'inutile,* Paris, Gallimard, 1961, 456.

26. de MONDENARD J.-P., CHEVALIER B., *Le Dossier noir du dopage,* Paris, Hachette, 1981, 237.

27. DONIKE M. , « Dopage : il faut protéger les athlètes » (propos recueillis par Gilles Goetghebuer), *Sport et Vie,* 1993, 4, n° 17, 57-63.

28. CABUT S., « La chasse au dopage à l'hormone de croissance », *Impact Médecin Quotidien,* 3 octobre 1995, Document CIO, septembre 1995.

29. CHANY P., « Dix-sept coureurs morts de crise cardiaque », *Paris-Match,* 1978, n° 1539, 93-112.

30. CHANY P. , « L'angoissant combat de Bernard Thévenet », *Vélo,* 1978, n° 125, 3-5.

31. GODDET J., *L'Équipée belle,* Paris, Robert Laffont/Stock, 1991, 350.

CHAPITRE DEUXIÈME

Produits et techniques prohibés par le CIO

« Toutes les substances sont des poisons, seule la dose en fait qu'elles ne sont pas toxiques. » Paracelse (alchimiste et médecin suisse du XVIe siècle).

En étudiant successivement les produits et les techniques qui permettent l'amélioration des performances, on entre dans le vif du sujet. Fallait-il ou non étaler au grand jour cette énumération détaillée que certains ne manqueront pas d'assimiler à un catalogue des perversions ?

Assurément oui et pour plusieurs raisons.

Tout d'abord, le manque d'informations sur ces procédés n'a jamais empêché quelqu'un de se doper ni le mal de croître et d'embellir. On peut comparer la « date » d'apparition du dopage et la date de publication de la première liste. Le mystère a favorisé la tâche des charlatans, pourvoyeurs et soigneurs en tous genres. En revanche, une information précise pourra ouvrir les yeux des intéressés. Elle mettra en relief le principe général du dopage qui est presque toujours l'extrapolation abusive d'un principe thérapeutique pariant sur un éventuel effet démultiplicateur, mais en laissant toujours pudiquement de côté les risques encourus par le sujet à court ou à long terme...

Dans la plupart de ces procédés, le détournement du principe s'est, à l'origine, passé d'expérimentation rigoureuse traditionnelle. Dans la pratique, il se perpétue en négligeant totalement les dosages et les caractéristiques propres à chaque organisme : dans les deux cas, le dopé n'est rien d'autre qu'un cobaye consentant, d'autant plus que les médicaments mis au point par les laboratoires le sont pour des malades alités ou au repos et non pour des organismes hypersollicités par un effort physique maximal.

À l'origine, trois critères devaient être réunis pour qu'une substance puisse figurer sur une liste de produits prohibés :

• que la substance soit utilisée dans les milieux sportifs ;

• qu'elle présente, réellement ou potentiellement, certains risques pour la santé des athlètes ;

• qu'elle soit détectable par les laboratoires dans les conditions imposées par la réglementation antidopage.

Malheureusement, l'existence de substances indécelables a toujours limité considérablement l'efficacité de la lutte. Aujourd'hui, le Comité international olympique, qui est devenu la référence incontournable en la matière, s'appuie sur la transgression de l'éthique du sport et de la science médicale pour réglementer les substances prohibées.

Selon l'organisme olympique, le dopage consiste à :

• administrer des substances appartenant à des classes interdites d'agents pharmacologiques ;

• et/ou à utiliser diverses méthodes interdites.

Le CIO distingue trois grandes classes de substances ou méthodes soumises à une réglementation : substances interdites, méthodes interdites et substances soumises à certaines restrictions.

Liste des classes de substances et méthodes interdites par le CIO

I - Classes de substances interdites

A. Stimulants
B. Narcotiques analgésiques
C. Agents anabolisants
D. Diurétiques
E. Hormones peptidiques, substances mimétiques et analogues.

II - Méthodes interdites

A. Dopage sanguin
B. Manipulation pharmacologique, chimique ou physique

III - Classes de substances soumises à certaines restrictions

A. Alcool
B. Cannabinoïdes
C. Anesthésiques locaux
D. Corticostéroïdes
E. Bêtabloquants

Nous donnerons des exemples afin d'illustrer les différentes classes de substances dopantes. Aucune substance entrant dans les catégories prohibées ne saurait être utilisée, quand bien même elle ne serait pas citée nominativement à titre d'exemple. Aussi a-t-on introduit l'expression « et substances apparentées ». Cette rubrique concerne les produits médicamenteux voisins de la classe considérée par leur structure et leur action pharmacologique et/ou leur structure chimique.

Si des substances entrant dans les catégories interdites sont identifiées par le laboratoire agréé par le CIO, les autorités compétentes doivent prendre les mesures appropriées.

Substances interdites

Stimulants : amphétamines, éphédrine, bêta-stimulants, caféine, etc.

Amphétamines

« Avec des amphétamines, on peut pratiquement doubler ses efforts du jour au lendemain. Quelqu'un qui ne prend rien peut atteindre le niveau de quelqu'un qui se dope. Le problème, c'est que le dopé sera à 100 % de ses capacités pendant neuf mois, tandis que l'autre sera au top trois semaines seulement. » Rudy Lefebvre (FRA), cycliste Élite 3, Pôle France de Wasquehal (interpellé à Arras en possession d'amphétamines) [*Humanité Dimanche,* 19 décembre 1996, p. 39]

Les amphétamines sont des substances synthétiques agissant essentiellement comme stimulant du système nerveux central. Elles réveillent l'esprit (c'est pour cela qu'on s'en sert pour lutter contre la somnolence et le sommeil) et provoquent une exaltation des activités motrices et psychiques, ce qui a pour effet de faciliter le travail physique et intellectuel.

Après l'absorption de ces produits, le sujet se sent euphorique, plus sûr de lui, plus décidé, plus efficace : la fatigue et l'apathie diminuent considérablement, la faim se fait moins sentir. C'est pour cet effet tonique, « stimulant », que les dérivés amphétaminiques sont largement utilisés par les personnes qui cherchent à accroître leur rendement physique ou intellectuel (certains sportifs, des étudiants en période d'examen etc.).

Deux slogans ont facilité sa diffusion auprès du public : « donne du nerf aux gens fatigués » et « deux pilules valent mieux qu'un mois de vacances ».

Pour comprendre son principe d'action en milieu sportif, il faut savoir que l'organisme dispose, en cours d'effort, d'un signal d'alarme qui lui permet de ne pas dépasser ses limites : ce signal d'alarme, c'est la fatigue. L'amphétamine diminue la sensation de fatigue et peut aller jusqu'à sa disparition. Naturellement, les possibilités de l'organisme n'ont pas changé pour autant, elles n'ont surtout pas été augmentées. Le sujet ne dispose plus du moindre contrôle de son état de fatigue et là où, en temps normal, il ralentirait et même stopperait son effort, il continue jusqu'à l'épuisement.

À leur apparition, en 1930, les amphétamines ont d'abord été utilisées en inhalation dans les affections respiratoires comme les rhinites et le coryza. Mais très vite on s'est aperçu qu'elles avaient d'autres propriétés que celles de déboucher le nez! La seconde guerre mondiale appellera l'utilisation massive des amphétamines comme stimulant contre la fatigue, et sur tous les fronts, du *« Halt-schlafen »* (halte au sommeil) de la Wehrmacht à la méthamphétamine (Méthédrine®) des troupes alliées.

Le Pr Georges Le Moan a avancé le chiffre de soixante-douze millions de comprimés distribués aux soldats britanniques ! Dans *Le Grand Cirque,* son journal de bord de la Royal Air Force, l'ancien pilote de chasse Pierre Clostermann a fort bien décrit les effets de ces stimulants : « Lapsley m'annonce de but en blanc que je suis, par ordre supérieur, retiré des opérations. Je m'y attendais depuis quinze jours, sans vouloir y croire. Le docteur du *wing* m'avait repéré et, en cachette, il doublait ma dose de Benzédrine® (amphétamine) pour que mes nerfs tiennent encore un peu. Le salopard a dû faire un rapport. Après tout, c'est son travail et je dois être dans un fichu état. Jacques lui-même m'a fait remarquer à maintes reprises que j'ai des tics nerveux comme une vieille fille morphinomane. J'ai perdu, il est vrai, huit kilos en quinze jours. Cela me fait de la peine de quitter mon escadrille, surtout maintenant. J'en suis arrivé à ce stade de dépression nerveuse où l'on n'a plus peur de rien, où l'on n'a plus conscience du danger. C'est aussi le moment où les réflexes n'existent plus, où l'on pilote mécaniquement dans une sorte de béatitude artificielle produite par la Benzédrine® et la fatigue…» [3]

Tout est là : la faculté de poursuivre une activité au mépris d'une fatigue qui a disparu, au mépris du danger, et aussi les tics, l'agitation incontrôlée, la dépression qui, dans bien des cas, débouche sur une augmentation des doses et sur le mélange avec des tranquillisants…

Après le conflit, la démobilisation fit passer la pratique des amphétamines dans la vie civile, chez tous ceux qui avaient à « donner un coup de collier » : étudiants en période d'examen, intellectuels surmenés et, bien entendu, sportifs attirés par les possibilités de ces comprimés aux effets magiques. Les avantages sur la pratique sportive demeurent controversés, ne serait-ce que parce qu'il faut distinguer l'amélioration de la performance en qualité et en quantité. Il faut insister sur le fait que les amphétamines n'améliorent aucunement l'aptitude maximale du corps comme le font l'ÉPO et les hormones anabolisantes. Alors que les dangers sont indiscutables : effets secondaires d'une part, excitation, insomnie, tachycardie, vertiges, tremblements, amaigrissement par effet anorexigène, troubles psychiques pouvant aller jusqu'au délire et à la folie furieuse, toxicomanie; effets immédiats aggravés par la chaleur ou la prise d'alcool, par exemple, et pouvant dans ce cas entraîner la mort par collapsus.

Avant que le contrôle antidopage ne vienne stopper la vague meurtrière des amphétamines dans les milieux sportifs, ceux-ci ont payé très lourdement leur tribut au mirage de la performance. Les cyclistes plus que les autres ont cédé à cette tentation, eux qui doivent justement lutter contre la fatigue dans des épreuves qui dépassent en durée celle de la plupart des autres disciplines. Tom Simpson fut, en 1967, sur les pentes du mont Ventoux, la plus célèbre de ces victimes. Juste avant cette étape courue sous un soleil de plomb, Simpson avait absorbé de l'alcool et des comprimés de Tonédron®...

Détournés des amphétamines par l'efficacité des analyses, certains sportifs ont certes trouvé d'autres remèdes miracles aussi dangereux, sinon plus, mais comment peut-on défendre, comme le font certains, l'idée d'un retour aux amphétamines, sous le fallacieux prétexte qu'elles sont moins dangereuses que les produits qui les ont remplacées.

Éphédrine et apparentés

« Parmi les substances les plus appréciées des joueurs de football, on trouve différents sirops anti-tussifs à base d'éphédrine. Comme je l'ai appris depuis, l'éphédrine augmente l'agressivité, l'endurance et les capacités de résistance physique. Mais gare aux effets secondaires : on peut, sans s'en rendre compte, dépasser ses propres limites. » Harald Schumacher (ALL), gardien de but de l'équipe nationale [in *Coup de sifflet,* Paris, Carrère-Lafon, 1987, 299 p. (p. 145)].

L'éphédrine est une des « vedettes » du dopage pour plusieurs raisons : l'ancienneté de son usage, sa présence dans de nombreuses spécialités pharmaceutiques à usage aussi banal que le traitement du rhume. Quantité de ses dérivés sont cependant placés sur la liste des produits interdits.

L'éphédrine est un alcaloïde stimulant tiré de l'éphédra, un arbuste familier des zones littorales. Elle possède à peu près les mêmes propriétés que l'adrénaline : elle est sympathicomimétique (son action ressemble à celle du système nerveux sympathique), vasoconstrictive (elle contracte les vaisseaux), hypertensive (elle augmente la tension), bronchodilatatrice (elle dilate les bronches), hyperglycémiante (elle augmente le taux de glucose dans le sang), enfin elle excite le tissu musculaire.

L'éphédrine est surtout utilisée en thérapeutique contre l'asthme, l'hypotension et certains troubles de la conduction cardiaque, mais elle donne également d'excellents résultats dans les réactions allergiques, les états de choc, la dyspnée, le coryza, la bronchite et l'emphysème. On l'utilise encore en collyre, car elle est mydriatique, c'est-à-dire qu'elle dilate la pupille.

À doses thérapeutiques, l'action de l'éphédrine est stimulante, mais moins puissante et moins « efficace » que celle des amphétamines. Bien que moins toxique que ces dernières, elle le devient dans la mesure où certains sportifs remplacent précisément les amphétamines par de l'éphédrine à haute dose. Elle est fréquemment utilisée en athlétisme, notamment chez les sprinters, car elle facilite la mise en action en réduisant le temps de réaction.

À faibles doses, l'éphédrine et ses dérivés, la pseudoéphédrine, la phénylpropanolamine, la norpseudoéphédrine, sont souvent présents dans les préparations contre les refroidissements et le rhume des foins qu'on peut se procurer en pharmacie ou même dans des officines spécialisées sans avoir besoin d'une prescription médicale. La plupart de ces médicaments pris aux posologies du Codex ne sont pas des dopants. Par contre, ils contiennent un principe actif pouvant induire une réaction positive lors de tests pratiqués dans le cadre de contrôles antidopage.

Aussi, aucun produit contre les refroidissements, le rhume des foins ou la grippe, acheté par un concurrent ou qui lui a été donné, ne doit être utilisé sans au préalable vérifier auprès d'un médecin du sport ou d'un pharmacien que ce produit ne contient aucune substance de la classe interdite des stimulants.

Jusqu'en 1990, la seule présence même infinitésimale d'éphédrine entraînait *ipso facto* la sanction sans se préoccuper de savoir si un athlète avait pris la juste dose pour se soigner ou la « mégadose » dans un but de dopage. Depuis, les laboratoires agréés par le CIO ne signalent aux autorités sportives que les cas positifs dépassant un certain taux. Pour la première fois, cette règle est publiée officiellement dans la liste du CIO le 31 janvier 1998 (voir tableau des seuils). *A priori*, il n'est donc plus possible d'invoquer l'argument mille fois entendu de l'impossibilité de se soigner avec des gouttes dans le nez en raison du contrôle antidopage.

Concentrations de certaines substances présentes dans l'urine qui doivent être prises en compte par les laboratoires accrédités par le CIO

• Caféine	> 12 microgrammes/millilitre
• Carboxy – THC (cannabis)	> 15 nanogrammes/millilitre
• Cathine (*) (norpseudoéphédrine)	> 5 microgrammes/millilitre
• Éphédrine (*)	> 10 microgrammes/millilitre
• Épitestostérone (masquant de la testostérone)	> 200 nanogrammes/millilitre
• Méthyléphédrine (*)	> 10 microgrammes/millilitre
• Morphine (métabolite de la codéine)	> 1 microgramme/millilitre
• 19-norandrostérone (métabolite de la nandrolone)	> 2 nanogrammes/millilitre chez les hommes, (UCI 5 ng/ml)
	> 5 nanogrammes/millilitre chez les femmes
• Androstènedione (stéroïde anabolisant)	> 2 nanogrammes/millilitre
• Phénylpropanolamine (*) (noréphédrine)	> 25 microgrammes/millilitre
• Pseudoéphédrine (*)	> 25 microgrammes/millilitre
• Salbutamol (comme stimulant)	> 100 nanogrammes/millilitre
• Salbutamol (comme anabolisant)	> 1 000 nanogrammes/millilitre
• Rapport T/E	> 6

(*) Si plus d'une de ces substances est présente, les quantités devront être additionnées, et si la somme dépasse 25 microgrammes par millilitre, l'échantillon sera considéré comme positif (certains « petits malins » se stimulaient en prenant une petite dose des cinq substances de manière à ne pas franchir le seuil prohibé de chacune d'elles).

Source : liste CIO du 31 janvier 1998

Bêta-stimulants (salbutamol et apparentés)

« Miguel Indurain est un coureur qui présente une hyperactivité bronchique qui peut être provoquée par plusieurs facteurs comme l'air froid, l'humidité, l'exercice ou le pollen. Lors du Tour de l'Oise, course à l'issue de laquelle il a été contrôlé positif, il avait de l'asthme dû au pollen et nous avons donc utilisé du salbutamol sous forme de Ventoline®. En aucun cas, on ne peut le suspecter de dopage. » Dr Sabino Padilla (ESP), médecin de l'équipe Banesto [*Impact Médecin Quotidien,* 1er septembre 1994].

Ces médicaments sont particuliers dans la mesure où ils sont classés à la fois parmi les stimulants et les agents anabolisants. Pris par voie orale ou par injection, ils exercent des effets stimulants et anabolisants puissants.

Parmi eux, le salbutamol, dénomination internationale de la substance active, est commercialisé en France sous les noms d'Éolène®, Salbumol®, Spréor®, Ventodisks® et, le plus connu, Ventoline®. C'est un bronchodilatateur bêta-stimulant présenté sous plusieurs formes : spray (inhalation), comprimés et injections. Il exerce une action stimulante sur les récepteurs Bêta-2 des muscles lisses bronchiques, assurant ainsi une dilatation des bronches importante et prolongée (3 à 5 heures). Il est remarquablement efficace dans les crises avec spasmes bronchiques telles qu'on les rencontre chez les asthmatiques. Il atténue également les spasmes bronchiques provoqués par des conditions climatiques défavorables : froid, pollution, allergènes. L'expérience montre qu'en plus de faciliter la respiration, il provoque une euphorie mentale un peu comme tous les stimulants. D'autre part, en raison de sa très proche parenté avec le clenbutérol, il semble avoir une action anabolisante. Depuis 1978, les bêta-stimulants sont autorisés en inhalation, à la condition que le sportif présente un dossier justifiant cette thérapeutique. En revanche, ils sont prohibés par voies orale et injectable.

Parmi les bêta-stimulants, seuls le salbutamol, le salmétérol et la terbutaline sont autorisés, uniquement en aérosol. Tout médecin désireux d'administrer des bêta-stimulants en aérosol est tenu d'en référer par écrit aux autorités médicales compétentes.

À ce sujet, rappelons que jusqu'à la fin 1997 une mise à jour de la liste des substances prohibées était régulièrement publiée le dernier trimestre de l'année par le ministère de la Jeunesse et des Sports. Or, le 10 juin 1998, un nouveau décret n° 98.464 est venu modifier l'arrêté du 7 octobre 1994 qui prévalait jusqu'alors. Dorénavant et afin d'harmoniser les listes internationales, la France reconnaît la liste de référence des classes pharmacologiques d'agents de dopage et de méthodes de dopage interdites adoptée et révisée par le groupe de suivi de la convention contre le dopage du Conseil de l'Europe. Changement important, la nouvelle liste est dorénavant conforme en tous points à celle du Comité international olympique. Au plan pratique, il existe deux différences avec l'ancienne liste. Tout d'abord on note l'apparition de l'expression « et substances apparentées » que nous avons déjà évoquée dans l'introduction.

Autre innovation (et pour le salbutamol cela nous intéresse plus directement), la notion de « justification thérapeutique » introduite par la France en 1991 est remplacée par celle de « notification préalable » qui réglemente l'utilisation de certaines substances ou voies d'administration à des conditions définies. Par exemple, le salbutamol est interdit par voie orale et par injection systémique (IM ou IV). En revanche, il est autorisé par inhalation avec une notification préalable du médecin (ordonnance).

Rappelons tout de même que la règle concernant les bêta-stimulants (salbutamol...) est purement formelle puisque lors d'un contrôle antidopage il n'est toujours pas possible de différencier les voies d'administrations.

Le CIO, dans sa mise à jour du 31 janvier 1998, a résumé les règles concernant les substances nécessitant une notification du médecin de l'athlète.

Résumé des règles du CIO concernant les substances nécessitant une notification écrite de la part d'un médecin d'équipe

Substances	Interdites	Autorisées avec notification	Autorisées sans notification
Certains bêta-agonistes*	- par voie orale - par injection systémique	- par inhalation dans le seul but de prévenir et/ou traiter l'asthme et l'asthme d'effort	
Corticostéroïdes	- par voie orale - par injection systémique - par voie rectale	- par inhalation - par injection locale - par injection intra-articulaire	- en application locale (anale, auriculaire, dermatologique, nasale ou ophtalmologique)
Anesthésiques locaux**	- par injection systémique		- en application dentaire - par injection locale*** - par injection intra-articulaire

* le salbutamol, le salmétérol, la terbutaline ; tous les autres bêta-agonistes sont interdits.

** à l'exception de la cocaïne qui est interdite.

*** en accord avec certaines fédérations internationales, une notification peut se révéler nécessaire dans certains sports.

Caféine

« Oui, je préfère me faire une piqûre de caféine que de boire trois tasses de café qui, elles, me font mal au foie...» Jacques Anquetil (FRA), cycliste professionnel de 1953 à 1969 [*Miroir du cyclisme,* 1967, n° 92, octobre, p. 12].

La caféine appartient à la famille des xanthines. C'est un alcaloïde présent dans le café, le thé, le maté à des doses sensiblement différentes. Il y en a par exemple trois fois plus dans le café que dans le thé, à quantité égale. C'est ce qui explique la vogue du café comme stimulant en cas de fatigue ou de travail intellectuel, et cela d'autant plus que la caféine franchit très vite la barrière du cerveau pour agir ensuite rapidement. Ses effets sont divers. À petites doses, elle améliore les perceptions sensorielles en produisant une action stimulante sur le système nerveux. Elle produit également une vasodilatation des coronaires qui améliore le fonctionnement du cœur. Enfin, elle épargne l'utilisation du glycogène à l'effort en provoquant une plus grande utilisation des graisses circulantes. À fortes doses, la caféine provoque des palpitations, voire de la tachycardie. Son abus semble entraîner plus d'incidents que d'accidents : tremblements, angoisse, trouble du rythme, insomnie, toutes choses qui, pour un sportif, annulent totalement les quelques effets positifs que l'on peut en attendre.

Le CIO a inclus en 1983 la caféine dans sa liste car, aux JO de Lake Placid (USA) en 1980, les analyses en marge des contrôles officiels avaient révélé chez certains concurrents des doses de caféine correspondant à l'absorption d'au moins cent cinquante tasses de café par jour.

En conséquence, et pour ne pas pénaliser les simples buveurs de café, le taux urinaire maximal autorisé à ne pas dépasser fut fixé à 15 microgrammes par millilitre. Trois ans plus tard, en 1986, le seuil fut abaissé à 12 microgrammes par millilitre.

Les boissons à forte teneur en caféine ne peuvent pas atteindre ce niveau. En effet, il faut absorber deux à trois litres de café par jour pour entraîner la présence dans les urines de 3 microgrammes par millilitre. En revanche, 1 à 2 g de caféine pure en injectable (pour obtenir une dose équivalente en buvant du café il faudrait en ingurgiter vingt tasses en quelques minutes) entraînent une élimination huit fois supérieure au taux légal (100 microgrammes par millilitre).

Le Guronsan®, un médicament de confort largement consommé en milieu sportif, figure sur la liste rouge en raison de la présence de caféine (50 mg par comprimé) dans sa composition. Cependant, pour être positif, il faut ingurgiter dix comprimés en deux heures, soit cinq fois la dose recommandée sur la notice.

Parmi les autres stimulants, on citera l'amineptine, l'amiphénazole, le bromantan, le carphédon, la cocaïne, la fencamfamine, le mésocarbe, le pentétrazol, le pipradol, la terbutaline, et les « substances apparentées ».

Toutes les préparations à base d'imidazole, comme l'oxymétazoline, sont autorisées pour usage local. Les vasoconstricteurs (ex. adrénaline) peuvent être administrés avec des agents anesthésiques locaux. Les préparations topiques (nasales, ophtalmologiques, etc.) à base de phényléphrine sont autorisées.

Narcotiques (morphine, héroïne...)

« La fameuse intoxication de Superbagnères en 1962, où un nombre important de coureurs avaient souffert de vomissements pour avoir mangé soi-disant de la sole peu fraîche... Il s'agissait en réalité de l'introduction de morphiniques dans le Tour de France. » Dr Lucien Maigre (FRA), médecin chef du Tour de France de 1968 à 1969 [*Tonus,* 19 janvier 1970].

La morphine et les autres composés de cette classe sont des analgésiques puissants et sont surtout employés pour soulager les douleurs aiguës. Ces substances produisent des effets secondaires majeurs, y compris une dépression respiratoire, et comportent un risque élevé d'accoutumance physique et psychologique. Il est prouvé que l'on a abusé des analgésiques narcotiques dans le domaine sportif. La Commission médicale du CIO a par conséquent imposé et maintenu l'interdiction de leur usage. Cette prohibition est conforme aux restrictions internationales ainsi qu'aux règlements de l'Organisation mondiale de la santé relatifs à l'utilisation des stupéfiants.

Parmi les analgésiques narcotiques, on peut citer la dextromoramide, la diamorphine (héroïne), la méthadone, la morphine, la pentazocine, la péthidine et les « substances apparentées ». La codéine, la dextrométhorphane, le dextropropoxyphène, la dihydrocodéine, la diphénoxylate et la pholcodine sont autorisés. À noter, la buprénorphine, un agoniste-antagoniste morphinique, fait son entrée dans la liste rouge. De son côté, le tramadol en a été exclu (analgésique de type opioïde, c'est-à-dire stimulant les récepteurs morphiniques du cerveau).

Agents anabolisants

La classe des agents anabolisants comprend les stéroïdes anabolisants androgènes (SAA) et les bêta-stimulants.

Stéroïdes anabolisants androgènes

« L'un des nombreux effets secondaires des stéroïdes anabolisants est de faire de l'athlète un hypocrite. » Tony Fitton (GBR), entraîneur d'haltérophilie [*Muscle Média 2000,* 1993, avril-mai, p. 126].

Certaines substances ont la particularité de favoriser la « transformation de matériaux nutritifs en tissu vivant ». On leur a donné en conséquence le nom d'« anabolisants ». Ces anabolisants peuvent avoir différentes origines, mais ceux qui sont concernés par le dopage sont à base d'hormone naturelle – la testostérone – ou de synthèse – les stéroïdes anabolisants. Jusqu'à ces dernières années, les anabolisants étaient utilisés en thérapeutique dans les états de maigreur, comme régulateurs de la nutrition par modification de l'assimilation. On les prescrivait également pour corriger certains processus de vieillissement, notamment dans l'ostéoporose où se produisent des pertes de substance osseuse. L'effet psychotonique était utilisé dans les états dépressifs : l'asthénie, surtout chez les personnes âgées, le surmenage, ainsi que dans les manifestations de l'andropause (diminution de l'activité génitale chez l'homme survenant avec l'âge). Les anabolisants donnaient encore des résultats dans les états cachectiques : dénutrition, anorexie, cancers, maladies chroniques et pour traiter les escarres de décubitus (problèmes nés d'un alitement prolongé), les anémies, la préménopause, etc.

Aujourd'hui, pour les stéroïdes anabolisants, les seules indications retenues sont les suivantes :

- chez le sujet âgé : cachexie, état de dénutrition,
- suites d'interventions chirurgicales majeures,
- brûlures étendues, escarres,
- proposés dans le traitement de certaines ostéoporoses séniles ou iatrogènes (traitement à la cortisone).

Le recours aux anabolisants s'accompagne d'un certain nombre de contre-indications : tumeurs de la prostate par exemple, en raison de l'effet stimulant qu'ils exercent sur cet organe; grossesse ou présomption de grossesse, en raison des effets virilisants qui peuvent toucher le fœtus; jeunesse du sujet, car sur l'enfant de moins de quinze ans ils peuvent purement et simplement stopper la croissance.

L'usage « sportif » des anabolisants est destiné à augmenter considérablement l'assimilation des protéines, donc le poids du sujet, traité à haute dose. Ce développement musculaire permet surtout d'accroître la puissance pure. Le deuxième aspect « favorable » porte sur l'aptitude à supporter des charges d'entraînement croissantes (ce dernier atout n'étant pas le moindre dans le sport moderne où les meilleurs doivent leur supériorité à la capacité d'entraînement qu'ils peuvent fournir). Le premier avantage concerne directement les athlètes spécialistes des lancers (poids, javelot, disque, marteau) et des épreuves combinées (décathlon et heptathlon), ainsi que les haltérophiles. Le second intéresse beaucoup plus de spécialités sportives telles que les courses de demi-fond et de fond, football, patinage artistique et de vitesse, tennis, etc.

On citera parmi les stéroïdes anabolisants androgènes (dérivés de l'hormone mâle) l'androstènedione, le clostébol, la déhydroépiandrostérone (DHEA), la fluoxymestérone, la métandiénone, la méténolone, la nandrolone, l'oxandrolone, le stanozolol, la testostérone et les « substances apparentées ».

L'administration de la testostérone est interdite. La présence d'un taux respectif de testostérone (T) et d'épitestostérone (ÉpiT) supérieur à 6 pour 1 dans l'urine du concurrent constitue un délit, à moins qu'il ne soit prouvé que ce taux est imputable à un état physiologique ou pathologique (faible excrétion d'épitestostérone, production tumorale d'androgène ou carence enzymatique, etc.).

Bêta-stimulants (clenbutérol)

« Un plat de pâtes procure autant d'effets à un haltérophile ou à un coureur que du clenbutérol. Les athlètes devraient prendre l'habitude de manger des aliments à base d'hydrates de carbone après chaque entraînement ou chaque compétition afin de reconstituer leurs réserves. » Dr Roger Maugham (GBR), médecin nutritionniste d'Aberdeen [*Panaorama du Médecin,* 17 août 1992].

Lorsqu'ils sont administrés par voie systémique, les bêta-stimulants peuvent avoir des effets anabolisants puissants, aussi leur emploi est-il interdit.

Les bêta-stimulants, parmi lesquels figure le clenbutérol, sont utilisés par voie orale ou en inhalation depuis plus de vingt ans pour traiter l'asthme et depuis une quinzaine d'années en vue de stimuler la fonction pulmonaire des sportifs d'endurance de haut niveau. En France, ce produit est réservé uniquement à la vente vétérinaire. Il est aussi utilisé en médecine humaine en Allemagne, Espagne, Italie et au Portugal, pour soigner l'asthme et certaines affections respiratoires. En 1984, il est apparu de façon empirique qu'un bêta-stimulant tel que le clenbutérol, administré pendant plusieurs jours à un bovin, permettait d'enregistrer chez ce dernier une diminution des graisses et une augmentation de la masse musculaire de 50 à 70 kg.

À partir de ces constatations, les athlètes le consomment surtout pour ses « aptitudes » anabolisantes remarquables. Autre avantage, il réduit le catabolisme des protéines musculaires et accroît la fonte des graisses (lipolyse). Récemment, il a été également démontré qu'il favorisait la synthèse protéique. Jusqu'à ce que les machines des laboratoires du CIO décèlent le clenbutérol en 1992, il représentait une alternative efficace aux stéroïdes anabolisants, notamment en relais pendant les semaines précédant les compétitions, période où les stéroïdes étaient décelables dans les urines.

Parmi les autres bêta-stimulants, on peut citer le fénotérol, le salbutamol, le salmétérol, la terbutaline et les « substances apparentées ».

Diurétiques

« C'est à Vittel, au départ du Tour de France 1968, que les Italiens ont exigé que le prélèvement se fasse immédiatement après l'arrivée. En effet, ils savaient qu'au Tour d'Italie, certains coureurs après avoir pris des diurétiques, se faisaient injecter de l'eau distillée dans la vessie puis allaient après se présenter au contrôle. » Dr Pierre Dumas (FRA), responsable du contrôle antidopage [*Commission médico-sportive,* réunion du 06 décembre 1968].

Les diurétiques ont des indications thérapeutiques importantes pour l'élimination des fluides des tissus dans certaines conditions pathologiques ainsi que pour le traitement de l'hypertension. Les sportifs abusent parfois des diurétiques pour deux raisons principales :

- obtenir une réduction rapide du poids dans les sports où des catégories de poids ont été instituées (judo, haltérophilie, boxe) ;

• réduire la concentration des substances médicamenteuses dans l'urine en la diluant.

Aucune raison médicale ne peut justifier une perte rapide de poids dans le domaine sportif. Ces abus sont potentiellement dangereux pour la santé en raison des effets secondaires qu'ils peuvent provoquer.

Par ailleurs, les tentatives délibérées de réduction artificielle du poids pour participer à des compétitions dans une catégorie de poids inférieure, ou de dilution des urines, constituent en fait des manipulations évidentes qui ne peuvent être acceptées du point de vue éthique.

Pour les sports comprenant des catégories de poids, les autorités responsables se réservent le droit de prélever des échantillons d'urine auprès des concurrents au moment de la pesée.

On peut citer parmi les diurétiques l'acétazolamide, l'acide étacrynique, le bendrofuméthiazide, le bumétanide, la canrénone, la chlortalidone, le furosémide, l'hydrochlorothiazide, l'indapamide, le mannitol (injection intraveineuse interdite), le mersalyl, le spironolactone, le triamtérène et les « substances apparentées ». Cette famille de médicaments augmentant la diurèse a également été inscrite dans le groupe des agents masquants afin de traduire clairement le fait que les diurétiques peuvent être utilisés pour diluer les urines et masquer d'autres substances.

Hormones peptidiques, substances mimétiques et analogues

Gonadotrophine chorionique (hCG – gonadotrophine chorionique humaine)

« L'hCG a été détectée chez les sportifs depuis 1983. Cet été, dans deux compétitions britanniques (une de vélo, une d'haltérophilie), il a été constaté qu'au moins 10 % des participants qui ont été contrôlés avaient pris de l'hCG. Il n'y a pas de raison pour eux de ne pas en prendre : l'hCG ne figure sur aucune liste de produits interdits. » John Penycate (GBR), journaliste [*The Listener,* 24 septembre 1987].

Il est bien connu que l'administration aux hommes d'hCG et autres composés à effets similaires provoque une augmentation rapide de la production de stéroïdes androgènes naturels et est considérée équivalente à l'administration exogène de testostérone.

L'hCG est une hormone sécrétée en abondance par le chorion et le placenta (annexes du fœtus) pendant les trois premiers mois de la grossesse. Jusqu'alors impossible à synthétiser, la forme commercialisée depuis 1948 provient exclusivement de l'urine de femmes enceintes. Elle est utilisée en thérapeutique par voie intramusculaire comme stimulant de l'ovaire et du testicule. Chez l'homme, elle stimule la production d'androgènes et plus spécialement de testostérone. Trois raisons « non contrôlées » poussent les sportifs à consommer de l'hCG ; il permet en effet :

• de stimuler la production de testostérone par le testicule,

• d'augmenter la sécrétion d'épitestostérone parallèlement à celle de testostérone, ce qui a pour avantage de ne pas modifier le rapport testostérone/épitestostérone et donc de passer à travers le contrôle antidopage,

• de lutter contre l'effet dépressogène de l'arrêt des stéroïdes anabolisants. À la fin d'un cycle de dopage, l'administration de gonadotrophine chorionique « relance » la production endogène de testostérone freinée pendant la cure de stéroïdes hormonaux.

En revanche, en favorisant aussi la production endogène d'œstrogènes, une utilisation prolongée de gonadotrophine chorionique risque de provoquer chez l'homme une modification de la répartition des graisses et une gynécomastie inopportune (seins féminins chez l'homme), notamment chez les culturistes exposés aux regards des juges.

Corticotrophine (ACTH, tétracosactide)

« Un ancien coureur qui a longtemps été le soigneur d'un groupe sportif avant de sauter le pas pour laisser flotter autour de lui, en se gardant bien de la démentir, une étiquette de médecin, propose un savant cocktail de sa composition : cortisone, ACTH et testostérone. Dans le jargon des pelotons, cette préparation porte le nom de "friandise du Dr X". » Dr Jean-Pierre de Mondenard (FRA), [*Le Dossier noir du dopage,* Paris, Hachette, 1981, 270 p. (pp. 218 et 225)].

Hormone élaborée par la partie antérieure de la glande hypophyse. Elle contrôle la sécrétion des hormones fabriquées par les glandes surrénales et notamment les corticostéroïdes (cortisol...). Sous l'influence d'un stress, d'une émotion ou d'une compétition sportive, l'ACTH est libérée en plus grande quantité par l'hypophyse. Elle va alors stimuler les surrénales qui, par ricochet, déversent dans le sang les différentes substances hormonales d'urgence grâce auxquelles l'organisme va lutter contre l'agression psychologique et physique.

Il y a eu utilisation abusive de corticotrophine afin d'accroître les taux de corticostéroïdes endogènes dans le sang notamment pour obtenir l'effet des corticostéroïdes. L'administration de la corticotrophine est jugée équivalente à l'administration orale, intramusculaire ou intraveineuse de corticostéroïdes.

Hormone de croissance (hGH – somatotrophine)

« On trouve presque plus facilement de l'hormone de croissance (hGH) comme anabolisant dans les clubs de culturisme des banlieues parisiennes, via la Belgique et l'Espagne, qu'à l'hôpital. » Dr Bruno de Lignières (FRA), endocrinologue [*Impact médecin hebdo.,* 28 juin 1991].

Substance sécrétée par la partie antérieure de l'hypophyse favorisant la croissance des tissus notamment osseux et musculaires. Elle active surtout l'assimilation des protéines. Elle porte plusieurs noms :

- hormone somatotrope (STH),
- *human Growth Hormone* (hGH),
- somatostimuline,
- somatotrophine ou somatotropine ou somatropine.

Son utilisation abusive en pratique sportive est dangereuse en raison de ses divers effets secondaires tels que les cardiomyopathies, les réactions allergiques, les effets diabétogènes et l'acromégalie (hypertrophie des extrémités et de la tête) en cas d'administration prolongée de doses élevées. La contamination de certaines préparations d'hormone de croissance d'origine humaine peut provoquer la maladie de Creutzfeldt-Jakob (une affection neurologique fatale).

Tous les facteurs de libération des trois hormones peptidiques susmentionnées (hCG, ACTH, hGH) sont également interdits.

Facteur de croissance analogue à l'insuline (IGF I – de l'anglais « Insulin like Growth Factor n° I »)

Un facteur de croissance sensible à l'insuline et probablement plus efficace sur le muscle que l'hormone de croissance elle-même.

Insuline

Autorisée uniquement aux diabétiques insulinodépendants (traités par insuline). Pour les diabétiques, une notification écrite par un endocrinologue ou un médecin d'équipe est nécessaire.

Si l'IGF I est utilisée par les sportifs amateurs de nouvelle cuisine biologique depuis le milieu des années 1990, l'insuline a fréquenté les pelotons et les enceintes sportives au début de l'ère Anquetil. Ces substances existent à l'état naturel dans l'organisme, ce qui rend – dans l'état actuel de nos connaissances – leur détection très aléatoire.

LH (hormone luteinisante, clomiphène, cyclofénil, tamoxifène, substances interdites chez les hommes uniquement)

Le clomiphène, le cyclofénil et le tamoxifène stimulent la production hypophysaire de LH, laquelle déclenche à son tour la sécrétion endogène de testostérone (hormone mâle) par le testicule. Le Dr Bob Goldman, dans son ouvrage *La Mort dans le vestiaire : stéroïdes et sports* [4], paru en 1984, avait déjà signalé l'utilisation sportive du clomiphène (Clomid®) en tant qu'inducteur, via la LH, de la production testiculaire d'hormone mâle. Ce même Dr Goldman, un farouche opposant à la consommation sportive d'anabolisants, estimait à l'époque que le Clomid® permettait de stimuler la fabrication de spermatozoïdes chez le culturiste à la fonction testiculaire défaillante suite à des cures prolongées de stéroïdes anabolisants. Jean Texier, dans son livre *Tout savoir sur les anabolisants* [5], publié en 1988, se faisait l'écho de l'existence aux États-Unis d'un médicament en vente libre contenant du cyclofénil et dont la publicité indiquait qu'un seul comprimé quotidien dosé à 50 mg suffit en deux semaines à faire monter d'environ 140 % le taux sanguin de testostérone. Le cyclofénil agit de la même manière que le clomifène en stimulant la production hypophysaire de LH, laquelle stimule ensuite le testicule.

Érythropoïétine (ÉPO)

« À mon avis, 99 % des coureurs de l'élite prennent aujourd'hui de l'ÉPO ou une drogue similaire. Pas forcément pour se doper, mais pour être au même niveau que les autres. Et c'est plutôt navrant. » Graeme Obree (ÉCO), ancien recordman de l'heure cycliste [*L'Équipe Magazine,* 19 octobre 1996, p. 54].

L'ÉPO, hormone sécrétée par le rein, dont le rôle principal est de stimuler la moelle osseuse dans le but d'augmenter la production de globules rouges, n'a été mise sur le marché français qu'en 1989. Elle a montré une efficacité remarquable dans le traitement de l'anémie chez les patients souffrant de graves atteintes rénales et chez les dialysés.

Les propriétés de l'ÉPO, capable d'augmenter le nombre de globules rouges et donc le transport d'oxygène, l'ont fait adopter par des sportifs de haut niveau, cyclistes, marathoniens et skieurs de fond, en vue d'améliorer leurs performances. Les « amateurs » de cette nouvelle cuisine ont été d'autant plus attirés qu'en raison de son caractère naturel, le médicament n'est pas à ce jour détectable par les tests antidopage. En revanche, les risques sont certains et même très sérieux. En effet, l'augmentation du nombre de globules rouges s'accompagne parallèlement d'une élévation de la viscosité sanguine, surtout au décours d'un effort prolongé ayant entraîné une déshydratation. Dans les heures qui suivent des activités d'endurance, telles que cyclisme, ski de fond, marathon, course d'orientation, des thromboses mortelles sont possibles.

Afin de limiter la consommation d'ÉPO par les cyclistes, l'Union cycliste internationale (UCI) a décidé avec l'accord des coureurs de mettre en place un test sanguin destiné à limiter les risques inhérents à ce dopage.

Ces premiers « tests rouges » de l'histoire de « la petite reine » ont eu lieu sur le Paris-Nice en 1997. Le coureur avec un taux trop élevé de globules rouges (hématocrite supérieur à 50 %) ne sera pas suspendu mais jugé « temporairement inapte à la compétition » pendant quinze jours.

Dans cette édition 1997 de la « course au soleil », les « vampires », comme les surnomment les coureurs, ont épinglé trois géants de la route : le Français Erwann Menthéour (La Française des Jeux) et les Italiens Lucas Colombo (Batik) et Mauro Santaromita (MG).

Le trio de contrevenants a été déclaré inapte pour quinze jours. Au terme de cet « arrêt de travail », ils ont dû repasser un contrôle sanguin avant de récupérer leur licence.

Rappelons que, comme la plupart des seuils biologiques arbitrairement imposés par le législateur, l'hématocrite à 50 peut condamner des innocents et ouvrir en grand la porte aux tricheurs professionnels.

En effet, il faut savoir que les variations physiologiques de l'hématocrite d'un adulte sain fluctuent entre 42 et 54 %. Moi-même, il m'est parfois arrivé d'avoir un hématocrite de 51 % et pourtant je peux certifier n'avoir jamais suivi une cure d'ÉPO !

Inversement, ceux qui ont un hématocrite voisin de 40 ont de la marge pour faire grimper frauduleusement leur taux de globules rouges. Depuis le dernier Tour de France 1998, on a la preuve que certains, à titre privé, surveillent régulièrement leur hématocrite, puisque les fouilles policières des *mobil homes* ont permis de découvrir la présence « clandestine » de centrifugeuses, appareils permettant de contrôler le taux d'hématocrite.

De plus, il est possible de rendre inopérants les contrôles sanguins en injectant du sérum salé isotonique juste avant la prise de sang. Compte tenu de la facilité avec laquelle on peut tricher, il est probable que le nombre « d'arrêts de travail » pour hématocrite supérieur à 50 va décroître régulièrement.

La présence dans l'urine d'une concentration anormale d'une hormone endogène ou de son ou ses marqueurs diagnostiques constitue un cas de dopage à moins qu'il ne soit établi de façon concluante qu'elle n'est due qu'à une condition physiologique ou pathologique.

Méthodes interdites

Dopage sanguin

« Avant les JO de Munich en 1972, le médecin m'a demandé en privé si je voulais tenter l'expérience de la transfusion sanguine ; quinze jours après j'ai réussi un temps exceptionnel malgré de très mauvaises conditions. J'estime que grâce à cette méthode, il est possible de gagner 20 secondes sur ses meilleurs temps. » Mikko Ala Leppilampi (FIN), athlète spécialiste du 3 000 m steeple (10e aux JO 1972) [*Hymy* rapporté par *L'Équipe*, 5 décembre 1981].

La transfusion sanguine utilisée comme moyen d'améliorer les performances est un procédé mis au point par le Suédois Bjorn Ekblom, au début des années 1970 [6]. Le principe repose sur les faits suivants : d'une part, les globules rouges, par l'intermédiaire de l'hémoglobine, transportent l'oxygène aux muscles ; d'autre part, la performance dans les sports de longue durée est liée aux possibilités d'un organisme de capter, transporter, diffuser de l'oxygène aux muscles. Plus un muscle est capable de consommer de l'oxygène, plus il peut réaliser un effort intense et prolongé : d'où l'utilité d'améliorer l'oxygénation par une augmentation du nombre des globules rouges.

La technique de la transfusion, préconisée par Ekblom, consiste à prélever sur un athlète en période de préparation, environ un mois avant la compétition choisie, une certaine quantité de sang : de 800 à 1 200 cm^3. Le sang prélevé est conservé en milieu réfrigéré durant un mois. Pendant ce temps, le sujet traité poursuit sa préparation en diminuant l'intensité de son entraînement. Il reconstitue peu à peu son capital de globules rouges. Au bout d'un mois, les globules rouges prélevés sont réinjectés sous forme de « purée globulaire ». L'hétéro ou homotransfusion est une variante de la technique précédente appelée « autotransfusion ». Le principe est le même, mais le sang est fourni par un donneur de même groupe sanguin que l'athlète. Cependant, les risques d'incompatibilité entre l'athlète et le donneur sont réels. D'après les Suédois, les effets de cette autotransfusion augmenteraient de 23 % les capacités physiques du sujet et se prolongeraient pendant une quinzaine de jours.

Ces pratiques contreviennent à l'éthique du sport autant qu'à la déontologie médicale. Il existe de plus des risques dus à la transfusion du sang ou de produits sanguins. On s'expose à des réactions allergiques (éruptions cutanées, fièvres, etc.) ou hémolytiques aiguës avec atteintes rénales en cas d'utilisation d'un groupe sanguin inapproprié ou encore des pathologies infectieuses (hépatite virale, sida), à une surcharge du système circulatoire ou encore à un choc métabolique.

Depuis le début des années 1990 et en raison de la mise sur le marché de l'ÉPO qui, elle aussi, facilite le transport de l'oxygène via la surproduction de globules rouges qu'elle induit, la transfusion sanguine, beaucoup moins facile à manier que sa « petite sœur » l'ÉPO, a perdu de son pouvoir attractif auprès des athlètes d'endurance.

De son côté, la Fédération internationale de ski (FIS) et l'Union internationale de biathlon (UIB), comme l'UCI, tentent de freiner l'usage de l'ÉPO en imposant des seuils. Pour la FIS et l'UIB, le contrôle ne porte pas sur le volume des globules rouges (hématocrite) mais sur l'hémoglobine (protéine contenue dans les globules rouges et assurant le transport d'oxygène des poumons aux tissus notamment musculaires).

Seuils sanguins		
	HOMME	FEMME
Hématocrite (Ht) UCI	< 50 %	< 47 %
Hémoglobine (Hb) FIS/UIB	< 18,5 g/dl	< 16,5 g/dl

Une nouvelle expression a été ajoutée : « transporteurs artificiels d'oxygène », formulation qui couvre les substances remplaçant le sang : perfluorocarbones (PFC), hémoglobine recombinante, hémoglobine réticulée.

Manipulations pharmacologique, chimique ou physique

« Je me suis laissé dire qu'un laboratoire étranger venait de mettre au point une sorte d'antidote supprimant toute trace de doping. » Claude Jacquy (FRA), journaliste [*Touring Plein Air,* 15 mai 1968].

La Commission médicale du CIO interdit l'usage de substances et de méthodes qui modifient l'intégrité et la validité des échantillons utilisés pour les contrôles antidopage. Parmi les méthodes prohibées, on citera :

- **La substitution et/ou l'altération des urines.** Le remplacement des urines contenant le produit illicite par celles d'un tiers n'est pas aussi rare qu'on pourrait le penser. Une poire en caoutchouc ou un sachet d'urine dissimulés dans le cuissard d'un cycliste, sous l'aisselle, dans le vagin ou le rectum, sont des techniques courantes.

- **Le siphonnage de vessie ou catéthérisme urétral.** Celui-ci, un peu plus sophistiqué, consiste à se faire injecter de l'urine « pure » dans la vessie à travers l'abdomen ou à l'aide d'une sonde souple par voie urétrale après avoir uriné dans un coin discret.

- **L'inhibition de l'excrétion rénale,** notamment par le probénécide et les composés dérivés. Le probénécide, qui portait le nom commercial français de Bénémide®, était disponible dans les pharmacies françaises de 1954 à 1994. Les médecins l'utilisaient pour traiter la goutte et la blennorragie. Avec l'interdiction officielle des anabolisants en 1974, les spécialistes de la dope ont découvert peu de temps après que le probénécide avait le pouvoir de retarder l'élimination urinaire des anabolisants (testostérone et stéroïdes anabolisants). Ainsi, grâce au probénécide pris judicieusement par rapport à la compétition, il était possible de camoufler le dopage aux anabolisants. Ce masquant a été interdit par le CIO en octobre 1987. Autre agent masquant : le bromantan.

- **L'administration d'épitestostérone.** Si la concentration d'épitestostérone est supérieure à 200 ng/ml, les laboratoires devront le signaler aux autorités compétentes. La Commission médicale du CIO recommande alors de procéder à des examens complémentaires. Rappelons que cette substance hormonale qui porte le nom d'« épitestostérone » est l'épimère de la testostérone (hormone mâle), c'est-à-dire que toutes les deux sont formées des mêmes atomes (formule chimique identique) mais avec une structure spatiale (dans l'espace) qui se différencie par l'arrangement d'un seul atome de carbone. L'épitestostérone qui est un androgène faible sans action hormonale connue est sécrétée par le testicule et les surrénales. Cette hormone qui n'a pas d'action dopante propre intervient dans la détection de la prise de testostérone exogène. À la suite d'études scientifiques, notamment celles du Pr Manfred Donike, il a été établi un seuil critique urinaire fondé sur le rapport existant entre la testostérone administrée par voie médicamenteuse (exogène) et l'épitestostérone (T/E, en abrégé). Un échantillon sera considéré comme positif si le rapport de la concentration totale de la testostérone (T) à celle de l'épitestostérone (E) dans l'urine dépasse 6.

Rappelons au sujet de ce seuil que des sportifs non dopés excèdent naturellement le taux de 6 et sont donc exposés à un contrôle positif.

À la suite de plusieurs « bavures » (innocents sanctionnés), la Commission médicale du CIO a décidé en mars 1993 d'entériner la modification suivante : un contrôle positif à la testostérone doit être « interprété » et non entraîner *ipso facto* la sanction de l'athlète. Ainsi, un échantillon sera considéré comme positif si l'administration de testostérone ou toute autre manipulation a pour résultat l'obtention d'un taux T/E supérieur à six, à moins que l'on ne puisse prouver que ce taux est dû à un état physiologique ou pathologique. En conséquence, la commission antidopage recommande le recours à un examen médical, à des tests hormonaux complémentaires pour déterminer si de la testostérone exogène a été administrée.

Les petits malins de la dope ont rapidement trouvé la parade en associant à leur consommation de testostérone la prise d'épitestostérone. Ainsi, malgré l'apport frauduleux d'hormone mâle exogène, le rapport reste inférieur à six. Depuis 1993, et afin de stopper cette possibilité de camoufler un dopage à la testostérone, l'administration d'épitestostérone a été ajoutée au paragraphe B des méthodes de dopage de la liste rouge du CIO : « Si la concentration d'épitestostérone est supérieure à 150 ng/ml, les laboratoires sont priés d'en informer les autorités compétentes. La Commission médicale du CIO recommande dans ce cas que des contrôles complémentaires soient effectués. » Depuis janvier 1995, le taux légal d'épitestostérone est passé à 200 ng/ml.

Classes de substances soumises à certaines restrictions

Alcool

« Quand je suis nerveux, il m'arrive de boire un petit cognac avant de rentrer sur le court pour me relaxer. » Yannick Noah (FRA), tennisman professionnel, vainqueur de Roland-Garros 1983 [*Sport Dimanche Soir*, TF1, 20 octobre 1988].

L'alcool bénéficie d'une légende tenace de remontant aux effets miraculeux. Certains travailleurs – de force ou non – ne s'en privent guère et des sportifs sont parfois tentés d'y puiser d'hypothétiques ressources. L'alcool favorise-t-il réellement la force musculaire ? Sur ce point, les physiologistes apportent une réponse claire et nette : c'est un « non » catégorique. À faible dose, l'action euphorisante de l'alcool est certaine et, dans ce cas, permet de lutter contre le stress précompétitif. C'est pourquoi, à la demande de deux fédérations internationales, le CIO prévoit aux Jeux olympiques un contrôle d'alcoolémie pendant les compétitions d'escrime et au cours de l'épreuve de tir du pentathon moderne. Outre l'abus ponctuel, la dépendance est le principal danger de l'alcool. Il semble que les sportifs d'endurance soient rarement attirés par ce type « d'hydratation ». L'inégalité devant la performance est certaine surtout lorsque l'alcool est utilisé comme « antistress ».

Cannabinoïdes (marijuana, haschisch)

« C'est une connerie de suspendre un joueur [Bernard Lama] pour une raison pareille quand on sait que le cannabis n'améliore pas les performances. » Fabien Barthez (FRA), gardien de but de l'équipe de France de football [*Le Parisien,* 5 avril 1997].

Sur la liste du CIO, la marijuana fait partie depuis 1989 d'une classification spéciale concernant les « substances soumises à certaines restrictions » : en accord avec les fédérations internationales et les autorités responsables, des tests pourront être effectués pour déterminer la présence de cannabinoïdes tels que la marijuana et le haschisch. Les résultats peuvent donner lieu à des sanctions.

Malheureusement, le chanvre indien n'est pas interdit à tout le monde. En France, l'arrêté ministériel du 3 janvier 1991 prohibe formellement cannabis et cannabinoïdes, dont le tétrahydrocannabinol (THC) est le principal métabolite. Les fédérations internationales telles que l'IAAF (athlétisme) et la FIBA (basket) n'interdisent pas le cannabis alors que l'UCI (cyclisme), la FIFA (football), la FIS (ski) et la FINA (natation) condamnent le THC. À l'occasion d'une épreuve du Championnat de France d'athlétisme, aucun concurrent, sous peine de disqualification (loi française), ne saurait se « désinhiber » au cannabis. En revanche, lors du championnat du monde ou à l'occasion des Jeux olympiques, en toute tranquillité, tous pourront, dans la chambre d'appel ou entre les séries qualificatives, avec l'autorisation de l'IAAF (Fédération internationale d'athlétisme), fumer un joint !

Fédérations internationales prohibant le cannabis

	Date d'interdiction	***Particularités***
SKI (FIS)	1996 (novembre)	Seuil : 15 ng/ml
CYCLISME (UCI)	1997 (mai)	Seulement pour la discipline descente du VTT
FOOTBALL (FIFA)	1997 (septembre)	
HALTÉROPHILIE (IWF)	1998 (janvier)	
NATATION (FINA)	1998 (janvier)	
BASKET (FIBA)	1998 (mars)	

Fédérations internationales tolérantes

ATHLÉTISME (IAAF)	pas d'interdiction
BOXE (AIBA)	pas d'interdiction

Cette classe a été rebaptisée « cannabinoïdes » afin de regrouper marijuana et haschisch qui sont en fait des variantes plus ou moins concentrées d'une même substance naturelle :

- Afin d'éviter au sportif fumeur passif d'être épinglé, un seuil de tolérance maximal pour le métabolite principal du cannabis (tétrahydrocannabinol) a été officialisé : 15 nanogrammes par millilitre.

- De plus, et afin d'échapper à une nouvelle affaire Ross Rebagliati, un *snowboarder* canadien devenu champion olympique à Nagano malgré un contrôle positif au haschisch, il a été précisé en toutes lettres : « Aux Jeux olympiques, des tests seront effectués pour les cannabinoïdes ».

Le président de la Commission médicale du CIO, dans les colonnes du *Quotidien du médecin,* commente le seuil de tolérance : « Les cas de contrôle positif donneront lieu à des sanctions. Si le taux atteint 15,1, voire 16, on peut peut-être imaginer que l'athlète se verra infliger simplement un avertissement. C'est un point qui n'est pas encore tranché. Mais au-delà, notre position est très ferme. La sanction sera l'expulsion des Jeux et le retrait de la médaille. » [7]

Interrogé début 1996 sur cette même question à l'occasion d'une épidémie de cannabis dans le sport français, Guy Drut – alors ministre des Sports, et aujourd'hui membre du CIO – avait montré une plus grande tolérance : « Les athlètes qui ont été pris au cannabis peuvent tout à fait participer aux Jeux olympiques. On ne va pas bannir des gens pour une connerie. » [8]

La discordance des sanctions a encore de beaux jours devant elle !

Anesthésiques locaux

« Éric Cantona a été blessé sur agression, sans commentaires. Mais Philippe Vercruysse, Abedi Pelé, Dragan Stojkovic, ils ont payé, eux, les piqûres qui leur ont été faites pour pouvoir jouer en Coupe d'Europe. Ça ne pardonne pas. » Guy Roux (FRA), entraîneur de l'AJ Auxerre [*L'Équipe,* 11 décembre 1990].

Les anesthésiques loacux sont des substances dotées d'une action spécifique vis-à-vis des fibres nerveuses, dont elles peuvent, par contact, suspendre l'activité, en l'occurrence la transmission des sensations douloureuses de façon transitoire. Ils se distinguent des anesthésiques généraux en ce qu'ils n'abolissent pas la conscience, et des analgésiques en ce qu'ils suppriment tous les modes de sensibilité (tact, sensibilité thermique), alors que ces derniers diminuent seulement les sensations douloureuses en inhibant les voies de conduction et les centres de perception de la douleur qu'ils atteignent par voie générale. Les anesthésiques à visée locale agissent en altérant l'excitabilité et la conductibilité des nerfs. Ces médicaments doivent être rangés parmi les substances dopantes dans la mesure où ils sont principalement utilisés en milieu sportif de compétition afin d'éliminer une douleur entravant le niveau de performance mais sans pour autant en soigner la cause. Dans cette situation, l'effet recherché s'apparente à un leurre car l'effort physique maximal, surtout au cours d'un match ou d'une épreuve, ne peut qu'accroître l'étendue de la blessure.

Ces deux caractéristiques des anesthésiques locaux (notamment injectables) – facilitation du geste sportif et blessure aggravée – définissent bien le dopage. Jusqu'en 1980, les anesthésiques locaux étaient absents de la liste du CIO. À partir des JO de Moscou, changement de tactique, il suffit d'une justification médicale dite « thérapeutique » pour doper légalement l'athlète. Détail significatif, en 1980, dans la liste du Comité international olympique, figurait en toutes lettres, à propos des anesthésiques locaux, « et seulement dans le but de permettre à l'athlète de poursuivre la compétition » (sic). La lecture des réglementations respectives montre que le législateur se soucie plus de la santé des chevaux que de celle des hommes. En effet, la Société d'encouragement et la Fédération française des sports équestres interdisent formellement en compétition les anesthésiques locaux. Selon Daniel Courtot, responsable du Laboratoire de toxicologie de l'École nationale vétérinaire de Lyon, la justification d'interdiction est la suivante : « Faire effectuer à un cheval une épreuve alors qu'il serait dans l'impossibilité de concourir sans l'aide d'anesthésiques locaux pour masquer une boiterie est un procédé dangereux. En effet, l'origine de cette boiterie peut être une lésion dont la gravité ne peut que s'accroître à la suite d'un effort physique. » [9]

Aujourd'hui, en 2000, l'injection d'anesthésiques locaux est autorisée par le CIO dans les conditions suivantes :

- la bupivacaïne, la lidocaïne, la mépivacaïne, la procaïne etc. peuvent être utilisées mais pas la cocaïne. Des agents vasoconstricteurs (par exemple adrénaline) peuvent être utilisés en association avec des anesthésiques locaux ;
- ne pratiquer que des injections locales ou intra-articulaires ;
- seulement lorsqu'il y a une justification médicale.

En accord avec les Fédérations internationales et les autorités sportives responsables de l'organisation, il pourra s'avérer nécessaire de présenter une notification préalable pour les anesthésiques locaux sauf en cas d'application dentaire. Le dossier incluant le diagnostic, la dose et la méthode d'administration doit être soumis par écrit à l'autorité médicale responsable avant la compétition ou immédiatement après l'injection si la substance a été administrée durant la compétition.

Corticostéroïdes

« La cortisone, c'est un peu comme si vous utilisiez votre maison de bois pour alimenter votre feu. » Pr Michel Rieu (FRA), physiologiste du sport [*L'Équipe*, 11 août 1980].

La cortisone est une hormone sécrétée par la zone corticale, située à la périphérie des glandes surrénales. On fabrique à des fins thérapeutiques des dérivés de synthèse de la cortisone, regroupés avec elle sous l'appellation de « corticoïdes ou corticostéroïdes ». Depuis l'introduction dans l'arsenal médical des hormones cortico-surrénales et de leurs dérivés de synthèse, leur champ d'application n'a fait que croître au même titre que les spécialités pharmaceutiques s'en réclamant. Les corticoïdes sont des drogues polyvalentes dont l'usage est tentant pour le thérapeute, notamment dans le domaine anti-inflammatoire, mais cette médaille a son revers, un revers hors du commun.

Peu de drogues sont capables de tels effets salutaires et en même temps responsables d'accidents aussi sérieux que divers ! Les corticoïdes possèdent plusieurs propriétés : c'est de l'exagération de ces propriétés que naissent les accidents thérapeutiques. Tout d'abord, l'action anti-inflammatoire entraîne un certain nombre de complications viscérales et infectieuses dont la survenue peut être précoce, en particulier chez certains sujets prédisposés. Ensuite, l'introduction d'un composé hormonal, même à des doses thérapeutiques, réalise un état artificiel d'hyper-imprégnation et cette hormone médicamenteuse interfère dans l'équilibre de toutes les hormones de l'organisme et le perturbe. Malgré ces risques, les sportifs les consomment pour leurs effets antifatigue, euphorisants et, bien sûr, anti-inflammatoires. Au total, l'usage des corticostéroïdes est interdit, à l'exception de :

- leur utilisation en application locale (voie auriculaire, ophtalmologique ou dermatologique) mais non rectale,
- en inhalations,
- en injections locales ou intra-articulaires.

Néanmoins, en raison d'un accroissement marqué et inexplicable du nombre d'athlètes demandant, durant la compétition, des corticostéroïdes par inhalation pour le traitement de l'asthme, la Commission médicale du CIO a adopté une procédure de notification obligatoire des sportifs exigeant ce type de médication. Tout médecin d'équipe qui désire administrer à un concurrent des corticostéroïdes par inhalation ou par injection locale ou intra-articulaire doit le notifier par écrit avant la compétition à l'autorité médicale compétente.

Bêtabloquants

« Étant un fidèle partisan, quoique avec une faible expérience des bêtabloquants en pratique médicale sportive (...), je verrais bien pour ma part un sportif (tir, sport automobile, ski alpin) prendre trois Avlocardyl® par jour pendant le ou les quelques jours de compétition. En respectant bien sûr les contre-indications, il ne semble pas que cette pratique soit sujette à risque ni ne nécessite une surveillance particulière. » Dr Jean Duby (FRA), médecin du sport [*Tonus*, 1980, n° 471, 25 avril, p. 18].

Les bêtabloquants sont des produits de synthèse qui, comme leur nom le suggère, provoquent un blocage de la fonction bêta du système nerveux sympathique. Sans entrer dans le détail complexe de cette action, on peut dire que les bêtabloquants modifient le comportement de certaines cellules nerveuses et de certains tissus réceptifs à leur action. La médecine utilise ces produits dans les cas d'hypertension artérielle essentielle (c'est-à-dire dont on ignore en fait la cause), pour l'angine de poitrine, les troubles du rythme, les tremblements et les algies de la face. L'action recherchée est antistress et entraîne le ralentissement du cœur. Certains acteurs sujets au trac sont ainsi des familiers des bêtabloquants dont ils prennent un comprimé avant d'entrer en scène. En sport, les bêtabloquants peuvent avoir un effet intéressant en réduisant les tachycardies émotionnelles et les tremblements qui les accompagnent, éléments nuisant considérablement à la réussite dans les sports d'adresse comme le tennis de table, le tir à l'arc, le tir sur cible, le golf, le basket... ou dans les sports à risques comme la course automobile ou motocycliste, la descente et le saut à ski, le parachutisme.

Compte tenu de l'usage abusif continuel des bêtabloquants dans certains sports, la Commission médicale du CIO se réserve le droit, lors des Jeux olympiques, d'effectuer des contrôles dans les sports où elle le jugera approprié. Il y a peu de chances pour que cela concerne les épreuves d'endurance nécessitant des périodes prolongées de débit cardiaque élevé et des réserves importantes de substrats métaboliques pour lesquels l'usage des bêtabloquants diminuerait de façon sensible les performances.

En accord avec les règles des Fédérations internationales, des tests seront effectués dans les disciplines suivantes : tir à l'arc, bobsleigh, plongeon, natation synchronisée, luge, pentathlon moderne, tir, saut à skis, ski acrobatique, etc., à la discrétion des autorités responsables.

On peut citer les exemples suivants de bêtabloquants : acébutolol, alprénolol, aténolol, labétalol, métoprolol, nadolol, oxyprénolol, propranolol, sotalol... et substances apparentées. Il existe bien sûr d'autres substances dopantes présentes dans les enceintes sportives et qui ne figurent pas encore dans la liste rouge : hormones thyroïdiennes, Interleukine 3, etc.

SUBSTANCES DOPANTES

Seuils des laboratoires CIO, UCI, etc.

URINES

Substances	Seuils (limite supérieure)	Dates
Androstènedione	< 2 nanogrammes/ml	1998 (9)
Caféine	< 12 microgrammes/millilitre	1986 (3)
Carboxy.THC (cannabis)	< 15 nanogrammes/ml	1999
Cathine (norpseudoéphédrine) (1)	< 5 microgrammes/milliltre	1991 (6)
Éphédrine (1)	< 10 microgrammes/millilitre	2000 (6)
Épitestostérone	< 200 nanogrammes/ml	1995 (5)
Gonadotrophine Chorionique (hCG)	< 20 U/l	1999 (9)
Méthyléphédrine (1)	< 10 microgrammes/ml	2000 (6)
Morphine	< 1 microgramme/ml	1991 (6)
19-norandrostérone (2)	< 2 nanogrammes/ml chez lez hommes < 5 nanogrammes/ml chez lez femmes	1996 (2) 2000
Phénylpropanolamine (noréphédrine) (1)	< 25 microgrammes/ml	2000 (6)
Pseudoéphédrine (1)	< 25 microgrammes/ml	2000 (6)
Salbutamol (stimulant) Salbutamol (anabolisant)	< 100 nanogrammes/ml < 1 000 nanogrammes/ml	2000 (10) 2000 (10)
Testostérone/épitestostérone Rapport T/E	< 6	1982 (4)

SANG

Substances	Seuils (limite supérieure)	Dates
Hématocrite (Ht)	< 50 % (H)	1997 (7)
	< 47 % (F)	1997 (7)
Hémoglobine (Hb)	<18,5 g/dl (H)	1997 (8)
	<16,5 g/dl (F)	1997 (8)

(1) Si plus d'une de ces substances est présente, les quantités devront être additionnées, et si la somme dépasse 25 microgrammes par millilitre, l'échantillon sera considéré comme positif (certains « petits malins » se stimulaient en prenant une petite dose des cinq substances de manière à ne pas franchir le seuil prohibé de chacune d'elles).

(2) Seuil UCI : 5 ng/ml (chez les hommes et les femmes).

(3) La caféine est interdite par le CIO depuis 1983 : seuil 15 µg/ml. En 1986, le seuil est abaissé à 12 µg/ml.

(4) En 1993 le CIO décide, pour ne pas sanctionner des innocents, de pousser les investigations lorsque le rapport dépasse 6.

(5) L'épitestostérone est interdite depuis 1993 au seuil de 150 ng/ml. Depuis 1995 la limite est passée à 200 ng/ml.

(6) C'est l'UCI la première à avoir réglementé officiellement les seuils pour l'éphédrine, ses dérivés et la morphine. Ils n'ont été signalés dans la liste du CIO qu'en 1998. Sur la mise à jour du CIO pour l'année 2000, au niveau des seuils, on constate que pour l'éphédrine et la méthyléphédrine, la limite est passée de 5 à 10 microgrammes par millilitre. De même, pour la phénylpropanolamine, la pseudoéphédrine de 10 à 25 microgrammes par millilitre.

(7) Seuils UCI.

(8) Seuils Fédération internationale de ski (FIS)

(9) Seuils officieux

(10) Nouveau venu 2000 dans la liste des seuils : le salbutamol (Ventoline®) dont les propriétés sont à la fois stimulantes sur la respiration et anabolisantes au niveau musculaire. Si le taux urinaire se situe entre 100 et 1 000 nanogrammes, l'athlète sera considéré positif à un stimulant. En revanche, si son taux dépasse 1 000, son contrôle sera équivalent à celui d'un dopé aux anabolisants. L'existence de ces deux seuils pour une même molécule trouve sa justification car certaines fédérations prévoient des sanctions suivant le qualificatif de stimulant léger ou d'anabolisant.

Références

1. *Code antidopage du Mouvement olympique,* Lausanne, Comité international olympique, 1999, 95 p.

2. Code antidopage du Mouvement olympique, *Revue olympique,* 2000, XXVI-32, avril-mai, pp. 69-71.

3. Clostermann P., *Le Grand Cirque*, Paris, Flammarion, 1948, 306 p. (pp. 150-151).

4. Goldman B. et al, *La Mort dans le vestiaire : stéroïdes et sports* (en anglais), Londres, Century Publishing, 1984, 372 p. (pp. 264-265).

5. Texier J., *Tout savoir sur les anabolisants,* Paris, Éd. Jibena, 1988, 317 p. (pp. 215-216).

6. Ekblom B. et al, « Response to Exercise after Blood Loss and Reinfusion » in *Journal of Applied Physiology*, 1972, 33, n° 2, pp. 175-180.

7. Bienvault P., « Dopage : des tests pour les cannabinoïdes seront conduits lors des JO », in *Le Quotidien du médecin*, n° 6435, 15 février 1999.

8. Drut G., *L'Événement du jeudi,* 1er février 1996.

9. Courtot D., *Le Dopage chez le cheval,* Paris, André Leson, 1977, 59 p. (p. 33).

CHAPITRE TROISIÈME

Dictionnaire critique des idées reçues sur le dopage

« Il est difficile de définir le dopage et de préciser réellement quand il commence... »

En 1989, Philippe Anziani, le premier footballeur français officiellement convaincu de dopage, avait pris un antidouleur figurant sur la liste rouge ; son entraîneur de l'époque, Rolland Courbis, avait récusé l'accusation de dopage et de tricherie : « Ce médicament ne donne pas un coup de fouet, assurait-il. Au contraire, il fait dormir : ce n'est donc pas un doping. »

Ainsi voit-on que le problème du dopage concerne sa définition. Si le règlement de la Fédération française de football interdit aux joueurs d'absorber ou d'utiliser des moyens destinés à augmenter artificiellement leur rendement au cours des compétitions, il ne stipule à aucun moment que seuls les anabolisants (augmentation de la résistance à l'effort, gain de masse, de force, de puissance musculaire) ou les stimulants tels que les amphétamines (suppression de la sensation de fatigue) sont capables d'influencer les prestations des joueurs.

Qu'est-ce que le dopage ?

Le dopage est tout ce qui permet au corps d'évoluer au-delà de ses aptitudes naturelles par des moyens extra-physiologiques.

Tout ce qui suit relève du dopage :

- Provoquer un coup de fouet par des stimulants (amphétamines, caféine).
- Masquer la fatigue par des amphétamines.
- Camoufler la douleur par des drogues (antalgiques, infiltrations).
- Accroître la force musculaire par des anabolisants, par des stimulations électriques.
- Augmenter l'oxygénation musculaire et l'endurance par l'érythropoïétine, les chambres d'altitude, etc.
- Amplifier la confiance en soi par la cocaïne, les corticoïdes, etc.
- Limiter le stress par les bêtabloquants, le cannabis, etc.

En effet, face à la compétition, le sportif se trouve confronté à des contraintes d'ordre psychologique, telles que le trac, avec pour corollaire son blocage nerveux empêchant la libération de l'énergie nécessaire à l'effort physique ; et à des entraves d'ordre physiologique comme la fatigue et des douleurs de toute nature.

Pour lutter contre ces différentes difficultés, le dopage pourra être stimulant, antalgique mais aussi euphorisant et calmant, aboutissant à une plus grande confiance en soi. Ainsi la prise d'un euphorisant comme le cannabis qui s'accompagne d'excitation motrice avec suppression de l'inhibition (trac) pourra-t-elle gommer, voire effacer momentanément le handicap, et permettre au corps de s'exprimer à un niveau supérieur à celui qu'il pourrait atteindre naturellement sans cette « béquille chimique ».

Dopés « cent pour cent »

Depuis trente ans, observateur assidu du dopage dans le sport et de son contrôle – tout en exerçant dans le cadre d'une activité de médecin du sport au contact des athlètes de tous niveaux – j'ai constaté que ceux qui me posent la question de savoir où commence le dopage sont tous des adeptes des pilules de la performance. En revanche, les purs ne m'interrogent jamais sur la frontière entre soins et dopage. Intuitivement, ils savent parfaitement que les épinards sont des aliments et les amphétamines des médicaments dopants.

À l'opposé, les accros des « soins artificiels » véhiculent toujours les mêmes affirmations, lesquelles font partie constamment du discours des dopés « cent pour cent » :

- Ce n'est pas possible de faire tant d'efforts à l'eau claire.
- Je ne réponds pas aux questions sur le dopage.
- On ne peut pas se soigner. Les médicaments efficaces contre le rhume sont prohibés.
- Les anabolisants ne servent à rien dans mon sport.
- L'ÉPO sous contrôle médical n'est pas dangereux.
- Tous mes contrôles sont négatifs.

En 1995 et 1996, plusieurs dizaines de sportifs ont été contrôlés positifs au cannabis, parmi lesquels des footballeurs professionnels dont les gardiens de but de l'équipe de France, Fabien Barthez et Bernard Lama.

À chaque fois, le fautif rétorque pour sa défense : « Vous savez, je ne l'ai pas pris dans le but d'améliorer mes prestations. » Le cannabis, drogue euphorisante et stimulante, est pourtant interdit par la loi française sur le dopage depuis le décret du 3 janvier 1991. Et ce n'est pas un hasard. Au début des années 1960, alors qu'il n'existait pas encore de lobby antidopage, le mot « doping » était déjà associé à la marijuana (haschisch). Miguel Guerra de Cea, dans son ouvrage technique sur la corrida et le monde taurin, *Des toros et des hommes*, publié aux Éditions de La Table Ronde, racontait il y a trente-huit ans : « Le matador sommeille jusqu'à une heure de l'après-midi, lorsqu'il n'arrive pas à la dernière minute pour partir à la plaza après un bain de trente secondes et une bonne dose de marijuana (haschisch-doping) » [1].

Le haschisch-doping n'était pas consommé pour devancer à la course le taureau, ni pour le prendre à bras le corps et l'immobiliser au sol (!) mais, bien sûr, pour l'affronter sans mollir. Dans certains sports, il existe également des arènes avec un public hostile, des *broncas* et des adversaires impressionnants, ces différents éléments favorisant la nervosité, l'émotivité et l'anxiété, le tout perturbant l'engagement maximal du corps et l'optimisation du geste sportif. De même, ces dernières années, un nombre considérable de boxeurs ne pénétraient sur le ring qu'après avoir fumé un joint aux vertus désinhibantes. L'un d'eux, Michel Siracusa, champion de France 1983 des superplume, expliquait que le cannabis améliorait son niveau de pratique sportive : « Le haschisch, à dose raisonnable, procure un bien-être fantastique. Moi-même, j'y ai fréquemment recours, il me permet de voir moins tristement la vie. Lorsque j'étais jeune, je suis rarement monté sur un ring sans avoir fumé au préalable deux ou trois joints (...) J'avais par ailleurs remarqué qu'un bon joint avant un match de football favorisait ma concentration et me donnait une efficacité supérieure. Grâce au haschisch, je devenais un sportif redoutable. » [2] Les athlètes consommateurs de cannabis recherchent trois types d'effets :

- une euphorie accompagnée d'excitation motrice, avec une plus grande vivacité dans la perception de sensations visuelles et auditives ;
- une augmentation de l'agressivité ;
- une stimulation de l'imagination et une suppression de l'inhibition telle que la peur de l'échec peut l'engendrer.

Pour ces différentes raisons, le Dr Robert Voy, qui a été le responsable médical du Comité américain olympique (USOC) de 1984 à 1989, estime que la marijuana, qui « peut efficacement apaiser l'appréhension et l'état nerveux dans certains sports comme le feraient l'alcool, les tranquillisants et les bêtabloquants » est bel et bien un produit dopant et qu'elle devrait être interdite par l'ensemble des fédérations [3].

Cannabis, marijuana, haschisch

Souvent, dans la presse sportive, lors des commentaires sur le cas positif au cannabis d'un athlète, on utilise indistinctement les termes de marijuana et de haschisch. Comme s'ils étaient synonymes. Or, si la drogue appelée « cannabis » est mieux connue du public sous ses noms de « marijuana » ou encore de « haschisch », il faut préciser qu'en réalité, ces trois appellations correspondent à des entités bien précises.

Le *cannabis sativa*, variété *indica* ou chanvre indien, a connu, surtout depuis le début des années soixante, une grande popularité, d'abord parmi la jeunesse d'Outre-Atlantique, sous les noms de marijuana, de pot, d'herbe, de haschisch et autres.

À sa maturité, la plante a une taille différente selon les régions du monde où elle est cultivée et selon ses variétés, de 1 m à 5 m. Ses feuilles sont lancéolées et dentelées, généralement au nombre de sept par rameau. Les préparations de chanvre indien sont soit à base de fleurs et de feuilles de la plante femelle, soit à base de résine. La marijuana (8 à 12 % du poids sec de la plante en produit actif), c'est l'herbe proprement dite; elle est constituée des feuilles et des fleurs séchées et hachées. Le haschisch présenté sous forme de barrettes est de la résine séchée sécrétée par les sommités fleuries de la même plante (la « merde » des fumeurs). La récolte a lieu lorsque les plants sont en fleur. Au Moyen-Orient, on extrait la résine en frottant les sommités sur une toile de jute. Puis on décolle au rasoir la résine qui s'y est déposée. Au Népal, on frotte les feuilles dans ses mains et on se racle ensuite les paumes. Une fois récolté, le haschisch est façonné sous forme de bâtonnets ou de plaquettes. Gluant et doré, il durcit avec le temps. Le haschsich (40 %) est beaucoup plus euphorisant et hallucinogène que la marijuana car il contient une plus forte concentration des principes actifs cannabinoïdes et, notamment, du delta-9-tétrahydrocannabinol (THC).

Les deux formes sont généralement consommées par inhalation, c'est-à-dire fumées, soit sous forme de cigarettes, soit dans de petites pipes. Il en existe une troisième forme, plus rare, l'huile de cannabis, recueillie lors du pressage de la résine et consommée sous forme de gelée. C'est la préparation la plus concentrée en principe actif. Elle en contient jusqu'à 60 %. Le chanvre, c'est un peu comme le cochon : des brindilles à la résine, des feuilles aux fleurs, tout est utilisé. Les façons de l'accommoder varient également à l'infini, selon les pays. Mélangé à des confiseries comme le *dawamesk* au Liban (à la résine, on ajoute des dattes, de la cannelle et de la pistache, un régal selon les connaisseurs), il sera mangé. Dilué dans un breuvage à base de raki et d'aromates comme le *chastry* en Égypte, il sera bu. Mêlé à une cigarette, c'est un joint, il sera fumé.

Les tenants du cannabis, substance récréative non dopante, établissent probablement leur argumentation sur la définition du dopage qui était en vigueur au milieu des années 1960 : « Emploi d'excitant donné à un concurrent d'une épreuve sportive. » Or, depuis trente ans, cette définition a considérablement évolué puisque aujourd'hui, en dehors des stimulants tels que les amphétamines, les engrais musculaires (anabolisants), les calmants (bêtabloquants), les déshinibants (cannabis), les euphorisants (cocaïne) et les antalgiques (Di-Antalvic®) font aussi partie de la liste des substances prohibées. Par exemple, la douleur d'une blessure, en contrariant la précision du geste technique, pénalise la performance. À l'inverse, un antidouleur pris au moment du match pourra gommer, voire effacer momentanément, le handicap et permettre au corps de s'exprimer à un niveau supérieur à celui qu'il pourrait atteindre naturellement.

La prise d'antalgiques est fréquente parmi les athlètes professionnels, notamment dans les sports où les contacts sont rudes. Souvent, ils consomment aussi des antidouleurs parce qu'ils veulent continuer à jouer malgré la gêne ou la blessure afin de remplir leur contrat ou parce qu'ils ont peur de perdre leur place. De même, ne sachant pas résister à la pression du manager, de l'entraîneur, des fans ou des autres joueurs, ils prennent des médicaments pour rester dans le jeu alors qu'ils sont sérieusement blessés. Or, la douleur est un cri du corps, elle constitue l'un des mécanismes de défense physiologique destinés à signaler un problème au niveau de la charpente corporelle. Il peut s'agir d'une élongation voire d'un claquage, d'un surmenage ligamentaire ou d'un épanchement sanguin intramusculaire. Le fait de ne pas tenir compte de tels signaux peut provoquer l'aggravation d'une lésion et retarder inutilement le processus de guérison. Les exemples de footballeurs jouant sous antalgique malgré une atteinte physique et qui ont été mis hors jeu de longs mois foisonnent, alors que, soignés correctement, l'interruption n'aurait été que de courte durée.

Au total, les antalgiques tels que le Di-Antalvic® sont bien des dopants puisqu'ils facilitent les performances et exposent les consommateurs à des risques de dépendance et de blessure aggravée. Ainsi, l'entraîneur des Toulonnais, en affirmant que son joueur Philippe Anziani, contrôlé positif au Di-Antalvic®, est victime d'une bande de stupides (ceux qui ont fait la liste des produits interdits) qui ne font pas la différence entre excitants et somnifères, montre bien tout le chemin qui reste à parcourir pour que toutes les parties prenantes du monde sportif en général et du football en particulier soient correctement éduquées.

Pour ou contre ?

Ça n'a rien à voir avec le dopage

- **Luc Alphand (FRA),** vainqueur de la Coupe du monde de ski alpin 1997 : « Fumer du haschisch n'a rien à voir avec le dopage, mais le produit est interdit et le Canadien Ross Rebagliati aurait dû le savoir et agir en conséquence. » [*Le Parisien,* 12 février 1998].
- **Aimé Jacquet (FRA),** entraîneur et sélectionneur de l'équipe de France de football de 1994 à 1998 : « Bernard Lama est suspendu pour avoir fumé du cannabis. Il a été fautif mais pas tricheur. » [*VSD,* 1 juin 1997, p. 28].
- **Yannick Noah (FRA),** vainqueur du tournoi de tennis de Roland-Garros 1983 et entraîneur de l'équipe de France de coupe Davis : « Les footballeurs n'ont jamais fumé pour arrêter plus de ballons, merde, c'est simple à comprendre. » [*Libération,* 5 avril 1997].
- **Michel Platini (FRA),** ancien capitaine du onze de France et co-président du Comité français d'organisation de la Coupe du monde de football 1998 : « Je ne sais pas ce qu'est le cannabis, j'en ai jamais vu ou fumé. Dans mon entourage, personne n'a touché à ça. Il est nécessaire de sanctionner les footballeurs qui fument des joints. Bien sûr, ce n'est pas un produit dopant. Ce n'est pas parce qu'on fume du cannabis qu'on va être meilleur. Néanmoins, je suis pour des sanctions car ça permet de mettre en garde les joueurs, ça évite de faire de la publicité. » [*Le Parisien,* 12 février 1996].
- **Denis Richard (FRA),** pharmacologue et universitaire : « Peut-il être utilisé comme dopant ? Assurément non ! S'il perturbe la vigilance d'un lycéen, d'un étudiant ou d'un pilote de ligne, comment n'altérerait-il pas les réflexes d'un boxeur, d'un footballeur ou d'un toréador ? » [*Sciences et Avenir,* 1997, n° 604, juin, pp. 40-41].

On doit l'assimiler à un dopant

- **Dr Claire Carrier (FRA),** médecin du sport et psychiatre à l'INSEP : « La peur peut être paralysante. Et l'usage du cannabis peut aider à la dépasser, à être plus euphorique, plus disponible au jeu. Il n'est pas idiot du tout d'assimiler l'usage du cannabis à du dopage en ce sens qu'il peut ôter le stress et pas seulement avant un match mais aussi pendant. » [*L'Équipe Magazine,* 27 septembre 1997, p. 18].
- **Pr Jean-Paul Escande (FRA),** ex-président de la Commission nationale de lutte contre le dopage (1990-1996) : « On dit que le cannabis ne sert pas à doper, et là je crois que c'est tout à fait faux ! Il y a un certain nombre d'athlètes qui se sentent mieux préparés à leur match ou à leur effort s'ils ont fumé. » [*L'Équipe Magazine,* 27 septembre 1997, p. 17].
- **Dr Marie-Claude Filippi (FRA),** médecin du club de football de Bastia : « La prise de cannabis permet de lever l'inhibition, l'angoisse, le stress, autant de facteurs qui peuvent nuire à une performance sportive. » [*Le Quotidien du médecin,* 30 janvier 1996].
- **Dr Alain Garnier (FRA),** responsable de la mission médecine du sport et lutte antidopage au ministère de la Jeunesse et des Sports : « Il est exact que le cannabis possède des propriétés dopantes. Il peut augmenter l'agressivité et on peut aussi imaginer son utilisation en matière de récupération des efforts physiques. » [*Le Parisien,* 22 décembre 1995].
- **Dr Laurent Jançon (FRA),** médecin fédéral de la Fédération française de handball : « Le cannabis, qui est un déstressant artificiel, doit donc être considéré comme un dopant. » [*Impact Médecin Quotidien,* 30 janvier 1996].

Références

1. Guerra de Cea M., *Des toros et des hommes,* Paris, La Table Ronde, 1960, 252 p. (pp. 41-42).

2. Siracusa M., *Crochet au cœur,* Paris, La Table Ronde, 1984, 247 p. (pp. 18 et 151).

3. Voy R. et Deeter K.-D., *Substances dopantes, compétitions sportives et règlements* (en anglais), Champeign (USA), Leisure Press, 1991, 227 p.

« L'argent est la première cause du dopage... »

Non. C'est la compétition qui est bien la première cause du dopage. Les drogues de la performance, en raison de leur efficacité, poussent elles-mêmes au dopage des autres. Les cadences infernales, l'argent, le nationalisme, les médias et la gloire ne sont que des adjuvants ou des potentialisateurs.

Le 2 février 1999, lors d'une conférence mondiale sur le dopage organisée par le CIO à Lausanne, Mme Marie-George Buffet – la ministre des Sports française – a plaidé pour que l'on s'attaque enfin aux causes profondes du dopage, notamment que l'on mène une action contre la surenchère des calendriers : « Les solutions médicales et juridiques ont leurs limites. Nous ne pouvons faire l'économie d'une réflexion sur les causes profondes du dopage, a-t-elle déclaré. Que vaudraient les contrôles les plus performants si on ne s'attaque pas aux calendriers ? Il faut que les sportifs puissent bénéficier de temps de repos ». Le dopage a des racines historiques dont les ressorts secrets ne sont pas propres au sport. C'est un phénomène étroitement lié à l'exigence principale de notre société : la compétition sous toutes ses formes.

Gommer les difficultés

Que l'on soit artiste, homme d'affaires ou « sans travail », un impératif commun nous mobilise : la lutte contre le stress de la réussite professionnelle. Il existe alors différents moyens de gommer les difficultés de la vie ou de l'effort, la liste n'étant pas exhaustive : la drogue, l'alcool, la suralimentation, le café, le tabac et, bien sûr, le dopage. Les médicaments de toute nature, en particulier tranquillisants et anxiolytiques, font également partie de la panoplie de ceux qui appréhendent de capituler devant les agressions de notre environnement de plus en plus hostile : « Nos contemporains semblent percevoir toute souffrance physique ou mentale comme intolérable, confirme le Pr Yves Pélicier, psychiatre à l'hôpital Necker à Paris. Ils recourent au médicament comme au seul moyen scientifique de maîtriser leur angoisse. » Rappelons qu'en France 13 millions de personnes consomment des tranquillisants. Si, eux, ne se dopent pas c'est que personne dans l'Hexagone ne se dope ! Le sportif plus que quiconque a continuellement besoin d'être conforté, rasséréné. Il est seul. Seul face à lui-même et à ses adversaires. Un jour, je me souviens d'avoir posé cette question à un grand champion cycliste : « Si on te disait que se mettre une plume aux fesses te ferait monter les cols plus aisément ? ». La réponse fusa : « Je le ferais ». Il est démontré cependant qu'il est plus important pour l'homme de se croire dopé que de l'être réellement. Jusqu'aux années 1970, les substances consommées par les athlètes agissaient sur le système nerveux central et pouvaient à l'occasion être efficacement remplacées par des placebos (produits inertes, sans action pharmacologique). Aujourd'hui, les dopants appartiennent à la famille des hormones (ÉPO, hormones de croissance, IGF 1, corticoïdes, ACTH, etc.) et influencent directement le rendement énergétique d'un sportif. A tous les coups ça marche et même très bien !

Suivre les meilleurs

Beaucoup pensent que le calendrier pléthorique des épreuves ou leurs exigences athlétiques jouent un rôle prioritaire dans l'extension du fléau.

En réalité, ce qui crée la difficulté dans le sport, et notamment dans le vélo, ce n'est pas de faire plusieurs étapes de montagne consécutives mais surtout d'essayer de suivre le rythme des plus forts. Cette analyse est confirmée par Jean-Marie Leblanc, patron de l'échelon course du Tour de France et ancien coureur ayant participé à cette même épreuve : « Le cyclisme est un sport de valeur relative et non un sport de valeur absolue. On ne se bat pas contre un record, on se bat contre les autres. » Tous les cyclistes de compétition le savent parfaitement, lorsqu'on est bien entraîné comme un professionnel doit l'être, monter quatre cols n'est pas d'une contrainte physique extrême ni, bien sûr, surhumaine. Par exemple, le *grouppetto* (en français « l'autobus ») désigne principalement dans les étapes de montagne un peloton d'une trentaine de coureurs, faibles escaladeurs, non concernés par la victoire d'étape et la plupart des classements distinctifs, qui roulent ensemble, se relayant régulièrement à un rythme suffisamment soutenu afin de finir dans les délais qui varient, suivant la vitesse des leaders de la course, entre 10 et 15 %. Ils terminent en moyenne à une bonne demi-heure du vainqueur sans se mettre dans le rouge et, si le lendemain l'étape beaucoup moins vallonnée entre plus dans leurs cordes, ils seront présents pour disputer l'emballage final et tenter la gagne. En revanche, vouloir suivre les plus doués, notamment les meilleurs grimpeurs, modifie radicalement la situation. Les hommes acceptant leurs limites sont peu nombreux. De même, finir toujours dans les *et caetera* n'a rien de motivant, d'autant plus que la défaite s'apparente à une mort sportive. À partir de là, on prend des pilules d'énergie pour ne pas décrocher et les meilleurs eux aussi sont obligés de piocher dans l'armoire à pharmacie pour reprendre leur avantage. Ainsi le dopage des uns engendre-t-il le dopage des autres ; c'est bien sûr le dopage lui-même et non le calendrier ou la difficulté de l'épreuve qui est la vraie source du dopage. Afin de bien montrer que c'est la confrontation des hommes et non la difficulté de l'épreuve qui engendre le dopage, rappelons que Ben Johnson, l'athlète dopé le plus connu de la planète, consommait des anabolisants pour courir tout juste 100 mètres et que, dernièrement, un joueur de billard japonais s'est fait prendre avec un produit d'usage courant chez les gros bras alors que l'effort demandé est voisin de celui du joueur de fléchettes.

La responsabilité de l'argent ?

Les sceptiques

- **Lucien Bailly (FRA),** ex-directeur technique national du cyclisme français de 1980 à 1993 : « Je ne suis pas sûr que ce soit le haut niveau où le dopage soit le plus normalisé, ce n'est aucunement une affaire d'argent. On a connu des courses de gentlemen, des cyclosportives où des gens responsables, parfois médecins, parfois avocats, sont encore plus dopés que des professionnels. Cela, c'est le comble de la bêtise humaine et il n'est pas prêt d'être réglé. » [*Cyclisme international,* 1997, n° 142, septembre, p. 41].
- **Jean-Marie Leblanc (FRA),** directeur du Tour de France depuis 1989 : « Je suis de ceux qui, depuis toujours, pour avoir été petit champion et petit coureur, affirment que l'argent n'est jamais la motivation première. Je ne connais pas un coureur cycliste qui, la veille d'un Championnat de France, n'ait rêvé d'être champion de France ; qui, à la veille d'un Paris-Roubaix, n'ait rêvé de gagner Paris-Roubaix. Et on ne rêve pas de gagner Paris-Roubaix pour les 50 000 francs qui sont à la clef, on rêve de gagner Paris-Roubaix pour avoir son nom dans le journal, pour passer à la télévision, pour avoir des admirateurs. » [in « L'institution ambulante », *Les Cahiers de médiologie : la bicyclette,* 1998, n° 5, avril, pp. 223-238 (p. 233)].
- **Erwann Menthéour (FRA),** cycliste professionnel de 1994 à 1997 : « Pour moi, l'exigence de performance était un problème d'ego, pas d'argent. Je voulais devenir une star. Mais dès que tu montes une marche, tu es prisonnier de ta progression. Personne ne veut redescendre. » [*L'Humanité,* 21 mai 1999].

Les convaincus

- **Étienne Barilier (FRA),** écrivain : « Pour faire plus d'argent, il faut faire plus de spectacle, donc plus de performances – grâce à des techniques toujours plus poussées. D'où le dopage. Les sponsors veulent du profit, les médias veulent du public, le public veut du spectacle et la spirale monte, monte sans cesse, monte à l'infini, tel un Ventoux de cauchemar. » [*L'Hebdo,* 23 juillet 1998].
- **Gilles Goetghebuer (BEL),** journaliste : « Réduisez les sommes touchées par les sportifs à des émoluments normaux et vous couperez du même coup les ailes au dopage. » [*Sport et Vie,* 1998, n° 50, septembre-octobre, p. 30].
- **Denis Masseglia (FRA),** président de la FFSA : « Il n'y a pas de dopage dans l'aviron parce qu'il n'y pas d'argent. » [*Tribunal de Grande Instance,* Paris, 10 septembre 1996].
- **Willy Voet (BEL),** soigneur cycliste de l'équipe Festina de 1992 à 1998 : « À votre avis, pourquoi se dope-t-on si massivement dans le cyclisme ? Toujours pareil, à cause de l'argent, des primes, des sponsors. » [*Sport et Vie,* 1999, n° 52, janvier-février, p. 6].

Supprimer la compétition

Pierre Chany, l'un des journalistes les plus reconnus de la presse cycliste, avait bien analysé le comportement de l'homme placé dans une enceinte sportive : « Si vous ne voulez plus de dopage, supprimez la compétition ! » Si les joutes athlétiques sont bien la cause numéro un du dopage, il ne faut pas mésestimer l'influence potentialisatrice de l'extension des calendriers, des médias, de l'argent, des honneurs. En ce qui concerne le « nerf de la guerre », rappelons que pendant des années, dans certaines spécialités sportives, avant d'atteindre un réel niveau de rentabilité cela peut demander une décennie au cours de laquelle le sportif ne gagnera pas grand-chose ; pourtant il sera déjà contaminé par le dopage. On en revient à la case départ : face à la compétition, seul un contrôle antidopage performant et débouchant sur des sanctions dissuasives pourra modifier le comportement humain. En revanche, limiter la fréquence des épreuves ne jouera qu'un rôle d'épiphénomène sur la principale dérive inhérente à la compétition, la consommation de substances dopantes, mais à coup sûr influencera favorablement la longévité des sportifs.

DIX FACTEURS EXOGÈNES POUSSANT À LA CONSOMMATION DU FRUIT DÉFENDU

1 - *Cadences infernales*

On sait à quel point les organisateurs peuvent contribuer à alourdir le calendrier des sportifs, particulièrement en cyclisme, en faisant de la surenchère, en jonglant avec les horaires et les kilomètres excessifs, surtout dans les épreuves par étapes. Quelquefois aussi, ils exercent une curieuse influence sur des événements ayant trait au contrôle antidopage. Ainsi, lors du Tour de France 1974, le Hollandais Gerben Karstens, expert en matière de fraude au contrôle et postulant au maillot jaune, fut d'abord pénalisé pour carence, puis amnistié après de savantes tractations. Un communiqué officiel fit état de son retard motivé « par la circulation, etc. » alors que la caravane du contrôle était placée juste sur la ligne d'arrivée...

Et si les coureurs, comme ce fut le cas lors du Tour 1978 à Valence d'Agen, manifestent contre le programme déraisonnable qui leur est imposé, tout le monde leur tombe dessus, organisateurs en tête !

On peut faire des reproches également aux organisateurs des réunions d'athlétisme en tout genre : leur floraison en France et dans le monde n'est pas étrangère à la surcharge proposée aux athlètes qui « courent le cachet » et n'est pas sans rappeler le phénomène cycliste des critériums.

***a.** Cyclisme*

1960 - Henry Anglade (FRA) (cycliste professionnel) : « *Trop dur avec seulement de la limonade* »

« J'ai parcouru 4 000 kilomètres en trois jours, disputé 400 kilomètres de course pour ne rester que six heures dans un lit en tout et pour tout. Croyez-vous que j'aurais pu le faire en me contentant de boire de la limonade ? » [*Le Miroir des sports,* 1967, n° 1212, 30 novembre, p. 16].

- **René Dunan (FRA)** (journaliste) : *« Pour faire illusion »*

« C'est la vedette, il faut bien le dire, qui a mis à la mode le doping, ces produits ravageurs que l'on appelle par euphémisme excitants ou remontants. La multiplicité des courses, l'avidité des gains, la paresse devant la dureté de l'entraînement, les longs voyages en auto pour rallier en quelques heures deux villes lointaines sont à l'origine de ces méthodes. Après avoir réclamé un contrat substantiel, la vedette se doit de briller, de faire illusion pendant un temps tout au moins avant de disparaître discrètement de la course. » [DUNAN R., *Le Sport et ses secrets,* Paris, Hachette, 1960, 240 p. (p. 141)].

1967 - Rick Van Steenbergen (BEL) (cycliste professionnel) : *« Obligé d'avoir l'air frais »*

« En 1967, Rick Van Steenbergen a rédigé un plaidoyer pour les utilisateurs de dopage dans un journal sportif bruxellois : « J'ai déjà fait la pénible expérience de devoir rouler jusqu'à Paris, et juste après la course, de devoir prendre la voiture pour un voyage de 10 heures jusqu'à Stuttgart où je devais aussitôt me remettre en selle. Cela m'arrivait chaque semaine. Il n'y avait rien à faire. Un organisateur voulait telle et telle vedette à l'affiche. Il payait pour. Un autre organisateur voulait les même stars pour le lendemain et le public en voulait pour son argent. Les vedettes étaient par conséquent obligées d'avoir l'air frais dans toutes ces rencontres, et cela, elles ne le pouvaient pas sans les stimulants. Personne ne pouvait et personne ne le pourra jamais car il n'y a pas de supermen. Le dopage en sport cycliste est nécessaire. » [KOOMEN T, *25 ans de dopage* (en néerlandais), Laren, Luitingh, 1974, 144 p. (p. 34)].

1976 - Gérard Moneyron (FRA) (cycliste professionnel) : *« S'il n'y avait que le Tour de France »*

Moneyron a un argument pour plaider la cause des « Forçats de la route ».

« S'il n'y avait que le Tour de France, il serait possible de pratiquer ce sport, le plus dur qu'il soit, de façon naturelle. Mais on est tellement sollicité! On court du 1er janvier au 31 décembre! Pendant la période des critériums, il faut rouler en voiture toute la nuit, d'un coin à l'autre et pédaler le jour pour honorer les contrats. Et le public qui paie n'est pas venu pour voir Raymond Poulidor ou Bernard Thévenet dormir sur leur vélo! Il faut donc se donner à fond.

Pendant le Tour de France, il y a parfois cinq cols par étape, pendant trois jours de suite... Et la foule proteste lorsque les coureurs ne déclenchent pas la bataille assez vite... Et les organisateurs se fâchent! Alors, on roule de plus en plus vite. Nous sommes des professionnels. Nous avons une famille à nourrir, un loyer à payer et quand l'employeur demande des résultats, par n'importe quel moyen, on doit les obtenir. Sinon, à la fin de la saison, c'est le chômage et il y en a beaucoup dans notre profession. » [BINDNER C, « Le doping : le sport défiguré » in *Les Dossiers de France-Inter* (sous la direction de Michel Péricard), Paris, Presses de la Cité, 1977, 255 p. (pp. 202-203)].

1980 - Cyrille Guimard (FRA) (cycliste professionnel) : *« Pour tenir le coup »*

« C'est oublier trop vite que l'absorption de produits dopants est toujours liée à des phases dépressives, physiques ou psychiques. La preuve? Combien de coureurs se dopent sur des critériums où on ne leur demande nullement de gagner mais de participer. Croyez-moi, s'ils prennent quelque chose, ce n'est pas pour faire la différence avec les autres et vaincre mais pour tenir le coup, parce qu'ils sont saturés, au bord de la dépression nerveuse, qu'ils aimeraient se trouver dans un lit plutôt que sur une bicyclette et qu'il faut bien courir quand même... » [GUIMARD C. et PASCUITO B, *Un vélo dans la tête*, Paris, Solar, 1980, 192 p. (p. 171)].

1991 - Jacques Goddet (FRA) (journaliste) : *« La nécessité de progresser, la valse des records, la charge de travail exigée »*

« Mon avis est que l'ère moderne du sport, la nécessité de progression, la valse des records, la charge de travail exigée de l'athlète de premier plan – sans compter, dans un sport de nature mécanique, les modifications de positionnement et d'architecture du corps dues aux mutations techniques – tout cela engendre la recherche de traitements préparatoires, certainement savants, mais susceptibles de créer des troubles biologiques. Je ne pense pas là au doping grossier absorbé dans les heures d'effort, aisément décelable d'ailleurs aux contrôles quotidiens. Restent bien rares, en effet, les résultats positifs issus de telles absorptions, surtout qu'il existe sûrement des contre-produits masquants non encore révélés. Il y a principalement le fait qu'un traitement échelonné, utilisant des substances dopantes, particulièrement celles qui vitalisent les muscles, peut être suivi hors saison, à des époques où l'on reste à l'abri de tout contrôle. Et l'on peut craindre que ces sortes de préparations saisonnières ne perturbent fort le métabolisme et peut-être aussi le psychisme de ces jeunes hommes qui s'y soumettent alors qu'ils doivent supporter une somme de préparation toujours plus lourde, alors qu'ils devraient se plier à une vie à tendance monacale. Tandis qu'ils deviennent de plus en plus accaparés par les obligations médiatiques, relationnelles, représentatives, dues à la personnalité conquise dans leur métier; tandis qu'ils subissent le

« stress » inhérent à leurs préoccupations vis-à-vis des intérêts matériels résultant de l'accroissement considérable de leurs profits (au moins pour les vedettes). » [GODDET J., *L'Équipée belle,* Paris, Laffont-Stock, 1991, 526 p. (pp. 459-460)].

b. *Football*

Les dirigeants de club limogent en priorité leurs entraîneurs pour insuffisance de résultats et non parce qu'ils exigent à l'entraînement des charges de travail démesurées menaçant la santé de leurs joueurs. En revanche, lorsqu'il s'agit de réduire le rythme des compétitions, comme par exemple de limiter la 1re division à 18 clubs, les patrons des « grandes écuries » ne voient que l'intérêt financier en votant pour le *statu quo.*

1971 - *Sport* (hebdomadaire) : *« Une arithmétique élémentaire »*

« Si l'année comporte 52 semaines, la saison de football tenant compte des vacances d'été (8 semaines), de la trêve d'hiver (6 semaines) n'est que de 38 semaines, desquelles nous devons déduire les semaines de stages réservées à l'équipe nationale. On peut estimer qu'avec la Coupe d'Europe des Nations et les matches amicaux, cette équipe nationale jouera au moins six fois : 38 - 6 = reste 32 semaines. On s'étonne, devant ces chiffres qui relèvent d'une arithmétique très élémentaire, que le groupement et la Fédération maintiennent un championnat professionnel à 20 clubs, ce qui implique 38 matches de compétition pour chaque équipe. 38 matches en 32 semaines ce serait possible après tout en forçant un peu la mécanique humaine, s'il n'y avait la Coupe de France. Pour les professionnels, elle commence avec les 32e de finale ce qui représente, jusqu'aux demi-finales, avec les matches aller-retour des 8e de finale aux demi-finales, huit journées de compétition. Il reste donc à la disposition de l'équipe nationale : 32 - 8 = 24 semaines.

Les clubs au sommet auront à disputer les coupes européennes. Ces coupes concernent les cinq premiers du classement. Dans le pire des cas - élimination au premier tour - ces formations auront à livrer deux matches supplémentaires d'où, pour elles, 24 - 2 = reste 22 semaines pour caser leurs rencontres de Championnat.

Cela revient à dire que les meilleures équipes françaises, durant une bonne partie de la saison, joueront deux fois par semaine et comme ces équipes fournissent les internationaux, on devine à quelle sauce ces derniers seront accommodés.

Dans l'industrie, on appelle cela "les cadences infernales". » [*Sport,* 5 mai 1971].

2 - ***Emploi, rentabilité, intérêts financiers***

1. Dr Jacques Huguet (FRA) (FFBB) : *« Proportionnel aux intérêts »*

« Mon point de vue est que le dopage est toujours proportionnel aux intérêts qui sont en jeu. Il s'exerce particulièrement dans la boxe, le football et le cyclisme qui remuent de très gros intérêts. Soit des intérêts de club, soit des intérêts particuliers. » [*Tonus,* 1969, n° 382, 7 juillet, pp. 1-6].

2. Pr Robert Dugal (CAN) : *« Avantages démesurés »*

« Certains athlètes se dopent – le terme est péjoratif mais juste – pour des raisons de divers ordres. L'internationalisation et la commercialisation du sport, la propagande orchestrée par certains pays qui utilisent leurs athlètes comme ambassadeurs de leur idéologie politique, le caractère obsessionnel que revêt pour les athlètes un record précédent à briser, les pressions exercées sur les athlètes par les puissances financières, les avantages démesurés -tant sur le plan pécuniaire que sur celui du prestige personnel- que les athlètes retirent d'une victoire sont autant d'éléments qui créent une toile de fond favorable à l'utilisation de tous les moyens y compris ceux qui sont illégaux, pour atteindre la fin, concrétisée par la médaille d'or. » [DUGAL R., « Après le scandale de Caracas. Comment enrayer le dopage qui jette le discrédit sur le sport amateur ? », *Le Devoir,* 31 août 1983].

3 - ***Nationalisme***

- Pour le pays

« Ces raisons ne sont peut-être pas suffisantes pour condamner le doping, dans tous les cas l'international qui joue ainsi sa santé pour l'honneur de son pays est dans une situation morale analogue à celle d'un soldat à la guerre et le risque se justifie peut-être. » [Barbedor L., « La page du maquignon : doping », *Sport et Santé,* 1933, 5, n° 51, mai, p. 27].

- Pour le Führer

À l'occasion des JO de 1936 de Berlin, le champion allemand de poids et haltères, Josef Manger, avouait : « Je suis prêt à me doper pour le Führer. » [*Le Miroir des sports,* 1968, n° 1247, 29 août, p. 23].

4 - *Encadrement*

Le doping est imposé par l'entraîneur, par les dirigeants, plus épris encore de victoire que le sportif lui-même.

Cyclisme - De Muer : le directeur sportif recordman des cas positifs

« On peut s'exercer à relever le nombre des affaires de dopage dans lesquelles est impliqué un seul et même directeur sportif : Maurice De Muer, à la tête de l'équipe Bic puis Peugeot, est candidat à la médaille d'or avec, pour la période 1970-1978, 24 cas positifs concernant des coureurs de ses équipes sur 70 cas relevés (36 % !). À moins, évidemment, qu'il n'y ait aucun lien de cause à effet. D'ailleurs, en 1977, après les éclaboussures successives des affaires Rachel Dard et Bernard Thévenet, les coureurs durent signer une déclaration déchargeant leur directeur sportif, leur médecin et leurs dirigeants, de toute responsabilité en cas de dopage... Maurice de Muer affirmait qu'il n'avait pas "des yeux derrière la tête pour surveiller ses hommes vingt-quatre heures sur vingt-quatre". [de MONDENARD J.-P. et CHEVALIER B., *Le Dossier noir du dopage,* Paris, Hachette, 1981, 270 p. (p. 205)].

5 - *Pressions interdites*

***a.** Chantage des organisateurs*

1 - Dauphiné 1978 : Bernard Hinault (FRA)

« En 1978, Bernard Hinault souhaitant s'abstenir au Dauphiné pour se préparer en vue de son premier Tour de France se voit imposer un ultimatum par l'organisateur : ou il vient et l'équipe Renault peut prendre le départ ou il s'abstient et son équipe dirigée par Cyrille Guimard sera interdite de course. Épilogue : Hinault s'est abstenu et les Renault sont restés chez eux. Cette exclusion pure et simple des Renault conduisait la commission sportive de la Fédération de cyclisme à exclure – fait unique – le Dauphiné de l'attribution de points pour la qualification aux Championnats de France. » [VIDAL M. *et al., La Montagne et ses champions,* Paris, Messidor, 1990, 130 p. (p. 84)].

2 - Tour d'Espagne 1988 : Pedro Delgado (ESP)

Pedro Delgado en accord avec son directeur sportif, José Echavarri, axe toute sa saison 1988 sur le Tour de France. « Pour cela il fut décidé de faire l'impasse sur le Tour d'Espagne, ce qui déplut singulièrement aux organisateurs. La preuve, en guise de rétorsion, le nom de l'équipe Reynolds (qui y participait avec d'autres coureurs que Delgado) ne fut pas une seule fois cité à la radio de la course, entre autres brimades. » [HINAULT B. et LEBLANC J.-M., *Tour de France 1988,* Paris, Hachette-Vandystadt, 1988, 143 p. (p. 110)].

3 - Étoile de Bessèges 1991 : Charly Mottet (FRA)

« Bien involontairement, Charly Mottet aura été le détonateur du premier conflit de la saison. Un conflit qui décapite, le mot n'est pas trop fort, l'Étoile de Bessèges, obligée de se passer des quatre équipes françaises. Parce que l'organisateur, Roland Fangille, a refusé au départ de son épreuve une équipe RMO forte de Caritoux, Lino, Bouvatier et Rezze notamment, mais privée de son chef de file Mottet engagé en Espagne, les trois autres groupes Castorama, Z et Toshiba ont dressé un front du refus. " Pas question de céder à ce chantage ont clamé en chœur les directeurs sportifs français. C'est tous ou aucun. "

Comme personne n'a voulu reculer d'un pouce, l'impasse était inévitable. Du coup, il n'y aura pas de groupe français cette année à Bessèges. Ni dans le Grand Prix d'ouverture, aujourd'hui à Gardanne, ni durant l'Étoile à partir de demain et qui se poursuivra jusqu'à dimanche. » [*L'Équipe,* 5 février 1991].

- Exigences des sponsors

Le Britannique Steve Cram, recordman du monde du mile, explique dans le magazine de la BBC *Panorama :*

« Les grandes firmes exigent impérativement que le spectacle soit assuré. Les primes de victoire ou de record sont très importantes. Comment les athlètes, rémunérés au résultat, pourraient-ils ne pas succomber à la tentation du dopage ? D'autant qu'ils savent que, dans les meetings, ces sponsors feront tout pour que les contrôles soient bidons, les enjeux étant trop importants. » [*Politis,* 1988, n° 29, 15 septembre, p. 5].

b. Record des courses organisées et inflation démentielle du calendrier

« L'UCI délègue l'organisation de ses Championnats du monde au pays le plus offrant. En France, la FFC en fait autant, et laisse le soin à des organisateurs privés (dans la plupart des cas les journaux), tant que ceux-ci y trouvent au moindre frais, grâce à la télévision, à la publicité et aux fonds versés par les municipalités, la possibilité d'une action de propagande et de promotion, d'ailleurs annulée, puisque tous les concurrents du journal organisateur se livrent à une surenchère du même ordre.

Cette dernière aboutit à une pléthore d'organisations, les unes classiques et internationales (les seules qui devraient compter), les autres régionales ou même locales, les critériums, lesquels conduisent les coureurs à se dépenser avec excès. Cette situation conduit certains champions, ou apprentis champions, à rechercher le soutien de stimulants chimiques ou autres, souvent dangereux pour la santé. Certes la Fédération combat le dopage, contrôle rigoureusement le coureur et parfois le sanctionne. Elle pourrait rendre inutile tout cet arsenal de mesures en s'en prenant à la racine même du mal : l'inflation démentielle des compétitions routières. » [Laget S., *Le Cyclisme,* Paris, Larousse, 1978, 191 p. (p. 154)].

c. Conditionnement psychologique

« En fin de compte, il y a peut-être lieu de réviser certaines notions de base sur les sports de compétition et sur le dopage lui-même. Quand on commence à sélectionner les sportifs à partir de l'âge de 12 ans, comme cela se fait couramment pour les nageurs, quand on les soumet à un entraînement intensif, accompagné d'un régime alimentaire, d'une hygiène de vie et d'un conditionnement psychologique très spécialisé, on peut se demander si, à la limite, il ne s'agit pas également de dopage, les deux mots sont sémantiquement très voisins. » [Andéol P, « Le dopage aux Jeux olympiques risque fort d'être indécelable », *Science et Vie,* 1976, n° 707, août, pp. 26-27].

6 - ***Par obligation (pour faire comme les autres)***

Quoique la majorité des athlètes ne veuille pas prendre de dopants, un grand nombre d'entre eux s'y sentent contraints afin d'être à la hauteur en compétition.

- *Sue Howland (AUS)* *témoigne :*

« Si j'avais à concourir contre le Tonga ou les Fidji, je n'en aurais pas besoin, mais contre les filles de l'Ouest et de l'Est, le défi est différent. À Rome, 90 % des finalistes du concours étaient dopés. La victoire à tout prix. Il y a trop de pognon dans l'athlétisme. Je serais prête à ne plus en prendre... à condition que tout le monde en fasse autant... » [Bourg J.-F., « Le dopage » in *Le Sport en otage,* Paris, La Table Ronde, 1988, 225 p. (p. 146)].

- *Howard Payne (GBR),* *sommité en haltérophilie de l'université britannique de Birmingham, affirme :*

« La presque totalité des athlètes auxquels j'ai parlé accueillerait avec joie les examens antidoping s'ils étaient certains qu'aucun médicament n'y échapperait. Dans l'ensemble, les sportifs veulent se débarrasser des stéroïdes. » [Mirkin G. et Hoffman M., « Les produits pharmaceutiques ou le prix de la victoire » in *La Médecine sportive,* Montréal, Les Éditions de l'Homme, 1981, 322 p. (p. 160)].

- *USA* *- pour faire comme la RDA et l'URSS* .

« Certains athlètes ont fait remarquer que des pays comme l'Allemagne de l'Est et l'Union Soviétique ont des programmes de médecine sportive particulièrement sophistiqués dans lesquels l'utilisation de médicaments additionnels par les sportifs est contrôlée et supervisée avec soins.

Ils estiment que la plupart des sportifs des États-Unis sont loin en arrière dans la course aux armements chimiques parce que les athlètes américains sont obligés de les expérimenter eux-mêmes, alors que les étrangers du bloc de l'Est bénéficient d'un contrôle médical attentif. La spirale de la compétition est le problème majeur pour la plupart des athlètes qui, régulièrement, s'interrogent sur ce handicap : s'ils en prennent, comment concourir avec succès sans aide médicamenteuse ? » [Munch L. et Haycock C.-E., « Dopants et sportives » in *La Médecine du sport pour l'athlète féminine,* (en anglais), New York, G.D. Perigee, 1984, 412 p. (p. 352)].

- *Cycliste anonyme*

« J'en avais assez de me présenter en compétition avec une épée de bois alors que mes adversaires avaient la bombe atomique. » [*Le Quotidien de Paris,* 21 juillet 1988].

- Charles Dubin (CAN) : *« Une réalité »*

Dans son rapport sur la commission d'enquête canadienne sur le recours aux drogues et aux pratiques interdites pour améliorer la performance athlétique (11 janvier au 03 octobre 1989), Charles L. Dubin admet que le dopage par obligation est une réalité : « En tout, quarante-six athlètes canadiens appartenant à un large éventail de disciplines sportives ont admis au cours de l'enquête avoir fait usage de stéroïdes anabolisants. Ces athlètes, qui ont comparu devant la Commission, ne représentent qu'un échantillon. Il ne faudrait pas en conclure que le recours aux substances interdites se limite à ces personnes.

Il semble que ce qui a poussé certains athlètes canadiens à commencer à prendre des substances en vue d'améliorer leur performance, c'est leur conviction que leurs collègues sur la scène internationale avaient un net avantage sur eux lors des compétitions parce qu'ils prenaient des substances telles que des stéroïdes anabolisants et des hormones de croissance. » [DUBIN C.-L., *Commission d'enquête sur le recours aux drogues et autres pratiques interdites pour améliorer la performance athlétique,* Ottawa, Centre d'éditions du gouvernement du Canada, Approvisionnements et services Canada, 1990, 714 p. (p. 376)].

7 - ***Pour se sécuriser***

- Dave Jenkins (GBR) *champion d'Europe du 400 m en 1971 à l'âge de 19 ans*

« Personnellement, dans ma carrière, j'ai toujours triché. J'ai commencé par toucher de l'argent pour courir en 1973 et j'ai utilisé des anabolisants dès la fin de 1975 par manque de confiance en moi... » [*Le Figaro,* 1er mars 1989].

8 - ***La pub***

- La réclame pour les anabolisants

« L'affaire fait parler à Los Angeles : une société californienne vient d'être attaquée par la Commission fédérale du commerce pour avoir fait une publicité vantant des produits n'étant autres que des substituts d'anabolisants. » [*L'Équipe,* 28-29 juillet 1984].

9 - ***Carence des organismes internationaux***

- Charles L. Dubin (CAN) : *« Moyens inefficaces pour en décourager l'utilisation »*

Dans son rapport sur la commission d'enquête canadienne sur le dopage, Charles L. Dubin aborde les causes du fléau : « Le fait que les organismes de réglementation des sports ne se sont pas penchés plus sérieusement sur le problème des drogues et n'ont pas pris de moyens plus efficaces pour en décourager l'utilisation a également contribué dans une grande mesure à étendre l'usage des drogues chez les athlètes. » [DUBIN C.L., *Commission d'enquête sur le recours aux drogues et autres pratiques interdites pour améliorer la performance athlétique,* Ottawa, Centre d'édition du gouvernement du Canada, Approvisionnements et services Canada, 1990, 714 p. (p. 584)].

- Le Club : *« les contrôles a posteriori : une perte de temps et d'argent »*

« Il y a quelque chose d'extrêmement préoccupant dans ce qu'ont pu nous raconter les dirigeants sportifs internationaux sur les contrôles antidopage. La cruelle vérité, c'est que le club sait depuis vingt ans que le contrôle des athlètes le jour même de la compétition est à toutes fins utiles une perte de temps et d'argent. Cela ne sert qu'à amuser la galerie, à masquer la vérité. Les adeptes du dopage sont très professionnellement informés par leurs médecins et leurs entraîneurs du délai nécessaire pour que leur organisme ait éliminé toute trace des produits dopants. Seul un sot peut se faire prendre, ou bien un Ben Johnson, qui avait pris le risque calculé que les traces de sa dernière cure de stéroïdes seraient éliminées avant Séoul.

La seule dissuasion efficace contre le dopage, c'est le contrôle aléatoire. La crainte des dopés de voir débarquer une équipe de contrôleurs dans leur ville natale, leur club sportif ou leur université, pendant leur entraînement, période où ils se dopent, en exigeant immédiatement un échantillon. Le contrôle aléatoire est encore rare, bien qu'on le réclame avec insistance depuis vingt ans. L'imposture des contrôles pratiqués lors des manifestations fut exposée dès la première investigation impartiale sur le monde trouble du sport. Après le scandale Ben Johnson, le gouvernement canadien confia l'enquête au doyen des juges de l'Ontario, Charles Dubin. Son esprit indépendant et clair eut tôt fait de démasquer des années de faux-semblant.

" Bien qu'elles sachent depuis des années que les contrôles antidopage lors des compétitions sont une supercherie, écrivait Dubin dans son rapport, les commissions médicales des organisations sportives comme la

FIAA et le CIO n'ont pris aucune mesure pour rendre ce fait public. Ce faisant, elles ont donné l'impression que les compétitions sont honnêtes et les laboratoires impossibles à tromper. " » [SIMON V. et JENNINGS A., *Main basse sur les JO,* Paris, Flammarion, 1992, 356 p. (pp. 240-241)].

- CIO et IAAF : *absence d'enquête sur le scandale de Ben Johnson*

« Ni Juan Antonio Samaranch au CIO, ni Primo Nebiolo à l'IAAF n'ont enquêté sur le scandale Ben Johnson. C'est le gouvernement canadien qui a pris la décision de déclencher une enquête sérieuse. La même année, le gouvernement australien a dû ouvrir lui-même une enquête parce que ses propres dirigeants sportifs se refusaient à investiguer les accusations de dopage contre leurs athlètes. Le flot incessant de témoignages sur le dopage aux États-Unis n'a jamais déclenché la moindre enquête de la part de la Fédération d'athlétisme ou de l'USOC, le Comité olympique américain. Il a fallu l'action de la commission du sénateur Joe Biden pour découvrir les scandales du dopage en Amérique et donner l'un des témoignages les plus accablants et les plus navrants sur les effets secondaires des stéroïdes. » [SIMON V. et JENNINGS A., *Main basse sur les J.O.,* Paris, Flammarion, 1992, 356 p. (pp. 240-241)].

« Le dopage est inefficace... »

Se poser encore la question de savoir si telle ou telle spécialité sportive est touchée par le dopage relève d'une démarche intellectuelle totalement dépassée. L'usage de produits dopants existe depuis la nuit des temps, au même titre que le vol, le mensonge, la tricherie; il fait partie de la nature humaine et non de telle pratique sportive.

Le dopage est inefficace

Quelques experts convaincus

1966 - Dr Pierre Dumas (FRA) médecin du Tour de France (1955-1967) et de la lutte antidopage - *« Neuf fois sur dix rien »*

1. « Le doping rapporte peu en regard des servitudes qu'il implique. Il peut apporter une euphorie en course, un effacement de la fatigue qui ne fera cependant pas mieux marcher un "tocard". J'ai fait des expériences sur moi-même et sur les étudiants volontaires de l'École nationale supérieure d'éducation physique dont je suis le médecin.

Nous avons pris ce qui se fait de mieux dans le genre et fait du footing après. Nous ne nous sommes pas métamorphosés en champions. En fait, cela ne nous a rien apporté, comme cela n'apporte, neuf fois sur dix, rien au coureur qui continue de se doper par peur de craquer. » [*Le Miroir des sports,* 6 juillet 1966, p. 24].

2. Question de Christophe Penot au journaliste Pierre Chany, référence en matière de cyclisme : « Ancien médecin du Tour de France, le docteur Dumas se plaignait souvent que la presse et les officiels ne le soutenaient pas dans la lutte qu'il menait contre le dopage. "Le dopage ne marche pas !" jurait-il. Pourquoi ne vous trouvait-il pas à ses côtés ?

Pierre Chany : Parce que je n'ai jamais voulu être complice d'une immense connerie ! Depuis des années, les médecins répétaient que le dopage ne marchait pas... C'était faux ! Le cas Popof (NDLA : le cycliste Jean Graczyk) mis à part, le dopage marchait très bien ! D'ailleurs, les sportifs, je dis : les sportifs, car on vérifie, aujourd'hui, que le dopage est plus ou moins présent dans toutes les disciplines sportives, les sportifs ont toujours su que le dopage marchait bien. Et moi aussi je le savais ! Le soir, à l'hôtel, j'en parlais suffisamment avec les principaux intéressés... Par parenthèse, c'est à cette époque que les médecins chantaient sur les toits que le dopage était un leurre. "Vous vous trompez. Les amphétamines vous euphorisent mais vous n'êtes pas meilleurs pour autant..." disaient-ils. Évidemment, dans le peloton, c'était l'éclat de rire général. Voilà comment les médecins, voulant trop bien faire, mais incapables de comprendre la psychologie des coureurs, ont perdu leur crédit. » [PENOT Ch., *Entretiens avec Pierre Chany, l'homme aux 50 Tours de France,* Saint-Jean-Le-Blanc, Cristel, 1996, 248 p. (p. 48)].

1978 - Dr Ludwig Prokop (AUT) médecin de la Commission médicale du Comité international olympique - *« Dangereux et absolument inutile »*

« N'est-il pas paradoxal et tragiquement ironique, lors de tests doubles pratiqués, que plusieurs expériences effectuées avec des substances de dopage et des substances factices sans effet, aient montré que le mécanisme de la réaction est presque exclusivement autosuggestif. L'emploi de substances toxiques utilisées d'habitude comme dopage est donc non seulement dangereux mais, à quelques exceptions près, absolument inutile. » [PROKOP L., « La contribution de la médecine sportive à l'amélioration des performances », *Rev. olympique,* 1978, n° 123, janvier, pp. 46-51 (p. 50)].

Or, d'un aveu unanime, les présidents, médecins et joueurs affirment : « Il n'y a pas de dopage dans mon sport » et avancent comme argument à la soi-disant inefficacité des pilules de l'effort : « On ne connaît pas à l'avance la durée du match et elles perturbent la précision du geste. »

Cet avis est loin d'être partagé par le physiologiste François Ruff : « Le dopage n'épargne aucun sport en principe. Qu'il soit d'adresse ou non, qu'il soit ou non de durée variable. Car on peut prendre un dopage à la carte, par doses successives et en mélangeant les produits suivant les effets qu'on en attend. » [1]

On se dope pour lever de la fonte en haltérophilie comme pour presser la détente d'un pistolet; on se dope pour ne pas sentir la fatigue ou pour éviter la peur, pour se tranquilliser comme pour s'exciter ou pour se placer dans un état euphorique. Les faits démentent les présidents, les médecins, les joueurs qui affirment : « Dans notre sport, la précision du geste est incompatible avec le dopage ».

Prenons l'exemple du basketball. Le Dr Jacques Huguet, médecin fédéral, déclare : « Le geste terminal du basket étant d'une extrême précision, un geste cybernétique, l'excitation et les troubles locomoteurs engendrés par le doping vont à l'encontre de la précision de l'acte final. » [2]

Curieusement, cela ne semble pas perturber la qualité des tirs des basketteurs professionnels américains, gros consommateurs de drogues variées !

Dans les sports encore « épargnés », la seule certitude est qu'ils sont surtout épargnés par le contrôle. À l'heure actuelle, un soigneur sans scrupules peut garantir à n'importe quel sportif un effet dopant, surtout si l'absence de contrôle lui laisse l'embarras du choix. Il pourra jouer à volonté sur la gamme de produits ainsi que sur leur dosage, ce dernier faisant justement la différence entre l'effet « bénéfique » et les troubles dus à l'abus. Qui peut affirmer que le dopage est impossible en Formule 1, par exemple, là où tout se joue de plus en plus vite et où l'on murmure de façon insistante que certains euphorisants pourraient aider les pilotes à vaincre l'appréhension ? En rugby où l'équipe représente, selon Jean Giroudoux, la somme des qualités humaines : puissance pour les avants, clairvoyance pour les demis, vélocité pour les lignes arrière et courage pour tous lorsqu'il s'agit de plonger sur un ballon brûlant ? Tout l'arsenal dopant peut être utilisé – des anabolisants aux euphorisants – en passant bien entendu par les amphétamines ! Si cela n'est pas généralisé, que les dirigeants concernés fassent en sorte que cela n'arrive pas !

Au début des années 1960, dans la revue *Médecine, éducation physique et sport,* l'organe officiel de la médecine du sport, on pouvait trouver dès la deuxième page, une publicité qui incitait les médecins à prescrire à leurs patients sportifs du Durabolin® (nandrolone), un stéroïde anabolisant. Pendant trente-huit ans, ce dérivé de l'hormone mâle a été l'un des deux ou trois dopants les plus consommés par la gent athlétique. Lors de sa mise sur le marché, les experts de la chose médicale pensaient tout simplement que les hormones en général et les anabolisants en particulier tels que le Durabolin® s'apparentaient à de simples vitamines.

Le sprinter canadien Ben Johnson, en remportant avec facilité le 100 m des Jeux olympiques de Séoul en 1988, a démontré que les anabolisants n'étaient pas que de « simples vitamines » mais de très efficaces dopants de la performance. Après avoir purgé sa suspension de deux ans, lors de son retour sur les pistes en 1990, il était devenu un honnête sprinter, sans plus. En 1991, voulant retrouver son niveau antérieur, il replonge dans la pharmacie aux anabos, rejoint les meilleurs et se fait prendre à nouveau.

De même, pendant la grande période des amphétamines jusqu'au début des années 1970, les sportifs – notamment les cyclistes – en consommaient régulièrement et pourtant de nombreux scientifiques d'alors en niaient l'effet positif sur la performance. On a su plus tard, avec des travaux plus rigoureux, qu'elles étaient réellement des dopants et provoquaient des lésions cérébrales graves. Les écrits de ce médecin spécialiste du dopage, le docteur Jean-Jacques S'Jongers, démontrent que le corps médical a souvent eu plusieurs longueurs de retard par rapport à la réalité des vestiaires et du terrain : « La prévention apparaît comme la seule voie possible de lutter contre le dopage : chacun doit savoir que les dopants actuels sont inefficaces et qu'ils présentent un danger majeur pour la santé de ceux qui les utilisent. » [3]

En dehors des médecins et dans le but de défendre l'image de sport sain, non contaminé par la société ambiante, l'affirmation globale de l'inefficacité du dopage est souvent mise en avant par les dirigeants de la majorité des fédérations. Par exemple, le monde du football certifie sans sourciller : « La multiplicité et la complexité des habiletés psychomotrices mises en jeu dans notre discipline sont incompatibles avec le dopage. »

Souvent, pour asseoir leur jugement péremptoire, ils mettent en avant certains travaux scientifiques qui nient la pertinence de telle ou telle substance dopante. Afin de permettre à chacun d'aiguiser sa réflexion sur la fiabilité des études scientifiques, nous leur soumettons les résultats d'un cas exemplaire : 12 volontaires, conducteurs d'automobiles expérimentés, se sont prêtés à une intéressante expérience : ils ont reçu soit un placebo, soit un antihistaminique (antiallergique) à des doses de 25, 50 et 100 mg. En fait, ils ont fait tout cela deux fois, soit dans des conditions de laboratoire et on les a soumis à divers tests de performance et de vigilance, soit dans des conditions normales et ils devaient alors conduire sur un circuit. Leurs performances ont été beaucoup plus altérées au laboratoire que dans les conditions réelles de conduite. Cela signifie qu'en choisissant bien ses tests, plus ou moins sensibles, on peut prouver ce que l'on veut... Méfiance donc, avant d'interpréter des résultats de laboratoire, positifs ou négatifs, concernant les effets d'une substance sur la performance sportive.

Cyclisme : l'illustration éculée du « cheval de bois »

Pendant des décennies, l'argument numéro un des sportifs, et notamment des cyclistes, était – afin de préserver l'image positive de leur performance – de nier l'efficacité des dopants en utilisant la métaphore du cheval de bois qui ne peut se transformer en pur-sang grâce à la magie d'un quelconque orviétan.

En effet, depuis 1965 et la loi antidopage française, le dopage s'apparente à une tricherie et, bien sûr, aucun sportif ne veut admettre que ses succès trouvent leurs sources dans la chimie. D'autant que jusqu'à la fin des années 1980, le dopage ne changeait pas véritablement la hiérarchie.

Or, aujourd'hui, les cyclistes admettent enfin que le dopage « booste » la performance. Erwann Menthéour, jeune retraité du milieu cycliste, à l'inverse de ses glorieux aînés, pense que l'on peut faire gagner « un cheval de bois ».

Les citations des champions regroupées ci-dessous confortent cette analyse :

- **Louison Bobet (FRA),** cycliste professionnel de 1947 à 1961 : « Un cheval de labour ne fera jamais un cheval de course, même si on lui administre tous les produits de laboratoire imaginables. » [in *Louison Bobet, le cycliste d'orgueil,* de Robert Ichah, Paris, Pac, 1981, 170 p. (p. 76)].
- **Robert Chapatte (FRA),** cycliste professionnel de 1944 à 1954 : « Aucun orviétan ne saurait faire d'un cheval de fiacre un vainqueur du derby d'Epsom. » [*Le Cyclisme, la télé et moi,* Paris, Solar, 1966, 316 p. (p. 144)].
- **Dr Pierre Dumas (FRA),** médecin chef du Tour de France de 1955 à 1967 : « Ils peuvent bien employer tous les dopings de la terre, on ne fait pas un champion d'une cloche. Le Tour, on doit être capable de le faire et aucun moyen ne le fera faire si on en est physiquement incapable. » [*Miroir Sprint,* 2 juin 1958].
- **Marc Madiot (FRA),** cycliste professionnel de 1980 à 1994 et directeur sportif de La Française des Jeux : « Ce n'est pas en donnant une potion magique à un cheval de bois qu'on obtient un cheval de course... Il faut arrêter de prêter au dopage des qualités qu'il n'a pas. On laisse croire que le dopage est une source de victoire. C'est faux. Un coureur ne réalise pas une grande carrière en se dopant. » [*Le Sport,* 13 décembre 1996].
- **Erwann Menthéour (FRA),** cycliste professionnel de 1994 à 1997 : « Jusqu'en 1989, dopage ou pas, les meilleurs étaient devant. Maintenant, avec l'arrivée de l'homme " bionique ", je pense que ce n'est plus vrai. Qu'on peut aussi faire gagner un cheval de bois. » [*Paris-Match,* 11 février 1999].

Un médecin français, a présenté le 25 janvier 1997, lors de la Journée nationale d'étude de la Fédération nationale des offices municipaux du sport à la Seyne-sur-Mer, une enquête sur la question suivante : « Les médecins sont-ils des facteurs favorisants du dopage sportif ? » Pour y répondre, il a étudié les connaissances et les attitudes des médecins face au dopage sportif grâce à une enquête téléphonique auprès d'un échantillon représentatif des généralistes français. Au terme de ce travail, l'auteur conclut : « On peut considérer que les médecins sont dans l'ensemble un facteur favorisant du dopage : non volontairement mais parce qu'ils méconnaissent complètement le sujet et ils le disent eux-mêmes : ils ne sont pas préparés à cela, ils n'en savent rien, on ne leur a jamais expliqué, en réalité. »

De notre côté, notre expérience du milieu médico-sportif étalée sur une trentaine d'années nous permet de distinguer des comportements très typés au sein des médecins exerçant dans l'environnement immédiat des athlètes de compétition.

D'abord, il y a ceux qui se sont spécialisés dans la lutte antidopage. Afin de minimiser l'échec de leur action, ils se défendent en déclarant que telle ou telle substance réputée indécelable, est, au plan de la performance athlétique, totalement inefficace.

Cette ligne de conduite, très ancienne, perdure toujours.

Par exemple, l'hormone de croissance apparue au milieu des années 1980 fut considérée jusqu'en 1995 comme sans intérêt par les spécialistes de la Commission médicale du CIO. Curieusement, pour ces mêmes experts, aujourd'hui, elle est devenue subitement « l'une des plus grandes menaces pour le Mouvement olympique ».

Ensuite il y a ceux qui nient le dopage ou, en tout cas, son intérêt dans la spécialité sportive qu'ils encadrent. Les médecins d'équipe qui appartiennent à cette catégorie de praticiens affirment haut et fort qu'au « plan technique », les pilules de la performance sont difficiles à manier efficacement par rapport à la durée des compétitions, à la période de la saison et aux qualités sportives requises dites « incompatibles » avec les effets des dopants.

Dans cette famille d'hommes en blanc, on trouve en bonne place le Dr Jean-Marcel Ferret, médecin de l'équipe de France de football et de l'Olympique lyonnais, dont l'affirmation péremptoire parue dans *France-Football* du 6 février 1996, est un petit chef-d'œuvre : « Quant aux anabolisants, ils doivent être utilisés plusieurs mois avant la compétition, souvent durant les préparations hivernales. Dans le football où on joue douze mois sur douze, ce n'est donc pas possible. »

Pourtant, la mise en évidence régulière de cas positifs aux anabolisants détectés ces derniers temps dans le football international, montre bien que les engrais musculaires peuvent être consommés à l'année, n'en déplaise au médecin de l'équipe de France.

De plus, pour ces disciples d'Hippocrate, les contrôles « tous négatifs » prouvent clairement l'inutilité du dopage et de son contrôle.

Dans la troisième catégorie milite une série de praticiens se déclarant favorables au dopage. Hypocritement soucieux de la santé des sportifs, ils prônent le rééquilibrage hormonal en mettant en avant l'aspect efficace et surtout inoffensif de cette pratique. Jusqu'au-boutistes, ils estiment que la lutte antidopage ayant montré son incapacité à marginaliser le fléau, il était préférable de le libéraliser sous contrôle médical.

En dernier lieu, il existe un petit peloton de médecins lucides admettant au grand jour que le dopage est performant, délétère aux plans physique et mental, endémique et très mal maîtrisé par les pouvoirs publics. Cette catégorie de praticiens était très faiblement représentée jusqu'au milieu des années 1990, date à partir de laquelle il est devenu de bon ton de vilipender dans les médias les sportifs tricheurs, les pourvoyeurs de toute nature (soigneurs, médecins, gourous...) et, bien sûr, les responsables de la lutte antidopage.

Au total, suivant la catégorie à laquelle on appartient, médecins de la lutte antidopage, médecins d'équipe ou médecins prônant le rééquilibrage, le dopage se révèle soit inoffensif et efficace, soit dangereux et sans effets ou carrément inexistant. Le consensus n'est malheureusement pas pour demain alors qu'en réalité le dopage est efficace, dangereux et répandu !

Le Conseil de prévention et de lutte contre le dopage (CPLD) mis en place le 23 juin 1999 doit s'intéresser en priorité aux facteurs favorisant le dopage et, notamment, aux médecins généralistes et à leurs confrères spécialistes du sport.

« LE DOPAGE EST IMPOSSIBLE, IMPENSABLE, INCOMPATIBLE, INEXISTANT ET INEFFICACE »

Alpinisme/Escalade

- *Alpirando* (revue mensuelle sur la montagne)

« La Fédération française de montagne et d'escalade (FFME) a adopté les règlements de lutte contre le dopage préconisés par le Secrétariat de la Jeunesse et des Sports. Donc contrôles pendant les compétitions selon les règlements plus d'autres à l'improviste. Jusqu'à présent aucun échantillon positif. À l'heure actuelle, aucune substance dopante connue ne semble pouvoir améliorer le comportement d'un grimpeur. » [*Alpirando*, 1990, n° 130, mars, p. 22].

Athlétisme

- Dr Robert Andrivet (FRA) (médecin chef de l'INS et de la FFA)

« Sur le plan international où je rencontre de nombreux athlètes, il y a sûrement très peu de doping. Dans les épreuves internationales d'athlétisme qui ont été rigoureusement contrôlées depuis plusieurs années à raison de 15 à 20 prélèvements par jour, il est rare de découvrir un cas positif. » [*L'Équipe*, 22 janvier 1972].

Automobile

- Dr Jean-Jacques Issermann (médecin de la FF de sport automobile)

« Nous ne croyons pas possible, compte tenu des réactions secondaires néfastes, qu'un pilote se dope avant une épreuve de vitesse sur circuit car les conséquences d'une telle pratique pourraient être catastrophiques et génératrices d'accidents. » [ISERMANN J.-J., *L'Automobile. Un médecin dans la course*, Paris, Éditions médicales et universitaires, 1978, 275 p. (p. 193)].

- Jacky Ickx (BEL) pilote de F1 : 1966-1979 et des 24 H du Mans (6 victoires)

« - *Jean-Marie Cavada* : Vous ne vous êtes jamais dopé au volant ? Ce n'est pas possible ?

- *Jacky Ickx* : Je dois dire qu'en automobile, c'est un sujet qui n'est pas abordable. Je pense que l'effort physique, la quintessence physique n'est pas exigée pour un conducteur automobile, même aujourd'hui. Il ne recherche pas la quintessence de sa musculation, il a besoin surtout d'intelligence et de clarté d'esprit et il faut surtout que ses défenses vis-à-vis d'un sport dangereux ne lui fassent pas dépasser des limites qui ne seraient pas possible dans ce type de sport. Et par conséquent, je dois avouer qu'en trente ans, je n'ai pas vu, ni vécu...., j'ai vu plein de monde, je pense que c'est quelque chose qui n'existe pas du tout chez nous, mais nous n'en avons pas besoin non plus. » [*La Marche du siècle*, France 3, 19 octobre 1994].

- Jacques Laffite (FRA) (pilote F1)

« En sport automobile, le dopage n'existe pas. C'est impossible. Sauf bien sûr si l'on appelle « se doper » s'alimenter différemment durant quatre jours en mangeant du poisson plus qu'à l'habitude par exemple!
En ce qui me concerne, je n'ai jamais utilisé de dopants, je ne crois pas que cela apporte quoi que ce soit et que les pilotes en prennent. Ou alors je ne suis pas au courant. » [GOSSELIN J.-P., *Automobile racontée par Jacques Laffite,* Paris, Hatier-Rageot, 1986, 127 p. (pp. 109-110)].

- Nigel Mansell (GBR) (pilote F1)

« Quant à l'utilisation de drogue ou d'alcool, ce serait un vrai suicide en Formule 1. Honnêtement, depuis que j'y suis, je n'ai jamais vu personne se droguer. Je ne vois pas comment cela pourrait améliorer une performance à 320 km/h. Au contraire, cela ne pourrait que l'affaiblir et ce serait de la folie. » [MANSELL N., *Challenge* (autobiographie), Ergo Press, 1989, 166 p. (p. 129)].

Basket-ball

- Dr Jacques Huguet (FRA) (médecin fédéral)

« Je dois dire que dans le basket, le dopage n'apporte rien aux joueurs en ce sens que tout se termine par un geste de précision et que le dopage ne peut que masquer l'apparition de la fatigue... avec l'excitation qu'ils auront dans le geste, de toute façon, ils perdront toute précision qui leur permettrait de gagner. C'est pourquoi on ne se dope pratiquement pas dans le basket. » [« Les médecins du sport parlent à cœur ouvert », *Tonus,* 7 juillet 1969, n°382].

- Jean-Michel Sénégal (FRA) (champion de France : 1972, 1976, 1980, 1983, 1984, 1985)

« Non, ce n'est pas possible dans un sport où tout se joue sur des centimètres. Il n'y a pas, à ma connaissance, de produits capables d'exciter des basketteurs sans diminuer leur adresse. Il n'est pas possible d'être dopé et de jouer vingt minutes tout en faisant des tirs à huit mètres. » [*L'Équipe,* 14 décembre 1976].

Bobsleigh

- Wolfgang Hoppe (RDA) (cinq médailles olympiques : deux d'or et trois d'argent et six titres mondiaux)

« En bobsleigh, il est quasiment idiot de parler de doping. De telles pratiques sont totalement exclues dans cette discipline. » [*Sport Magazine,* 1993, 14, n° 2, 14 janvier, p. 23].

Boxe

- Un journaliste

« Avant de rejoindre hier Barcelone pour assister au Championnat d'Europe Hernandez-Tiberia, dans la nuit de jeudi à vendredi, nous avons pu longuement converser (jusqu'à près de deux heures du matin) avec le président Bernard Restout à propos de la "bombe" Alain Victor, accusé avec trois autres boxeurs (dont l'Anglais Kingwell) d'avoir absorbé des produits dopants, fait jusqu'alors rarissime dans le sport pugilistique. (...) Or, et nous l'attestons, ni avant ni après son combat Alain Victor ne parut spécialement troublé, voire simplement énervé. » [*L'Équipe,* 19 juin 1971].

Cyclisme

- Un dirigeant anonyme

« Chacun a pu lire dans la publication *Sport-Revue,* le récit de la course cycliste où Benziger, dopé, se détache du peloton, 5 kilomètres avant le but, l'atteint, le franchit et fonce dans la foule. Il avait perdu la raison.
Quelques mois auparavant, le président d'une de nos sociétés cyclistes me disait : " Inutile de s'encombrer de règlements, chez nous le doping n'existe pas ! " ». [DEMOLE V., « Médecine sportive et doping » in *Conseil médico-sportif et fatigue*, recueil des travaux présentés au cours de médecine sportive tenu à Lausanne du 16 au 18 octobre 1941, Lausanne, Librairie de l'Université F.-Rouge, 1941, 205 p. (pp. 183-202)].

Danse

- Cyril Atanassoff (FRA) (danseur étoile à l'Opéra de Paris)

« Je n'ai jamais entendu parler de doping à l'Opéra de Paris. Tout au plus m'est-il arrivé d'avoir recours à l'aspirine pour transpirer et détendre mes muscles. J'utilise aussi le coca comme excitant. » [*Impact Médecin,* 21 janvier 1989, p. 121].

Escrime

- **Jean-François Lamour (FRA)** (sabreur, double champion olympique 1984-1988)

« Le dopage n'est pas par exemple la préoccupation de l'escrime où la technique prime le physique. En outre, en raison de l'impossibilité de prévoir à cinq ou dix minutes près le moment des assauts souvent décalés et de durée variable, ce serait difficile de prévoir, donc inopérant. »

- **Philippe Omnès (FRA)** (fleurettiste, champion olympique 1996)

« Je ne pense pas que l'escrime soit touchée parce que la maîtrise technique tient une grande part dans notre discipline. Ce n'est pas simplement le plus rapide qui gagne. De plus, il faut que l'enjeu vaille la chandelle pour les sportifs qui se dopent; or, il n'y a pas de flux d'argent dans notre sport. » [*Le Dauphiné libéré,* 28 janvier 1999].

Football

- **Dr Jean-Marcel Ferret (FRA)** (médecin de l'Olympique lyonnais et de l'équipe de France de football)

« Mais dans le football, sport collectif où les aspects techniques et tactiques sont importants, elle (l'érythropoïétine) ne présente guère d'intérêt. Elle intéresse davantage les disciplines qui impliquent de gros besoins en oxygène comme le cyclisme, le marathon... » [*France Football,* 6 au 12 février 1996, p. 22].

- **Gilbert Gress (FRA)** (international : 3 sélections et entraîneur de Neufchâtel Xamax)

« En football, l'intérêt de se doper n'est pas évident. À vélo, on peut se contenter d'aller à peu près tout droit, mais sur un terrain de foot, il s'agit aussi de dribbler, de feinter, de maîtriser la trajectoire du ballon. Alors, pourquoi se doper? Pour jouer à l'envers et marquer trois buts contre son camp? Non, je vous le répète, de Strasbourg à Neufchâtel, en passant par Cologne et Marseille, je n'ai jamais eu connaissance de cas de dopage. Ce qui est vrai, c'est qu'aujourd'hui les joueurs prennent des vitamines mais de façon parfaitement légale et contrôlée. » [*L'Humanité Sports,* 16 mars 1987].

- **Bernard Tapie (FRA)** (président de l'Olympique de Marseille de 1986 à 1994)

« Avant l'instauration des contrôles, certains footballeurs avaient recours aux amphétamines. Mais recourir à l'ÉPO ou aux hormones de croissance serait une absurdité. Parce que si cela donne plus de force et améliore la pointe de vitesse, cela s'accompagne d'une diminution de la clairvoyance, de la lucidité. Au football, ça ne pardonne pas. Quant à recourir aux anabolisants, c'est une idiotie. Ça augmente la puissance, mais fabriquer de la force musculaire artificiellement provoque des déchirures. » [*Marianne,* 10 août 1998].

Golf

- **Tom Watson (GBR)** (quintuple champion de l'Open britannique)

« Il est impossible de se droguer et de jouer correctement au golf. Prendre du crack et de la cocaïne ne permet pas de se réveiller en forme le lendemain matin pour se lancer sur un parcours. J'ai rencontré des joueurs qui disaient avoir usé de drogue, mais ils n'ont jamais certainement jamais pu se comporter correctement. » [*Le Figaro,* 13-14 mai 1989].

Gymnastique

- **Danielle Scotto (FRA)** (entraîneur de l'équipe de France féminine aux JO de Los Angeles)

« Pour des raisons évidentes (?), la gym est un sport où on ne peut pas se doper. Car les effets de la dope perturbent l'essentiel : la coordination centrale motrice. Alors la solution dans ce domaine c'est la diététique pour diminuer le poids du corps sans affaiblir l'organisme. » [Propos recueillis par J.-P. Delacroix, *Libération,* 2 août 1984, p. 19].

Judo

- **Fabien Canu (FRA)** (champion du monde et champion d'Europe)

« Le dopage n'existe pas en judo. Il est vrai que dans certains sports, pour augmenter le volume d'entraînement, et donc pour repousser le seuil de la souffrance, on emploie des produits dangereux; moi, je ne pourrais pas l'accepter. Si on gère bien son temps, entre l'entraînement et la récupération, on ne doit pas avoir de problèmes. » [*Houdé Magazine médical,* septembre 1988, n° 6, p. 17].

Karaté

- Dr Michel Bourgat (FRA) (médecin du sport : boxe et karaté)

« Le karaté est si exigeant qu'il est impossible de trouver dans la pharmacopée actuelle une substance qui n'ait pas un inconvénient quelconque sur les performances et les qualités exigées.
Les excitants interdisent une gestion efficace du stress et de la stratégie à observer dans un combat très rapide. Les anabolisants sont un danger permanent de changer de catégorie de poids, et limitent la vitesse d'exécution des attaques. L'ÉPO ne sert à rien dans un sport où les épreuves sont courtes et intenses, mais demandent des qualités de vitesse plus que de force et d'endurance pure. » [*Tout savoir sur le dopage,* Lausanne, Fabre, 1999, 175 p. (p. 106)].

Natation

- Dr Jean-Pierre Cervetti (FRA) (médecin de l'équipe de France de natation)

« Se charger comme une mule en natation ? Mais ça ne sert à rien ! Le nageur a un problème, un seul : trouver en permanence le juste équilibre entre la flottabilité et la puissance musculaire. Dans notre milieu, tout le monde sait bien que trop de puissance nuit à la flottabilité. » [*L'Événement du jeudi,* 22 au 28 novembre 1988, p. 64].

- Henri Serandour (FRA) (président de la Fédération française de natation)

Selon les propos même de son président : « Le dopage n'est pas développé en natation, d'une part pour des raisons purement physiologiques (les anabolisants auraient un effet en contradiction avec la glisse des athlètes, la vitesse nécessite une musculature fine), d'autre part, parce qu'ils bénéficient d'un encadrement strict et d'un suivi médical précis à l'INSEP et ceci dès leur plus jeune âge (12-13 ans). » [PEYRETOU M., *La Dimension réelle du dopage,* DESS Économie et gestion du système de santé, Université de Paris I, Panthéon-Sorbonne, 1986. - 138 p. (p. 56)].

Patinage artistique

- Dr Raymond-Gilbert Danowski (FRA) (médecin fédéral national de la Fédération française des sports de glace)

« Le dopage ne sert à rien. Le patinage artistique est une discipline dans laquelle aucun produit dopant, et sûrement pas les androgènes (hormones mâles) destinés à augmenter la masse musculaire, ne peut être utile. Tout est lié à la qualité de la glisse, au temps de réaction, à la vitesse de rotation, à la technique et non à la force comme au bobsleigh, au patinage de vitesse ou au hockey. » [*L'Équipe,* 5 mars 1998].

Patinage artistique (danse)

- Isabelle et Paul Duchesnay (FRA) (champions du monde 1991 à Munich)

En ces journées d'éreintante folie, ils apprennent avec stupéfaction que Marina Klimova a été contrôlée positive à Sofia. Des zestes d'embruns à base de stéroïdes anabolisants flottent autour de la jeune femme. Ils refusent de s'y attarder : « Absurde, une danseuse qui se doperait ! Nous espérons qu'elle sera blanchie. Nous n'aimerions pas avoir un palmarès qui dépendrait de son retrait forcé. » [DUCHESNAY I. et P., *Notre passion* (propos recueillis par Martine Carret), Paris, Robert Laffont, 1992, 143 p. (p. 108)].

- Michel Lafon (FRA) (directeur technique national)

« L'ISU a prévenu hier la Fédération française des sports de glace que la médaille de bronze obtenue par Christine Chiniard et Martial Mette en danse sur glace, lors des Championnats du monde juniors à Sarajevo en décembre dernier leur serait retirée. Motif : dopage ! Une disqualification bien regrettable et surtout parfaitement évitable, car pour qui connaît la danse sur glace (aucun saut, tout concerne la technique de patinage et la virtuosité des évolutions sur la glace) vraiment, le dopage n'apporte rien.
En cause : la jeune Christine Chiniard. Sa faute : avoir suivi un traitement amaigrissant sans savoir que certains composants des produits absorbés étaient interdits. Le directeur technique national Michel Lafon, très ennuyé on le devine par cette affaire, nous a déclaré hier : " C'est parfaitement stupide. Christine, sur sa déclaration médicale aux Championnats du monde juniors, n'a pas signalé qu'elle avait suivi un régime amaigrissant avec absorption de certains produits. Son médecin privé n'a pas fait attention et ne lui a donné aucune recommandation spéciale. Mais la FFSG porte aussi sa part de responsabilité, car le médecin fédéral se trouve à Strasbourg et l'information auprès des patineurs n'est pas suffisante dans un cas comme celui-ci. Vraiment embêtant et inutile car les produits absorbés étaient sans aucune influence sur sa performance. " » [Alain Billouin, *L'Équipe,* 17 février 1983].

Rugby

- Dr Jean Pene (FRA) (médecin du XV de France de 1972 à 1991)

1. « Nous sommes des amateurs. Nous jouons pour notre plaisir. Il n'est pas question que l'on se dope. Maintenant, il est bien certain aussi qu'il va devenir impossible de se soigner contre un rhume. Des gouttes dans le nez simplement, un contrôle antidopage et vous trouverez des traces d'amphétamines. » [*L'Équipe,* 3 février 1978].

2. « Depuis six ans que les contrôles sont effectués, pas un joueur n'a été positif. Moi, je dis : que les responsables des contrôles antidopage aillent sur les stades, le soir, à l'entraînement, et ils verront qu'il n'y a aucune trace de produit dopant dans les urines. Je vais même plus loin. Nous leur ouvrons grandes les portes de l'entraînement du Quinze de France avant les matches internationaux. » [*L'Équipe,* 2 et 3 décembre 1989].

3. «... Lorsque l'on parle d'amphétamines, il faut savoir que pour un match de 80 minutes, ça ne sert à rien, car on va hyperexciter les joueurs et les rendre fébriles. Et puis, avec les contrôles, je ne vois pas comment ils pourraient passer au travers. » [*L'Équipe,* 2 et 3 décembre 1989].

Ski

- Bernard Chevalier (FRA) (président de la FFS)

« Le dopage, ce n'est pas pour le ski, ça n'existe pas. Et c'est vrai que ça ne peut pas exister. » [*Ski Français,* octobre 1989].

- Carole Merle (FRA) (équipe de France de ski alpin)

« À ma connaissance, il n'y a pas un Français qui se dope. Je suis parfaitement favorable, d'ailleurs, au contrôle antidopage, car je ne vois pas comment, et surtout pourquoi, l'on se doperait. Les différences de temps sur un slalom, dans une descente, sont tellement infimes que si l'un d'entre nous se dopait, cela se verrait immédiatement. » [*Journal du dimanche,* 4 décembre 1988].

Tennis

- Christian Bimes (FRA) (pharmacien, organisateur du Grand Prix de Toulouse et président de la FFT)

Dans sa thèse de pharmacie intitulée *Les amphétamines et le comportement du sportif,* l'ancien titulaire de l'équipe de France des Nationaux (1965-1966) fut un des premiers issu du milieu du tennis et plus sensibilisé au problème en tant que pharmacien, à s'exprimer sur le dopage :

« Dans ce sport qui demande des qualités physiques impressionnantes mais aussi une précision, une concentration, une application et une science du jeu hors du commun, un dopage bénéfique ne semble pas réalisable. » [BIMES C., *Les amphétamines et le comportement du sportif,* Thèse de pharmacie, Toulouse, 1972, n° 237 (Pr Bourbon)].

- Patrice Clerc (FRA) (directeur des tournois de Bercy et Roland-Garros)

« Mais autant je ne pense pas que les joueurs se dopent, autant je pense que certains touchent à la drogue. Non pas pour améliorer leurs performances, mais pour tromper leur ennui dans les hôtels tout au long de l'année. » [*L'Équipe,* 27 mai 1986].

- Jean-Pierre Cousteau (FRA) (ex-médecin des équipes de France de Tennis et actuel médecin de la FFT) :

1. « Je pense effectivement que le problème du dopage ne se pose pas en tennis avec la même intensité que dans certains autres sports, pour ne pas dire dans tous les autres sports, sans doute parce que le tennis n'est pas un sport d'équipe, mais un sport individuel. » [*L'Équipe,* 9 décembre 1981].

2. Les joueurs de tennis sont très individualistes. Ils ont donc beaucoup de mal à savoir comment se doper. Le médecin de la Fédération française de tennis s'inscrit en faux contre ceux qui prétendent que le dopage est impossible dans le milieu du tennis : « Il est possible, à long terme, par un dopage de musculation, grâce à des anabolisants, et à court terme avec des amphétamines, pour donner le coup de fouet nécessaire au cinquième set. »

Les bêtabloquants ne sont vraisemblablement pas utilisés puisqu'ils « coupent les jambes ». Mais selon le Dr Jean-Pierre Cousteau, le dopage est matériellement peu réalisable : « Les joueurs de tennis sont très individualistes. Ils ont donc beaucoup de mal à savoir comment se doper. Lorsqu'on joue en équipe, on peut être davantage tenté, en discuter avec ses camarades, suivre leurs conseils. Dans le tennis, les joueurs ne font que se croiser. »

Deuxième obstacle : les tennismen n'arrêtent pas de jouer : « Les sportifs qui se dopent prennent des anabolisants lorsqu'ils ne jouent pas, pour se refaire du muscle. Et puis ils arrêtent d'en prendre quelques semaines avant la compétition. Les tennismen ne peuvent pas, ils s'arrêtent uniquement en cas de longue blessure. Généralement, lorsqu'il n'y a pas de tournoi, ils jouent quand même en exhibition. » [*Impact Médecin Quotidien,* 1993, n° 409, 1er juin, p. 36].

- **Henri Leconte (FRA)** (n° 1 français en 1987)

« Ce ne sont que des inventions d'affirmer que les tennismen seraient de fervents adeptes des paradis artificiels...! Moi, j'ai passé les tests antidrogue en juillet 1987 à Fréjus, pendant le match France-Suède pour le 2e tour de la Coupe Davis... Il ne faut pas délirer : en tennis, on ne peut pas se droguer; on se détruirait la santé. Mais, comme n'importe quel autre sportif, on peut prendre des produits qui favorisent le développement de certains muscles. » [*Express Sport,* 30 octobre 1987].

Triathlon

- **Karel Blondeel (BEL)** (champion de Belgique)

« Moi, par exemple, il ne m'arrive que très rarement de ne pas monter sur le podium. Alors qu'un sportif qui se dope, après une très bonne performance connaît un creux. Non, la régularité dont font preuve les meilleurs me persuade que les triathlètes n'ont recours à aucun produit interdit. De toute façon, les contrôles sont fréquents. C'est une bonne chose. Parce que je peux ainsi exercer notre passion sans devoir m'inquiéter des recettes de mes concurrents. » [*Sport 90,* 14 août 1991, pp. 104-105].

Voile

- **Florence Arthaud (FRA)** (vainqueur de la Route du Rhum 1990)

« Les sportifs d'aujourd'hui sont des machines. Nous, navigateurs, non. C'est impossible de se doper pendant trois semaines. La navigation c'est un sport complètement pur. » [*Votre Beauté,* 1988, n° 614, février, p. 9].

- **Jean-François Coste (FRA)** (médecin et participant du 1er Vendée Globe en 1989)

« Le dopage et la voile sont antinomiques. On ne prend pas la mer chargé mais pour se rapprocher des éléments. Comme une sorte de face-à-face. » [*Libération,* 23 janvier 1997].

- **Michel Etevenon (FRA)** (organisateur de la Route du Rhum et président de la Course au large)

« Ce n'est pas une chose possible en matière de transat. Sur une aussi longue distance, il n'y aurait pas les résultats attendus (...) les conséquences seraient trop lourdes (...). Le gars qui est sublimé, il peut aller jusqu'à marcher sur l'eau. La sanction serait immédiate. Et dans les grandes transats, ce n'est même pas pensable... » [*Régate Internationale,* 1989, n° 8, février-mars, p. 34].

Volley-ball

Staff de l'Équipe de France

Communiqué officiel de l'équipe de France à la suite de la sanction du joueur Alain Clevenot pour contrôle positif au Promotil® (prolintane) lors du match France-Pologne, qualificatif pour la poule finale du Championnat d'Europe 1983 : « ...Nous voulons attirer l'attention sur le fait que la pratique de sports de précision, tel que le volley-ball, est totalement incompatible avec l'absorption d'hyperexcitant comme celui incriminé par le contrôle. » [*L'Équipe,* 21 septembre 1983].

Références

1. LACOUR J.-P., « La fin du dopage », *Le Figaro,* 1er septembre 1980.

2. FFBB, « Première Journée européenne de médecine du basketball », 25 juillet 1974, Orléans, *Basket-ball,* 1975, 41, n° 445, janvier-février, pp. 49-56 (p. 56).

3. S'JONGERS J.-J., « Dopage 78 », *Bruxelles Médical,* 1978, 58, n° 12, pp. 647-653.

« Le cyclisme est le plus touché... »

Régulièrement les sondages montrent que pour le public les « Géants de la route » sont les sportifs les plus dopés. De son côté, le milieu du vélo mis en cause réfute cette première place. Par exemple, l'ancien recordman de l'heure italien, Francesco Moser : « Ce qui me gêne avec le dopage, c'est qu'on en parle toujours à propos du cyclisme alors qu'il existe dans de nombreux sports. » De même, Marc Madiot expliquait sans nuance en 1992, peut-être aurait-il plus de mal aujourd'hui après les différentes affaires qui ont secoué le milieu du vélo, qu'« aujourd'hui, effectivement, j'ai tendance à le penser, les habitudes de dopage sont plutôt plus répandues dans les autres sports qu'en cyclisme. » Laurent Jalabert, interdit de participation au Championnat de France 1999 pour refus du suivi médical longitudinal à la française, n'hésite pas à jouer les iconoclastes en affirmant haut et fort sur le sol espagnol que le dopage est inconnu dans le vélo. En réalité, trois éléments bien précis permettent de comprendre pourquoi le fléau du sport moderne fait partie intégrante de la culture des « Forçats de la route », et ce depuis plus d'un siècle.

Épreuves surhumaines

Dès le début des joutes cyclistes, afin d'impressionner les imaginations et attirer aux guichets les amateurs de sensations fortes, les organisateurs s'ingénièrent à mettre sur pied des épreuves où seuls des « surhommes » pourront tirer leur épingle du jeu. C'est dans ce but qu'en 1875 vont se dérouler à Londres les six jours individuels. Dans la foulée, et devant l'engouement du public pour de tels matchs aux confins de l'endurance humaine, d'autres grandes métropoles telles que Chicago, Melbourne ou New York, vont imiter la capitale anglaise. Le succès de ces marathons cyclistes aidant, plusieurs épreuves basées sur « l'exagération des heures de selle » virent le jour. En 1891, Bordeaux-Paris et ses 600 km d'une traite. La même année, on double la distance avec les 1 200 kilomètres de Paris-Brest-Paris. Trois ans plus tard, le premier Bol d'or – course de 24 heures – déplace les foules au vélodrome Buffalo à Neuilly. Les « fâcheuses conséquences » de ces orgies de coups de pédales sans temps de repos intercalés, débouchent inévitablement vers le surmenage physique dont les effets les plus marquants – les hallucinations – témoignent des contraintes subies par le système nerveux. Le Dr Gustave-Adolphe Walther, observateur privilégié de l'une de ces courses à l'usure, décrit les phénomènes délirants avec hallucinations dont ont été victimes au bout de cinquante heures de pédalage non-stop plusieurs participants : « L'un s'échappe brusquement pour grimper sur un arbre; l'autre descend de machine et proteste contre la présence de tramways dans le virage; un troisième croit qu'on lui a placé dans son pneu des cartouches de dynamite pour le faire sauter; un quatrième est persuadé qu'on veut le tuer, des figures grimaçantes le poursuivent et le menacent... »

Faux soigneurs ou fossoyeurs

Dans un tel état d'épuisement, ces pauvres bougres devenaient une proie facile pour tous les marchands d'orviétan qui, tout en fréquentant les hippodromes où ils distribuaient sans retenue « l'avoine enchantée » aux pur-sang, avaient aussi investi les vélodromes, nouveaux terrains d'expérimentation aux débouchés illimités.

Il n'est vraiment ni sain ni moral que gravitent dans l'environnement des coureurs cyclistes des apprentis-sorciers appelés pompeusement « soigneurs » et dont la profession d'origine n'a qu'un très lointain rapport avec la médecine. Dans cette confrérie hétéroclite, on trouve pêle-mêle un professeur de carrosserie (pour Bernard Vallet), un représentant en vins (pour Sean Kelly), un chauffeur de direction (pour Jacques Anquetil), un assureur (pour Bernard Thévenet), un porteur de journaux et chauffeur d'autocar (pour Richard Virenque), de nombreux ex-coureurs et même un pâtissier (pour Bernard Hinault). Circonstances aggravantes pour les soigneurs autodidactes du cyclisme : s'ils ne faisaient que masser, le mal ne concernerait que les jambes des coureurs mais la plupart, comme le Belge Willy Voet, se transforment rapidement en apothicaires des vestiaires et c'est là que tout bascule ! Les pouvoirs publics qui délèguent, ne l'oublions pas, la gestion du sport aux fédérations, devraient eux aussi se pencher sur la question de la compétence de ces auxiliaires du corps médical.

La lutte antidopage crédibilise les tricheurs

À partir des années 1950, sous l'impulsion de Fausto Coppi, les stimulants tels que les amphétamines – ou *« bomba »* en italien – colonisent massivement le peloton. Associés à la chaleur et à l'effort intense, ces « amines de l'éveil » provoquent plusieurs décès en course. Devant l'ampleur des risques encourus, les représentants du peuple, alertés par les médecins, votent en 1965 une loi antistimulants. Pendant dix ans, seuls les cyclistes vont faire les frais de la répression puisque sur les 7 535 prélèvements effectués, 6 583, soit 87,4 %, les concernent. En clair, cela veut dire que seuls les « Géants de la route » étaient exposés à un contrôle positif. Or, aujourd'hui de nombreuses substances prohibées sont encore indécelables et bien sûr consommées en toute impunité. Dans une telle situation, les tricheurs-vainqueurs, rarement épinglés, sont crédibilisés par un contrôle négatif et honorés par les grands pontes du cyclisme : présidents de l'UCI, de la FFC, du Tour de France. Les coureurs jouant le jeu, constatant amèrement que les fraudeurs collectionnent les avantages, s'y sont mis aussi. Résultat accablant : la lutte antidopage a favorisé l'école de la triche ! Ce cancer des enceintes athlétiques est omniprésent dans le cyclisme mais dire qu'il est le seul sport touché, c'est croire que c'est la machine et non l'homme qui est concerné. La principale cause du dopage étant la compétition, il n'y a aucune raison de ne pas retrouver la logique de la triche dans toutes les spécialités sportives.

La surenchère de la presse sportive

Au début des courses cyclistes, cette recherche constante des organisateurs à proposer des « orgies musculaires » aux compétiteurs, a pour origine la lutte au couteau que se livrent les différents journaux : Richard Lesclide, le secrétaire de Victor Hugo, mais surtout fondateur, en 1869, du *Vélocipède illustré* et premier impresario des courses à grand spectacle, nous exprime la motivation des « défricheurs de la presse sportive » : « le meilleur moyen de populariser le bicycle consiste à organiser des compétitions susceptibles de frapper l'imagination des foules par leur ampleur et leur fantastique. » C'est lui qui organise Paris-Rouen, le premier ville à ville vélocipédique, qualifié à l'époque d'épreuve « inhumaine » voire « criminelle. »

Pierre Giffard, directeur du quotidien *Le Vélo*, tente alors de rattraper son illustre prédécesseur. En 1891, il organise Bordeaux-Paris (600 km) et Paris-Brest-Paris (1 200 km). Henri Desgrange, directeur de *L'Auto*, autre quotidien de sport qui ne désire aucunement s'en laisser compter, invente en 1903 sur une idée de Géo Lefèvre, l'un de ses collaborateurs, le Tour de France : une course de six étapes, longue de 2 500 km. Dans la foulée, la presse généraliste qualifie cette nouvelle épreuve de « gigantesque », « colossale », ou « monstre ». Le tempo est donné pour que les cyclistes deviennent les « Forçats de la route ».

« Seuls les sportifs de haut niveau sont concernés... »

Aucun sportif, quelle que soit sa spécialité, n'est à l'abri de la tentation de goûter au fruit défendu. On commence par une seule pilule. Pour voir. Et si ça marche, on en redemande et, inévitablement, on augmente la dose.

Que l'on soit sportif de haut niveau ou du « dimanche », que l'on fasse de la compétition contre un adversaire ou contre soi-même, la tentation d'aller – avec un petit coup de pouce chimique – plus haut, plus vite, plus loin que son concurrent direct (l'adversaire ou son propre corps) est inhérente à la nature humaine.

Que l'on trouve des adolescents qui se dopent de leur propre chef ainsi que des sportifs de loisir, cela ne peut surprendre d'autant que les risques sur le plan de la santé mettent, pour la plupart des substances, des années avant de se manifester. Pour se convaincre que le discours sur les dangers est totalement inopérant, il suffit de rappeler que la totalité des études scientifiques validées ont montré la morbidité constante du tabagisme. Or, 30 à 40 % des médecins fument ! Sans commentaires. Dans de telles conditions, l'homme, en raison de l'hormone mâle qu'il sécrète, est attiré viscéralement à combattre les autres, mais également à se tester lui-même en permanence.

Il est évident que le dopage touche toutes les couches de la hiérarchie sportive, du simple amateur au *recordman* du monde, du débutant à l'athlète confirmé. Ainsi, lors de contrôles antidopage surprises dans des sports de masse tels que le cyclotourisme, la course à pied de fond et même l'alpinisme, on détecte régulièrement des cas positifs alors que, bien souvent, il n'y a même pas une médaille à s'offrir en passant la ligne ou en atteignant le sommet ! Georg Röggla, un médecin autrichien, et ses collaborateurs, ont étudié la fréquence de la consommation d'amphétamines chez l'alpiniste en moyenne altitude [1]. Des échantillons d'urine ont été prélevés chez 253 hommes après une ascension réussie. 7,1 % des sujets grimpant au-dessus de 3 300 mètres étaient positifs. Entre 2 500 et 3 300 m, 2,7 % des alpinistes testés avaient des traces urinaires d'amphétamines. En-dessous de 2 500 m, aucun échantillon positif n'a été détecté. Pour les grimpeurs habitant en dehors des régions montagneuses, il a été comptabilisé une proportion significativement supérieure de cas positifs que pour ceux vivant à l'année dans les Alpes. Les auteurs de l'enquête concluent que pour réaliser une meilleure ascension, les consommateurs de produits pharmaceutiques ne sont pas rares dans l'alpinisme de loisir.

Au total, s'il est certain que l'ensemble des sportifs, quel que soit leur niveau, sont exposés au dopage, on peut affirmer aujourd'hui que plusieurs facteurs vont potentialiser la tentation d'y avoir recours : les cadences infernales, la médiatisation, les retombées financières, les reconnaissances officielles... Plus on grimpe dans la hiérarchie du haut niveau, plus on est confronté à la systématisation de la dope.

Références

1. RÖGGLA G. *et al.*, *Dopage aux amphétamines chez les alpinistes de loisir en altitude moyenne* (en allemand), Schweiz Sportmed, 1993, 3, pp. 103-105.

« Il est devenu impossible de se soigner... »

Si la liste des spécialités interdites est relativement longue, elle est cependant loin d'épuiser les ressources pharmaceutiques.

Dans la mise à jour de la liste des substances interdites par le ministère de la Jeunesse et des Sports établie en novembre 1998, on dénombre un total de 670 spécialités dont certaines ne sont pas forcément dopantes mais contiennent un principe actif pouvant induire une réaction positive des tests pratiqués lors des contrôles antidopage. En revanche, le dictionnaire Vidal, qui rassemble tous les produits disponibles en France, recense environ 4 500 monographies de médicaments.

Prenons un exemple souvent cité pour sa banalité : l'impossibilité de soigner un rhume alors que les remèdes contenant de l'éphédrine peuvent être utilisés par tous...

Nous avons relevé dans le Vidal la liste des produits mentionnés en rhinologie, en distinguant les produits « interdits ». Les résultats de cette enquête se traduisent par le bilan suivant : 287 produits autorisés contre 36 interdits ! Sans commentaires... sinon pour rappeler que ces produits interdits ne le sont pas en raison de leur toxicité foncière, mais par le fait qu'ils contiennent des substances utilisées par ailleurs à des fins dopantes et à des quantités sans commune mesure.

Depuis l'arrêté du 3 janvier 1991 instaurant la justification thérapeutique, remplacé en 1998 par la notification préalable avec prescription médicale, l'excuse de l'impossibilité de se soigner a perdu ses derniers partisans. Certains produits pourront être prescrits à des sportifs sans que ceux-ci encourent de sanction, et ce, à condition qu'il n'existe pas d'équivalent non dopant et que ces substances figurent sur la liste française des substances prohibées avec la mention « PM ».

« On ne peut plus se soigner... »

Avec des moyens adéquats

« Le Giro commençait le jeudi 17 mai 1979, en fin d'après-midi, sous la forme d'un prologue contre-la-montre limité à 8 kilomètres. Depuis la veille, Francesco Moser souffrait malencontreusement d'un début de conjonctivite, victime après tant d'autres de l'invraisemblable épidémie qui décimait le peloton depuis deux mois. Une épidémie de nature mystérieuse, dont l'épicentre se situait quelque part en Belgique. Les nombreux coureurs atteints par le mal souffraient d'une inflammation aiguë des paupières, s'accompagnant d'une vive douleur et d'une baisse sensible de l'acuité visuelle.

L'épidémie ayant traversé la France en diagonale gagnait l'Italie, condamnant Giovanni Battaglin et toute son équipe à garder la chambre. Les coureurs accusaient un produit d'origine chimique utilisé par le service des routes durant l'hiver pour activer le déneigement. "Tous ceux qui ont participé aux épreuves belges du début de la saison sont atteints peu ou prou, indiquait Ronald De Witte. La neige a fondu, mais le produit est resté sur le goudron et nous en recevons les projections au visage."

Bref, Moser portait des lunettes enveloppantes et noires... Yves Hézard portait des lunettes noires... Bernard Thévenet portait des lunettes noires... cinquante coureurs du Giro portaient des lunettes noires ! Les coureurs s'étaient contaminés les uns les autres, par le fait de leur promiscuité dans le peloton mais aussi par leur présence à tour de rôle sur les tables de massages. Un spécialiste de l'hôpital de Mestre, près de Venise, le professeur Giovanni Rama, annonçait d'ailleurs que l'épidémie allait encore s'étendre et il considérait le peloton du Giro comme un vecteur de contamination. Il posait même la question de savoir s'il ne serait pas opportun d'annuler la course, précisant par ailleurs : "Seul un traitement aux antibiotiques et à la cortisone sera efficace contre le virus, car il s'agit bien d'un virus." Dieu sait combien de fois nous allions encore entendre parler de ces conjonctivites, et du traitement à la cortisone, et de l'interdiction faite aux coureurs d'utiliser ce produit. Au point que Francesco Moser, battu par Giuseppe Saronni après dix-neuf jours de course, fit porter pour une part la responsabilité de son échec à l'impossibilité dans laquelle il s'était trouvé de soigner le mal avec les moyens adéquats. » [CHANY P., *L'Année du cyclisme 1979,* Paris, Calmann-Lévy, 1979, 233 p. (p. 136)].

Avec les médicaments les plus efficaces (ils figurent sur la liste rouge)

1. Paris-Nice 1974 : « Robert Lelangue, directeur-sportif de l'équipe Molteni, nous parlait de Merckx et de lui-même : Eddy souffrait d'un coup de froid depuis la descente du Grand Bois. Son mal se traduit par un essoufflement quand la route monte. Sur le plat, il ne ressent aucune gêne, et d'ajouter : "J'avais moi-même contracté un refroidissement à Saint-Étienne. Le soir, ma fièvre était montée à 39°5. Le toubib m'a remis sur pieds. Mais si ce docteur soignait Eddy comme il m'a soigné, c'est-à-dire normalement, mon champion se révélerait positif au contrôle antidopage." » [Pierre Chany, *L'Équipe,* 15 mars 1974].

2. « À Aix-les-Bains, Laurent Fignon venait de ressentir une première vive douleur à l'entrejambe. Le Dr Armand Megret, médecin de l'équipe Super U, allait diagnostiquer une irritation consécutive à un pincement de la peau sur la selle. Pour lutter efficacement et dans les délais contre ce type d'atteinte, la pharmacopée n'est certes pas démunie, mais les médicaments les plus efficaces figurent précisément sur la liste rouge de l'antidopage ! Il n'était donc pas question de les utiliser et il fallut recourir à la pommade, laquelle agit plus lentement et d'une façon incomplète. » [CHANY P., *L'Année du cyclisme 1989,* Paris, Calmann-Lévy, 1989, 221 p. (p. 138)].

Avec les produits dont on use d'ordinaire

« Interrogé sur l'arsenal thérapeutique dont il dispose pour soigner tous les joueurs victimes de problèmes musculaires ou articulaires, le Dr Bernard Montalvan, l'un des médecins de Roland-Garros, avoue que son action est limitée : "Il est certain qu'en raison des contrôles antidopage mis en place maintenant sur le tennis, on ne peut pas utiliser tous les produits dont on use d'ordinaire. Il faut faire très attention et forcément l'efficacité du traitement peut s'en ressentir. Quand il s'avère qu'un joueur doit utiliser un médicament injectable, répertorié sur la liste des produits interdits, il doit passer par moi pour être couvert". [*L'Équipe,* 31 mai 1991].

Avec des médicaments destinés aux enfants

1. Jacques Anquetil : « Il n'est pas normal qu'un coureur ne puisse pas prendre quelque chose qui est normalement administré à un enfant de deux ans. » [*L'Équipe,* 4 juillet 1983].

2, Eddy Merckx donne son sentiment sur la sanction de Pascal Simon, dans le Dauphiné 1983, le privant de la 1re place au bénéfice de Greg LeMond : « En ce qui concerne les 10 minutes de pénalisation qu'on a infligées à Simon, je dirai que si j'approuve l'interdiction des produits nocifs comme les amphétamines et les anabolisants, je n'admets pas qu'un coureur ne puisse se soigner avec des médicaments que l'on prescrit à des enfants de six ans. On ne peut pas faire un métier aussi dur sans assistance médicale surtout quand on voit combien le calendrier cycliste est démentiel. » [MERCKX E., *Le Monde fabuleux du cyclisme saison 1983* (propos recueillis par Léon Michaux), Bruxelles, Winning Productions, 1983, 191 p. (p. 109)].

En raison de la longueur de la liste des substances interdites

« À quelques jours du final des Champs-Élysées en 1989, Laurent Fignon avait commencé à être gêné par des lésions pelviennes qui avaient rapidement infecté son appareil urinaire. C'était une telle gêne qu'il n'avait pas été certain de terminer l'avant-dernière étape. Incapable de s'asseoir confortablement sur la selle étroite, il dut écourter sa séance d'échauffement. Impossible de prendre un analgésique, en raison de la longue liste des substances proscrites. » [ABT S., *L'Incroyable Greg LeMond,* Paris, Presses de la Renaissance, 1990, 248 p. (p. 229)].

« La liste des substances prohibées est incompréhensible... »

Cet argument rejoint en partie celui de l'ampleur, jugée excessive, de cette liste. En France, il ne tient plus depuis 1972. Dès cette époque, la liste française mentionne d'une part les principes actifs interdits, de l'autre, la liste de toutes les spécialités commercialisées dans notre pays et qui contiennent ces mêmes principes actifs.

Raphaël Geminiani (FRA) :

« À moins d'avoir fait quatre années de médecine »

« J'ai suivi avec intérêt les différentes prises de position des parties les plus diverses dont celles du corps médical. Il faut reconnaître que celui-ci ne s'est pas privé de prendre parti. Il a plus brouillé la situation que clarifié. J'ai sous les yeux la liste des produits interdits. À moins d'avoir fait quatre années de médecine, je ne vois pas comment un débutant, un amateur, même un pro peut ne pas faire un jour ou l'autre une erreur et être, malgré lui, "positif" en prenant un médicament en vente libre dans une pharmacie.

Comment savoir si le sportif absorbe du furfurilméthylamphétamine, ouf!, ou du méphenmétrazine? Puisque le sportif est poings et mains liés devant le corps médical, pourquoi celui-ci n'a-t-il pas mis au point une liste de médicaments "autorisés" ? Cela aurait simplifié le problème pour tous. » [*L'Équipe*, 30 décembre 1976].

« Les anabolisants donnent des gros muscles... »

Depuis le début des années 1960 et la mise sur le marché des anabolisants, les records, notamment des lanceurs (poids, disque, javelot et marteau) et des sprinters (100 m, 200 m et 400 m), ont subi des améliorations constantes que les seules évolutions diététiques, techniques et d'entraînement ne peuvent totalement expliquer.

Engrais musculaires

Prenons l'exemple du lanceur de poids américain Parry O'Brien dont l'apparition sur les tablettes du record du monde coïncide avec une verticalisation de la pente des performances maximales. Bien sûr, il inventa un nouveau style en tournant le dos à l'aire de lancer, mais surtout lui et les collègues de sa génération bénéficièrent les premiers des « engrais musculaires » hormonaux. Il avoua avoir pris des anabolisants mais minimisa la durée de sa consommation. D'autres expliquèrent ouvertement que leur jet record était dépendant de la chimie. Ainsi, le Suédois Ricky Bruch, spécialiste du lancer du disque et recordman du monde le 5 juillet 1972 avec un essai à 68,40 m révélait à l'époque qu'il devait son record du monde aux anabolisants : « Sans eux, je n'aurais jamais dépassé les 67 mètres ». Pour bien préciser leur influence il ajoutait : « J'ai tenté de ne pas en prendre pendant quelques mois. Mes performances sont alors tombées à une moyenne désastreuse. J'ai repris mon traitement et depuis j'ai remporté successivement soixante concours. »

Cent pour cent

Même son de cloche chez le Français Arnjold Beer, ex-recordman et cent pour cent champion de France de poids, qui affirmait au milieu des années 1970 : « Si l'on prend les dix meilleurs lanceurs du monde, au poids, au disque, au javelot et au marteau, le pourcentage de ceux qui prennent des anabolisants est fort simple à déterminer : c'est 100 %. Oui, 100 % ! » Dans le milieu des hommes forts, on sait parfaitement que, sans anabolisants, on ne fait pas le poids sur le plan international. Poids étant pris dans le sens de masse corporelle. Pour les athlètes qui portent ou lancent, il faut un poids optimal car il existe un rapport de poids entre l'objet propulsé et le propulseur. On doit donc pour un meilleur rendement augmenter le volume du corps et donc le poids des muscles.

25 kg de plus

Pour battre son record, Ricky Bruch s'alourdit de 25 kg en cinq mois. De même, l'Américain Tom Petranoff, spécialiste du javelot, prend 9 kg en quelques mois, progresse de plus de 11 mètres en un an et bat, avec 99,72 m, la meilleure performance de tous les temps. Autre cas exemplaire, Alessandro Andrei, le champion olympique de lancer de poids 1984 et recordman du monde en 1987 avec un jet de 22,91 m ; à l'époque, il pesait 110 kg pour une taille de 1,91 m. Deux ans plus tard, en mars 1989, aux Championnats du monde en salle à Budapest, avec plus de 10 kg de poids de corps en moins, il ne prend que la 7e place avec 19,77 m, soit à plus de 3 mètres de sa meilleure performance. Aujourd'hui, en 2000, le record du lancer de poids est toujours détenu par l'Américain Randy Barnes qui, en 1990, avec une masse corporelle de 145 kg pour une taille de 1,94 m a atteint la distance de 23,12 m.

Positif deux fois

Depuis cet exploit, il a été champion olympique à Atlanta en 1996 et contrôlé positif à deux reprises aux anabolisants. Ces substances aux multiples actions – assimilation de charges d'entraînement maximales, oxygénation du sang, gains de force et de puissance… – sont également très prisées par les sprinters. Ces derniers doivent en grande partie leurs qualités à la force des membres inférieurs dans la mesure où l'impact du pied sur le sol doit être le plus bref possible. De même, la musculature du haut du corps joue un rôle majeur lors du départ afin de retrouver le plus vite possible une foulée harmonieuse et efficace. Comme pour les lanceurs, la morphologie des sprinters a pris du volume à partir des années 1960. Avant cette période charnière, le poids du corps oscillait entre 60 et 70 kg. Ensuite il fallait prendre 10 kg et quelques centimètres de taille pour être autorisé à grimper sur la plus haute marche du podium. À titre de comparaison, le célèbre sprinter noir, Jesse Owens, quadruple champion olympique en 1936 à Berlin, pesait 72 kg pour 1,79 m alors que le Canadien Donovan Bailey, le dernier lauréat olympique sur 100 m, fait bouger l'aiguille jusqu'à 82 kg pour 1,83 m.

Morphologies suspectes

Parmi les transformations morphologiques étonnantes dont on sait avec certitude qu'elles sont dues aux stéroïdes anabolisants, citons celle de Ben Johnson qui, lors de sa 3e place aux JO 1984 pesait 64 kg pour 1,80 m. Quatre ans plus tard, en 1988 à Séoul, il avait engrangé 12 kg supplémentaires pour battre Carl Lewis. De même la transformation de l'Anglais Linford Christie ne paraît pas très naturelle. En effet, le champion olympique du 100 mètres à Barcelone a pris 17 kg de muscles entre 1984 et 1996. Pour une taille de 1,89 m il est passé de 77 à 94 kg de l'âge de 24 ans à 36 ans. Autre transformation surprenante, la musculature de la belle Florence Griffith-Joyner. En 1984 à Los Angeles, elle a une morphologie féminine avec des bras et des jambes aux contours arrondis alors qu'en 1988 son morphotype s'apparente à celui d'un homme avec des muscles hypertrophiés et ciselés qui ne peuvent être obtenus que par des hormones anabolisantes. Le muscle étant un caractère sexuel secondaire de l'homme – chez la femme c'est la graisse – il est physiologiquement impossible qu'une athlète sans « soutien biologique » acquière un morphotype musculaire masculin.

Flo-Jo : des muscles d'homme

Pour sa défense, elle avance que les contrôles antidopage qu'elle a subis ont tous été négatifs. On sait qu'en raison de l'existence de plusieurs substances indécelables, ce n'est pas un argument recevable. Curieusement, si les « gros bras » de l'athlétisme sont souvent suspectés de faire appel aux engrais musculaires, à l'inverse les longilignes coureurs de fond (du 3 000 m au marathon) passent pour des purs n'ayant aucune tendance à consommer des « raccourcis chimiques » pour améliorer leur temps. Cette appréciation, fondée sur les différences morphologiques où le muscle gonflé est forcément dopé aux hormones et l'athlète efflanqué « nourri » à l'eau claire, montre bien l'ignorance quasi générale sur les divers effets potentiels des stéroïdes anabolisants. Pour réussir à prendre des kilos de muscle avec les anabolisants, il faut y ajouter une consommation considérable de protéines (viande, œufs ou potions protéinées du commerce) ainsi qu'un volume d'entraînement démentiel. En revanche, il est tout à fait possible de ne pas prendre un gramme tout en étant dopé aux stéroïdes à la condition expresse de limiter l'apport en protéines et en graisses. Utilisés suivant ce protocole, les anabolisants permettent tout à la fois d'augmenter la charge de travail et d'accélérer les temps de récupération pendant l'entraînement sans prendre de la masse. Le bonus est évident !

Efflanqué et pourtant anabolisé

Une preuve supplémentaire de cette association des coureurs de fond et des anabolisants nous est fournie par le cas exemplaire du Finlandais Martti Vainio qui, bien que convaincu de dopage aux anabolisants (méténolone) lors du marathon de Rotterdam 1984 et aux 10 000 m des Jeux olympiques de Los Angeles, pesait seulement 72 kg pour 1,92 m, morphotype aux antipodes de Ben Johnson ou autres lanceurs de poids. Cette découverte des anabolisants par les athlètes les plus efflanqués de la gent sportive semble remonter à une bonne vingtaine d'années. Dans le quotidien *L'Équipe*, Jean-Marie Wagnon, l'un des meilleurs coureurs de fond français de l'époque, témoigne : « Aucun grand champion de demi-fond et de fond ne peut se passer de produits anabolisants. Seuls, ils permettent de récupérer des efforts terribles que nécessitent des entraînements quotidiens allant jusqu'à 40 ou 50 km, sans perdre de poids ou accuser une fatigue excessive. »

Les poupées gymnastes aussi

De même, les poupées gymnastes d'Allemagne de l'Est étaient systématiquement traitées avec un stéroïde anabolisant – cousin germain de la nandrolone – censé favoriser l'agressivité « positive » et une plus grande capacité à supporter des charges de travail sans accroître le poids du corps. Au total, il faut savoir et répéter que les anabolisants ne donnent pas obligatoirement de gros muscles. L'effet bœuf d'un stéroïde anabolisant sur la masse musculaire dépend en premier lieu du régime alimentaire, du type d'entraînement et de la structure précise de l'anabolisant consommé. Que l'on soit lanceur, sprinter, haltérophile, marathonien ou gymnaste, les anabolisants apportent un bonus évident à tous ceux qui veulent investir des podiums ou battre des records.

Depuis 1987, une autre hormone, l'érythropoïétine (ÉPO), en favorisant le transport de l'oxygène des poumons aux muscles, a participé activement à l'amélioration des performances, notamment dans les sports d'endurance tels que cyclisme et course de fond. En revanche, l'ÉPO n'induit aucune transformation morphologique chez l'athlète consommateur.

Longiligne et affûté : pas dopé aux anabolisants ?

Cyclisme

Gert-Jan Theunisse (HOL) : « On m'a montré à la télé à côté de Ben Johnson. Comment oser nous comparer. Je n'ai pas la silhouette d'un type shooté aux hormones comme lui. Je suis son négatif. Quelle utilité pour le cyclisme, où il faut être le plus léger possible pour grimper correctement les cols. » [*L'Équipe Magazine*, 8 juin 1991].

Natation

Tamas Darnyi (HON) (JO 92, 1er 200 et 400 m 4 nages) : « Jusqu'à présent, aucun nageur hongrois ne s'est fait prendre mais un ancien champion allemand, aujourd'hui devenu entraîneur, a fait des révélations au *Bild*.

Après les Championnats du monde de Perth, il a jeté le discrédit sur nous en faisant référence aux muscles incroyables de Darnyi. Vous avez vu Tamas Darnyi à l'œuvre ici. Des muscles artificiels, ça ? Ne me faites pas rigoler, il est aussi musclé qu'un poulet (il éclate de rire). Je me demande où il mettrait les stéroïdes dans un corps aussi étroit. Au cours des douze derniers mois, Tamas a passé au moins seize contrôles antidoping, dans le monde entier. Et aucun ne fut déclaré positif. Mieux : au cours du stage de préparation à l'Île Maurice, nous avons envoyé des échantillons au fameux laboratoire du Dr Manfred Donike. Nous n'avons pas demandé de droit de réponse au *Bild.* Nous avons préféré nous adresser directement à un spécialiste du dopage. Je le répète, la seule raison de notre succès, c'est Tamas Széchy, le *wonder coach* de l'équipe hongroise. Il n'y a pas d'autres explications... » [*Sport Magazine,* 6 août 1992].

• **Michaël Gross (RFA)** (trois titres olympiques, quatre mondiaux et huit européens) : « Je suis persuadé que le dopage n'existe pas chez les nageurs parce que cela n'apporte rien. Il en résulterait un trop-plein de muscles. Le nageur serait alors trop lourd et maladroit. » [*L'Équipe Magazine,* 17 septembre 1988].

Patinage artistique

• **Dr Raymond-Gilbert Danowski** (médecin fédéral national de la Fédération française des sports de glace) : « Il est évident que l'augmentation de la masse musculaire d'une patineuse serait préjudiciable à sa condition artistique. C'est absurde de songer au dopage. » [*Libération,* 15 mars 1991].

« Les substances indécelables datent des années 1990... »

Jean-Marie Leblanc, ancien coureur du Tour de France de la fin des années 1960, journaliste à *L'Équipe* pendant dix ans et actuel patron de la Grande Boucle depuis 1989, après le séisme de l'été 1998 n'a pas hésité à entamer le refrain mille fois entendu de celui qui ignorait tout de ce qui se passait sous ses yeux : « Cette année, nous sommes tombés de haut, c'est vrai, le cyclisme est tombé de haut. Le cyclisme a failli être emporté par cette tempête du dopage » a expliqué Jean-Marie Leblanc avant d'accuser : « Un petit peu les scientifiques et les médecins de ne pas nous avoir alertés suffisamment tôt sur les insuffisances du contrôle antidopage ». [*Associated Press (AP),* 29 décembre 1998].

Plus récemment, en juin 1999, dans un ouvrage publié aux Éditions Cristel [1], il récidive en menant le lecteur sur une fausse piste : « En 1982, la fiabilité des contrôles était supérieure à la fiabilité des contrôles modernes, car je n'ai pas besoin de vous rappeler que des substances dopantes indétectables sont apparues dans les années quatre-vingt-dix, notamment l'ÉPO. »

Cela ne l'empêche pas de préciser dix-huit pages plus loin : « Depuis 1970, les coureurs ne cessent de trouver de nouveaux produits échappant aux contrôles alors qu'en 1968 les contrôles étaient si efficaces que tout le monde était contraint de rouler à l'eau claire. »

Rappelons ici que les coureurs participant à l'édition qui a suivi le décès de Tom Simpson, labellisée « Tour à l'eau de Vittel », ont rapidement trouvé la solution pour échapper au contrôle. Avant de passer dans le local de prélèvement, ils se munissaient d'une topette vierge. Selon les témoins, les coureurs non dopés les remplissaient pour les autres. Ajoutons qu'il y a plus de vingt-cinq ans, le prédécesseur de Leblanc à la tête du Tour de France, Félix Lévitan, lors d'une chronique sur RTL le 17 septembre 1973, se faisait l'interprète des observateurs qui ne croyaient pas beaucoup à l'efficacité des contrôles antidopage en interpellant les laboratoires officiels : « Les spécialistes français et étrangers des laboratoires de toxicologie sont-ils en mesure d'affirmer (vous avez bien entendu "d'affirmer") qu'il n'existe pas au monde de produits dopants indécelables et si ces spécialistes ne peuvent l'affirmer, les tenants des actuels contrôles ne se font-ils pas, en les poursuivant, les complices involontaires d'utilisateurs de produits stimulants indécelables ? »

L'incapacité chronique des laboratoires à coller à la roue des chercheurs au « top niveau » ouvrait et ouvre toujours la porte – même si l'écart se réduit sensiblement – à tous ceux qui ne lésinent devant aucun moyen pour triompher.

Un nouveau produit dopant : la statistique...

Le dopage fait toujours la « une » de l'actualité et bientôt les publicités ne vanteront plus la victoire de telle marque de cycle mais « un tel a gagné avec cortisone, tel autre avec amphétamine ».

Les pouvoirs publics, en présentant leurs statistiques, concluent avec fierté que le pourcentage des dopés diminue considérablement pour atteindre 1 %. De qui se moque-t-on ? Ces statistiques font « rigoler » tout le monde, en particulier les habitués des courses cyclistes. En fait, on pourrait dire qu'il y a 1 % de « pris » aux amphétamines et apparentés et 98 % de dopés (et 1 %...)

Les coureurs trichent au contrôle et les analyses ne mettent pas en évidence la totalité des produits interdits puisque les anabolisants ne sont pas trouvés (du moins en France) ni la cortisone ni les hormones mâles, alors

que tout le monde sait que ce sont les produits qui sont le plus utilisés par les sportifs. Ce qui veut dire que le 1 % des statistiques officielles concernent ceux :
- qui ne sont pas avertis à l'avance des contrôles ;
- qui ne savent pas tricher ou qui sont trop timides ;
- qui utilisent des produits que l'on trouve aux analyses.

Ces propos musclés sont extraits d'un article du médecin général Tollé dans *Caducycle*, la fort intéressante revue publiée par l'Amicale cycliste du Corps de santé (ACCS). Il est salutaire qu'un médecin compétent et passionné de cyclisme ose les coucher sur le papier et les signer.

Paru dans *Le Figaro* le 16 mai 1979, le texte reproduit ci-dessus n'a pris que très peu de rides et, bien évidemment, à l'époque on ne parlait ni d'ÉPO, ni d'hormone de croissance, ni d'hémoglobine synthétique, ni de PFC (sang artificiel), ni d'IGF1 (facteur de croissance), ni d'IL3 (facteur de croissance), etc.

La grande muette des éprouvettes

- **Rudi Altig,** cycliste professionnel de 1959 à 1971 : « Je me suis toujours préparé de la même façon pour le Tour de France. Je suis assez malin pour employer des produits qui ne laissent pas de traces dans les urines. » [*Miroir Sprint,* 16 juillet 1969].
- **Roger Bastide,** journaliste : « Enfin, plus grave encore : il existe au moins un produit stimulant qui est indécelable aux analyses dans l'état actuel des moyens de contrôle. Nous pourrions vous le nommer et nous mettons les médecins au défi d'affirmer le contraire. » [*Cyclisme Magazine,* 1972, n° 48, 18 mai, p. 29].
- **Pierre Chany,** journaliste sportif : « On sait maintenant que seuls quelques produits de synthèse, parmi lesquels les amphétamines, peuvent être décelés à l'analyse, mais ces produits constituent, hélas ! une minorité dans l'attirail médicamenteux mis par la science à la disposition des candidats au dopage. Le seul fait que certains éléments prohibés ne puissent être décelés à la lecture d'analyse enlève déjà une grande part de son efficacité à la loi, et risque de diriger, par voie de conséquence, les candidats éventuels à la « préparation biologique interdite » vers l'usage de produits « incontrôlables », certains beaucoup plus dangereux que les amphétamines, de l'avis des spécialistes. » [*Le Miroir des sports,* 5 octobre 1967, p. 10].
- **Marc Jeuniau,** journaliste : « Sans doute n'est-il pas question ici de mettre en doute la valeur des examens établis par le laboratoire de pharmacologie et de thérapeutique de l'Université de Gand. Mais si les coureurs belges ont jusqu'ici tous échappé aux sanctions, on peut se poser cette question : les Belges qui subissent la loi depuis un an déjà dans leur pays ne sont-ils pas en avance sur leurs collègues étrangers ? En d'autres mots ne parviennent-ils pas à tricher d'une certaine manière en employant des produits dopants non décelables actuellement ? » [*Miroir Sprint,* 23 mai 1966].
- **Jacques Marchand,** journaliste : « Les 163 analyses effectuées n'ont révélé que deux cas positifs, sur des recherches bien précises de palfium, de strychnine et d'amphétamines. D'autres produits échappent sans doute au contrôle actuel, faute de moyens et surtout faute de temps, mais ils seront décelés, lorsqu'il sera décidé de les rechercher, la science ne reste pas désarmée pour la parade. » [*L'Équipe,* 2 août 1968].
- **Jean Stablinski,** cycliste professionnel de 1953 à 1968 : « J'ai longuement discuté avec un professeur de Lille et je peux vous citer une cinquantaine de produits autrement dangereux que les amphétamines mais qui ont l'avantage, du moins aux yeux de "nos censeurs" de ne pas laisser de traces du moins dans l'immédiat et dans les urines. » [*Miroir du cyclisme,* 1967, n° 92, octobre, p. 13].

Références

1. PENOT Ch., *Jean-Marie Leblanc gardien du Tour de France,* Saint-Malo, Cristel, 1999, 251 p.

« Vous êtes enceinte, Monsieur! »

Dans une série d'articles parus dans *France Dimanche* en plein Tour de France 1967, Jacques Anquetil « déballe » les dessous du cyclisme de haut niveau : dopage, magouilles... Le monde officiel du cyclisme qui a peu apprécié les confidences du Normand va le sanctionner en l'interdisant de Championnat de France et de Championnat du monde.

À propos des carences du contrôle antidopage, Anquetil est le premier à révéler l'histoire du coureur qui était « enceinte ». Le quintuple vainqueur de la Grande Boucle des années 1960 raconte : « Après une course dans sa ville, on avait demandé au coureur hollandais Piet Rentmeester d'uriner dans un flacon.

– Je n'ai pas envie, avait-il répondu

– Bon, lui dit un dirigeant, on ne va pas attendre ici. Rentrez chez vous. Remplissez le flacon le plus vite possible et portez-le-nous.

Trois heures après, Rentmeester apportait le flacon plein. Quinze jours plus tard, après l'analyse, on ne découvrait pas trace de dopants dans le flacon. Par contre, la personne qui avait uriné était indiscutablement... enceinte, pour la bonne raison que c'était Mme Rentmeester. » [*France Dimanche,* 11 juillet 1967, p. 16].

Ce résultat inattendu est invraisemblable pour deux raisons. À l'époque (on est à la fin des années 1960), les analyses des laboratoires antidopage ne recherchent et ne détectent que les stimulants et les stupéfiants. La méthode de diagnostic de la grossesse, qui est basée sur la mise en évidence de la gonadotrophine chorionique (hCG) contenue d'abondance dans l'urine des femmes enceintes, ne fait pas partie des méthodes d'exploration des urines des sportifs des deux sexes.

L'hCG en tant que substance dopante n'a été interdite, et donc recherchée par le Comité international olympique et l'Union cycliste internationale qu'à partir de 1988, soit plus de vingt ans après la fin de la carrière de Piet Rentmeester.

La gonadotrophine chorionique est utilisée chez le sportif masculin pour stimuler la production d'hormone mâle ou testostérone, un puissant anabolisant. Les premiers positifs sanctionnés l'ont été lors des Championnats d'Europe d'athlétisme à Split en août 1990.

En octobre 1996, lorsque l'Américain Lance Armstrong – futur vainqueur du Tour de France 1999 – est victime d'un cancer du testicule, les contrôles antidopage effectués quelques semaines avant s'étaient montrés défaillants puisqu'ils n'avaient pas mis en évidence la gonadotrophine chorionique, le marqueur spécifique de ce type de cancer.

Rappelons que le taux urinaire chez un homme normal est de 1 à 2 unités alors que dans une situation de dopage, on trouve des chiffres supérieurs à 20.

La seconde raison, c'est que Piet Rentmeester, le coureur hollandais mis en cause, interrogé en 1993 par le Dr Leon Schattenberg (médecin de la Fédération néerlandaise de cyclisme), a affirmé qu'il n'y avait aucune vérité dans cette histoire. La rumeur a la vie dure puisqu'on cite toujours ce cas dans les anecdotes consacrées aux « histoires de dopage ».

Le peloton des piégés

Sans vérifier l'information, plusieurs commentateurs de la chose sportive ont colporté la légende du coureur qui était « enceinte ».

1970 – Roger Bastide (FRA)

« À l'analyse des prélèvements faits dans une épreuve, les médecins éprouvèrent une vive stupéfaction en découvrant que le coureur hollandais Piet Rentmeester était... enceinte. Il s'était préparé, lui aussi, une petite fiole à l'avance et avait demandé à son épouse de la remplir. » [Bastide R., *Doping, Les surhommes du vélo, Paris,* éd. Solar, 1970, 255 p. (p. 164)].

1971 – Pierre Chany (FRA)

« Quand furent institués les contrôles antidopage, certains coureurs tentèrent de tricher. L'un d'eux substitua à ses urines celles de... son épouse. Il fut convoqué trois semaines plus tard par le médecin qui lui déclara, sans rire : "J'ai le plaisir, mon cher, de vous apprendre que vous êtes enceinte !" C'est ainsi que le tricheur apprit qu'il allait être père quelques mois plus tard. » [Chany P., *Vingt-cinq Tours de France dans la coulisse,* Lausanne, Éd. Tribune de Lausanne-Le Matin, 1971, 94 p. (p 68)].

1978 – Paul Katz (FRA)

« Rentre vite chez toi, aurait dit un jour un médecin du Tour à une vedette soupçonnée d'avoir utilisé l'urine de sa femme. Tu es enceinte. » [Katz P., « Tour de France : le temps des poires », *L'Express,* 24 juillet 1978].

1979 – Jean-Marie Lorant (FRA) et Jean-Jacques Vierne

« Nos confrères du vélo sont particulièrement bien outillés dans le genre et pourraient vous conter la mésaventure de ce routier hollandais qui avait substitué à la sienne l'urine de son épouse, ce qui lui valut d'apprendre à l'analyse qu'il était tout simplement "enceinte". » [Lorant J.-M. et Vierne J.-J., « FF vous en dit plus : les joies de l'antidopage », *France Football,* 1979, 34, n° 1758, 18 décembre, p. 9].

1980 – Cyrille Guimard (FRA) – directeur sportif de l'équipe Renault-Gitane

« En général, on ne retient que les tricheries les plus fantasques... une poire tantôt dissimulée dans le cuissard, tantôt sous le gant ou sous l'aisselle, est reliée à la cuisse par un petit tuyau ; certains en sont même arrivés à mettre au point un procédé compliqué et dangereux, s'introduisant directement un tuyau dans l'urètre. La poire, bien entendu remplie d'urine de quelqu'un d'autre, d'un coéquipier, d'un suiveur ou d'un mécanicien.

Voici quelques années, une analyse de ce genre a démontré que l'urine ainsi prélevée appartenait à une femme. Le coureur-tricheur apprenait du même coup que cette femme, la sienne, qui venait voir le Tour, attendait un heureux événement ! Pour éviter de telles bavures, la loi prévoit désormais que les coureurs doivent "faire leur petit pipi" face aux commissaires ! » [Guimard C., *Un vélo dans la tête* (collaboration Bernard Pascuito), Paris, Éd. Solar, 1980, 192 p. (p. 173)].

1981 – Jacques Grosbois (FRA)

« Bien entendu, certains essayèrent de tricher lors des contrôles. C'est ainsi qu'un coureur belge eut l'idée de substituer à son urine celle de sa femme. Après examen, le médecin déclara : "Je ne savais pas que vous étiez enceinte" et le disqualifia sans l'envoyer dans une maternité. » [Grosbois J., « Dopage : des chevaux et des hommes », AFP, 1981, 38-773, septembre, pp. 1-2].

1991 – Stephan Streker (BEL)

« Le héros de cette histoire qui a fait le tour du monde est le Néerlandais Piet Rentmeester, cycliste de son état. Ce ne sont pas sa victoire en 1962 à Paris-Camembert et sa seconde place l'année d'après à Bordeaux-Paris qui ont fait sa notoriété, mais plutôt ce sympathique imbroglio digne de Feydeau. Après une course de kermesse où il avait bien figuré, le coureur batave dut subir, pour la première fois de sa carrière, un contrôle antidopage. Quelle ne fut pas la surprise des laborantins lorsqu'ils durent se rendre à cette exaltante et abracadabrante évidence : notre homme attendait un enfant ! Quelques jours après, la lettre de la fédération hollandaise apprenait donc l'excellente nouvelle au champion heureux papa qui avoua alors ce que tout le monde avait deviné. Pris de court et peu sûr de son traitement médicamenteux dans les jours ayant précédé la course, il avait préféré soumettre aux contrôleurs une urine dont la pureté lui semblait garantie, celle de sa propre épouse, qui n'allait d'ailleurs pas démentir les scientifiques en accouchant quelques mois plus tard. Depuis cette anecdote, les règlements concernant les contrôles des urines se sont précisés. Celui en vigueur aujourd'hui stipule que l'athlète doit être torse nu et doit, normalement, uriner en face du contrôleur. » [Streker S., « Tu triches... moi non plus », *Sport et Vie,* 1991, n°7, juillet-août, pp. 50-55].

« Le Tour de France est trop dur... »

Afin d'expliquer la fatalité du dopage chez les « Géants de la route », certains affirment : « Le fait de courir le Tour de France est anormal même pour un organisme entraîné. » Face à ce discours récurrent et recueillant un large consensus dans l'opinion publique, les experts comme les *aficionados* de la chose cycliste se divisent en deux groupes aux avis extrêmes.

Impossible à l'eau minérale

Les premiers appartiennent au peloton des consommateurs de pilules d'énergie qui, pour justifier leur recours aux drogues de la performance, estiment qu'« il est impossible de faire un Tour de France à l'eau minérale, que cela ne s'est jamais fait et qu'on ne le fera jamais ! »

Parmi les tenants de cette « obligation », on trouve en tête Jacques Anquetil, Louison Bobet, Joseph Bruyère, Freddy Maertens. Ce dernier, par exemple, explique qu'« on n'achève pas le Tour de France en se contentant d'un bifteck quotidien. Celui qui prétend que c'est possible avec des moyens naturels est un menteur » [1]. Vingt ans auparavant, Jacques Anquetil, quintuple vainqueur du Tour de France, abondait dans le même sens : « Il n'est pas possible à un homme, fût-il très doué pour le sport, de courir presque journellement sans le secours des stimulants. Il faudrait être naïf ou hypocrite pour répandre cette idée que le Tour de France, un Bordeaux-Paris, un critérium du Dauphiné peuvent se négocier simplement à l'eau minérale... Tous les coureurs prennent quelque chose. » [2].

Certains médecins, afin de justifier leur présence dans l'encadrement des équipes, adoptent la même défense. On trouve parmi eux le célèbre médecin belge de Festina, le Dr Eric Ryckaert : « Si vous prenez une étape de montagne, les coureurs brûlent l'équivalent calorique de deux marathons. Si les coureurs font ça quatre jours de suite, il faut comprendre que c'est extrêmement dur et que ça nécessite peut-être des substances de renforcement. » [3]

L'obligation de se stimuler

Avec la même réponse affirmative mais pas pour les mêmes raisons, dans le même camp, on recrute aussi des sportifs de haut niveau appartenant à d'autres spécialités telles que le football, le tennis, le rugby, qui, à l'occasion d'une rencontre amicale entre collègues, se sont affrontés sur une bicyclette et, effectivement peu préparés à ce genre d'exercice, se sont tout de suite cru à même de porter un jugement définitif sur l'extraordinaire difficulté du cyclisme et sur l'obligation de se stimuler. Dans le même registre, au moment de l'affaire Festina, une chroniqueuse politique devant faire son sujet sur le dopage dans le Tour de France m'avait expliqué qu'elle-même, lorsqu'elle faisait occasionnellement du vélo le dimanche, ne dépassait pas les 47 km/h en descente, alors que les fringants coursiers du Tour, dans certaines étapes et sur 200 km, arrivaient à rouler à 47 km/h de moyenne. Conclusion simpliste de la spécialiste des meetings politiques : pour faire ça, ils doivent obligatoirement « se charger » ! Cette charmante journaliste oubliait un peu vite qu'il n'y a pas de commune mesure entre sa pratique occasionnelle le dimanche et les 35 000 km annuels des routiers de la Grande Boucle et qu'une simple côte qu'un néophyte assimilera à un col sera tout juste perçue comme un banal « coup de cul » pour le professionnel de la « petite reine ».

Sports portés

D'autres, faisant référence à la boxe et au marathon, sports dans lesquels le programme des épreuves n'impose pas aux compétiteurs des rencontres quotidiennes sur trois semaines comme dans le Tour de France, estiment que les « Routiers de juillet », en raison de cette répétition d'efforts, doivent obligatoirement carburer aux remontants. Comparons ce qui peut se mesurer.

Dans la boxe on prend des coups de l'adversaire, dans la course de fond les pieds martèlent le sol des myriades de fois et à chaque foulée le choc plantaire est équivalent en moyenne à quatre fois le poids du corps, soit pour 42,195 km plusieurs millions de tonnes. À vélo, l'appui sur chaque pédale ne dépasse pas un cinquième du poids du corps. Au plan des contraintes mécaniques, le cyclisme se situe parmi les sports portés (natation, aviron) qui sont les moins traumatisants pour les muscles alors que la boxe et le marathon émargent en haut de l'échelle des spécialités les plus exposées. Dans ces deux sports, il n'est pas possible de récupérer d'une compétition en quelques heures. Sur une année, un boxeur n'a que quelques combats à son programme, de même le marathonien de haut niveau ne participe qu'à deux ou trois courses. De plus, dans les étapes de plaine moyennement vallonnées, l'homme au sein d'un peloton qui roule à 40 km/h épargne 33 % de son énergie par rapport à celui qui mène le train. Bien abrité, un cycliste, même inférieur de 30 % à son adversaire, peut néanmoins le battre à l'arrivée si sa pointe de vitesse est de qualité. En course à pied, en raison d'une vitesse de course nettement inférieure de 50 % à celle des « Forçats de la Route », l'avantage de l'abri est loin d'être aussi déterminant.

Le kilométrage : un faux problème

D'autres experts tout aussi compétents que les premiers répondent catégoriquement par la négative à la question : le Tour de France est-il trop dur ?

Ainsi, Bernard Hinault – quintuple vainqueur du Tour – évacue les difficultés de l'épreuve en précisant : « Ce sont les coureurs qui font la course, non le parcours. » [4] Son ex-mentor, Cyrille Guimard, abonde dans le même sens et estime que le calendrier n'est pas trop chargé : « Non, non ! C'est de la littérature, dans les années cinquante et jusqu'à mon époque, on courait plus (...) » [5]

De même, Laurent Fignon, double vainqueur du Tour, milite pour que le Tour de France ne soit pas dévalué : « Le kilométrage est un faux problème. De mon temps, les étapes étaient plus longues qu'aujourd'hui, mais c'était plus cool. On se permettait tacitement de rouler pépère à 36-37 km/h. Aujourd'hui moins longues, les épreuves n'en sont devenues que plus rapides. Il ne faut pas que le cyclisme devienne moins dur. C'est un sport d'excès. Le public aime le Tour parce qu'on y voit des hommes qui accomplissent l'impossible et d'autres qui défaillent... » [5]

5 800 km en 1926

Pour éclairer les différents protagonistes, rappelons qu'en 1926, le Tour faisait 5 800 km (aujourd'hui 3 800), le vainqueur restait près de 239 heures sur sa selle (pas tout à fait 93 heures pour Marco Pantani en 1998), les vélos pesaient plus de 10 kg et les routes, notamment en montagne, étaient rarement goudronnées. De plus, à l'époque, les substances dopantes efficaces (ÉPO, hormones de croissance, corticoïdes, amphétamines) étaient inexistantes. Pour la petite histoire, signalons que le vainqueur de cette édition marathon, le Belge Lucien Buysse détient, à ce jour, le record de longévité des lauréats de la Grande Boucle avec 87 ans et 114 jours ! Faire 200 km tous les jours pendant trois semaines avec six étapes de cols n'a rien d'exceptionnel. En effet, il faut savoir qu'en 1937, deux cyclistes, l'un français, René Menziès, alors âgé de 49 ans, et l'autre australien, Ossie Nicholson – qui a participé au TDF 1931 –, ont dépassé les 100 000 km dans une année. Nicholson s'est octroyé le record en arrivant à l'effarant total de 101 133 kilomètres parcourus du 1er janvier au 31 décembre 1937, soit une moyenne de 277 km quotidiens !

Autre exemple qui démontre que tout est plus facile lorsqu'on est bien entraîné. C'était en septembre-octobre 1895 – huit ans avant le premier Tour de France officiel de 1903 – Jean-Marie Corre, un Breton âgé de 31 ans, spécialiste des longues épreuves cyclistes telles que le Bordeaux-Paris et le Paris-Brest-Paris, a parcouru tout seul et non au sein d'un peloton le protégeant du vent, 5 012 km autour de la France et ce en 25 jours.

Les coursiers actuels sont plus adaptés aux difficultés du Tour que leurs lointains prédécesseurs : jusqu'à la deuxième guerre mondiale, la moyenne annuelle du kilométrage parcouru à l'entraînement et compétition des participants au Tour de France variait de 15 à 25 000 km. Aujourd'hui, elle dépasse facilement 30 000 km et pour les plus boulimiques elle peut atteindre 40 000 km.

Suivre le rythme des plus forts

En réalité, ce qui crée la difficulté dans le sport, et notamment dans le vélo, ce n'est pas de faire plusieurs étapes de montagne consécutives mais surtout d'essayer de suivre le rythme des plus forts. Cette analyse est confirmée par Jean-Marie Leblanc, patron de l'échelon course du Tour de France et ancien coureur ayant participé à cette même épreuve : « Le cyclisme est un sport de valeur relative et non un sport de valeur absolue. On ne se bat pas contre un record, on se bat contre les autres. » [7]

Une épidémie de tirage de maillots

On peut dresser un parallèle avec la dernière Coupe du monde de football où l'on a pu enregistrer une épidémie de tirages de maillots. Cette tactique n'a qu'un seul but : entraver les meilleurs. C'est bien sûr toujours la différence de qualité et d'aptitude entre les hommes qui génère la tricherie des moins bons ; ensuite, avec la banalisation, tout le monde s'y met. Au total, ce n'est pas en ajoutant une journée de repos dans la Grande Boucle que l'on va changer les mentalités du milieu cycliste, la seule façon de rendre la course cycliste propre passe par un contrôle antidopage performant. Les sportifs dans leur majorité sont pour les contrôles à condition d'être certains que ceux qui se dopent soient pris à coup sûr. Howard Payne, sommité en haltérophilie de l'université de Birmingham, affirme à juste titre que « la presque totalité des athlètes auxquels j'ai parlé accueillerait avec joie les examens antidoping, s'ils étaient certains qu'aucun médicament n'y échapperait. »

Malheureusement, et l'affaire Festina du Tour de France 1998 l'a bien montré – des contrôles urinaires tous négatifs et des contrôles de valises souvent positifs – cette certitude réclamée par les sportifs et les entraîneurs n'est toujours pas envisageable dans un avenir proche. Espérons qu'un jour, le dopage sera vraiment marginalisé, que tous les compétiteurs se mettront à l'ordinaire et non au super ; la hiérarchie alors sera naturellement respectée, la course plus vraie, plus belle car étalonnée sur la valeur réelle des hommes et non sur des expédients artificiels.

Le Tour de France est-il trop dur ?

Oui : « impossible avec des moyens naturels »

« Le sport cycliste est un sport trop dur pour fonctionner avec les moyens naturels. » **Cesare Facetti (ITA),** journaliste sportif au Tutto sports [*L'Équipe,* 2 août 1968].

« Avons-nous le droit d'exiger des sportifs des performances qui dépassent les limites de la capacité humaine ? Le sport cycliste se reconstruira sur la vérité. » **Bruno Roussel (FRA),** directeur sportif de l'équipe Festina [*Cyclisme International,* 1998, n° 154, août, p. 7].

Non : « ce sont les coureurs qui font la course »

« Il me semble inutile d'alléger le Tour de France dont l'originalité et l'impact médiatique doivent rester intacts. Pour autant, je ne crois pas que le fond du problème soit là : il y a dix ans, les cyclistes couraient beaucoup plus souvent. Leurs conditions de travail se sont améliorées. » **Daniel Baal (FRA),** président de la FFC depuis 1993 [*Le Point,* 1er août 1998].

« Je ne pense pas que la longueur des étapes ait une influence néfaste sur la santé des coureurs. Elle ne peut fatiguer des gens de métier. Ce sont les coureurs qui sont appelés à "durcir" une épreuve. » **Dr Pierre Dumas (FRA),** médecin chef du TDF de 1955 à 1967 [*L'Équipe,* 7 octobre 1969].

Références

1. *Ce que j'ai vécu,* (propos recueillis par Manu Adriaens), Bruxelles, R. Malherbe, 1988, 222 p. (p. 63).
2. TERBEEN F., *Les Géants du cyclisme,* Paris, Del Duca, 1969, 332 p. (p. 291).
3. *Le Parisien,* 21 octobre 1998.
4. *Le Point,* 25 juillet 1998.
5. *Cyclisme International,* 1998, n° 155, septembre, p. 14.
6. *Le Point,* 25 juillet 1998.
7. *La Marche du siècle,* France 3, 18 novembre 1998.

« Un contrôle négatif constitue une preuve de non-dopage... »

Depuis 1966, date des premiers contrôles officiels effectués en France, un test négatif n'a jamais pu être considéré comme la preuve d'un non-dopage.

Les sportifs de haut niveau et leur entourage ont toujours su s'adapter au niveau technique des laboratoires. Aujourd'hui, l'hormone de croissance – l'anabolisant le plus utilisé – est toujours « indétectable », de même que l'érythropoïétine (une méthode de détection en instance de validation devrait être opérationnelle pour les prochains JO de Sydney) qui stimule la production des globules rouges ainsi que la cortisone naturelle, hormone surrénalienne qui facilite l'adaptation au stress. Ces trois gros calibres sont toujours disponibles sans risque de sanction.

Plusieurs exemples sont là pour démontrer sans ambages que de faire référence à la négativité des contrôles antidopage pour clamer que l'on ne se dope pas, que tel ou tel sport est propre, n'est certainement pas un argument convaincant. Par exemple, de 1986 aux Jeux olympiques de Séoul en 1988, Ben Johnson, le vainqueur du 100 mètres, contrôlé positif au stanozolol (un stéroïde anabolisant), avait subi dix-neuf tests, tous négatifs, alors qu'il suivait de fréquentes cures hormonales pendant cette même période. De même, bien avant la réunification des deux Allemagne en 1990 et l'affaire du trio des *Wundermädchen* Krabbe-Breuer-Derr, deux athlètes d'Allemagne de l'Est, la lanceuse de poids Ilona Slupianek lors de la Coupe d'Europe en 1977 et le cycliste Norbert Dürpisch à l'occasion des Championnats du monde 1978, se firent prendre dans les filets du contrôle antidopage alors que 200 % des athlètes de RDA étaient survoltés artificiellement.

Le 26 août 1993, les autorités allemandes révélèrent en effet des documents aussi secrets qu'irréfutables, établissant que la police secrète d'Allemagne de l'Est, la Stasi, dirigeait et contrôlait tout le processus de la « dope » systématique commencé en 1971. De plus, on n'effectue, la plupart du temps, que des contrôles *a posteriori*, c'est-à-dire après l'épreuve qui, comme le souligne Alexandre de Mérode, le président de la Commission médicale du CIO, « n'atteignent que les plus stupides et les plus imprudents. »

Catalogue des naïvetés ou des ignorances

- ***Athlétisme***

- **Ben Johnson** (positif au 100 m plat des JO de Séoul en 1988) : « Je tiens à affirmer clairement que je n'ai jamais pris sciemment de drogues illégales et qu'aucune ne m'a jamais été administrée. J'ai toujours cru, et je le crois plus que jamais aujourd'hui, que ces drogues n'ont pas leur place dans notre société. Au cours des deux dernières années, j'ai subi une dizaine de tests. Ils ont tous été négatifs. Le plus récent a été fait autour du 17 août. Tous ces tests, à ma connaissance, étaient poussés et complets. Je sais pertinemment que tous les médaillés olympiques sont testés et, comme vous le savez tous, je n'allais pas à Séoul pour perdre. Je m'attendais bien à gagner une médaille d'or et je m'attendais très certainement à être testé. Aucune raison au monde n'aurait donc pu me pousser, dans ces circonstances, à prendre une drogue illégale. » [Dubin C.-L., *Commission d'enquête sur le recours aux drogues et autres pratiques interdites pour améliorer la performance athlétique*, Ottawa, Centre d'édition du gouvernement du Canada. Approvisionnements et services Canada, 1990, 714 p. (p. 103)].
- **Zhihong Huang** (championne du monde du lancer du poids 1993) : « Au sujet du dopage, dont on a beaucoup parlé à Stuttgart aux Championnats du monde, après l'impressionnant triplé de ses compatriotes sur 3 000 m, Huang s'est déclarée surprise de la réaction des Européens : "L'IAAF est venue à Pékin fin avril-début mai, et

les contrôles n'ont rien révélé de suspect. Idem à Stuttgart où les filles sont passées au contrôle après leur triplé, et là encore personne n'a été déclaré positif. Nous subissons les mêmes contrôles que les autres athlètes". » [*L'Équipe*, 2 septembre 1993].

- ***Cyclisme***

- **Michal Jekiel** (secrétaire de l'Union cycliste internationale) lors du congrès 1985 de l'UCI, exposa sur le dopage un puissant motif de satisfaction : « Aucun cas positif n'a été décelé cette année; c'est une victoire de la lutte antidopage, mais c'est surtout une victoire des coureurs eux-mêmes. » [*L'Équipe*, 30 novembre 1985].
- **Freddy Maertens** (champion du monde sur route 1976 et 1981) : « Ce Tour 1981, c'est un miracle? On a parlé de dopage? Un miracle? Il n'y a pas de miracle en cyclisme. Seul importe le travail. Souffrir, encore souffrir et toujours souffrir. Quant au dopage, je ne peux répondre qu'une chose : au Tour et au Championnat du monde, j'ai été contrôlé négativement chaque fois. » [*Vélomédia*, 1987, n° 12, novembre, pp. 6-7].
- **Gérard Porte** (médecin chef du Tour de France) : « À en croire le Dr Porte, l'affaire du dopage est surtout grossie par les médias : sur 110 contrôles effectués pendant le Tour l'an dernier, aucun ne s'est révélé positif. » [*Ça m'intéresse*, 1983, n° 24, juillet, p. 57].

- ***Football***

- **Carlo Molinari** (président du FC Metz) : « Je n'y crois pas... Pas plus que pour les motards ou les pilotes de F1 !... D'ailleurs, les contrôles effectués en football ont toujours été négatifs. C'est là une preuve irréfutable. » [*But*, 3 novembre 1987].

- ***Jeux olympiques***

- **Roger Bambuck** (ministre des Sports) : « Après les déclarations du Dr Bellocq, parues hier dans *L'Express*, et ses multiples interventions sur les chaînes de télévision pour expliquer qu'il fallait, comme lui, "soigner" les athlètes français pour qu'ils soient compétitifs, Roger Bambuck ne pouvait pas ne pas se manifester. Il l'a fait hier en rappelant que "le dopage, dans le sport doit être combattu énergiquement". Et il rappelle que « des contrôles systématiques ont été effectués sur l'ensemble des athlètes français sélectionnés pour Séoul et qu'aucun cas de dopage n'a été relevé. » Le secrétaire d'État aux Sports "ne peut admettre que le discrédit puisse être jeté sur des femmes et des hommes qui représentent la France à la plus grande fête sportive de tous les temps." » [*L'Équipe*, 17 septembre 1988].

- ***Natation***

- **Raymond Stefani** (professeur de génie électrique, California State University, Long Beach, Californie) : « Les trois médailles d'or (200 m et 400 m 4 nages, 400 m nage libre) remportées par la nageuse Michelle Smith (IRL) aux JO d'Atlanta, n'auraient dû lui valoir que des éloges. Au lieu de cela, on l'accusa d'avoir absorbé des substances dopantes. Tous les contrôles donnèrent des résultats négatifs, prouvant ainsi que ces accusations étaient sans fondement. » [*Revue olympique*, 1998, XXVI, n° 21, juin-juillet, p. 54].

Objectivement

- ***Athlétisme***

- **Mike Gee** (responsable technique de l'IAAF) : « Nous ne pouvons en aucune manière garantir des compétitions sans dopage. » [*Runner's World*, 1988, 23, n° 9, p. 79].
- **Joe Vigil** (entraîneur des coureurs de fond de l'équipe olympique américaine) : « Je pense que le dopage est en train de gagner du terrain et qu'il est plus étendu qu'on a l'habitude de le penser. » [*Runner's World*, 1988, 23, n° 9, p. 79].

- ***Cyclisme***

- **Régis Clere** (coureur professionnel, champion de France 1982) : « Si les contrôles antidopage étaient correctement effectués, 90 % au moins des cyclistes professionnels seraient coincés, déclarés positifs... » [*L'Express*, 29 juillet 1988, p. 38].
- **Michel Grain** (cycliste professionnel de 1964-1970) : « Que l'on m'amène un seul pro qui n'en a pas pris. » [*La Nouvelle République du Centre Ouest*, 22 octobre 1987].
- **Jean-Marie Leblanc** (journaliste à *L'Équipe*, responsable de la rubrique cyclisme) : « La lutte antidopage en arrive à cette absurdité : contrainte d'ignorer certaines préparations « de cheval » faute de moyens, elle s'arrête sur des peccadilles (il y a de l'éphédrine dans certains aliments diététiques!) » [*L'Équipe*, 11 novembre 1987].

• **Kees Pellenaars** (directeur sportif de l'équipe de Hollande des Tours de France 1951 à 1957) : « Tous les amateurs et naturellement tous les coureurs professionnels sont atteints par le virus du dopage. » [Koomen T., *25 ans de dopage* (en néerlandais), Larent, Luitingh, 1974, 144 p. (p. 22)].

• **Dietrich Thurau** (cycliste professionnel allemand) : « La majeure partie des coureurs a recours à des produits, et ceux qui refusent de l'admettre sont des menteurs ». [Brunel Ph., *Le Tour de France intime. Seigneurs et forçats de la route,* Paris, Calmann-Lévy, 1995, 155 p. (p. 131)].

- *Divers*

• **Christian Bénézis** (médecin du sport français) : « Je n'ai pas peur de dire que le monde du sport est pourri. C'est quelque chose qui m'attriste profondément et c'est surtout quelque chose contre lequel il faut lutter. À mon avis – et d'ailleurs mon avis on me le demande – une loi sur le dopage devrait être de même nature que la loi sur les stupéfiants. À Séoul, il y a huit sportifs, dont Ben Johnson, qui ont payé pour les autres. Les autres, on peut raisonnablement penser qu'ils étaient 150... » [Bénézis Ch., « Le monde du sport est pourri » (propos recueillis par Jean-François Bourgeot), *Le Journal de l'avancée médicale,* 1989, n° 50, 12 mai, p. 4].

• **Pr Paul Pin** (médecin de la Commission médicale de la FFF, biologiste) : « Un contrôle négatif ne prouve pas obligatoirement qu'un sportif n'a pas été soumis à un traitement de dopage » [*L'Équipe,* 17 octobre 1967].

• **F. Uryasz** (directeur scientifique de la Fédération du sport universitaire américain) : « Les joueurs sont devenus beaucoup plus intelligents. Ils savent aujourd'hui parfaitement à quel moment cesser de prendre des produits prohibés pour se présenter « propres » aux contrôles. » [*Le Sport,* 13 mars 1988].

- *Jeux olympiques*

• **Charles Dubin** (Commission d'enquête canadienne sur le dopage) : « Chaque année, la Commission médicale du CIO compile des statistiques sur les substances décelées par tous les laboratoires accrédités. Les statistiques relatives aux années 1986 à 1989 laissent entendre qu'environ 2 % des athlètes assujettis aux tests se servent de drogues interdites et que, sur ces 2 %, entre la moitié et les deux tiers emploient des stéroïdes anabolisants. on sait cependant que le contrôle antidopage aux compétitions n'indique ni les drogues absorbées pendant l'entraînement ni celles dont les principes actifs peuvent être bloqués ou camouflés. Par conséquent, les chiffres ne révèlent pas combien d'athlètes font usage de drogues, mais seulement combien d'entre eux se sont fait prendre. Pourtant, on s'est servi à plusieurs reprises de ces statistiques pour montrer, ce qui est trompeur, que l'usage abusif des drogues touchait seulement un faible pourcentage des athlètes. » [Dubin C.-L., *Commission d'enquête sur le recours aux drogues et autres pratiques interdites pour améliorer la performance athlétique,* Ottawa, Centre d'édition du gouvernement du Canada. Approvisionnements et services Canada, 1990. - 714 p. (p. 447)].

« Le contrôle aboutit à une course-poursuite entre sportifs et laboratoires d'analyse... »

A priori, n'importe quel produit peut être intégré à la chaîne du dopage. Celle-ci est abordée de plusieurs manières sans reposer sur ce principe de fuite en avant : on peut se doper en appliquant un effet supposé à un but recherché, c'est le dopage à raisonnement scientifique ou pseudo-scientifique. On peut se doper en choisissant par « prudence » un produit dont on sait empiriquement ou notoirement qu'il n'est pas décelé. C'est le cas des corticoïdes, de l'ÉPO et des anabolisants avec pour ces derniers une « préférence » pour l'hormone de croissance depuis la détection des stéroïdes et de l'hormone mâle. Mais il est faux d'affirmer qu'on s'est tourné vers ces produits dangereux parce que les autres avaient été décelés. Rappelons que le Dr Robert Boncour mettait en garde, avec d'autres médecins, contre les terribles dangers des corticoïdes et des hormonoïdes dès 1960. [1]

Le contrôle qui s'est d'abord attaqué pour des raisons techniques aux seules amphétamines n'est intervenu qu'à partir de 1966... et dès 1967 l'UCI définissait une première liste comprenant aussi les « hormones et hormonoïdes ». Ce n'est donc pas une course-poursuite, mais une course à handicap! Depuis une trentaine d'années, depuis l'installation du contrôle, on a simplement découvert progressivement les techniques d'analyse. Les produits dans leur quasi-totalité étaient connus depuis longtemps, en théorie comme en pratique. C'est évident avec l'amphétamine qui n'a pas attendu le contrôle pour sévir. Les étapes de l'analyse ont fait reculer le dopage comme la mer cerne un îlot de sable qui se rétrécit : amphétamines et éphédrine d'abord, stéroïdes anabolisants en 1973, pipéridines en 1974, pémoline en 1977, testostérone en 1982, caféine en 1983, bêtabloquants en 1984, diurétiques en 1986, probénécide (masquant) en 1987, corticoïdes de synthèse et perfluorocarbones (PFC) en 1999, érythropoïétine en septembre 2000.

La chimiothérapie risque alors de se voir singulièrement tarie en tant que source d'approvisionnement du dopage. Il faut savoir en outre que, désormais, un produit pharmaceutique ne peut plus être agréé qu'à la condition de s'accompagner de la méthode permettant de le révéler à l'analyse. Ce n'est pas seulement un effet de la lutte antidopage, plus largement, cela traduit le souci de pouvoir déceler en cas de traitement médical normal la présence et le dosage du produit considéré, ainsi que son éventuelle toxicité pour le patient.

Références

1. Boncour R., « D'effroyables dangers menacent la vie du "champion-cobaye" transformé en "champion-suicide" », *Le Miroir des sports,* 1960, n° 811, 25 juillet, p. 2.

« Il faut laisser aux professionnels la liberté de disposer d'eux-mêmes... »

« Je suis un professionnel, j'ai le droit de faire ce que je veux de mon corps et, notamment, de me doper. »

Cette opinion est particulièrement répandue chez les cyclistes dont certains prétendent, à l'instar de l'Allemand Rudi Altig, le champion du monde sur route 1962 : « Nous sommes des professionnels, nous ne sommes pas des sportifs. » Cela dit, un tel raisonnement est parfaitement contradictoire aussi bien avec l'éthique sportive qu'avec la loi. Côté sport, on ne peut oublier que le sport professionnel est une simple émanation du sport tout court, qu'il doit répondre aux mêmes critères de respect des règles du jeu, et même plus encore dans la mesure où il s'agit d'un moyen d'existence. La seule différence entre sport amateur et sport professionnel réside dans le fait que le second est un moyen de gagner sa vie : ce n'est sûrement pas une raison pour la risquer stupidement...

Que dire, par ailleurs, de cette réclamation de certains inconscients face à la généralisation des formules *open* dans de nombreux sports et même aux Jeux olympiques. Verra-t-on dans une même épreuve des « pros » autorisés à se « soigner » comme ils l'entendent et rivaliser avec des amateurs soumis, quant à eux, aux contrôles ? Ces derniers ne seront-ils pas doublement tentés par les « privilèges » consentis à leurs glorieux modèles ? Et les victoires des « pros » dans les *open* ne seront-elles pas vite attribuées aux seules vertus du dopage ? Le ridicule de cette demande ne résiste pas à l'analyse. Pas plus que les comparaisons volontiers avancées avec le monde du spectacle qui, lui, n'est pas soumis à un contrôle... Certes non, de même qu'il ne met pas d'adversaires en présence avec une règle du jeu pour ligne de conduite ! Cet argument est le pire de tous, mais il est malheureusement classique. « Puisqu'un chanteur se dope ou se drogue, pourquoi un sportif n'aurait-il pas le droit de le faire ? »

Faudra-t-il toujours voir le sport s'aligner sur le pire au lieu de le rejeter ? Faudra-t-il encore longtemps assister au triste spectacle de la tricherie, où le coupable pris en flagrant délit se défend en disant : « C'est vrai, mais je n'étais pas tout seul... ». Pauvre sport ! Et puis, devra-t-on admettre l'usage de produits comme les stupéfiants, par exemple ? Au nom de quelle législation ? Faudra-t-il autoriser le remboursement de ces produits par la Sécurité sociale et faire assumer à la collectivité les risques entraînés par une officialisation du dopage ?

Cinq bonnes raisons de ne pas être « pour » !

1. Le dopage étant efficace, il pousse ceux qui ne se dopent pas à le faire s'ils ne veulent pas jouer un rôle accessoire.
2. Certaines substances augmentent l'agressivité, la détérioration du geste et exposent les adversaires aux traumatismes, aux chutes (vélo), aux accidents (F1).
3. À partir de quel âge doit-on alors autoriser le dopage ?
4. Prendre 20 comprimés de Corydrane® (exemple de Jean-Paul Sartre) pour noircir des pages d'écriture et absorber la même dose pour grimper un col du Tour de France n'a pas le même impact sur la santé. Le premier s'expose à une détérioration chronique, le second à un décès brutal.
5. Le sport se caractérise par les « lois du jeu ». Le dopage en fait partie. Pourquoi alors ne pas enfourcher une moto pour « courir » un marathon ?

« Le dopage n'est pas dangereux... »

C'est l'avis de quelques « grandes voix », généralement d'anciens champions cyclistes qui affirment, à l'image de Raphaël Géminiani par exemple, que l'on pourrait former un beau peloton avec tous les anciens champions demeurés en pleine forme. On peut leur répondre, sur le mode macabre, en renvoyant aux cas mortels ou dramatiques qui ont régulièrement défrayé la chronique depuis quelques années (Birgitt Dressel en Allemagne, Momo Benaziza en France et Lyle Alzado aux États-Unis sont les exemples les plus connus). La liste en serait beaucoup plus longue que celle de Raphaël Géminiani.

Pour le seul chapitre des amphétamines, le Dr Pierre Dumas, pionnier de la lutte antidopage, au moment de la mort du cycliste Tom Simpson en 1967 sur les pentes du mont Ventoux, détenait déjà quatre cents dossiers représentatifs. Et depuis le début des années 1960, avec le passage aux produits entraînant des effets à long terme, on commence à accumuler les déchets. Les premiers cas sont très significatifs de la réalité du fléau : virilisation, troubles sexuels, obésité, cancers de la prostate, maladies osseuses, dépressions, suicides... Tout va bien ! On pourrait citer une liste inquiétante de sportifs foudroyés avant même la fin de leur carrière par un accident cardiaque ou bien ne profitant pas longtemps des joies d'une retraite pourtant tôt prise. Si Raphaël Géminiani se porte bien, c'est tout le mal qu'on peut lui souhaiter. À lui et à ses anciens compagnons de route.

Danger, pas danger : les avis divergent

1. Une pratique « inoffensive »

- **Dr James-Edward Ruffier (FRA),** médecin du sport : « L'amphétamine, ce pelé, ce galeux d'où vient tout le mal, même employé à l'aveuglette, n'a guère tué, ni même détraqué beaucoup de sportifs, surtout, peut-on dire, de coureurs cyclistes. » [*Miroir du cyclisme,* 1967, n° 91, septembre, p. 35].
- **Rik Van Steenbergen (BEL),** cycliste professionnel de 1943 à 1966 : « Ce qu'ils prennent serait nocif pour le commun des mortels mais n'est absolument pas nuisible aux coureurs. Il semble que personne n'y ait songé ou ne veuille y songer en haut lieu. » [*Miroir du cyclisme,* 1966, n° 80, décembre, p. 18].

2. Un risque démesuré

- **Gabriel Conesa (FRA),** journaliste : « Les journalistes sportifs sont formels : jamais, ils n'ont vu autant de chutes et d'accidents de voiture chez les coureurs cyclistes qu'en ces deux dernières années. » [*Paris-Match,* 21 juillet 1962].
- **Erwann Menthéour (FRA),** cycliste professionnel de 1994 à 1997 : « Je me suis retiré très vite de ce monde-là. Mais j'ai un ami qui a souffert d'un cancer des testicules provoqué par les médicaments. On lui a donné un paquet de fric pour qu'il ferme sa gueule. Quand je l'ai vu, j'ai vu un miroir, et moi dedans. J'ai dit stop. » [*Paris-Match,* 11 février 1999].
- **Pr Michel Rieu (FRA),** physiologiste du sport : « La cortisone c'est un peu comme si vous utilisiez votre maison de bois pour alimenter votre feu. » [*L'Équipe,* 11 août 1980].
- **Jean Wauters (BEL),** cycliste professionnel de 1926 à 1938 : « Je dois avouer que je connais "certains pharmaciens" qui ont "tué" quelques coureurs. » [*Coups de Pédales,* 1989, n° 12, mars, p. 5].

EFFETS SECONDAIRES DES PRINCIPAUX DOPANTS

A - Amphétamines

1 - Les neuf malus
- Altération des facultés de jugement
- Multiplication des blessures
- Augmentation des temps de récupération
- Effets secondaires pénalisants le geste sportif
- Oscillation de l'humeur (stimulant de l'anxiété)
- Signes évocateurs de ceux qui y goûtent : faciès des amphétaminés
- Accoutumance
- Dépendance essentiellement psychique
- Des associations dangereuses

2 - Détérioration du geste sportif
- Céphalées
- Crampes
- Hypertension artérielle
- Incapacité à se concentrer
- Insomnies
- Palpitations et accélération du système cardiaque
- Tremblements
- Troubles digestifs
- Vertige

3 - Signes cliniques (subjectifs et objectifs : portrait-robot de l'amphétaminé)
- Amaurose (perte de la vision sans altérations oculaires visibles)
- Bouche sèche
- Chair de poule (excitation du système nerveux sympathique, qui commande la vie organique et végétative)
- Érection
- État nauséeux
- Extrémités froides
- Faciès anxieux
- Grincements de dents (bruxisme)
- Hyper ou hypotension
- Nez pincé
- Pâleur des muqueuses et des extrémités (ongles)
- Palpitations
- Pouls ralenti ou accéléré
- Pupilles dilatées (mydriase)
- Sudation

4 - Troubles du comportement
- Actes de violence
- Désorientation des lieux et des personnes
- Méfiance envers l'entourage et sensation d'être constamment surveillé
- Nervosité
- Propos incohérents
- Psychose (trouble grave de la personnalité altérant la perception et la compréhension de la réalité)
- Tics consistant à se toucher fréquemment le visage

B - Stéroïdes anabolisants

1 - Effets organiques

a. Généraux
- Détérioration de la cellule hépatique (foie) surtout par les stéroïdes pris par voie orale
- Péliose hépatique (angiomatose hépatique diffuse et très hémorragique) due à une hépatotoxicité des androgènes 17 a-alkylés pris par voie orale
- Cancer du foie
- Hépatite par cholestase

- Hémorragies digestives
- Infarctus
- Diabète
- Apnées du sommeil
- Ruptures tendineuses
- Interruption de la croissance chez les jeunes athlètes
- Sida (seringues)

b. Femmes : masculinisation et féminisation (certains peuvent être irréversibles)
- Acné
- Voix grave, rauque, grinçante (épaississement des cordes vocales)
- Calvitie de type masculin
- Hypertrophie de la pomme d'Adam et du clitoris
- Arrêt des règles et de l'ovulation (troubles menstruels)
- Hirsutisme : acquisition d'une pilosité de caractère masculin en des zones normalement glabres (visage, régions inter et périmamelonnaire, dos, épaules, face postérieure des cuisses, région sous-ombilicale, péri-anale et interfessière). Le cycle moyen d'un poil ayant une durée de deux ans (deux à quatre ans), cette pilosité peut quelquefois apparaître plus d'une année après l'absorption de l'hormone! Ce qui provoque une surprise d'autant plus désagréable que la femme pensait avoir échappé à cet effet secondaire.
- Stérilité
- Involution mammaire

c. Hommes : féminisation et démasculinisation
- Atrophie testiculaire (mesurée au compas) - Suppression de la production de sperme et stérilité réversible. La majorité des hommes (près de 100 %) qui consomment des anabolisants au-delà de huit semaines de cure, présentent une oligospermie (insuffisance du sperme en spermatozoïdes qui est inférieure à 30 millions par ml).
- Gynécomastie (aromatisation de la testostérone : l'androgène se transforme en œstrogène dans les tissus mammaires)

2 - Manifestations « subjectives »
- Modifications du désir sexuel (des hauts et des bas)
- Évanouissements et vertiges
- Maux de tête
- Douleurs dans le bas-ventre
- Léthargie ou, au contraire, épisodes d'irritabilité incontrôlable et d'agressivité
- Effets psychiatriques : rage des stéroïdes (accès de violence extrême)
- Tics
- Dépendance

3 - Perturbations biologiques
- Augmentation du taux de cholestérol (avec diminution du HDL cholestérol surtout lorsque les anabolisants sont administrés per os) et des triglycérides favorisant les risques de maladies coronariennes.
- Hypertension artérielle
- Hyperglycémie
- Hyperbilirubinémie
- Élévation des transaminases

C - Cortisone et corticoïdes
- Altérations des parois des vaisseaux artériels avec possibilité de formation de caillots et, par voie de conséquence, d'embolie
- Augmentation des chiffres de la tension artérielle
- Déséquilibre hydro-électrolytique avec apparition d'œdèmes et augmentation du poids corporel
- Diminution de la nutrition des muscles, particulièrement des membres inférieurs et risque d'atrophie musculaire importante
- Diminution voire même arrêt de la croissance chez le jeune
- Effets dangereux sur le fœtus
- Élévation de la glycémie et apparition de glycosurie (sucre dans l'urine)
- Pyrosis gastrique (brûlures et régurgitations) et ulcérations gastro-intestinales
- Ostéoporose diffuse avec risques de fractures et retards de consolidation
- Réceptivité aux infections par diminution des anticorps et suppression des réactions naturelles de défense de l'organisme

- Pyrosis gastrique (brûlures et régurgitations) et ulcérations gastro-intestinales
- Ostéoporose diffuse avec risques de fractures et retards de consolidation
- Réceptivité aux infections par diminution des anticorps et suppression des réactions naturelles de défense de l'organisme
- Troubles oculaires : kératite, glaucome, cataracte
- Troubles du système nerveux, convulsions, crampes musculaires
- Troubles d'origine psychiatrique : changement d'humeur (euphorie, irritabilité), insomnie et véritables psychoses de type maniaco-dépressive

D - Érythropoïétine (ÉPO)

1 - Les premiers essais cliniques ayant débuté en 1985, il est pour l'instant prématuré d'avoir une idée précise sur l'ensemble des réactions secondaires. Cependant les effets rapportés depuis sa commercialisation il y a une dizaine d'années sont les suivants :

- Augmentation de la pression artérielle (20 à 25 % des patients), ou aggravation d'une hypertension préexistante, surtout en cas d'administration trop rapide du produit ou d'élévation accélérée de l'hématocrite
- Crises hypertensives chez des malades habituellement normo ou hypotendus
- Thrombose des sites d'accès vasculaires (fistule), surtout lors d'administration trop rapide du produit
- Convulsion, grand mal épileptique
- Réactions cutanées (éruptions, prurit, urticaire), réactions au point d'injection, œdème palpébral (paupière) de nature allergique possible
- Hémorragie nasale, douleurs articulaires, troubles de la vue (selon Erwann Menthéour)
- Symptômes grippaux, douleurs osseuses et frissons après injection
- Hémochromatose (surcharge en fer des tissus – notamment hépatique – chez les sportifs associant injections de fer et ÉPO)

2 - En revanche, ce produit étant d'origine humaine (pure à 98 % et présentant la même séquence d'acides aminés que la substance naturelle), aucune réaction immunitaire n'a été signalée.

E - Hormone de croissance (hGH)

1 - Adultes

- Acanthosis nigricans (tumeurs cutanées noires)
- Affections cardiovasculaires
- Augmentation de la transpiration
- Cardiomyopathie
- Épaississement de la peau
- Hirsutisme
- Hypersécrétion des glandes sébacées
- Hypertension
- Hypertrophie et proéminence des os
- Hypertrophies viscérales :
  - cœur
  - glandes salivaires
  - foie
  - rate
  - rein
- Intolérance au glucose, diabète
- Molluscum pendulum (tumeur fibreuse de la peau)
- Myopathie
- Neuropathie périphérique (affection du système nerveux des membres)
- Polypes du côlon
- Tuméfaction des tissus mous

2 - Enfants et adolescents

- Mêmes effets secondaires que pour les adultes et, en plus, gigantisme.

Les longévités des footballeurs américains et des cyclistes du Tour de France en chute libre

Sous l'emprise du dopage, potentialisateur de la violence, le football américain tue en dehors et à l'intérieur des stades. Deux affaires d'homicide impliquant des stars viennent rappeler que ce sport, que ce soit sur les stades et en dehors des terrains, est probablement l'activité physique de compétition la plus meurtrière de la planète. Quelques heures après la 34e finale du Super Bowl à Atlanta – regardé par 130 millions d'Américains et un milliard de téléspectateurs dans le monde – on a appris l'arrestation et l'incarcération pour double meurtre de Ray Lewis, le leader de la défense des Ravens (corbeaux) de Baltimore, et cela, tout juste un mois après l'inculpation de Rae Carruth, l'un des attaquants des Carolina Panthers accusé du crime perpétré contre son amie. *Le Parisien* rapporte dans son édition du 04 février dernier que pour la finale du Super Bowl : « Deux des joueurs de l'équipe du Tennessee étaient sur le terrain en liberté conditionnelle. Le premier pour agression de sa compagne, le second pour avoir tué une femme alors qu'il conduisait en état d'ivresse. » [1] Par ailleurs, un ouvrage publié en 1999 et s'intitulant *Les Criminels qui jouent dans la NFL*, titre évocateur de la dérive de ce sport – mais est-ce vraiment un sport ? – rapporte que 21 % des joueurs ont été impliqués dans des « crimes sérieux ». Dans le même registre, en 1999 une autre enquête dévoile que 509 joueurs sur 1 590, soit 32 %, avaient un casier judiciaire.

Si hors stade les footballeurs américains jouent avec la vie des autres, lorsqu'ils pénètrent dans les arènes athlétiques leur longévité s'avère particulièrement exposée. Régulièrement, dans les pages sportives des journaux d'Outre-Atlantique, sont publiées des statistiques sur la santé de ces nouveaux gladiateurs. Par exemple, la durée moyenne de la carrière d'un joueur professionnel est passée de 7 ans en 1973 à 4,7 ans en 1983 et à 3,2 ans en 1993. En 1983, l'espérance de vie d'un footballeur était de 57 ans contre 71 ans pour un citoyen américain moyen. Plus récemment, en 1993, d'autres chiffres tout aussi alarmants ont été fournis par le quotidien *USA Today* : « L'espérance de vie des anciens joueurs dépasse à peine les cinquante-cinq ans. Leur longévité est la plus basse de toutes les professions aux États-Unis : la moitié d'entre eux sont décédés à quarante-sept ans, les deux tiers subissent une blessure grave qui, dans la plupart des cas, laisse des séquelles majeures ». Ces chiffres paraissent invraisemblables, pourtant ce n'est pas nouveau. Déjà, en 1905, la saison s'était soldée chez les professionnels par dix-huit morts et 159 blessés graves. Le président des États-Unis de l'époque, Théodore Roosevelt, avait averti : « Le football devra être réformé ou supprimé ». Les instances du football américain avaient alors ajouté des protections telles que le casque de cuir et les épaulières en mousse.

Aujourd'hui, dans le rugby à XV, on passe par les mêmes erreurs en prenant l'effet pour la cause. Alors que tout est fait (électrostimulation, intégrateurs de fatigue, entraînement « scientifique ») pour augmenter la force et la vitesse des gladiateurs modernes, porter des protections plus ou moins matelassées s'apparente à mettre du mercurochrome sur la tête d'un demeuré qui se frappe le crâne à grands coups de marteau ! Une personne normalement sensée aurait plutôt retiré l'élément contondant des mains du fou. Il y a une quinzaine d'années, l'ancien recordman du monde du 110 m haies, Renaldo Nehemiah, reconverti dans le football américain, avait raconté pourquoi il avait décidé d'abandonner ce « sport » : « Le football peut détruire ton corps. La première année, j'ai été blessé au genou, la seconde j'ai souffert d'une commotion cérébrale, la troisième, je me suis fracturé une clavicule. Et la saison dernière, je n'ai pas pu jouer à cause de problèmes de vertèbres. L'idée de finir ma carrière avec un physique atteint comme tous les joueurs qui m'entouraient ne me plaisait pas. » [2]

Cette violence ordinaire, qu'elle soit à l'intérieur ou à l'extérieur des stades, trouve son origine en grande partie dans la consommation de cocktails artificiels. C'est un secret de polichinelle que les joueurs de football américain « se chargent » comme des mulets. Aux lignes de cocaïne euphorisantes et stimulantes qui passent par les narines d'environ 40 % des joueurs, il faut ajouter – pour ne pas sentir les coups – amphétamines et antalgiques et, pour déménager les défenses adverses, des kilos de muscles made in anabolisants.

Ainsi, l'usage des produits dopants rend les joueurs de plus en plus forts, rapides et agressifs. Les chocs redoublent de violence, les accidents graves se multiplient et la longévité en prend un sérieux coup. Lyle Alzado, l'un des footballeurs américains les plus performants et les plus violents, mort en mai 1992 d'une tumeur au cerveau à 43 ans, après avoir confessé un usage massif de stéroïdes et d'hormones de croissance, disait que 90 % des joueurs qu'il côtoyait « touchaient au truc ». De même pour George Eddy, le commentateur spécialiste des sports américains à Canal + qui a couvert son quatorzième Super Bowl, une chose est sûre : « Il y a un dopage massif dans le foot. On ne devient pas des bêtes physiques comme cela, naturellement ». Et il ajoute pour féliciter leur franchise : « Mais, au moins, eux ne s'en cachent pas. Alors que nombre de sportifs en Europe sont beaucoup plus hypocrites... » [3]

Jusqu'au milieu des années 1980, la communauté scientifique ignorait que l'un des principaux effets pervers des anabolisants concernait le mental des consommateurs. Dès cette époque, les revues consacrées à la psychiatrie vont publier des études décrivant « la rage des stéroïdes » associant des périodes de léthargie à des épisodes d'irritabilité incontrôlable, voire à des accès de violence extrême pouvant aller jusqu'au meurtre. Ainsi, plutôt que de faire croire que l'on s'intéresse à la santé des sportifs en leur mettant des maillots-pare-chocs, il nous paraît beaucoup plus performant de traquer les substances dopantes indécelables à ce jour et qui favorisent la violence. Aux États-Unis plus qu'ailleurs, les contrôles antidopage ne sont que de la poudre aux yeux.

Aujourd'hui, personne ne se révolte contre de tels méfaits et hécatombes, ni les joueurs, ni les dirigeants, ni les responsables politiques, ni... les spectateurs. Les jeux du cirque éclatent de santé.

LONGÉVITÉ DU FOOTBALLEUR AMÉRICAIN

	1973	1983	1986	1993
Durée moyenne d'une carrière de footballeur	4,7 ans	4,7 ans	3,7 ans	3,2 ans
Longévité du footballeur	57 ans (1/3 décèdent avant 50 ans)	57 ans	57 ans	55 ans (1/2 décèdent à 47 ans)
Longévité de l'Américain moyen non-sportif	70 ans	71 ans	71,6 ans	71,8 ans

Du côté du Tour de France, la durée de vie actuelle semble un peu plus longue mais n'est quand même pas très attrayante. De la naissance du Tour de France aux années 1940, les « Forçats de la route » se « piquaient » surtout à l'eau de jouvence et s'octroyaient ainsi un sacré bonus de longévité culminant à une vingtaine d'années au début du siècle pour atteindre encore une décennie sur le Français moyen au moment du second conflit mondial. En comparaison avec l'étonnante conservation de leurs aînés, les contemporains des années Anquetil et suivantes ont un risque anormalement élevé d'être lâchés avant l'heure par leur cœur ou leurs artères. Un risque très supérieur à celui de la population générale. Tel est le résultat d'une étude que nous avons menée avec la collaboration de deux statisticiens de l'institue Curie [4].

La mutation des années 1960 a rendu plus dangereuse la pratique du cyclisme de compétition. On a couru de plus en plus, de plus en plus vite mais aussi de plus en plus « chargé ». Jusqu'à la guerre, le dopage ne concernait que les jours de compétition qui ne dépassaient pas, par saison, la soixantaine alors que pendant la période Hinault, de 1974 à 1987, certains stakhanovistes du coup de pédale s'alignaient dans plus de deux cents courses par an ! De même, d'un dopage folklorique au coup par coup, on est passé à une préparation scientifique, basée sur des cures de plusieurs semaines, influençant efficacement le rendement du moteur humain.

Références

1. CHALAMET M., « Les tueurs du football américain », *Le Parisien*, 4 février 2000.
2. BRU H., « Nehemiah : le meilleur commence », *L'Équipe*, 11 août 1986.
3. EDDY G., « Rendez-vous au plus grand show du monde », *Télé 7 jours*, 29 janvier 2000.
4. DE PRACONTAL M., « Quand le sport tue », *Le Nouvel Observateur*, 1998, n° 1776, 19 novembre.

« La longévité d'une carrière implique l'absence de dopage… »

De la même manière que certains contempteurs de la lutte antidopage critiquent à la fois l'inefficacité des contrôles et les utilisent comme argument pour défendre de la suspicion de dopage tel ou tel sportif ayant subi de multiples tests négatifs, d'autres font de la longévité d'une carrière athlétique un critère de non-dopage tout en ajoutant, pour asseoir leur démonstration : « S'ils se dopent depuis longtemps, c'est que les substances prohibées ne sont pas dangereuses. »

Le physiologiste français Claude Bernard indiquait dans l'introduction à ses leçons sur les substances médicamenteuses et toxiques « qu'il n'y a pas de différence essentielle entre un médicament et un poison : tout se résume à une question de dose. Un même produit agit comme médicament ou comme poison selon la quantité plus ou moins considérable introduite dans l'organisme et selon les résultats obtenus. »

Donc, médicament à faible dose, une substance pharmacodynamiquement active pourra devenir un dopant à forte dose, d'autant plus que d'autres effets inapparents avec des quantités d'ordre thérapeutique pourront se révéler et même être recherchés lors d'administrations exagérées.

Il faut du temps aux substances chimiques pour détruire en profondeur les organismes, surtout les plus sains. Christian Bachmann et Anne Coppel, deux experts de l'histoire de la drogue, rappellent « qu'il aura fallu au total plus de cent ans de pratique pour que l'Occident découvre l'existence de la dépendance des individus à l'égard de la drogue. Cinquante ans se sont passés avant que l'on s'aperçoive des effets négatifs de la morphine. Le cycle est de quinze ans pour la cocaïne, il se raccourcit encore pour l'héroïne : cinq ans séparent les débuts de son utilisation thérapeutique et la découverte de son caractère nocif. » [1]

En plus des risques pour la santé que pose individuellement chacune des substances dopantes, la combinaison de plusieurs, notamment pour compenser certains effets indésirables, expose à une potentialisation des dangers.

Robert Ichah, dans son livre sur le Tour de France écrit en collaboration avec Jean Boully, ne saurait avoir raison lorsqu'il déclare : « À propos du "Cannibale" [Eddy Merckx], la seule certitude c'est que, s'il s'est dopé, sa longévité, ses résultats et sa régularité constitueraient un plaidoyer en faveur du dopage aux effets apparemment plus positifs que négatifs ! » [2]

Lorsqu'on cite en exemple la longévité exceptionnelle d'un cycliste, ou plus généralement d'un sportif de haut niveau, il n'est à tout le moins pas très judicieux de vanter les « effets positifs » du dopage ! Que ce soit pour le tabac, l'alcool et, bien sûr, le dopage et la drogue, les effets délétères se manifestent au bout d'un délai plus ou moins long suivant les doses, le début de la consommation et surtout la résistance constitutionnelle de chacun. La Commission d'enquête canadienne sur le dopage, dirigée par Charles Dubin, et mise en place par le gouvernement après le contrôle positif de Ben Johnson aux JO de Séoul, a bien montré l'engrenage de la polyintoxication : « L'usage combiné de l'hormone de croissance et de la gonadotrophine chorionique est un bon exemple d'un autre grand problème relié à l'usage abusif de certaines substances. Le recours à diverses substances par les athlètes entraîne des effets indésirables qui poussent ces derniers à consommer d'autres médicaments pour lutter contre ces effets secondaires. Les athlètes consomment des stéroïdes pour améliorer leur performance, des diurétiques pour lutter contre la rétention de liquide causée par les stéroïdes, des électrolytes pour contrer les effets des diurétiques, des anti-œstrogènes pour combattre la gynécomastie, de la gonadotrophine chorionique pour augmenter la production naturelle de stéroïdes... et la liste s'allonge tant que l'athlète ne renonce pas à consommer la substance qui enclenche tout le processus. » [3]

Au total, vanter la « santé insolente » de Jacques Anquetil ou de Louison Bobet qui, en fait, sont morts jeunes (53 et 58 ans) n'est pas la meilleure démonstration pour affirmer de façon péremptoire que la longévité d'une carrière sportive va de paire avec une tempérance vis-à-vis des pilules de la performance.

En bonne forme apparente

1966 – Maurice Vidal (FRA) (journaliste) : *l'insolente santé de Jacques Anquetil*

« Reste que la médecine sportive, quels que soient la valeur et le mérite de ses membres, ne peut qu'être embarrassée devant certains cas : celui de Jacques Anquetil, notamment qui, au sommet de la hiérarchie depuis treize ans, roi des plus dures spécialités (contre-la-montre et par étapes) affiche, à 32 ans une santé insolente et semble s'améliorer au fil des ans. Bien d'autres champions cyclistes ayant prouvé une longévité sportive enviable, il semblerait donc que ce sport, dont la pratique provoque une élimination organique exceptionnelle, ne soit pas celui où la stimulation musculaire ou cardiaque soit la plus dangereuse. » [*Miroir du cyclisme*, 1966, n° 78, octobre, p. 3].

– Robert Chapatte (FRA) (journaliste) : *« L'accent sur la longévité de certains champions »*

« On a souvent mis l'accent sur la longévité de certains champions, Louison Bobet, Gino Bartali, Rik Van Steenbergen, Gerrit Schulte, Jean Robic et plus près de nous Jacques Anquetil. Ce dernier réalise des exploits depuis l'âge de 18 ans. Il fêtera bientôt ses 33 ans : croyez-vous qu'un coureur qui userait de stupéfiants, d'amphétamines ou de strychnine à longueur de semaines, ou de Tours de France, résisterait aussi longtemps ? » [Chapatte R., *Le Cyclisme, la télé et moi,* Paris, Solar, 1966, 316 p. (p. 142)].

1977 – Marc Jeuniau (BEL) (journaliste) : *« À près de 45 ans, Anquetil connaît une forme physique impeccable »*

« ... Si Anquetil s'est dopé, il faut effectivement louer le doping. À près de quarante-cinq ans, le Normand connaît une forme physique impeccable et il paraît bien plus jeune que son âge. Nous pourrions ainsi citer mille exemples de champions suspects à l'époque de leur carrière... » [« Doping : que veut-on prouver », *Le Peuple,* 11 mai 1977].

1978 – Jean Leulliot (FRA) (journaliste) : *« Des anciens si alertes »*

« Nous avons eu le privilège d'assister, samedi soir, au dîner des anciens vainqueurs du Tour de France, organisé par MM. Jacques Goddet et Félix Levitan. Il y avait là, accompagnés de leurs épouses et de leurs enfants, Nicolas Frantz (1927, 1928), André Leducq (1930, 1932), Antonin Magne (1934), Romain Maes (1935), Roger Lapébie (1937), Jean Robic (1947), Ferdi Kubler (1950), Louison Bobet (1953, 1954, 1955), Gastone Nencini (1960), Jacques Anquetil (1957, 1961, 1962, 1963, 1964), Federico Bahamontes (1959), Lucien Aimar (1966), Roger Pingeon (1967), Jan Janssen (1968), Eddy Merckx (1969, 1970, 1971, 1972, 1974). Dîner émouvant qui se déroulait au milieu d'un véritable musée du cycle et au cours duquel tous les champions allaient des uns aux autres, comme des gamins, pour se faire signer leurs menus.

Une table retenait particulièrement l'attention : c'était celle qui groupait Anquetil, Merckx et Bobet, treize victoires dans le Tour à eux trois. La discussion à cette table fut particulièrement animée et Louison Bobet fut mis sur la sellette pour avoir osé dire qu'il n'avait jamais pris le moindre stupéfiant ou remontant. Il fut obligé d'avouer "qu'il avait absorbé les petits bidons préparés par son soigneur de l'époque sans savoir exactement ce qu'ils contenaient." Ce qui fit bien rire Jacques Anquetil et Eddy Merckx.

D'ailleurs, le dopage faisait l'objet de toutes les conversations. Et, à voir ces anciens, si alertes, on pouvait penser qu'aucun d'eux, si jamais ils s'étaient dopés, n'en ressentait les effets. » [*Sud-Ouest,* 24 juillet 1978].

Références

1. Bachmann Ch. et Coppel A., « Drogue : la filière historique » (propos recueillis par Emmanuelle Ferrieux), *Le Point,* 1989, n° 872, 5 juin, p. 150.

2. Ichah R. et Boully J., *Les Grands Vainqueurs du Tour de France,* Paris, Critérion, 1992, 365 p. (p. 285).

3. Dubin C.-L., *Commission d'enquête sur le recours aux drogues et autres pratiques interdites pour améliorer la performance athlétique,* Ottawa, Centre d'édition du gouvernement du Canada, Approvisionnement et Services Canada, 1990, 714 p. (pp. 145-146).

« Le rééquilibrage hormonal n'est pas du dopage... »

C'est une notion dangereuse que de mettre au rang des actes thérapeutiques une prétendue compensation de pertes hormonales. Il s'agit d'une justification fallacieuse du dopage.

Alors que, dès l'année 1965, tout le monde condamnait les activités coupables des soigneurs pour « exercice illégal de la médecine », certains spécialistes estimaient qu'il n'y avait pas dopage dès lors qu'il y avait prescription et exécution sous surveillance médicale. Pour eux, il s'agissait là d'un traitement ou d'une préparation biologique. Le médecin du Tour de France cycliste pendant treize ans, Pierre Dumas, remarquait : « Dans l'état actuel des choses, ce serait, croyons-nous, officialiser le doping en le débaptisant et en l'abandonnant au corps médical. Ce qui nous paraît une hypocrisie et une illusion. Une hypocrisie, car il pourrait s'agir d'une fuite devant les problèmes que pose le sport moderne et d'un simple transfert de responsabilités. Une illusion, car, ainsi que l'affirme le Pr Fernand Plas, le fait d'être médecin n'atténue pas le danger que peut faire courir l'emploi de certains médicaments. » [1] L'ambiguïté demeurait.

Trente-cinq années se sont écoulées depuis cet avis tranchant. Les fédérations nationales et internationales, le Comité international olympique ont pris des dispositions contre le dopage, ont dressé des listes de produits interdits, ont institué des contrôles. Et pourtant, le dopage s'est généralisé dans toutes les disciplines sportives et à tous les niveaux de la compétition, illustré périodiquement par de nombreux scandales. Cette propagation du phénomène est entretenue par un petit nombre d'hommes en blanc qui ont, pour faciliter leurs prescriptions, inventé le mot « rééquilibrage hormonal ». L'un d'eux, le Dr Bruno de Lignières, s'interroge : « On a le droit de compenser, chez les sportifs, les pertes hydriques ou vitaminiques, mais on n'a pas le droit de compenser les pertes hormonales. J'ai toujours du mal à comprendre pourquoi. » [2]

Le Pr Gérard Saillant, conseiller du ministre des Sports de l'époque, répond que de vouloir comparer les pertes hydriques, minérales et vitaminiques engendrées par l'effort prolongé et les pertes hormonales relève d'une ignorance coupable. Il faut savoir, en effet, que, dans le premier cas, seule l'alimentation peut restaurer l'équilibre alors que le retour à la normale, sur le plan hormonal, dépend des propres sécrétions glandulaires du corps et non d'un apport extérieur. D'autres spécialistes battent en brèche les arguments des partisans du rééquilibrage. C'est ainsi que le Dr Alain Gond qui, à la fin des années 1980, assurait le suivi biologique de sportifs de haut niveau, se référant à cette période, affirme : « Je n'ai jamais observé de cas d'effondrement ou même de diminution sensible des concentrations de testostérone (hormone mâle) ni avant, ni après une compétition importante, ni même avant la sélection olympique pourtant "stressante" ou alors je n'ai eu que des athlètes dopés. » [3]

Pour condamner l'usage des anabolisants et l'éventuelle justification médicale de l'hormone mâle, Michel Rieu, professeur de physiologie à l'hôpital Cochin, est encore plus net : « Un petit nombre de pseudo-scientifiques, sur la foi de quelques études parcellaires et critiquables, ont accrédité l'idée qu'il y avait, au cours de l'effort musculaire intense et prolongé, un dérèglement hormonal, on a parlé d'insuffisance testiculaire. L'idée s'est installée qu'il s'agissait de la correction d'une insuffisance, donc d'un acte thérapeutique, et non d'un dopage. On a inventé ce terme superbe de "rééquilibrage biologique" de l'entraînement. Quelle est la réalité? On a constaté qu'il y avait effectivement des modifications des taux hormonaux, mais personne ne peut prouver qu'il s'agit de perturbations pathologiques et l'on pense de plus en plus qu'il s'agit au contraire d'une régulation ou d'une adaptation de l'organisme à l'entraînement. Ainsi, il existe un équilibre entre les taux de cortisol et de testostérone. Le cortisol a surtout une action catabolisante permettant de fournir de l'énergie à l'organisme qui a travaillé alors que la testostérone a, à l'inverse, une action surtout anabolisante pour permettre la resynthèse des protéines. Il y a donc un balancement entre ces deux hormones et, au cours de l'effort, il y a effectivement une élévation du taux de cortisol et une diminution du taux de testostérone, mais qui a paru de plus en plus un phénomène d'adaptation qu'il faut respecter. À l'inverse, certains sont passés directement de l'hypothèse d'une insuffisance à une certitude, tenant le raisonnement primaire selon lequel une baisse du taux hormonal était obligatoirement le témoin d'une insuffisance sécrétoire.

Il s'est installé un circuit parallèle comportant d'ailleurs des médecins, promettant aux athlètes des performances extraordinaires en leur administrant du cortisol. On sait ce que cela a donné dans le milieu cycliste où un certain nombre de champions ont été complètement détruits par ces procédés, qui ont fait des syndromes d'insuffisance surrénalienne secondaire à la prise de cortisol à doses fortes et prolongées. La testostérone existe actuellement en conditionnement percutané, et cela permet encore plus facilement l'automédication. Cette pratique est en train de se répandre parmi les athlètes auxquels on a fait croire que la testostérone allait leur permettre d'améliorer leurs performances. » [4]

À juste titre, le Pr Michel Rieu met cortisone et testostérone dans le même « sac » des dopants hormonaux, ajoutant : « Le cortisol et la testostérone ont de plus un effet de type amphétaminique, en particulier la testostérone qui agit comme un inhibiteur de la monoamine oxydase (IMAO), c'est-à-dire qu'elle donne une sensation d'euphorie. Aussi, les études qui ont été faites, et qui ne prennent en compte que des paramètres subjectifs, montrent un effet certain de la testostérone agissant uniquement comme inhibiteur de la monoamine oxydase. » [4]

Le développement de cette pratique, notamment dans le monde de l'athlétisme, les risques de contamination des jeunes sportifs sont d'autant plus alarmants que les dangers ne sont pas minces. Une communication faite à l'Académie de médecine fait état de stérilisation secondaire après utilisation de testostérone sur des adolescents :

« Il y a donc, déclare Michel Rieu, des conséquences très graves à moyen comme à long terme. C'est pourquoi, je m'élève formellement contre toute sorte de campagne s'appuyant sur des données scientifiques incertaines, visant à faire croire que ce type de pratique peut être bénéfique pour le sportif. » [4]

On peut ajouter que si dans un premier temps de petites prises d'hormone mâle facilitent bien les cadences infernales, certaines structures corporelles non dépendantes de ce petit coup de pouce biologique seront très rapidement exposées au surmenage et aux blessures répétitives.

En battant le rappel des moyens d'en sortir, on ne peut que se tourner vers les médecins, concernés au premier chef par leur autorité technique et morale sur la question. Ils n'ont certes pas la tâche facile en quittant le terrain de la seule thérapeutique pour celui d'une médecine des sports dans laquelle interviennent des notions de réussite, donc d'efficacité. Mais certains d'entre eux sont allés un peu vite en besogne et n'ont pas contribué à éclaircir le jugement.

Pourtant, leurs agissements ont pour beaucoup la valeur d'une caution de la Faculté. Serait-ce trop leur demander que d'agir avec encore plus de prudence sur un terrain propice à toutes les extrapolations ? Si les malades sont relativement passifs devant la médication, les sportifs quant à eux sont très entreprenants et volontiers amateurs de « nouvelle cuisine » biologique. Il apparaît à l'usage que des médecins, par ailleurs très cloisonnés dans leurs spécialités respectives, peuvent se révéler Jekyll dans leur cabinet et Hyde dans un vestiaire.

Comme l'a dit clairement le cycliste professionnel Dominique Lecrocq dans une émission sur le dopage diffusée sur Antenne 2 : « Le médecin d'un groupe sportif est jugé sur les résultats et devient très rapidement un prescripteur de potions magiques. » [5]

C'est ce que l'on pourrait appeler « la loi du milieu sportif ». De même, tous ceux qui luttent contre le dopage sont vus par les athlètes comme des adversaires du sport alors que tous ceux qui nient le dopage (dirigeants, médecins, entraîneurs) sont vus par ces mêmes sportifs comme des alliés ! Il est ainsi plus facile d'être démagogue que de prendre parti :

« Peu d'hommes sont capables d'exprimer une opinion qui diffère des préjugés de leur milieu ambiant. » C'est Albert Einstein qui le dit.

Références

1. DUMAS P., « Il est urgent de ne plus laisser les sportifs vendrent leur corps au diable ! » (propos recueillis par Roger Frankeur), *Le Miroir des sports,* 1965, n° 1074, 10 mai, pp. 3-4.

2. DE LIGNIÈRES B., « Personne n'est d'accord sur la définition du dopage », *Le Monde,* 29 septembre 1988.

3. BADER J.-M., « La machine à détecter les dopés », *Science et Vie,* 1988, n° 854, novembre, pp. 62-67 (p. 67).

4. RIEU M. et HEULEU J.-N., La médecine et le sport (table ronde), *Synthèse médicale,* 20 septembre 1980.

5. LEGLOU D. et VERNON A., *Danger dopage,* Antenne 2, 11 avril 1989.

« Il ne faut pas confondre stimulants, fortifiants... et dopage... »

En plein séisme du Tour de France 1998, Eddy Merckx, le quintuple vainqueur de la Grande Boucle, afin de minimiser les dérives dopantes de ses successeurs, faisait la distinction entre fortifiants et dopants : « Tous les coureurs prennent des fortifiants au cours de leur carrière. J'en ai pris moi-même, mais il ne faut pas confondre fortifiants et produits dopants. L'organisme humain normalement constitué ne peut pallier une telle multitude d'efforts sans recourir à une compensation sous forme de vitamines. »

Il ajoutait pour renforcer sa démonstration : « Je n'ai jamais rien touché qui ne soit interdit. Je me contentais de vitamines me permettant de récupérer. » [1]

Le *campionissimo* belge, au cours de sa carrière, a été positif à trois reprises avec les dopants suivants : amphétamines (1969), éphédrine (1973) et pémoline (1977). Chacun sait que ces trois drogues font partie des « vitamines » inoffensives ! L'argument complètement usé des « vitamines » est à rapprocher de l'exemple de l'alcoolique à qui on demande : « Buvez-vous de l'alcool ? » « Non, jamais. » « Buvez-vous du vin ? » « Oui, un litre et demi pour les trois repas. » « Et de la bière ? » « Oui, quatre canettes par jour »...

Jacques Anquetil, lors de son record de l'heure en 1967, non homologué pour carence au contrôle médical antidopage, avait pris des « produits vitalisants ». Pour ne pas être positif au contrôle, il aurait fallu, selon Raphaël Géminiani, son directeur sportif, les arrêter trois jours avant la tentative...

Tout cela montre bien que « personne » ne se dope mais que tout le monde « se prépare » et qu'il suffit pour « respecter » l'éthique, de ne pas confondre dopant avec fortifiant, reconstituant, vitalisant, vitamine, anabolisant avec produits de soutien, intégrateur de fatigue ou d'énergie, agent de récupération, complément énergétique...

Arrêtons de jouer sur les mots

- **Jacques Anquetil (FRA),** cycliste professionnel de 1953 à 1969 : « Moi, je prends des stimulants, et je ne m'en cache pas. Mais on confond tout : drogue, doping et stimulant, sans savoir ce que ça veut dire. Tous les coureurs ont besoin de stimulants. On ferait mieux justement d'apprendre aux jeunes à se soigner. Moi on ne peut pas me reprocher de ne pas avoir su le faire. » [*Miroir Sprint,* 9 mai 1966].

- **Yves Brouzet (FRA),** recordman de France du lancer de poids (20,20 m le 22 juillet 1973) : « Les anabolisants sont presque une forme de soutien d'entraînement. Tout ce qu'on peut dire me fait marrer : certains médecins m'ont même dit d'ailleurs que l'entraînement deviendrait dangereux sans anabolisants. Il ne faut surtout pas confondre dopage et anabolisants... » [*France-Soir,* 18 juillet 1976].

- **Michele Dancelli (ITA),** cycliste professionnel de 1963 à 1974 et 1976 : « Je n'ai consommé que du dextrose, du glucose et de la Coramine-glucose® (soit des reconstituants). S'il en est ainsi, je ne courrai plus en Belgique. Je perds, avec cette affaire, plus d'un demi-million, à cause d'un jugement qui ne peut pas être prouvé scientifiquement. » [*L'Équipe,* 14 mai 1966].

(NDLA : rappelons que la coramine, un stimulant cardio-respiratoire, fait partie depuis 1968 de la liste rouge du CIO.)

- **Raphaël Géminiani (FRA),** cycliste professionnel de 1946 à 1960 : « Je n'aime pas le mot doping. Parlons de stimulants : le terme est plus juste. Il est normal qu'un coureur prenne des stimulants : ce sont les médecins qui les recommandent. Il existe des produits qui, loin d'être nuisibles, rétablissent l'équilibre. Moi, j'ai disputé douze Tours de France et un nombre élevé de courses en ligne. Je prenais des stimulants. Sous surveillance médicale, bien entendu. » [Bastide R. et al, « Le Tour devant les stimulants », *But et Club, Le Miroir des sports,* 1962, n° 919, 12 juillet, pp. 7-11 et 19 (p. 9)].
- **Jack Plunkett (FRA),** journaliste : « Il y a lieu de distinguer les stimulants toniques, régénérateurs de force, tels que café très fort, sucre, kola fraîche ou granulés, intrait de kola, sherry, fine champagne à doses raisonnables, des drogues nuisibles que nous classerons comme stupéfiants. Et encore faut-il que l'on en prenne de fortes doses pour que l'organisme en souffre. » [*Match L'Intran,* 22 mai 1928 (n° 85)].

Référence

1. *Aujourd'hui,* 4 août 1998.

« La lutte antidopage internationale est menée avec pugnacité par des hommes performants... »

À l'occasion de l'un de ses nombreux discours, **Juan Antonio Samaranch (JAS),** président du Comité international olympique depuis 1980, avait donné sa propre analyse du dopage : « Se doper, c'est mourir. Mourir physiologiquement, en modifiant profondément, parfois de façon irréversible, des processus normaux par des manipulations indues. Mourir physiquement, comme l'ont démontré certains cas tragiques ces dernières années. Mais aussi mourir spirituellement, intellectuellement, en acceptant de tricher, de déguiser ses possibilités, en reconnaissant son impuissance ou son manque de volonté à s'accepter, ou à transcender ses limites. Mourir moralement enfin, en s'excluant *de facto* des règles de comportement qu'exige toute société humaine ».

Dans cette envolée lyrique où il ne mettait personne directement en cause, tout un chacun ne pouvait qu'adhérer à cette vision des effets pervers de la consommation de substances prohibées. Malheureusement pour l'éthique sportive chère à Pierre de Coubertin, la lecture des différentes interviews de JAS montre bien l'étendue de son aptitude au double langage.

1988 - • À la tête de l'exécutif du Comité international olympique depuis le 16 juillet 1980, donc *a priori* parfaitement au courant des dessous des performances athlétiques, il n'a pas manqué malgré tout de faire l'éloge de deux mythes dont la réussite reposait en grande partie sur l'utilisation de substances prohibées : « Ben Johnson, un bel exemple pour la jeunesse de tous les pays. » [Éloge par Samaranch du Canadien, deux mois avant les Jeux de Séoul 1988].

• « Pour la clôture des quinzièmes Jeux olympiques d'hiver de Calgary, j'aimerais adresser [à Erich Honecker, président de la RDA] mes compliments les plus chaleureux pour les résultats vraiment remarquables et extraordinaires des sportifs de votre pays. Ils sont un véritable exemple pour la jeunesse du monde entier et contribuent largement par leur succès et performances à consolider la fraternité, la camaraderie et la paix. » [Discours paru dans *Neues Deutschland* (mars 1988) et cité dans *Mes Dossiers secrets*, de Katarina Witt (Paris, éd. AJ, 1994, 250 p. (pp. 236-237)].

• Après l'absence de cas positif à Moscou en 1980 et les chiffres dérisoires de Los Angeles en 1984 et de Séoul en 1988, Samaranch dresse un bilan pour le moins discutable de la Commission médicale : « J'ai pleine confiance en la Commission médicale, présidée par le prince de Mérode, qui a fourni un remarquable travail depuis plusieurs olympiades. Nous sommes en train de gagner la bataille du dopage. C'est un autre succès d'importance. » [Parienté R., « Samaranch : une victoire durable », *L'Équipe*, 6 octobre 1988].

1993 - *Le Monde* – « Les récents records du monde des athlètes chinoises ont semé le doute sur leurs méthodes de préparation. Pensez-vous que le CIO et les fédérations internationales maîtrisent la situation en matière de dopage ou y a-t-il encore place pour le doute ?

JAS – La décision du CIO de suspendre l'athlète le plus fameux des Jeux de 1988 a marqué une date importante pour l'avenir du sport. Les derniers Jeux olympiques et les récents Championnats du monde d'athlétisme ont démontré que nous sommes en train de gagner cette bataille contre le dopage. Nous avons à nos côtés dans ce combat toutes les fédérations sportives internationales, les CNO et même certains gouvernements. Au sujet de ces athlètes chinoises, nous faisons confiance à la Fédération internationale d'athlétisme. Ces filles ont été contrôlées, même en-dehors des épreuves auxquelles elles ont participé. Nous ne pouvons pas douter qu'un pays de 1,1 milliard d'habitants puisse produire de grands athlètes s'il commence à mettre en place un plan de développement du sport. » [Albouy G., « Un entretien avec Juan Antonio Samaranch », *Le Monde*, 21 septembre 1993].

1994 - *L'Équipe* – « La lutte contre le dopage s'est accentuée, mais rien ne paraît gagné...

JAS – Séoul fut très important. La disqualification de Johnson fut l'une des journées les plus importantes de l'histoire du mouvement olympique. Avant, nous luttions solitairement. Depuis Séoul, les fédérations internationales, les gouvernements nous ont aidés. Et le dopage est contrôlé. » (NDLA : certainement pas par les tests urinaires.) [Lunzenfichter A. et Renault J.-F., « Juan Antonio Samaranch : le CIO, seul, ne peut rien », *L'Équipe*, 29 août 1994].

1995 - « – Vous êtes à la tête du CIO depuis quinze ans. On attendait votre retraite après les Jeux de Barcelone. Serez-vous encore là après ceux d'Atlanta ?

– Non. Le président doit respecter la Charte olympique. Il y a une limite d'âge que j'atteindrai à la fin de mon mandat.

– Mais l'affaire Ben Johnson n'a-t-elle pas été aussi une façon de se dédouaner ? D'autres athlètes, notamment Florence Griffith qui s'est retirée de la compétition peu de temps après, n'auraient-ils pas échappé aux mailles des contrôles ?

– Je n'accepte pas que vous la soupçonniez. Je ne peux considérer une personne comme coupable que si l'on a démontré sa culpabilité. Or Florence Griffith n'a pas été contrôlée positive. » [*Journal de Genève*, 5 avril 1995, p. 16].

Trous de mémoire

Régulièrement, au moment des Jeux ou d'une grande session du CIO, le quotidien *L'Équipe* consacre un article à la gloire du président Juan Antonio Samaranch. Nous n'y avons pas échappé juste avant les JO de Nagano.

Naturellement, l'interview retranscrite dans l'édition du 6 février 1998 aborde le couplet du dopage : « Nous avons été les premiers, dès les Jeux de Mexico en 1968, à effectuer des contrôles. Et nous étions les seuls. Désormais, les comités nationaux olympiques, les fédérations internationales et souvent les gouvernements (comme en France) ont pris la lutte à bras le corps. En novembre prochain, nous allons réunir toutes les fédérations internationales olympiques afin d'unifier les sanctions, notamment. Je crois que la majorité d'entre elles sont mûres. En tout cas c'est mon vœu. Et je fais confiance à la Commission médicale du CIO et à son président, le prince de Mérode. Je rappelle que les seuls laboratoires de contrôles habilités – dont celui de Châtenay-Malabry qui mérite toute notre confiance – sont ceux accrédités par le CIO. Ici même nous allons expérimenter un nouvel appareil qui peut différencier la testostérone endogène de la testostérone exogène. »

Rappelons à M. Samaranch que, dès 1965, la Belgique avait instauré officiellement des contrôles ainsi que la France dans le Tour de l'Avenir. L'année suivante, en 1966, dans le Tour de France, les premiers tests sont effectués à Bordeaux.

D'autre part, en janvier 1994, il y a déjà six ans, on nous avait parlé d'un pas historique franchi parce que, lors d'une réunion à Lausanne, le CIO avait obtenu l'accord de toutes les fédérations internationales olympiques pour mettre au même niveau leurs sanctions. Pourquoi organiser cinq ans plus tard une nouvelle réunion pour le même motif?

Dernier point abordé par le maître de l'olympisme, l'expérimentation d'un nouvel appareil permettant de différencier la testostérone endogène et exogène.

En mai 1998, le prince de Mérode – "président à vie" de la Commission médicale – avait annoncé péremptoirement que la détection de la testostérone était désormais infaillible et que la technique recherchant le rapport C13/C12 serait appliquée à Nagano. Apparemment, la méthode n'était pas si infaillible que cela puisqu'aux JO d'hiver, elle n'était qu'expérimentée car non encore validée par la communauté scientifique.

Double langage

Le prince Alexandre de Mérode fait son entrée au CIO à la session de 1964. Trois ans plus tard, en 1967, il se retrouve bombardé par le président Avery Brundage à la direction de la Commission médicale. Ainsi, depuis plus de trente ans, il est l'inamovible patron de la lutte antidopage olympique. Son bilan, si l'on en croit les chiffres, est des plus rassurants puisque le nombre de cas positifs olympiques est très légèrement supérieur à 0,3 % !

En réalité, et compte tenu de la dizaine de substances dopantes efficaces et indécelables, le pourcentage de dopés négatifs sur les podiums avoisine 50 % dans certaines spécialités. Pour justifier coûte que coûte, et contre l'évidence, son action pour le moins discutable, Alexandre de Mérode n'hésite pas à défendre des idées parfois contradictoires. Il suffit de le lire dans la *Revue olympique*, l'organe officiel du mouvement olympique.

1976 - 1. « Nous rappelons que la politique du CIO est de n'interdire que les substances potentiellement dopantes pour lesquelles existent une ou des techniques analytiques de détection et d'identification à la fine pointe de l'évolution scientifique. » (p. 12)

2. « Il est de notoriété publique que la tendance actuelle du dopage semble s'orienter dans le sens de l'apport exogène de constituants physiologiques normaux. Ces pratiques, aussi insensées que dangereuses et inutiles deviendront certainement détectables dans un avenir plus rapproché qu'on ne le pense généralement. Qu'il suffise de se rappeler qu'on a longtemps cru que les anabolisants n'étaient ni détectables, ni identifiables. » (p. 16)

3. « Il est notoire que de nouveaux produits ayant des propriétés stimulantes sont découverts et deviennent rapidement disponibles. Il est possible que les athlètes soient poussés à les utiliser. Mais les méthodes de détection et d'identification continuent également d'évoluer – et c'est un phénomène récent– à un rythme plus rapide que la découverte et la mise sur le marché de nouveaux produits. » [de Mérode A., « Le contrôle du dopage aux Jeux olympiques en 1976 », *Rev. olympique,* 1979, n° 135, pp. 10-16]

1980 - « Les progrès de l'antidopage ont été extrêmement importants. Les stéroïdes anabolisants, tout à fait décelables maintenant, ont été ainsi pratiquement effacés du programme des entraîneurs, des managers et des athlètes tricheurs. Il n'y a pas si longtemps on empêchait un tricheur de nuire quatre à cinq semaines avant une grande compétition. Maintenant, nous arrivons à empêcher les gens de tricher cinq à six mois avant ! » [*France-Soir,* 8 août 1980]

« Dans 1 % des cas, le dopé est un... imbécile ! Et dans 99 % d'autres cas, c'est un tricheur... » [*La Croix,* 25 juillet 1980]

« Pour moi, ces Jeux de Moscou sont, en l'état actuel de nos connaissances, les plus propres en matière de dopage qui aient jamais eu lieu ! » [*France-Soir,* 8 août 1980]

1990 - Que des innocents soient condamnés n'émeut guère de Mérode. Ainsi, sollicité en mars 1989 par la Fédération française de cyclisme sur le faux contrôle positif de Cyril Sabatier, champion de France junior 1988, le prince était toujours muet 21 mois plus tard...

Dans une page entière consacrée à la réhabilitation de Cyril Sabatier le 31 décembre 1990, *La France cycliste,* le journal fédéral, en marge de la publication de l'information parue dans *L'Équipe* du 17 mars 1989 ajoute « Une préoccupation qui n'a jamais eu de suite... ».

Affaire Sabatier : le CIO s'en préoccupe

« Le prince de Mérode, qui suit de près les événements du cyclisme, s'intéresse au problème posé par le jeune coureur français Sabatier. Le président de la Commission médicale du CIO nous a indiqué qu'il avait reçu un rapport du secrétariat d'État français à la Jeunesse et aux Sports, décrivant avec précision le cas insolite de taux de testostérone supérieur à la norme admise dont semblerait être victime Sabatier.

« J'ai transmis ce document à tous les membres de la Commission médicale qui se réunira à Lausanne les 14 et 15 avril prochain. Nous ferons tout ce qui est en notre pouvoir pour tenter d'établir la vérité et pour examiner éventuellement les précédents que pourraient nous soumettre les spécialistes à propos d'anomalie de taux hormonaux chez les jeunes sujets. Nous nous efforcerons de communiquer notre avis dans les meilleurs délais en nous entourant de toutes les garanties nécessaires. » [*L'Équipe,* 17 mars 1989].

Pour le même motif, d'autres innocents seront mis au banc d'infamie de la société sportive : le joueur de squash français Julien Bonétat, le volleyeur japonais Eiji Shimomura, etc.

1992 - « Seuls les plus stupides ou les plus imprudents se font prendre. » [*L'Équipe,* 14 août 1992]

On pourrait ajouter « les innocents » à cette phrase accablante pour l'action de la Commission médicale du CIO que le prince dirige depuis plusieurs décades.

1993 - « Rien ne permet scientifiquement de dire que les Chinoises sont dopées. Tous les contrôles qui ont été faits jusqu'à maintenant ont démontré le contraire. » [*L'Équipe,* 13 décembre 1993]

1994 - « Le niveau de tricherie est acceptable, mais je vous confirme qu'il est toujours possible de se doper sans se faire prendre par les laboratoires. » [*L'Équipe,* 31 août 1994]

1995 - « Nous devons avant tout nous féliciter des progrès accomplis dans la lutte contre le dopage. » [Congrès du CIO, Atlanta, décembre 1995, in *Rev. olympique,* 1995, XXV, n° 1, p. 47]

1996 - « Les Jeux d'Atlanta ne devraient pas rester dans l'histoire comme ceux du dopage. Les centaines de contrôles antidopage inopinés pratiqués ont permis d'écarter bon nombre de "tricheurs". Les contrôles positifs devraient être peu nombreux. Nous devrions être tranquilles. » [*L'Équipe,* 12 juillet 1996]

Rappelons à M. de Mérode que plusieurs substances hormonales sont toujours indécelables dans le cadre d'un contrôle antidopage qu'il soit inopiné ou *a posteriori.* Ainsi comprend-on pourquoi les éprouvettes olympiques n'ont ramené sur 1 947 tests effectués que deux petits poissons positifs ! Il n'y a hélas pas lieu de se réjouir d'un tel bilan !

Le champion olympique des optimistes

Depuis trois décennies, le prince Alexandre de Mérode préside aux destinées de la lutte antidopage olympique. Dans son bilan, tout, bien sûr, n'est pas négatif, mais on peut lui reprocher d'avoir fait sanctionner des innocents tels que le nageur américain Rick DeMont en 1972 à Munich et le volleyeur japonais Eiji Shimomura en 1984 à Los Angeles et d'avoir ignoré en revanche des centaines de professionnels de la dope (519 médailles olympiques rien que pour l'Allemagne de l'Est de 1968 à 1988).

Rapport du président de la Commission médicale du CIO
106e session du CIO - Lausanne, septembre 1997

« Parmi les avancées de la recherche dans le domaine des contrôles de dopage, citons les progrès significatifs accomplis dans le dépistage de l'érythropoïétine (ÉPO), de l'hormone de croissance et de la testostérone. Des recherches ont été menées pour isoler l'ÉPO dans les urines ; une méthode pour déceler le dopage à l'hormone de croissance devrait être prête pour les Jeux de la XXVIIe Olympiade à Sydney et enfin il semble qu'une technique - la spectrométrie de masse à rapport isotopique - permette très prochainement de déceler de façon certaine la testostérone et d'autres stéroïdes endogènes. En outre, la commission prend des mesures pour introduire la norme internationale de contrôle de qualité, norme ISO 9000-25, dans le système d'accréditation des laboratoires du CIO. » [*Revue olympique,* 1997, XXVI-17, octobre-novembre, p. 14].

Malgré tout, le prince fait peut-être preuve d'un excès d'optimisme en nous réitérant depuis des années qu'on est sur le point de déceler – très prochainement – érythropoïétine (ÉPO)* et l'hormone de croissance (hGH), substances indécelables et consommées par les sportifs depuis dix ans pour la première et dix-huit ans pour la seconde !

On peut espérer qu'un jour, ces deux substances seront enfin décelables. Mais en attendant, combien d'athlètes dopés auront été honorés par Juan Antonio Samaranch ?

Trente ans de Commission médicale au Comité international olympique (1967-1997)

Deux membres belges de la Commission médicale du CIO, le Dr Albert Dirix, archiviste, et le Pr Xavier Sturbois, secrétaire de la sous-commission de coordination avec les comités nationaux olympiques, ont publié dans la collection du Centre d'études olympiques du CIO une plaquette retraçant à l'avantage du CIO et de sa Commission médicale trente ans d'activités, notamment dans la lutte contre le fléau numéro un du sport : le dopage.

(*) Au début de l'année 2000 deux chercheurs français, Jacques de Ceaurriz et Françoise Lasne (Châtenay-Malabry), ont découvert une technique de détection de l'ÉPO directement dans les urines. Elle sera, pour la première fois, appliquée officiellement aux Jeux de Sydney.

Ces deux experts réussissent le tour de force de nous présenter en 73 pages tout sur le dopage, listes, règlements, commissions, laboratoires accrédités, congrès mais pas une seule ligne, ni un seul mot sur le bilan réel du CIO lors des Jeux proprement dits!

Alors faisons-le à leur place : sur les 16 872 tests effectués depuis les JO d'hiver de Grenoble en 1968, seuls 53 se sont révélés positifs, soit 0,31 %! Autrement dit trois pour mille.

De plus, il faut préciser qu'au sein de ce tout petit peloton de sanctionnés, figurent quatre athlètes en traitement pour une affection respiratoire qui, aujourd'hui, avec les seuils existants, ne seraient pas inquiétés, sans parler d'une cinquième bavure, encore moins admissible puisque le seul défaut de ce volleyeur japonais mis au banc de l'olympisme en 1984 à Los Angeles était d'avoir naturellement un taux d'hormone mâle supérieur au taux légal CIO.

D'autre part, à aucun moment, les deux auteurs n'abordent les carences de certains laboratoires accrédités par le CIO qui servaient ni plus ni moins à camoufler le dopage de leurs athlètes nationaux.

Au total, une hagiographie à la gloire de de Mérode et de son action en tant que président depuis trente ans de ladite commission mais où l'objectivité de sa réelle efficacité fait particulièrement défaut.

Un historien amateur

Dans un récent numéro de *La Revue olympique* (n° 23, octobre-novembre 1998), Alexandre de Mérode, publie un article intitulé : « Dopage : rechercher les causes » (pp. 5 à 8)

Comme tous les pseudo-scientifiques, M. de Mérode compile les articles anciens sans prendre le soin élémentaire de vérifier les informations. Ainsi, peut-on lire sous sa plume : « Dans les temps modernes, le premier cas mortel paraît remonter à la course Bordeaux-Paris en 1879 où le cycliste anglais Linton mourut après avoir été dopé au trimethyle par son manager. » (p. 5)

Rectifions : la première édition de Bordeaux-Paris a eu lieu en 1891. En 1896 (et non 1879), le Gallois Arthur Linton l'a remporté ex-æquo avec Gaston Rivierre. Ce n'est que deux mois après l'arrivée de la course que Linton est décédé.

Autre erreur par ignorance : triméthyle seul ne veut rien dire, mis à part trois méthyles. En réalité, l'article sur lequel s'est « inspiré » de Mérode est paru en 1972 sous la plume de Ludwig Prokop, médecin bien connu du CIO, qui avait déjà écrit triméthyle sans autre précision alors qu'il s'agissait de la triméthylxanthine, plus connue sous le nom de « caféine ».

En ce qui concerne le dopage à l'oxygène, le premier cas connu remonte à 1903 et non 1910 comme indiqué. Un peu plus loin, de Mérode continue à copier Prokop : « En 1955, au Mont Ventoux, Mallejak perd conscience alors que 25 analyses d'urine avaient révélé 5 cas positifs. »

Malléjac s'écrit avec un C final et non un K; Prokop, en 1972, avait déjà estropié le nom du coureur français. D'autre part, accoler à la défaillance de Jean Malléjac que « 25 analyses d'urine avaient révélé 5 cas positifs » n'est qu'une invention de plus! Les premiers contrôles antidopage sur le Tour de France n'ont été effectués officiellement pour la première fois qu'en 1966. En revanche, il est possible comme l'écrit Prokop qu'à la même époque 25 analyses aient été faites en Italie.

« L'historien » de Mérode continue avec assiduité à copier les erreurs des autres : «... Dick Howard médaillé d'argent du 400 m en 1960 due aussi à une overdose d'héroïne ». Dick Howard était un spécialiste du tour de piste sur les haies et a terminé troisième (et non deuxième) de la finale du 400 m haies en 1960 à Rome.

Page 7, on trouve également l'allusion au titre d'un ouvrage qui avait défrayé la chronique du dopage : « 500 médicaments pour se surpasser » alors qu'il n'y en avait en réalité que « 300 ». Sur la même page, le champion toutes catégories des contre-vérités poursuit : « Comme il n'existait encore aucun règlement, celui élaboré par le CIO, contenant les procédures et la liste de produits interdits fut facilement accepté par les fédérations internationales. »

Rappelons que la France, en 1966, deux ans avant le CIO, avait une loi, une liste et des sanctions; douze mois plus tard, l'UCI avait également précédé l'organisme olympique en édictant une liste, un règlement et des sanctions!

Quel crédit peut-on apporter à quelqu'un qui dirige la Commission médicale du CIO depuis plus de trente ans et qui écrit autant d'inexactitudes dans la revue officielle?

Des prévisions optimistes

Un récent rapport d'un chercheur italien, Sandro Donati, entraîneur national d'athlétisme rattaché au Comité olympique italien (CONI) depuis 1985, a démontré – témoignages à l'appui – que le **Pr Francesco Conconi,** chargé en 1992 par le CIO de mettre au point une méthode fiable pour déceler l'érythropoïétine (ÉPO), l'hormone « suroxygénant » les muscles – était également l'un des experts en dopage de l'ÉPO le plus recherché par les sportifs de haut niveau. À la suite de ces révélations, on comprend mieux pourquoi Conconi à chaque interview répond que la mise au point du test de détection de l'ÉPO est pour bientôt mais qu'il faut encore attendre un peu.

Pour Sandro Donati, le double jeu du préparateur de Francesco Moser lors de ses deux records du monde de l'heure, ne laisse planer aucun doute : « Cela fait trois ans que Conconi tient le même discours et que, sous des prétextes divers, il repousse toujours la mise au point définitive. Il faut savoir que pour poursuivre ses travaux, son centre de recherches biomédicales à Ferrare perçoit une subvention de 140 millions de lires tous les ans (512 400 FF). Il a intérêt à ce que ça dure. »

1992 : Alexandre de Mérode : « Le test de Conconi sera effectif en 1994 à Lillehammer »

1. « En ce qui concerne les Jeux de Barcelone, le prince Alexandre de Mérode, président de la Commission médicale du CIO, estime qu'il est trop tôt pour envisager d'avoir recours au test mis au point par le Pr Conconi (Italie) qui permet de détecter la prise frauduleuse d'érythropoïétine. Pour ce test, il faut obtenir une goutte de sang du sujet, ce qui est possible par simple incision du lobe de l'oreille ou par ponction à l'extrémité d'un doigt. Avant de décider de l'utilisation de ce nouveau test antidopage, il est encore nécessaire de poursuivre les essais préalables [10 000 tests selon Alexandre de Mérode]. Dès que ces essais seront terminés, le prince de Mérode estime qu'il ne rencontrera aucune opposition de la part des fédérations. » [*Le Quotidien du médecin,* 26 février 1992].

2. « Le projet d'avoir recours à des prises de sang pour effectuer des contrôles antidopage passera à la phase active au cours des Jeux olympiques d'hiver de Lillehammer, Norvège, en 1994. Auparavant, des essais vont être entrepris sur des centaines de soldats disséminés sur les cinq continents. Le prince Alexandre de Mérode, président de la Commission médicale des Jeux olympiques, a précisé qu'il s'agit essentiellement de détecter l'usage de l'érythropoïétine qui est interdit. Pour mettre en place ce nouveau test de dépistage, le prince de Mérode estime qu'il aura à affronter non seulement des difficultés d'ordre scientifique, mais surtout d'ordre juridique. » [*Le Quotidien du médecin,* 29 juillet 1992].

Pr Fancesco Conconi : « Prêts pour 1994 »

« Nous avons entamé des études systématiques sur l'érythropoïétine, hormone produite par le rein. En 1988, cette hormone a été synthétisée. On ne peut encore affirmer qu'une utilisation exogène de cette hormone peut être identifiée à coup sûr. En revanche, nous travaillons activement sur les effets secondaires qui autorisent déjà des conclusions scientifiques : l'érythropoïétine augmente la concentration des cellules rouges du sang et du même coup améliore considérablement la fixation de l'oxygène. Elle remplace avantageusement les transfusions sanguines. Nous avons déjà établi que les cellules sont de taille beaucoup plus grande que la normale. Nous en sommes actuellement à 500 tests. Nous voulons atteindre les 2 000 en rendant compte de nos travaux dans des revues scientifiques. Le plus gros reste à faire, mais nous espérons être prêts pour 1994. » [*L'Équipe,* 14 août 1992].

1994 – « Détectable dans quelques mois »

1. Mais il est encore impossible de détecter l'ÉPO ?

Pr F.C. – « Ça ne va pas tarder. On est sur le point de trouver un moyen de la trouver dans les urines, alors que jusqu'ici il n'y avait que le sang qui le permettait. » [*L'Équipe,* 20 mai 1994].

2. « Une épée de Damoclès – Enfin, parmi les points les plus spectaculaires, deux, voire trois échantillons, seront prélevés à chaque contrôle. L'UCI se réserve ainsi la possibilité de procéder à l'analyse des échantillons supplémentaires plusieurs mois après le contrôle, même si celui-ci était négatif afin d'y rechercher un produit interdit que les moyens scientifiques permettraient entre-temps de détecter. En clair, s'il devenait techniquement possible de détecter l'ÉPO par exemple à la fin de 1995, un coureur pourrait encore être sanctionné pour l'avoir utilisé impunément au printemps ! C'est ainsi une véritable épée de Damoclès qui plane au-dessus des têtes et pourrait éventuellement faire réfléchir. Mais justement, puisque l'ÉPO est évidemment au centre du problème, le professeur Conconi, président de la Commission médicale de l'UCI, a affirmé au cours de ce séminaire qu'il suffisait maintenant de quelques mois de patience pour qu'elle puisse être décelable au contrôle. Ainsi va l'éternelle course contre la montre entre les tricheurs et les chercheurs... » [*L'Équipe,* 14 décembre 1994].

1996 – « C'est pour très bientôt »

1. Mars – « Opérationnel dans la seconde moitié de la saison » – « Francesco Conconi, président de la Commission médicale de l'UCI, a confirmé que les contrôles antidopage décelant l'ÉPO, de son vrai nom érythropoïétine, hormone naturelle qui augmente la concentration de globules rouges dans le sang et qui peut être fabriquée artificiellement, seront opérationnels dans la seconde moitié de la saison : “Il y a trois ans, le CIO m’avait demandé de mettre en place une méthode en vue d’identifier l’ÉPO, expliquait-il. Ce système est en place mais il doit maintenant être adapté aux laboratoires antidoping afin d’être totalement fiable et efficace”. » [*L’Équipe*, 22 mars 1996].

2. Octobre – « D’ici à deux mois »

« – En février dernier, les recherches sur la détection de l’ÉPO (érythropoïétine), ont abouti. Pourquoi cette substance n’est-elle toujours pas recherchée lors des contrôles antidopage ?

– Pour l’heure, on a vérifié que l’ÉPO naturelle est différente de la molécule commerciale. Cette différence se situe non pas dans la partie centrale qui donne la réponse fonctionnelle mais dans la périphérie de la molécule. On peut imaginer une sphère avec des ramifications. Dans le cadre de l’ÉPO naturelle, ces ramifications sont constituées à partir des cellules rénales ; dans le cas de l’ÉPO commerciale, à partir d’ovaires de hamsters. Il est donc possible d’identifier dans les urines la présence de cette méthode commerciale.

– Mais votre découverte n’est pas encore applicable ?

– Nous n’avions pas pour but de mettre au point un contrôle antidopage : on voulait seulement voir la différence entre les deux molécules. Maintenant, nous allons devoir simplifier notre méthode en vue de l’utiliser pour des contrôles, en réduisant la quantité d’urine nécessaire (actuellement un litre) pour la ramener à la norme habituelle, soit 50 cm^3. Lorsqu’on y sera parvenu, l’ÉPO sera réellement décelable.

– Ça va prendre combien de temps ?

– Il est possible que nous y parvenions d’ici à deux mois. Mais dans ce type de démarche, il est difficile d’anticiper... » [*L’Équipe Magazine*, 12 octobre 1996, p. 96].

3. *La Gazzetta dello sport* – « Il fait rire tout le monde »

« Il n’y a pas qu’en France que les problèmes du dopage font du bruit. Mario Pescante, président du Comité olympique italien, a beau dire que “l’Italie effectue 11 % des contrôles effectués dans le monde entier”, un dossier de la *Gazzetta dello sport* conclut à la “crédibilité fragile” desdits contrôles. Le Pr Mario Dal Monte a affirmé : “Le dopage court plus vite que nous.” Quant au Pr Conconi, il a fait rire tout le monde en affirmant qu’on allait détecter l’ÉPO mais qu’il faudrait pour cela un litre d’urine. Le contrôle ne fait couler que de l’encre ! » [*L’Équipe*, 31 octobre 1996].

2000

En septembre, à Sydney, L’ÉPO sera officiellement détectable dans le cadre d’un contrôle antidopage mais Conconi n’y sera pour rien !

« Les fédérations jouent le jeu... »

Au début de l'année 1996, trois athlètes convaincus de dopage ont été blanchis par leur fédération. La plus connue des trois contrevenants, l'Australienne Samantha Riley, a été contrôlée positive lors des Championnats du monde en petit bassin en décembre 1995 à Rio de Janeiro (Brésil). Des traces de dextropropoxyphène – un antalgique narcotique appartenant à la classe des stupéfiants – ont été détectées dans les urines de la toute récente double-championne et recordwoman du monde de brasse après sa victoire au 200 m brasse assortie du record du monde.

Fournie par l'entraîneur

C'est pour soigner des maux de tête, deux jours avant sa première course aux mondiaux en petit bassin, que la nageuse aurait absorbé le médicament incriminé fourni par l'entraîneur Scott Volkers. Après bien des interventions, la championne de brasse vient de se voir infliger un simple « avertissement sérieux » alors que, pour une faute similaire, la nageuse française de longue distance, Anne Chagnaud, a été suspendue deux ans par la Fédération internationale de natation (FINA). Cette dernière, pour expliquer sa mansuétude, a estimé que « la présence de la substance interdite n'avait pas les capacités d'améliorer les performances de Riley ou de lui donner un avantage injuste. Le comité exécutif a décidé de la sanctionner d'un avertissement sérieux car aucune autre sanction ne serait proportionnelle à la faute commise par la nageuse. »

Rappelons que le dextropropoxyphène est commercialisé en France sous le nom d'un antalgique très connu du public : le Di-Antalvic®. Ce même produit avait déjà provoqué des tempêtes dans le landerneau sportif, notamment en 1989, lorsque Philippe Anziani, le premier footballeur français officiellement convaincu de dopage, avait écopé d'un mois ferme, et aussi six ans plus tard, avec Patrick Soula, le talonneur du Stade toulousain, positif au Di-Antalvic® lors de la finale du Championnat de France de rugby, le 6 mai 1995. Ce dernier, comme la nageuse australienne, avait été innocenté de l'accusation de dopage par la commission de discipline de la Fédération française de rugby, qui a écarté « toute tricherie préméditée » de la part du joueur et des dirigeants du club.

Di-Antalvic® : effets sportifs

On pourrait se demander par quelle aberration des spécialistes scientifiques de haut rang pour le CIO et pour la loi française, ont pu inscrire le dextropropoxyphène sur leurs listes de substances prohibées si, vraiment, ce produit est sans effets sur la performance sportive.

Notre implication de longue date en tant que médecin du sport nous a permis de dresser la liste non exhaustive des situations où les sportifs consomment du Di-Antalvic®. Ce médicament permet notamment :

- d'atténuer la perception des difficultés de l'effort (toutes spécialités),
- de combattre les effets douloureux de la nature (règles),
- de mieux encaisser les coups (boxe),
- de ne pas sentir les contacts et les coups de l'adversaire (football, rugby...),

• de limiter les douleurs lombaires dans certaines épreuves particulièrement difficiles telles qu'étapes de montagne et contre la montre (cyclisme),

• de pallier les effets secondaires des excitants ; un ou deux suppositoires de dextropropoxyphène permettent de contrecarrer les troubles provoquées par des amphétamines comme le Maxiton® ou l'Ortédrine®,

• de jouer malgré une blessure sérieuse de l'appareil locomoteur (pression de l'enjeu et de l'environnement sportif : entraîneur, coach, sponsor...),

• et de remplacer les infiltrations d'anesthésiques locaux beaucoup trop voyantes lorsqu'elles sont effectuées en cours de match afin de permettre au blessé de continuer la partie.

Positive à la mesténolone

À la même époque que Samantha Riley, la deuxième athlète qui fait parler d'elle, non par ses performances mais par ses déboires avec la réglementation antidopage, est la jeune nageuse américaine Jessica Foschi, testée positive à un apparenté à l'hormone mâle, la mesténolone, lors des Championnats des États-Unis en août 1995. Dans un premier temps, condamnée à deux années de mise à l'épreuve sans suspension, elle a été ensuite suspendue ferme pour la même durée par le bureau d'appel de la fédération américaine. Et en février 1996, cette même fédération américaine, s'appuyant sur le laxisme de la Fédération internationale (FINA), a fait volte-face en revenant à la mise à l'épreuve initiale. Foschi a pu participer aux sélections olympiques américaines. Quatre mois plus tard enfin, la FINA suspend pour deux ans la jeune ondine de l'oncle Sam.

Tout cela ne faisait pas très sérieux de la part des Australiens comme des Américains alors qu'ils annonçaient à grand renfort de communiqués que les Jeux d'Atlanta, comme ceux de Sydney quatre ans plus tard, seraient particulièrement surveillés au plan du dopage.

Anabolisant « antidouleur »

Le troisième contrevenant, le boxeur sud-africain Frans Botha, positif aux stéroïdes anabolisants lors de sa victoire aux points sur l'Allemand Axel Schultz, a invoqué pour sa défense qu'il ignorait que le médicament utilisé pour soigner une douleur au bras contenait des anabolisants. L'International Boxing Federation (IBF), dans sa grande bienveillance, a accepté l'explication alambiquée en pénalisant Botha d'une simple amende de 50 000 dollars et l'obligation pour ce dernier d'accorder une revanche à Schultz dans les six mois. Il est difficile de suivre l'IBF dans son argumentation de clémence lorsqu'on sait qu'un anabolisant n'est pas le médicament le plus adapté pour lutter contre une douleur quelconque et qu'il n'existe, à notre connaissance, aucune potion pharmaceutique associant un antalgique et un anabolisant.

Trois athlètes américains positifs à la testostérone

Mary Slaney, ex-Decker, 39 ans, championne du monde des 1 500 et 3 000 m en 1983, Sandra Farmer-Patrick, vice-championne olympique du 400 m haies en 1992 (rappelons que cette athlète a participé aux demi-finales des Jeux d'Atlanta en 1996), Stephen Flenoy, spécialiste du 400 m haies, ont été suspendus lors de la réunion du Conseil de l'IAAF du 30-31 mai 1997 à Athènes.

Ces trois athlètes avaient été contrôlés positifs en juin 1996 lors des sélections pour Atlanta. Les cas de Mary Slaney et Sandra Farmer-Patrick ont fait l'objet d'une longue discussion en partie du fait du renom des athlètes mais surtout à cause du délai qui s'est écoulé entre le test positif et la prise de décision en découlant, mais aussi en raison de la substance identifiée dans les urines. Le produit détecté, la testostérone ou hormone mâle, est le chef de file du groupe des anabolisants. Les deux athlètes incriminées avaient un taux largement supérieur au rapport habituel de 6/1 (testostérone/épitestostérone ou T/épiT), normalement rencontré sans dopage chez 99,9 % des individus.

Rapport Testostérone/épitestostérone (T/épiT)
90 % = 1
95 % < 3
99,9 % < 6
1/10 00 > 6
Statistiques de Manfred Donike

La valeur de ce rapport a été au centre d'un débat scientifique qui a poussé le Dr Christiane Ayotte (la même qui a mis en évidence le bromantan, responsable du laboratoire antidopage de Montréal) à écrire à Richard D. Schultz, directeur exécutif du Comité olympique des États-Unis (USOC). Ce dernier avait pris la défense des deux jeunes femmes en déclarant : « Les cas récents impliquant Mmes Slaney et Farmer-Patrick soulèvent des doutes à propos de la base scientifique des contrôles faits pour une substance, la testostérone, qui est naturellement produite par le corps. »

Christiane Ayotte rejette la défense du responsable américain et lui fait savoir : « En tant que membre de la commission antidopage de l'IAAF, j'ai personnellement étudié ces deux cas et je suis fortement et fermement en désaccord avec votre déclaration. Je ne crois pas que durant ces dernières semaines la presse ait autant parlé de science. Nous ne devons pas laisser les avocats et les experts appointés par les athlètes coupables de dopage décider de ce qu'est un test valable. »

En reprenant l'historique de ces deux cas, le Dr Ayotte a révélé que depuis 1977 la commission antidopage de l'IAAF avait informé la Fédération américaine d'athlétisme (USATF) de ses déductions. L'avis de la commission était qu'une infraction avait été commise. Pour arriver à cette conclusion, la commission avait examiné à la loupe les résultats détaillés des 17 contrôles précédemment effectués sur Mary Slaney et ceux des 11 contrôles antérieurs de Sandra Farmer-Patrick : « Il avait été conclu, précise le Dr Ayotte, que la valeur T/épiT indiquant la concentration en testostérone des échantillons collectés en juin 1996 pendant les sélections américaines en vue des JO d'Atlanta excédait largement les taux mesurés dans les précédents échantillons, ce qui excluait *ipso facto* une production naturelle hors norme. » De son côté, maître Doriane Lambelet Coleman, l'avocate de Slaney expliquait pour défendre sa cliente que certaines circonstances particulières pouvaient modifier naturellement le fameux rapport T/E. Par exemple le stress et des événements physiologiques tels que les modifications hormonales accompagnant les règles et la prise de pilule contraceptive ou encore une consommation d'alcool ponctuelle.

Mary Slaney et Sandra Farmer-Patrick ont toutes deux nié avoir pris une substance quelconque mais accepté la suspension et leur éviction des Championnats nationaux, qui faisaient office de sélection pour les Championnats du monde d'Athènes.

Au début septembre, afin de statuer sur le cas de Slaney, une commission d'enquête s'est réunie à Chicago. Après délibération, ladite instance a jugé que l'ancienne double-championne du monde ne s'était certainement pas dopée à la testostérone. « Je suis satisfait de cette conclusion, a précisé le nouveau président de la Fédération américaine, Graig Masback. Mary Slaney est l'une de nos athlètes les plus éminentes, je suis pressé de la voir concourir à nouveau. »

Cet épilogue, ô combien temporaire, puisque seule la commission d'arbitrage peut lever ou entériner la sanction, montre bien que le comportement des responsables fédéraux est assez ambigu. Ils sont tous d'accord pour pourfendre le dopage chez les autres mais dans leur propre maison, là, ils sont beaucoup moins soucieux de jouer leur rôle de garant de la morale sportive.

Le cas du troisième athlète américain, Stephen Flenoy, positif lors des sélections américaines avant les JO 1996 avec un rapport T/épiT de 13/1, soulevait un autre problème. Flenoy avait fait appel de la suspension et le 11 juin, une décision d'arbitrage de l'USOC l'avait autorisé à participer aux Championnats américains d'Indianapolis (13-15 juin 1997). L'IAAF avait été informée par la Fédération américaine d'athlétisme qu'elle était tenue de respecter la décision d'arbitrage du Comité olympique américain.

Faisant référence à la décision de la Cour suprême des États-Unis à propos du cas similaire d'Harry Butch Reynolds, l'IAAF a répondu qu'aucun jury américain ne pouvait être considéré comme une juridiction chapeautant l'IAAF et que la suspension interdisait clairement à Flenoy de participer aux compétitions tant aux États-Unis qu'à l'étranger.

Les événements se sont ensuite compliqués en raison de l'annonce de l'application du règlement 53.1 par l'IAAF. Cet article permet la disqualification automatique d'un athlète suspendu ou disqualifié participant sciemment à une compétition. Cette impasse, qui aurait pu avoir des conséquences sérieuses pour les participants du 400 m haies, était surmonté, en partie grâce à une lettre envoyée par le président de l'athlétisme américain, Pat Rico, et signée par tous les athlètes inscrits au 400 m haies masculin et leurs représentants, au Dr Primo Nebiolo, président de l'IAAF. La lettre soulignait :

- leur désir de se conformer aux règlements de l'IAAF ;
- leurs craintes sérieuses concernant les conséquences d'une compétition contre M. Flenoy ;
- leur élimination possible des Championnats ;
- leur désir de se qualifier et de représenter les États-Unis aux Championnats du monde d'Athènes. Étant donné la situation délicate et conflictuelle, le président Nebiolo décida de porter le problème devant le Conseil de l'IAAF. Le secrétaire général, Istvan Gyulai appela alors les membres du Conseil à un vote téléphonique sur la possibilité d'une non-application exceptionnelle de l'article 53.1, par respect des athlètes inscrits dans la course du 400 m haies des Championnats américains. Le conseil accepta cette exception. Flenoy participa aux Championnats et ses adversaires n'ont pas été sanctionnés.

Pour la petite histoire, Stephen Flenoy termina dernier de sa série du 400 m haies et fut donc éliminé des Championnats américains.

Le « pardon » consenti à ces athlètes positifs montre une dégradation sensible du comportement des fédérations face au dopage et à l'éthique sportive. Déjà on savait grâce aux indiscrétions du président de la Commission médicale du CIO, que « seuls les plus stupides ou les plus imprudents se faisaient prendre » aux contrôles antidopage effectués au moment des compétitions. Aujourd'hui, on s'aperçoit qu'en plus de la carence des tests, les pouvoirs sportifs, afin d'engranger un maximum de médailles et de rentabiliser au mieux le spectacle sportif, ne sanctionnent même plus les maladroits qui se font épingler, surtout s'ils ont des potentialités de victoires...

« 1994 a marqué un pas historique dans l'harmonisation des sanctions... »

Lors de la récente conférence mondiale sur le dopage organisée à l'instigation du Comité international olympique (CIO) à Lausanne, du 2 au 4 février 1999, il a surtout été question de la sempiternelle harmonisation des sanctions et de la création d'une agence mondiale antidopage (AMA).

Le principal problème conditionnant le reste, à savoir l'inefficacité chronique des contrôles urinaires, n'a pas été évoqué ou alors seulement dans les ascenseurs du palais de Beaulieu où siégeaient les 600 congressistes !

En ce qui concerne le premier thème, rappelons que l'enjeu était une peine minimale de deux ans pour tout athlète convaincu de dopage à une substance lourde (anabolisant, ÉPO, etc.) telle que définie dans la liste des produits interdits du CIO. Comme il y a cinq ans lors d'une précédente réunion de consensus dans la même ville de Lausanne, les Fédérations internationales de football (FIFA) et de cyclisme (UCI), ont fait valoir leur différence. Résultats des courses : on n'a pas avancé d'un iota puisque, selon la déclaration finale de Lausanne du 4 février 1999, chaque fédération internationale pourra toutefois moduler cette sanction en vertu des circonstances de l'infraction plus ou moins exceptionnelles laissées à l'évaluation de ses instances compétentes.

Déjà, le 13 janvier 1994, le CIO, toujours lui, avait réuni à Lausanne 34 fédérations internationales olympiques afin que la sanction minimale pour tout cas de dopage grave soit de deux ans au moins.

Le CIO et les fédérations étaient tombés d'accord sauf le football – alors absent de la réunion – et le cyclisme qui demandait un délai supplémentaire de deux ans afin de mettre à niveau ses sanctions qui, pour l'heure, n'étaient que de trois mois pour un premier cas positif. Malgré ce bel accord qualifié à l'époque de « pas historique » par le prince Alexandre de Mérode, les mises à l'écart pour dopage faisant suite à cette décision « unanime » variaient toujours à l'infini suivant les pays et les sports.

Il est clair que la disparité des peines encourues nuit fortement à l'efficacité de la lutte antidopage. Malheureusement, l'incapacité du pouvoir sportif, CIO en tête, à uniformiser les sanctions perdure depuis le tout début de la lutte contre le fléau numéro un du sport de compétition.

Ainsi, dès 1967, soit deux ans après les premières lois antidopage (Belgique, France), Fiorenzo Magni, ancien champion cycliste des années 1950, avait stigmatisé l'inconséquence des pouvoirs sportifs avec l'anarchie des mises à l'écart des pelotons. Pour un même contrôle positif, on pouvait être innocenté... ou radié à vie.

Afin de démontrer que la règle du jeu était bien confuse et renforcer son analyse, le géant chauve de Monza fournissait quelques exemples dans l'hebdomadaire sportif *Le Miroir des sports* du 26 octobre 1967 : « En Hollande, Michel Stolker et De Moen écopent de huit jours de prison avec sursis parce que détenteurs et non utilisateurs de produits prohibés. En Angleterre, Albert Hitchen et Filmer, convaincus de dopage, sont suspendus pour une durée de deux ans. En France, l'UCI a refusé l'homologation du record de Jacques Anquetil, mais celui-ci reste en activité. Et, en Australie, un amateur a été suspendu à vie parce que son analyse, au Championnat du monde, avait révélé des traces de produits stimulants. »

Un peu plus de dix ans après, en 1978, les athlètes soviétiques pris au Championnat d'Europe d'athlétisme à Prague, ne furent même pas suspendus par leur propre fédération ; ils ont donc pu s'aligner dans toutes les compétitions nationales et, grâce à une remise de peine de la Fédération internationale, participer aux Jeux olympiques de Moscou. En 1988, nous écrivions dans les colonnes du *Figaro* que « les règles du jeu sont toujours aussi confuses. Pour une faute similaire, on trouve pêle-mêle deux blanchis (le cycliste vainqueur du Tour de France Pedro Delgado et l'athlète spécialiste du 100 m Linford Christie), quelques condamnés pour deux ans comme Ben Johnson, un perchiste britannique (Jeff Gutteridge) radié à vie, et deux footballeurs – Éric Di Meco et Bruno Germain – suspendus... pour quatre matches. Il est clair que le combat contre le dopage, en dépit des apparences, n'a pas atteint maturité et sérieux. »

Or, le 25 avril de cette même année 1988, lors d'une réunion avec les fédérations internationales des sports d'été organisée à Lausanne, le CIO recommandait déjà à toutes les fédérations sportives d'adopter des contrôles et des sanctions uniformisées en dehors des JO Pendant l'année précédant l'accord de Lausanne de janvier 1994, l'anarchie des sanctions perdurait toujours.

En athlétisme, d'août 1991 à août 1997, le tarif était monté à quatre ans, alors que pour une faute similaire, un cycliste professionnel ne risquait que trois mois avec sursis. Autant dire que le premier voit sa carrière sportive compromise et le second se trouve doté d'une prime d'encouragement... au dopage !

Au total, et pour que les sanctions soient vraiment dissuasives, il faut bien sûr que toutes les spécialités sportives adhèrent aux mêmes barèmes de suspension, mais aussi que l'ensemble des fédérations adoptent un jeu collectif et n'accueillent pas en leur sein les bannis des autres sports.

Par exemple, le sprinter britannique Jason Livingston, suspendu quatre ans pour dopage avant les JO de Barcelone, s'est tourné vers le football européen. De son côté, Ben Johnson, radié à vie de toutes les pistes mondiales, s'est essayé au football américain. Il avait fait des essais avec le Club des Argonautes de Toronto. De même, depuis l'accord « historique » de Lausanne en 1994, les dissonances au plan des sanctions n'ont fait que se généraliser. La France, leader en matière de lutte, n'a pas brillé pourtant par sa cohérence. Entre 1995 et 1997, plusieurs dizaines de sportifs ont été contrôlés positifs au cannabis, parmi lesquels des footballeurs professionnels dont les gardiens de but de l'équipe de France Fabien Barthez et Bernard Lama qui resteront, pour cette faute contre l'esprit du jeu, deux mois sur le banc de touche. À la même époque, la nageuse Nadège Cliton – positive elle aussi au cannabis – n'a pas écopé de deux mois ferme comme cela avait été prévu par Guy Drut alors ministre des Sports, mais de un an avec sursis pour lui laisser ainsi la possibilité de disputer les sélections olympiques qu'elle passera avec succès et se rendre à Atlanta avec la bénédiction du ministre champion olympique du 110 m haies.

En mai 1998, aux JO de Nagano, le Canadien Ross Rebagliati, lauréat du slalom géant en snowboard, contrôlé positif lui aussi au cannabis, n'a pas été sanctionné alors que la Fédération internationale de ski proscrivait le cannabis depuis le 3 novembre 1996. De même, en octobre 1997, quatre footballeurs, un judoka, une cycliste, un handballeur ont été pris à la nandrolone – un stéroïde anabolisant – dont, pour les cas considérés, on n'est pas totalement sûr encore aujourd'hui de la réalité du dopage dans la mesure où cette substance se trouve à l'état de traces dans le corps de tout un chacun. Malgré cette incertitude, après de longs mois de procédure, un footballeur a été blanchi, un autre a écopé de six mois ferme, la cycliste italienne a été relaxée, le joueur de hand s'est vu infliger un an avec sursis et le judoka a pris deux ans dont un ferme par la Fédération française de judo. Pour ce dernier, le Tribunal arbitral du sport (TAS) sollicité par les deux parties, la fédération et le judoka incriminé, a alourdi de trois mois son exclusion des tatamis de compétition.

Comme on le constate, le milieu sportif se montre incapable d'harmoniser quoi que ce soit.

Pour notre part, nous pensons avec d'autres, qu'une suspension de un an est une sanction déjà parfaitement dissuasive à la seule condition que tous les tricheurs soient épinglés. Harmoniser les sanctions, c'est bien. Rendre efficace l'expertise biologique, et par conséquent assurer l'égalité des chances à tous les compétiteurs, c'est beaucoup mieux.

« La lutte antidopage est efficace... »

Constat de carence : la preuve par neuf

La tentation du dopage fait partie intégrante de la nature humaine. L'histoire du monde recoupe continuellement celle des « breuvages magiques », des « cocktails artificiels » et autres « pilules d'énergie ». Dès leur origine, les Jeux olympiques antiques et modernes n'échappèrent pas à ces liaisons dangereuses.

Aujourd'hui, et contrairement aux discours rassurants du pouvoir sportif s'appuyant sur des statistiques trompeuses, la consommation de substances dopantes par les athlètes ne fait que croître et les méthodes utilisées pour tricher sont devenues de plus en plus performantes tout en étant très difficilement décelables.

Le contrôle antidopage, seule arme du CIO pour marginaliser le fléau qui s'étend bien sûr en dehors du monde sportif, n'est qu'un leurre faiblement dissuasif puisqu'il est toujours incapable – plus de trente ans après le début des premiers tests olympiques – de garantir l'absence de fraude. Le rapport du juge Charles Dubin, responsable de la Commission d'enquête sur le recours aux drogues et aux pratiques interdites pour améliorer la performance athlétique, mise en place par le gouvernement canadien après la disqualification de Ben Johnson, le livre-témoignage de Charlie Francis, l'entraîneur du sprinter déchu, et le livre-document de Brigitte Berendonk, ex-athlète de RDA ayant eu accès aux dossiers secrets de la Stasi, ont confirmé, preuves à l'appui, que de nombreux podiums avaient été investis par des athlètes dopés.

Rappelons que sur les 16 872 tests effectués depuis 1968 et les Jeux olympiques de Grenoble et Mexico, seuls 53 cas se sont avérés positifs, soit 0,31 % !

Ainsi la lutte antidopage olympique et les multiples possibilités de se sublimer qu'elle tolère aboutissent-elles à neuf effets pervers principaux :

1. La crédibilisation des sportifs dopés ou le « blanchiment » des médailles. Dès que l'athlète a obtenu son titre et subi le contrôle passoire, il se trouve *ipso facto* légitimé par le CIO. Dérive supplémentaire : on arrive à ce paradoxe aberrant que les athlètes spécialistes de la dope et suspectés d'en prendre, afin de couper court à la rumeur, réclament haut et fort des contrôles les plus perfectionnés possibles, sachant très bien que les risques de se faire épingler aux tests sont très faibles.

2. L'avantage, face à la performance, des groupes d'athlètes encadrés financièrement et scientifiquement. Les substances et les procédés dopants coûtent chers et leur utilisation optimale nécessite le concours de spécialistes aguerris. Ainsi les athlètes d'élite ont-ils accès à toutes sortes d'informations, notamment quoi prendre et comment passer « la conscience tranquille » un test antidopage, mais les moins fortunés, qui n'arriveront pas à atteindre le même niveau, se retrouveront écartés des podiums par manque de subsides et de connaissances médico-biologiques.

3. La suspicion du grand public à l'encontre de tout athlète réalisant un exploit. Les gens ont de la peine à croire aujourd'hui que l'on puisse être à la fois performant et « propre ».

4. L'impossibilité pour l'athlète respectant l'éthique sportive de prouver qu'il ne prend rien, le contrôle négatif étant toujours incapable d'affirmer l'absence de dope. De leur côté, tous les athlètes fortement suspectés de se sublimer mettent régulièrement en avant les nombreux contrôles négatifs subis pour affirmer avec vigueur qu'ils sont *clean.*

5. L'extension du fléau se trouve particulièrement « dopée » en raison de la quasi-obligation de consommer « le fruit défendu » par ceux qui briguent les médailles olympiques et veulent devancer les « bien-préparés ». Dans certaines spécialités sportives, les performances des dopés étant inaccessibles par des moyens naturels, il faut obligatoirement en prendre si l'on veut d'abord réussir les minimas, ensuite atteindre la finale et enfin espérer toucher le *jackpot* en montant sur l'une des trois marches du podium. Cette dérive, loin d'être marginale, est copieusement encouragée par la présence chronique dans la liste rouge de nombreuses substances indécelables et donc sans risque de contrôle positif pour les consommateurs. Corollaire fréquent : comme « tout le monde » en prend pour être au même niveau, aucun sportif dopé ne se considère véritablement comme un tricheur.

6. La condamnation et la rétrogradation d'innocents qui, sans chercher aucun coup de pouce illégal, soignent un asthme, une grippe, ou qui ont un taux d'hormone mâle naturelle au-delà des limites réglementaires. Ce dernier dérapage est certainement le plus intolérable. *A contrario,* les pros de la dope savent se soigner sans tomber dans le filet à larges mailles du contrôle.

7. L'illusion de lutter efficacement contre le dopage en publiant des statistiques de cas positifs ridiculement faibles. Le maigre pourcentage de contrevenants épinglés ne traduit ni la peur du gendarme, ni les performances de la lutte des pouvoirs sportifs mais davantage une meilleure connaissance des substances indécelables et des programmes de préparation biochimique permettant aux athlètes chasseurs de médailles, de podiums et de lauriers, de déjouer facilement les contrôles. Au total, s'il est parfaitement injuste de déclarer que « tous les sportifs de haut niveau se dopent », il est licite d'affirmer que, mis à part les imbéciles et les imprudents, « tous les sportifs peuvent se doper sans se faire prendre. ».

8. L'espoir impossible de rendre les tricheurs plus « timides », la peur du gendarme relayée par les ondes et les écrits, autrement dit la force de l'intox, faisant partie intégrante de plus en plus de l'arsenal antidopage. Ainsi, annonce-t-on à grand renfort médiatique qu'une nouvelle machine analytique « haute performance » va tout détecter – notamment les substances réputées indécelables – alors qu'en réalité les responsables savent pertinemment qu'elle n'est pas encore au point.

9. Le syllogisme de la suppression du contrôle. Certaines fédérations prônent avec constance l'abandon pur et simple du contrôle car, expliquent-elles, les tests positifs étant rares dans leur sport, cela prouve bien qu'il y a très peu de tricheurs ; en conséquence, les contrôles sont inutiles.

Résultats des courses : le pouvoir sportif, incapable d'éradiquer ou de maîtriser le fléau, préfère concentrer ses plus vives attaques contre ceux qui dénoncent le dopage et laisser en paix les dealers de tout poils (sorciers, gourous et médecins marrons). En clair, on fait la guerre aux pompiers plutôt qu'aux pyromanes. C'est certainement beaucoup plus facile mais d'une stérilité consternante et surtout peu digne d'un pouvoir sportif responsable.

Au total, l'inefficacité chronique de la lutte des pouvoirs sportifs et notamment du CIO aboutit au paradoxe pervers de faire l'apologie du dopage en récompensant des athlètes sublimés par la chimie. Devant les performances exceptionnelles réalisées, visiblement inaccessibles pour un athlète normal et sain, tout le milieu sportif comprend que pour réussir il faut tricher.

« On ne condamne jamais d'innocents... »

Julien Bonétat, le joueur de squash français, remporte son combat marathon contre le ministère des Sports

Neuf ans d'efforts enfin récompensés ! Le numéro un français, convaincu de dopage à la testostérone en 1989, réhabilité l'année suivante par la Fédération internationale de squash et raquettes (ISRF) et la Fédération française de squash (FFS), mais depuis cette époque toujours considéré par la direction des sports du ministère de la Jeunesse et des Sports (MJS) comme dopé, a été, au début de l'année 1999, totalement blanchi par ce même organisme d'État.

Rappelons les faits. À l'issue des Championnats de France en mai 1989, le jeune Tourangeau, alors âgé de 17 ans et classé premier en juniors et deuxième en seniors, subissait un contrôle antidopage. Il s'avérait positif à la testostérone ou hormone mâle, un anabolisant permettant de supporter des entraînements plus fréquents et intenses tout en améliorant le rendement de la machine humaine. Le rapport d'analyse indiquait un taux de 8,99 alors que la limite maximale autorisée ne doit pas dépasser 6. La contre-expertise confirmait la première analyse. Conséquence : le 20 décembre de la même année, la commission de discipline de la Fédération française décidait de le suspendre pour un an ferme. Mais le 1er décembre 1990, le comité directeur de la Fédération française de squash, s'appuyant sur la position prise par la Fédération internationale de squash (ISRF), décidait d'annuler la sanction de suspension de Julien Bonétat. L'ISRF estimait alors que le « haut niveau de testostérone » décelé chez le jeune joueur « devait être considéré comme une anomalie (...) due à des facteurs endogènes (sécrétés par son propre corps) ». Reste que dans une lettre adressée à la Fédération française de squash le 2 novembre 1990, la direction des Sports du ministère refusait d'admettre la carence des analyses. Bonétat restait un tricheur. Le 17 juillet 1996, lors d'une entrevue sollicitée par le père du joueur, le sous-directeur des sports confirmait qu'il n'y avait rien de changé depuis la lettre du 2 novembre 1990 et que le meilleur joueur français de la discipline était toujours considéré par le ministère des Sports comme dopé à la testostérone.

Le 2 février 1999, soit huit ans plus tard, Pierre Viaux, le directeur des Sports en place, dans une lettre destinée à la direction technique de la FFS reconnaît enfin clairement l'innocence de Julien Bonétat : « Le ministère de la Jeunesse et des Sports pour sa part le regarde comme innocent des faits de dopage ». Dans ce même courrier, Pierre Viaux, afin de montrer que son service n'était pas vraiment concerné par la requête de réhabilitation du numéro un de squash, ajoute : « La sanction est et demeure donc ce qu'elle a toujours été : une affaire entre Julien Bonétat et la fédération ».

Ce tour de passe-passe montre bien l'embarras des services de Marie-George Buffet, dont la seule préoccupation est de faire croire qu'ils n'ont aucune responsabilité dans le malaise existant depuis près d'une décennie entre Bonétat et la FFS.

Pour s'en convaincre, il suffit de lire les recommandations adressées à la FFS le 2 novembre 1990 par Philippe Graillot, le directeur des Sports en place au début du feuilleton : « La lecture de la lettre de la Fédération internationale de squash et raquettes et du rapport d'expertise de M. Manfred Donike (NDLA : l'inventeur du test antitestostérone) me conduit à conclure que la décision de réhabilitation prise par la Fédération internationale de squash l'a été à partir d'un rapport d'expertise incomplet tant sur le protocole demandé que l'éventail des tests effectués. Il ne saurait à lui seul apporter les preuves tangibles de la non-culpabilité de Julien Bonétat. Seule une décision écrite émanant de la Commission médicale du Comité international olympique, accompagnée d'un dossier scientifique susceptible de remettre en cause les normes actuelles du rapport testostérone/épitestostérone, m'apparaitrait comme un document justifiant une éventuelle réhabilitation. En conséquence la lettre de la Fédération internationale de squash et raquettes n'apporte pas d'élément nouveau susceptible d'entraîner une révision de la sanction que vous avez prise à l'encontre de Julien Bonétat. »

Rafraîchissons la mémoire des fonctionnaires du ministère qui vont se succéder aux postes de décision. En raison de la découverte de plusieurs faux positifs à la testostérone, depuis 1993 figure dans les règlements des organismes internationaux leaders de la lutte antidopage, et notamment dans ceux édictés par le Comité international olympique, une clause expliquant qu'un rapport entre 6 et 10 ne doit pas être considéré *ipso facto* comme un contrôle positif, mais impose obligatoirement des analyses complémentaires, ces dernières étant destinées à éviter d'épingler ceux qui ont un taux de testostérone hors norme naturellement, comme par exemple Julien Bonétat ou Cyril Sabatier, un cycliste toujours dans l'attente depuis dix ans de la reconnaissance de son innocence par le même ministère des Sports français.

En fin de compte rien n'aurait bougé si Jean-Luc Bonétat, le père de Julien, n'avait récupéré an janvier 1999 un document daté du 22 avril 1991, resté égaré pendant huit ans au fond d'un tiroir « secret » et signé du professeur Jean-Paul Escande, alors président de la Commission nationale de lutte contre le dopage (CNLD) et adressé à la FFS avec copie au ministère. Dans cette lettre, le patron de la CNLD innocentait complètement Julien au plan médical : « Rien ne s'oppose plus, pour le cas de Bonétat, à ce que nous le considérions comme un cas de variation aberrante du métabolisme de la testostérone. » Il précisait pour bien montrer que cet avis se basait sur un large consensus : « Il est clair que, lors de la dernière réunion plénière de la commission, les rapports entendus blanchissaient totalement ce joueur et aucune contradiction ne s'est élevée au sein des membres de quelque commission que ce soit ». Il ajoutait, confiant, sans se douter qu'il allait falloir attendre si longtemps pour faire avancer le dossier : « Les autorités du ministère ne tarderont pas à confirmer à la FFS ce qu'avance aujourd'hui le président de la Commission nationale ».

Une fois de plus on ne peut que constater les carences des « hommes de dossier », murés dans leurs certitudes et qui ne veulent surtout pas admettre leurs erreurs de peur d'affaiblir leur fonction. Dans l'histoire il y a deux perdants. En premier lieu, le sportif innocent dont les préjudices subis autant psychologiques que financiers sont considérables alors que personne au ministère ne s'en préoccupe vraiment et la crédibilité de la lutte antidopage qui n'attrape que les imprudents, les mal conseillés et les innocents aux sécrétions naturelles hors normes. En revanche, mis à part l'équipe cycliste Festina, exclue du Tour de France 1998, les pros de la dope courent toujours.

L'hécatombe des innocents

Après le cycliste Cyril Sabatier, le joueur de squash Julien Bonétat, le footballeur Antoine Sibierski, c'est au tour du patineur Thierry Cérez d'allonger la liste des « positifs » non dopés !

Thierry Cérez, champion de France en exercice, le 03 mars 1998 – soit quarante-cinq jours après les faits – a été informé par la Fédération française des sports de glace (FFSG) qu'il avait fait l'objet d'un contrôle positif à la norandrostérone, l'un des deux métabolites (sorte de déchets) de la nandrolone, substance figurant selon les propres termes de la lettre de la FFSG sur la liste des produits interdits. Ce contrôle avait été effectué le 15 janvier, à l'occasion des Championnats d'Europe à Milan. Compte tenu de la récente vague de positifs à la nandrolone dans l'Hexagone et des dissensions au sein du monde sportif dans la manière de régler sereinement ces cas de pseudo-dopage, il nous a paru intéressant d'analyser dans le détail l'affaire Cérez, exemplaire sur plusieurs points.

Car il s'agit bien d'une affaire dans la mesure où ce jeune sportif de 20 ans se voit notifier un contrôle positif alors que dès la première analyse, rien ne permettait de l'affirmer et surtout pas la seule présence de norandrostérone (NA). Lorsqu'un sportif consomme sciemment de la nandrolone ou de la norandrosténedione, son précurseur, ces deux substances n'apparaissent pas directement dans les urines mais sont transformées dans certains organes, dont le foie, en deux métabolites distincts : la norandrostérone (NA) et la norétiocholanone (NE) que l'on peut détecter dans les urines. De même, lorsqu'on mange un steak-frites, on ne retrouve pas de la viande et des pommes de terre dans les urines, mais uniquement leurs déchets.

Ainsi, la nandrolone n'est jamais présente telle quelle dans les échantillons prélevés lors d'un contrôle antidopage. En revanche, et selon la règle du Comité international olympique (CIO), pour affirmer le dopage à la nandrolone ou à la norandrostérone, il faut que les deux métabolites soient présents ensemble dans les urines.

Rappelons qu'au milieu des années 1980 il était apparu aux toxicologues agréés par le CIO que les pilules anticonceptionnelles contenant de la northistérone donnaient les mêmes métabolites urinaires (NA et NE) que la nandrolone. Lors de l'analyse, la confusion était possible entre une prise de pilule et un dopage à la nandrolone. Dans un premier temps, la Commission médicale du CIO avait décidé d'interdire la pilule incriminée. Cette décision a rapidement été cassée en raison de la réaction violente des pays d'Amérique du Nord, notamment les États-Unis et le Canada, où pas loin de 75 % des contraceptifs oraux existants sur le marché renferment de la noréthistérone. Pour sortir de l'impasse, les scientifiques découvrirent que ladite pilule, en dehors des deux métabolites NA et NE communs avec la nandrolone, témoignait de sa consommation par la présence urinaire de noréthistérone. Mais encore fallait-il rechercher cette dernière spécifiquement. C'est pourquoi, aujourd'hui, à l'occasion d'un contrôle antidopage, on demande toujours aux athlètes si elles prennent une pilule contraceptive et le nom de la spécialité pharmaceutique.

Pour en revenir directement au cas de Thierry Cérez, le laboratoire de Rome agréé par le CIO n'a détecté qu'un seul des deux métabolites, le NA, dont la concentration est en moyenne trois fois plus forte que le NE. En l'absence de NE, le directeur de l'unité d'analyse italienne devait classer le dossier sans suite dans la catégorie des analyses négatives. Dans cette affaire, le premier coupable est bien sûr le laboratoire de Rome qui a signalé le cas « positif ».

Pas d'erreurs judiciaires depuis 1968 ?

C'est l'avis du directeur médical du CIO, le médecin français Patrick Schamasch nommé à ce poste en juin 1993. Lors d'une interview parue dans le quotidien *Le Dauphiné libéré* le 06 février 1998, il affirmait sans sourciller : « On a la chance d'avoir un président de la Commission médicale tel qu'Alexandre de Mérode qui n'a pas peur de grand chose. Il fonce et on le suit. On doit toujours respecter le droit des personnes mais je ne pense pas, depuis 1968, qu'il y ait eu d'erreurs judiciaires en matière de dopage. »

Le nageur Rick DeMont (USA) en 1972 et la skieuse de fond Galina Kulakova (URSS) en 1976 ont été déchus de leur titre olympique pour avoir consommé de l'éphédrine à des fins thérapeutiques. Aujourd'hui, en raison des seuils de tolérance, ils n'auraient jamais été inquiétés.

Pour le volleyeur japonais Eiji Shimomura, l'erreur judiciaire est encore plus manifeste. Convaincu de dopage à la testostérone en 1984 et exclu des Jeux, il a été prouvé ensuite qu'il avait une sécrétion naturelle d'hormone mâle hors norme. Ces trois athlètes peuvent remercier les carences de la Commission médicale du CIO !

La deuxième responsabilité incombe à la Fédération internationale de patinage (ISU) qui, le 27 février 1998, a transmis par plusieurs fax l'information à la FFSG qui, elle-même (troisième verrou inefficace) en a averti Thierry Cérez le 3 mars. Insistons sur le fait que la présence d'un seul métabolite, en l'occurrence le NA, n'est pas une preuve de dopage.

Et bien, malgré ce principe de base, un laboratoire agréé, une fédération internationale et une fédération française affiliée au Comité international olympique et sportif français, vont méconnaître la règle et enclencher la mécanique dramatique du contrôle positif chez un sportif innocent. En dehors du fait qu'il n'y avait qu'un seul métabolite, raison déjà suffisante pour stopper la procédure, les taux détectés – 2,5 à la première expertise et 2,3 à la contre-expertise du 21 avril – très voisins de 2 qui est le seuil non validé par la communauté scientifique mais recommandé par la Commission biochimie et sport du CIO, auraient dû eux aussi arrêter toute poursuite à l'encontre du patineur français.

D'autre part, le cas des analyses du footballeur auxerrois Antoine Sibierski a montré qu'il existe un pourcentage de variation considérable, de l'ordre de 20 %, entre plusieurs examens effectués sur le même échantillon.

Résultat de ces multiples carences des institutions sportives, notamment des Commissions médicales internationales et nationales, encadrées et éduquées par le CIO et le ministère des Sports, un athlète de 20 ans, innocent, se voit déshonoré : Qui, maintenant, va réparer les dégâts psychologiques subis par Thierry Cérez ? On pourrait suggérer à Mme la ministre Marie-George Buffet, qui a fait de l'information et de l'éducation des athlètes sur le dopage son cheval de bataille, qu'elle devrait commencer en priorité cette action auprès des responsables sportifs.

« Les responsables français de la lutte antidopage donnent le bon exemple… »

En raison de leur fonction, les responsables du ministère de la Jeunesse et des Sports (MJS) doivent combattre sans défaillance la pratique du dopage. Or, en compulsant les rayons de notre bibliothèque, nous avons découvert que quatre anciens ministres sportifs avaient consommé, dans le cadre de leur pratique physique personnelle (alpinisme, spéléologie et athlétisme), des substances habituellement prohibées dans les compétitions sportives. De même, Jean-Paul Escande et Claude-Louis Gallien, deux anciens présidents de la Commission nationale de lutte contre le dopage, par leurs écrits contradictoires, n'ont pas aidé à clarifier le problème de la pertinence de la lutte antidopage.

Maurice Herzog (haut-commissaire à la Jeunesse et aux Sports du 27 septembre 1958 au 10 juin 1963 et secrétaire d'État à la Jeunesse et aux Sports du 11 juin 1963 au 7 janvier 1966). Ses conquêtes en Himalaya ont joué un grand rôle dans cette nomination. Or, on sait qu'à l'époque, les alpinistes n'hésitaient pas à puiser fréquemment dans la trousse à pharmacie. Et, bien sûr, l'expédition française à l'Annapurna en 1950 n'y échappe pas. C'est le géologue-alpiniste allemand Günter Oskar Dyhrenfurth, chef des expéditions internationales à l'Himalaya en 1930 et 1934 qui, dans son ouvrage *L'Himalaya troisième pôle. Les 8 000 de la terre* dénonce la prise de Maxiton® (amphétamine) par la cordée d'assaut française : « Herzog attend le matin avec impatience (...). L'aube pointe enfin. Tous deux (avec Louis Lachenal) sont très éprouvés par cette mauvaise nuit. Il n'est pas question de préparer un déjeuner chaud qui coûterait trop d'efforts. À la place, ils prennent une grosse quantité – manifestement mal dosée – de Maxiton® (amphétamine)... » [1]

Toujours d'après Dyhrenfurth, la chute de Lachenal (où il perd son piolet, son passe-montagne, ses gants et un crampon), peu avant d'arriver au camp V « sur une pente assez raide mais sans difficulté particulière et en tout cas parfaitement praticable pour un bon alpiniste muni de crampons pourrait être due à un effet de la trop grosse dose de Maxiton®. L'ivresse causée par ce médicament expliquerait aussi bien d'autres choses : l'absence de photographies du sommet, l'absence de descriptions du panorama, la perte des gants de Herzog, les discordances dans les récits de la descente ». Pour confirmer cette analyse du géologue allemand, citons l'altération des facultés de jugement comme étant l'un des revers le plus significatif des amphétamines. De même, les gelures des deux champions de l'Annapurna ayant nécessité, lors du retour, des amputations multiples, sont provoquées en priorité par le grand froid des hautes altitudes et par une protection insuffisante des extrémités mais on doit aussi envisager l'influence délétère des amphétamines (Maxiton®). Ces substances sympathicomimétiques à action vaso-constrictive paraissent susceptibles d'agir de façon plus ou moins durable sur le tonus vasculaire et de provoquer un rétrécissement des petits vaisseaux notamment de la peau. Cet effet, ajouté aux conséquences directes de l'acclimatation, épaississement du sang par augmentation du nombre de globules rouges, joue un rôle amplificateur sur les gelures.

Pour couronner le tout, l'on apprend tout au long des 293 pages de *Annapurna premier 8 000* [2] que les cigarettes font partie intégrante des camps d'altitude.

À sept reprises, au moins, il est signalé la présence de ces fidèles compagnes de l'homme confronté aux difficultés de toute nature. Par exemple, page 184 : « Quelques cigarettes, la succession des cachets que sahibs et sherpas avalent avec discipline et, avant la fin du jour, le camp 3 est déjà endormi ». Signalons que la nicotine majore la viscosité sanguine par diminution de la déformabilité des hématies et que l'oxyde de carbone asphyxie les tissus, notamment des extrémités.

Les accusations de stimulation artificielle exprimées par Dyhrenfurth sont corroborées par l'ancien maire de Chamonix lui-même qui, dans la foulée de l'exploit en 1951, atteste que dopants et drogues font partie intégrante du voyage : « Le toubib rassemble l'indispensable pour un séjour prolongé dans la jungle et en haute montagne par mauvais temps ou beau temps : le sérum antivenimeux voisine avec l'aspirine, les crèmes antisolaires avec le Maxiton® (amphétamine), les vitamines B2 avec le bicarbonate de soude » (p. 100).

Et le futur membre du Comité international olympique ajoute, pages 186 et 193 : « J'aligne en rang d'oignons la collection de cachets qu'Oudot nous a expressément recommandé d'ingurgiter (...). Grâce à l'aspirine, aux somnifères et autres drogues, grâce aussi à une certaine ambiance euphorique qui tient à la forme et à la proximité d'une heureuse nouvelle, la nuit est excellente pour tous. »

Lionel Terray, autre membre de l'expédition, confirme l'usage de drogues : « Nous n'avons presque rien mangé depuis vingt-quatre heures. Pourtant notre vigueur est stupéfiante pour des hommes qui ont travaillé depuis plusieurs jours à une altitude supérieure à 7 000 mètres. Devons-nous cette forme miraculeuse à l'absorption régulière des drogues prescrites par le docteur Jacques Oudot ? » [3]

Interrogé en 1988 par l'hebdomadaire *VSD* sur le « coup de pouce » du Maxiton® dans la victoire française, Maurice Herzog, trente-huit ans après, nie tout en bloc comme la quasi totalité des sportifs soupçonnés de se doper : « Je n'ai jamais pris de Maxiton® de ma vie. Je suis contre toute forme de dopage. D'ailleurs cela aurait été de la folie en haute montagne. Les seuls « extras » autorisés étaient les comprimés de sel pour lutter contre la transpiration, des somnifères, des aspirines contre les violents maux de tête et une kyrielle de vitamines : A, B2, C, E. Dix ans plus tard, en 1960, je me suis rendu compte des ravages du dopage dans le monde sportif et j'ai alors fait voter la première loi interdisant le doping pour les champions. » [4]

Si, comme il l'affirme avec véhémence, l'ancien secrétaire d'État n'a pas consommé de Maxiton®, on doit comprendre qu'il a transporté les comprimés pour leur faire « prendre l'air » en haute altitude !

Des aveux impossibles

Pour bien analyser le revirement à 180° de Maurice Herzog entre 1950 où il parle librement du Maxiton® comme d'« un élément indispensable pour un séjour prolongé en haute montagne » et le milieu des années 1960 où il s'engage à fond dans la lutte antidopage, il faut se replacer dans le contexte des années qui ont suivi la Libération. En ce temps-là, les stimulants étaient consommés ouvertement par les sportifs mais aussi les étudiants, les intellectuels, les artistes, les hommes politiques, les ouvriers, etc. Ainsi, dans les années 1950, en lisant les ouvrages consacrés aux exploits des sportifs en général et aux expéditions himalayennes en particulier, on apprenait que les pharmacies des athlètes et des grimpeurs contenaient une large palette de substances destinées à accroître le potentiel physique. En revanche, à partir du moment où le législateur s'est intéressé de près au dopage du sportif pour le bannir des stades, pistes et autres vélodromes, la notion de tricherie intégra la définition du dopage et, bien sûr, plus aucun sportif alors n'accepta de passer pour un fraudeur. Les athlètes adoptèrent le réflexe conditionné pavlovien qui fait que la quasi totalité d'entre eux, soupçonnés ou convaincus de dopage, nient *mordicus* l'aide chimique ou avouent pour faire plus authentique la prise d'un seul – voire d'un tout petit – comprimé.

Aujourd'hui, cette pratique étant tellement répandue, plus personne n'a l'impression de tricher ou d'avoir triché !

Ben Johnson lui-même, le plus célèbre des dopés, l'a bien expliqué dans le quotidien *L'Équipe* du 22 juillet 1996 : « Je prenais des stéroïdes comme tous les autres qui étaient au départ avec moi ce jour-là (finale du 100 m des J.O. 1988). Nous nous sommes battus à armes égales, il n'y a pas eu de tricherie. Un tricheur contourne les règles pour gagner, ce n'est pas ce que j'ai fait, j'ai suivi les mêmes règles que les autres. Ceux qui m'ont traité en paria sont des hypocrites. »

À partir du moment où l'on a intégré que l'on ne truque pas le résultat puisqu'on fait comme tout le monde, il est alors plus facile, la conscience libérée, de nier avec une grande conviction l'accusation de dopage.

Effectivement, les historiens du sport seront d'accord sur ce dernier point.

En 1964, alors qu'il était secrétaire d'État à la Jeunesse et aux Sports, Maurice Herzog s'adressa en ces termes au Général de Gaulle et aux ministres réunis à l'occasion d'un conseil des ministres : « L'abus des stimulants (dopants) porte atteinte à l'intégrité humaine. Dans certains cas, cette pratique nous offre même de honteux spectacles. » [5]

Poursuivant son exposé, le vainqueur de l'Annapurna présenta un projet de loi visant à interdire l'usage des stimulants dans les compétitions sportives. Et pour conclure, il ajoutait :

« La France sera le premier pays à prendre de telles dispositions. Le pays de Coubertin ne peut qu'en être honoré. Le sport est beaucoup plus un moyen d'éducation qu'un moyen de réaliser des prouesses. » [5]

Dans un deuxième ouvrage paru une première fois en 1981 et réédité en 1995 *Les Grandes Aventures de l'Himalaya* [6], Maurice Herzog va en remettre une couche sur la pureté des alpinistes de haut niveau. Dans ce livre de commentaires sur la saga himalayenne, l'auteur décrit et commente à sa façon la première ascension victorieuse du K2. Mais, tout d'abord, rappelons les faits tels qu'ils ont été décrits par les intéressés eux-mêmes.

Le 31 juillet 1954 à 18 heures, la cordée italienne composée d'Achille Compagnoni et de Lino Lacedelli atteint le point culminant du K2 ou Chogori, deuxième sommet de la planète. Lors de l'assaut final, en plus de l'oxygène, ils n'emportent que le minimum indispensable : corde, piolet, crampons... et un paquet de médicaments. Après avoir atteint la cime et 30 minutes de pause et de contemplation, les deux hommes se remettent en marche pour rejoindre les camps inférieurs. Témoignage d'Achille Compagnoni et de Lino Lacedelli [7] : « C'est ainsi qu'une demi-heure après nous nous remettons en marche. Nous n'avons ni mangé, ni bu, pas même une goutte. Nous ne prenons qu'une pastille de Sympamine® (amphétamine), et c'est la seule fois que nous avons recouru à un excitant. Pour enfiler nos moufles, métamorphosées en deux blocs de glace, nous devons les couper jusqu'au poignet. Un regard encore à la cime, à ce site extraordinaire où nous avons probablement vécu tous les deux l'instant le plus grand de notre vie. Et puis, en bas, tout droit, par la ligne de plus grande pente, sans nous soucier de suivre l'itinéraire de montée. »

Bien souvent la majorité des sportifs nie la consommation de substances facilitant la performance, quelques-uns avouent, pour faire plus vrai, qu'ils ont pris un seul comprimé et que c'est – sans mentir – la seule fois qu'ils ont eu une telle faiblesse. Lacedelli et Compagnoni ne dérogent pas à la règle.

Dans ses commentaires, le vainqueur de l'Annapurna veut nous faire avaler une couleuvre, en précisant que les deux hommes n'ont consommé probablement que ce seul comprimé durant toute leur vie : « Depuis le matin, ils (Lacedelli et Compagnoni) n'ont rien mangé, ni bu. Ils s'accordent royalement un excitant, le seul qu'ils prendront durant toute l'expédition et probablement, de leur vie. Les hommes de la montagne n'en sont guère friands. Tout est parfait au début, mais après on le paie si cher ! Ces hommes du Val d'Aoste et des Dolomites, dans leur robustesse et leur simplicité, ont une foi inébranlable dans une nature sans artifice. » [6]

Mis à part Herzog, qui peut croire que « de toute leur vie » les deux Italiens n'auraient absorbé qu'un seul comprimé d'amphétamine. On ne peut que douter, d'autant qu'à l'époque les stimulants étaient largement répandus dans le monde sportif, notamment « dans la botte ». Rappelons que pour un « banal » effort de 60 minutes – le record de l'heure cycliste – Fausto Coppi, le futur grand champion transalpin avait en 1942, pour cette tentative victorieuse, « chargé la chaudière » avec sept comprimés d'amphétamines ! Dans les années 1950, la majorité des athlètes consommait ce genre de leurre antifatigue. Les « purs » alpinistes ni plus ni moins que les cyclistes ! Les différentes nations engagées dans la bataille de l'Himalaya avaient chacune sa propre amphétamine : la Benzédrine® chez les Anglais (Everest 1953), la Pervitine® chez les Allemands et les Autrichiens (Nanga Parbat 1953), le Maxiton® chez les Français (Annapurna 1950 et Makalu 1955) et la Sympamine® chez les Italiens (K2 1954).

Pierre Mazeaud occupa la fonction de ministre des Sports d'avril 1973 à août 1976. Lui aussi provient du monde de l'alpinisme où les habitudes de doping restent solidement ancrées. Chose qu'il reconnaît d'ailleurs tout au long de ses écrits avec un plus grand souci d'honnêteté que son prédécesseur. Dans son récit sur l'expédition au Hidden Peak (8 068 m) qu'il dirigea en 1984, l'ancien compagnon de cordée de Walter Bonatti révèle que l'un des rôles du médecin d'expédition est de : « distribuer quotidiennement des pilules miracle pour parfaire notre forme. » [9]

Quelques pages plus loin, il confirme que les dopants sont toujours très prisés par les grimpeurs de parois : « Ludwig Kratochwil sort de sa tente, il entend du bruit dans la pharmacie. C'est Frédéric Thiriez qui prend quelques produits dopants » [9]

Il faut préciser que celui qui se ravitaille ainsi en pastilles réconfortantes est membre à part entière du Conseil d'État, tout comme l'ancien ministre des Sports Pierre Mazeaud. En revanche, le député RPR a un tout autre discours lorsqu'il abandonne son piolet et ses crampons pour endosser son complet-veston de dirigeant politique : « L'avenir du sport de haute compétition passe par la solution du dopage ». [9]

En clair, comme la plupart des hommes politiques, il fait de l'évangile selon St-Matthieu son credo numéro un : « Faites ce que je dis, ne faites pas ce que je fais. »

En 1988, interrogé par *VSD*, Pierre Mazeaud reconnaît ces petites habitudes de dopage considérées comme anodines mais établit une différence avec les dérives du système actuel : « À l'époque, nos courses en montagne duraient plusieurs jours. Quand on se levait à deux heures du matin, on bouffait un Maxiton® au lieu de boire un café. C'est comme les étudiants qui se dopent avant de passer un examen. Encore aujourd'hui, je dors peu et j'avale dix cafés par jour. On peut considérer que je me dope. Car si un athlète buvait la même quantité de café, il serait positif au contrôle.

Même chose pour certains sirops contre la toux, autorisés au public et interdits aux sportifs. Cela nous pose un problème juridique. Les athlètes ne sont-ils pas des gens comme les autres ? Le risque, à l'heure actuelle, est de voir le dopage devenir de plus en plus pointu entre les mains des scientifiques. Le sportif de haut niveau a besoin d'un suivi médical, d'une préparation biologique. Pour cela, il se repose sur son entraîneur ou sur un spécialiste. Et souvent il ne connaît pas la nature exacte des produits qui lui sont prescrits. Alors, de l'entraîneur ou de l'athlète, qui est le vrai responsable ? » [4]

Haroun Tazieff fut secrétaire d'État chargé de la prévention des risques naturels et technologique majeurs de 1981 à 1986. Il n'a jamais été ministre des Sports mais il était catalogué par la presse comme étant un ministre sportif. Dans son récit de l'expédition spéléologique de la Pierre Saint-Martin en 1952, il explique en long et en large comment il eut recours au Lambarène®, un excitant à base d'ibogaïne – alcaloïde voisin de la strychnine – considéré comme dopant depuis la toute première liste des substances prohibées en 1967 par l'Union cycliste internationale.

Le vulcanologue admet que sans les pilules de Lambarène®, il aurait eu du mal à tenir le coup : « Vas-y, me dit André (médecin de l'expédition), ça te donnera des forces ! Et avale aussi ceci, ajouta-t-il en me tendant un comprimé.

– Crois-tu qu'il faille déjà en prendre ? Ne vaudrait-il pas mieux réserver ça pour les coups de pompe ?

C'était du Lambarène®, un excitant, un « dopant » qui devait nous permettre de trouver dans nos corps épuisés la force nécessaire.

– Non, non, vas-y, il faut prévenir le coup de pompe. Nous en prendrons d'autres tout à l'heure, régulièrement (…)

Nous avions avalé à l'instant notre troisième comprimé de Lambarène® et l'effet tonique s'en faisait sentir (…) Je me hâtai, "dopé" au Lambarène®, sautant d'un bloc à l'autre avec une agilité retrouvée. Je commençais malgré le Lambarène® à ressentir durement la fatigue, j'avais de la peine à escalader les blocs énormes qu'il fallait redescendre ensuite pour attaquer aussitôt le suivant. Insidieuses, des crampes rampaient dans la partie antérieure des cuisses, pourvu qu'elles n'augmentent pas (…) Je pris un nouveau Lambarène®. Pendant qu'André escaladait l'échelle, je me massai les jambes. En dix minutes, tout était en ordre et je montai à mon tour, sans difficulté (…)

Malgré le Lambarène® que je venais d'avaler, je ne me sentais pas loquace du tout (…) Le temps coulait. L'eau aussi, une heure passa. L'effet du Lambarène® également (…) Et cette ultime journée, cette course effrénée à la découverte, ces six heures de descentes et de grimpées, à coups de Lambarène®, cette journée ajoutée aux autres, terrible. Seul l'excitant nous avait permis de tenir. L'effet du dernier comprimé passé, n'en ayant pas d'autres, je ne fus qu'un lamentable paquet de viande misérablement pendu au bout d'un fil… » [10]

Sa réponse aux journalistes de *VSD* est moins obstinée que celle de Herzog, mais reste tout de même empreinte d'un peu de mauvaise foi : « C'est vrai, j'ai pris une substance chimique lors de mon exploration pour surmonter la fatigue et me donner le courage d'aller jusqu'au bout. Dans ce cas précis où l'on est confronté à soi-même, si l'on connaît les doses à avaler et les conditions d'utilisation du médicament, le dopage se justifie complètement. Pour le sport de haut niveau, lors des Jeux olympiques par exemple, le problème est différent. Vous n'êtes pas seul en course et l'usage des produits dopants peut spolier les autres concurrents de la victoire. Est-ce défendable ? Je pense que c'est aussi toute une question d'éthique. » [4]

Guy Drut fut lui aussi ministre de la Jeunesse et des Sports de mai 1995 jusqu'à juin 1997.

Rappelons que lors d'une interview à *Athlétisme Magazine* en 1972, il reconnaissait avoir expérimenté le haschisch : « J'ai fumé trois ou quatre bouffées de haschisch pour me rendre compte. Ce n'est pas désagréable. Ce n'est pas non plus très agréable. Il faut être soit déséquilibré, soit sous le coup d'une grosse émotion pour se droguer. » [11].

En 1976, il avoue avoir goûté à un produit miracle, une seule fois et à l'entraînement : « J'ai essayé un produit miracle une fois à l'entraînement, sans aucun résultat. Je suis très satisfait de la sévérité des contrôles qui devraient avoir cours dans tous les sports. C'est une sorte de tricherie dangereuse et si tout le monde se dopait, ce serait tout de même le meilleur qui gagnerait. » [12]

Un an plus tard, il révèle avoir touché aux anabolisants, une seule fois en 1969 : « J'ai pris la moitié d'un tube de Dianabol® (stéroïde anabolisant) prescrit à ma femme (?). Trois pilules par jour. Je n'ai pas senti grand-chose. Je n'ai jamais pris d'amphétamines pour une raison très simple : elle diminue la vigilance (NDLA : en réalité, c'est l'inverse). Or, dans ma spécialité, tout se passe pratiquement au centimètre. Mais je crois que j'essaierai une fois de me "biller". Pour pouvoir en parler. Pour voir. Comme j'ai fumé du haschisch, une fois. Je ferai des tests chronométrés avant et après pour observer si vraiment il y a une différence (...) En athlétisme, nous n'en avons pas besoin. Si j'étais officiel, je suspendrais l'athlète dopé pour très longtemps ». [13]

En 1980, à la fin de sa carrière, il s'intéresse toujours aux drogues de la performance, court un 110 m haies à Pékin et ramène de ce voyage des provisions de ginseng pour un an : « Ils (les Chinois) découvrent le sport de haut niveau. Ils observaient tous nos gestes, mesuraient mes foulées. Dans trois ans, il faudra les prendre au sérieux. Surtout qu'ils disposent du ginseng, une racine végétale utilisée comme vitamine. J'en ai d'ailleurs ramené des provisions pour un an. » [14]

À la même époque, il goûte de nouveau au cannabis : « Une fois. Pas pendant ma carrière. Dans les années 1980, pour essayer, alors qu'un joint passait à la ronde. Ça ne m'a pas conquis. » [15] Mais là encore, on assista à un changement complet du discours à son entrée en fonction : « Je reste contre la dépénalisation, foncièrement, mais en même temps je me sens très indulgent pour les consommateurs. Il faut informer, faire de la prévention. En sport aussi, mais là je suis moins indulgent, même si la plupart des gars contrôlés ne fumaient pas pour se doper, évidemment. Un athlète doit respecter un certain nombre de règles, sinon il peut faire autre chose. Cela dit, les athlètes qui ont été pris peuvent tout à fait participer aux Jeux olympiques. On ne va pas bannir des gens pour une connerie ! » [15]

À se demander si l'homme politique qui fustigeait les agitateurs était bien le même que cet athlète curieux et très largement « ignorant » des choses du dopage.

Jean-Paul Escande, spécialiste en dermatologie, a été « bombardé » par Roger Bambuck président de la Commission nationale de lutte contre le dopage (CNLD) le 22 juin 1990. Avant cette date et à notre connaissance, il n'avait jamais écrit un seul article de fond sur le dopage. Dès sa nomination, le premier président de la CNLD a dû beaucoup travailler pour actualiser ses connaissances sur le dopage et ses arcanes. Lui-même, quelques semaines après sa désignation, dans le quotidien sportif *L'Équipe* du 06 septembre 1990, avouait avec franchise : « La commission se constitue de dix membres nommés par le gouvernement, dix par le mouvement sportif, dix personnalités connues pour leur compétence et une personnalité connue pour son incompétence : moi. » [16]

Dans cette même interview, il était précisé que bien qu'étant nommé à son poste pour trois ans, il se donnait un an pour réussir. Trois ans plus tard, reconduit dans ses fonctions par Michèle Alliot-Marie, Jean-Paul Escande, oubliant sa promesse initiale, demandait un moratoire de deux ans pour être jugé sur son action. Jean-Pierre Lacour, responsable de la page sportive du *Figaro,* dans l'édition du 27 novembre 1993, se faisait l'écho de cette volonté du président « conforté » de la CLND : « Notre commission a trois ans d'âge. Elle a été une chambre de réflexion et elle a sorti des textes dont nous allons savoir maintenant s'ils sont applicables. En somme, nous allons passer à l'action. Dans deux ans, nous devrons présenter un résultat. » [17]

Bien sûr, vingt-quatre mois plus tard, fin 1995, les résultats se faisaient toujours attendre. En revanche, en 1996, on apprenait deux choses fort intéressantes :

Tout d'abord, lorsque au début de l'année éclatait l'affaire des 76 cas positifs au cannabis, il affirmait : « Ce qui se passe en ce moment n'est pas anecdotique. J'ai cessé d'être naïf » [18] et quelques mois plus tard, il claquait la porte de la présidence de la CNLD justifiant ainsi son départ : « La lutte antidopage devient ridicule : on prétend lutter contre quelque chose qu'on ne peut détecter (...) Je ne veux pas être le Garetta du dopage. Comme responsable de la commission, j'étais ligoté. » [19] Il lui a quand même fallu six années pour « guérir » sa naïveté sur le fléau numéro un du sport et comprendre qu'il cautionnait la fatalité du dopage.

Au moment de la démission du Pr Escande, Guy Drut, ministre de tutelle, jugeait sévèrement le bilan du président de la CNLD en soulignant qu'il n'avait formulé « aucune proposition précise de réforme du dispositif de lutte au cours de sa présidence. C'est pourtant le rôle de cette commission que de suggérer des idées nouvelles dans une course incessante contre les techniques de dopage qui évoluent de jour en jour. » [20]

Bien avant son passage à la tête de la CNLD et en contradiction avec ses prises de positions actuelles, dans l'hebdomadaire *VSD* du 1er août 1983, il faisait part de son sentiment plutôt laxiste à l'égard des sportifs consommateurs d'engrais musculaires : « Les sprinters prennent-ils des anabolisants pour grossir leurs cuisses et leurs mollets ? À tout le moins, on l'a dit et ceci explique peut-être l'amélioration des performances. Est-ce une tache sur l'hermine des sportifs ? Au risque d'en choquer beaucoup, je ne défendrai pas *mordicus* cette position. » [21]

En 1991, pendant le Tour de France, il n'avait pas été non plus très inspiré en affirmant haut et fort, à propos de l'abandon groupé de l'équipe PDM : « Je vois déjà, moi, président de la commission nationale de lutte contre le dopage, des sourires : "Ils doivent avoir la potion magique". Eh bien écoutez, je n'y crois pas du tout. Au passage, je dis que nous sommes très soucieux de la part de l'équipe PDM d'avoir un compte rendu complet de ce qui s'est passé, ne serait-ce que pour faire taire de fausses rumeurs. »

En plus d'Escande, le patron et le médecin-chef du Tour se refusaient à croire au dopage; lequel sera pourtant confirmé par l'un des coureurs terrassés par la fameuse « grippe » diplomatique.

En effet, l'Allemand Uwe Raab révélera que c'était à cause d'un produit dopant mal conservé que l'équipe avait dû abandonner le Tour!

En 1997, une perquisition chez le médecin de l'équipe PDM de l'époque, Wim Sanders, attestera qu'il prescrivait de l'ÉPO, de la cortisone et autres produits interdits à ses patients sportifs.

En septembre 1998, pour services rendus à la cause de l'antidopage, Jean-Paul Escande est nommé par les ministres Marie-George Buffet et Bernard Kouchner coprésident d'un groupe de travail chargé de passer au crible les rapports entre « médecins du sport et lutte antidopage ». Cette commission devait fournir une série de propositions d'actions destinée à enrichir le texte législatif de la future loi.

Claude-Louis Gallien, le successeur de Jean-Paul Escande démissionnaire, a été nommé président de la CNLD le 8 juillet 1996.

Or, cet ancien athlète de haut niveau (lancer du marteau), enseignant à l'université René Descartes et directeur du laboratoire de biologie du développement, prônait en 1988 dans *L'Express* la libéralisation du dopage. Parallèlement, Guy Drut, le ministre délégué de la Jeunesse et des Sports, ne manquait pas une occasion d'affirmer haut et fort qu'il allait s'attaquer au dopage. Curieusement, il place à la tête du principal organisme de lutte contre ce fléau un ex-« représentant » du camp de ceux admettant la fatalité du dopage.

Les citations ci-dessous, extraites d'articles ou d'interviews avant et après la titularisation de Claude-Louis Gallien à la tête du CNLD, poussent tout observateur à s'interroger sur le sens profond d'un si radical changement d'opinion.

En 1988, il milite à fond dans l'hebdomadaire *L'Express* pour libéraliser le dopage : « Le sport professionnel n'est plus, aujourd'hui, concevable sans le dopage. C'est le problème d'une société qui demande un sport de très haut niveau. Le sport de très haut niveau est invalidant et pourtant cette société refuse aux sportifs les actes médicaux. Elle refuse de les soigner? Ce n'est pas logique. Dès l'instant où l'individu a accepté le facteur risque qui peut en découler, on doit admettre le dopage si ce dernier est administré par des gens compétents. » [22]

Un an plus tard, toujours dans *L'Express,* il en remet une couche : « Un organisme normal ne peut plus assumer la dose d'entraînement aujourd'hui pour figurer en haute compétition. Cette dose est devenue invalidante. Le sport a atteint une telle exigence qu'il faut, pour parvenir au plus haut niveau, user de procédés extraphysiologiques, c'est-à-dire du dopage. » [23]

En 1996, nommé à la présidence de la CNLD, il abandonne ses convictions antérieures pour adopter un discours en phase avec sa nouvelle fonction :

• « Le dopage est d'abord une malheureuse réalité qui met en péril la santé de chaque sportif en particulier et qui menace l'ensemble des valeurs véhiculées par le mouvement sportif olympique. »

• « L'image (ou l'imaginaire) du sport peut être utilisée non seulement comme valeur d'épanouissement personnel mais aussi comme outil d'éducation, de socialisation et d'intégration. Il est donc essentiel de veiller à ce que cette image ne soit ni dénaturée, ni en définitive brisée par des pratiques irresponsables, telles que le dopage. »

• « Autour de la fête sportive, il y a cette écume du sport que sont la violence, l'antijeu et la tricherie. Le dopage est tout cela à la fois, violence contre soi, faute contre l'esprit du jeu et négation de l'effort commun. Imposture, donc, devant laquelle il ne faut pas démissionner, contre laquelle il faut continuer de lutter. La politique qui s'impose en matière de lutte antidopage est celle de la lucidité, du courage et de la persévérance. » [24]

Et, bien sûr, pour le récompenser de la constance de son discours, en juin 1999 il est nommé membre du nouveau Conseil de prévention et de lutte contre le dopage (CPLD) !

Références

1. DYHRENFURTH G.-O., *L'Himalaya troisième pôle*, Paris, Payot, 1953, 244 p. (p. 147).
2. HERZOG M., *Annapurna premier 8000,* Paris, Arthaud, 1951, 293 p. (pp. 100 et 193).
3. TERRAY L., *Les Conquérants de l'inutile,* Paris, Gallimard, 1961, 568 p. (p. 456).
4. de MONDENARD J.-P., « Dopage : trois ministres positifs », *VSD,* 1988, n° 580, 13 octobre, p. 63.
5. BRICHE G., « Maurice Herzog : nous donnerons l'exemple en prenant des sanctions »., *Détective,* 1964, n° 945, 5 août, p. 25.
6. HERZOG M., *Les Grandes Aventures de l'Himalaya* (avec la collaboration de Christine Grosjean), T1, Grenoble, Glénat, 1995, 282 p. (p. 268).
7. DESIO A., *La Conquête du K2,* Paris, Arthaud, 1957, 249 p. (pp. 168-169 et 175).
8. MAZEAUD P., *Des cailloux et des marches ou échec à l'Himalaya,* Paris, Olivier Orban, 1985, 229 p. (pp. 88 et 149).
9. MAZEAUD P., *Sport et liberté,* Paris, Denoël, 1980, 230 p. (p. 179).
10. TAZIEFF H., *Le Gouffre de la Pierre Saint-Martin,* Paris, Arthaud, 1952, 156 p. (pp. 125, 131, 132, 137, 141, 145).
11. DRUT G., « Cent façons », *Athlétisme Magazine,* 1977, n° 43, 5 octobre, pp. 12-16.
12. DRUT G., *L'Or et l'argent* (propos recueillis par Charles Bietry), Paris, Denoël, 1976, 182 p. (p. 176).
13. DRUT G., « Si j'avais été lanceur... » (propos recueillis par J. Marsac), *Le Nouveau Médecin,* 1977, n° 11, 8 décembre, pp. 4-5.
14. DRUT G., *VSD,* 9 octobre 1980, n° 162.
15. HELD J.-F. et al, « Haschisch parano », *L'Événement du Jeudi,* 1996, n° 587, 1er février, pp. 16-22 (p. 18 citation de Guy Drut).

16. LAHMY E., « La peau du dopage », *L'Équipe,* 6 septembre 1990.

17. LACOUR J.-P., « Antidopage : le temps de l'action », *Le Figaro,* 27 novembre 1993.

18. CHAMI L. et PIERRAT L., « Ce que cache le cas Barthez », *Le Parisien,* 17 janvier 1996.

19. ESCANDE J.-P., « La lutte antidopage devient ridicule », *Aujourd'hui,* 12 juillet 1996.

20. DRUT G., Communiqué de presse, ministère des Sports, 13 juillet 1996.

21. ESCANDE J.-P., « Un demi-siècle pour gagner un tiers de seconde... », *VSD,* 18 août 1983.

22. LAGORCE G., BRESSAN S., HAGET H., « Dopage : Ben Johnson et les autres », *L'Express,* 30 septembre 1988, pp. 38-40 (p. 40 citation de C.-L. Gallien).

23. GALLIEN C.-L., « Demain l'horreur » (propos recueillis par Guy Lagorce), *L'Express,* 1989, n° 2003, 28 novembre, p. 142.

24. GALLIEN C.-L., « Dopage : de la politique de l'autruche à la politique de gribouille », *Revue EPS,* 1996, n° 262, novembre-décembre, p. 46.

« La nandrolone est obligatoirement d'origine exogène... »

À l'automne 1997, six sportifs français – quatre footballeurs, un joueur de hand et un judoka – avaient été contrôlés positifs à la nandrolone par le Laboratoire antidopage français de Châtenay-Malabry (92). Cette série de cas avait mobilisé les scientifiques et impulsé des recherches permettant de découvrir, grâce à des techniques plus pointues, ce que jusque-là on ignorait, notamment le pouvoir sportif : que l'homme sécrétait naturellement la nandrolone mais à des taux relativement faibles.

Endogène contre exogène(*)

Dès la mise en évidence de cette épidémie de cas positifs, un débat concernant l'origine endogène ou exogène de la nandrolone a mobilisé certains médecins et leurs affidés journalistes qui, sans se préoccuper du principe de précaution, avaient misé sur le mauvais cheval en affirmant que les sportifs étaient obligatoirement dopés et que la nandrolone ne pouvait être présente dans les urines d'un homme qu'en raison d'un apport artificiel.

Alors que les travaux scientifiques ne cessent de confirmer la présence naturelle de nandrolone dans les urines de tout un chacun, les plumitifs de l'exogène continuent à brocarder les tenants de la production endogène en les traitant de « demeurés ».

La sélection des experts scientifiques par la presse

De façon péremptoire, Alain Duvallet, maître de conférence, médecin du sport et praticien à l'hôpital Tarnier à Paris, affirme : « Je confirme qu'aucune publication scientifique sérieuse n'a, à ce jour, fait état d'une production endogène. Les informations contraires qui ont circulé sont sans fondement ». D'autres médecins et endocrinologues, qui n'ont bien sûr jamais effectué la moindre étude sur la détection urinaire de nandrolone, se rangent dans le même camp que Duvallet. Que les médecins jugent leurs pairs, cela fait plus ou moins partie de la règle du jeu, mais que des plumitifs sélectionnent eux-mêmes les experts intervenant dans leur papier et concluent à propos de la possibilité d'une sécrétion endogène de nandrolone : « Une hypothèse qui laisse pour le moins sceptique les scientifiques les plus sérieux. » [*Libération,* 20 décembre 1997] montre bien l'incohérence de notre système d'information.

Dans ce type de situation où on met en opposition différents experts, certains journalistes de la presse généraliste, sportive ou scientifique, classent les spécialistes en scientifiques « sérieux » ou « fantaisistes » suivant que ces derniers développent ou non une théorie qui leur paraît « sérieuse ».

Par exemple, des journalistes déjà convaincus de la triche des sportifs incriminés, préfèrent faire parler les médecins niant la sécrétion endogène de nandrolone.

On en arrive à ce paradoxe que ce sont les généralistes de l'information – qui n'ont pas fait la moindre étude de physiologie, de pharmacologie, de biologie ou de médecine – qui évaluent la compétence des scientifiques. Le spécialiste « sérieux » est donc celui qui a le même avis que le journaliste sportif ou médical !

Quoi qu'il en soit, il est licite de se poser la simple question : qui connaît la nandrolone en France et peut s'appuyer sur des travaux personnels ?

À ma connaissance, au moment de l'épidémie d'octobre 1997, ils n'étaient pas plus nombreux que les cinq doigts d'une main ; parmi eux on trouvait Yves Bonnaire et Louis Dehennin. Le premier avait présenté à Rouen, en 1985, sa thèse *Contribution à l'étude analytique et biologique des métabolites de la testostérone et de la 19-nortestostérone chez le cheval.*

(*) Une substance est dite endogène lorsqu'elle est fabriquée par l'organisme lui-même. Le terme exogène désigne une substance introduite dans le corps le plus souvent de façon artificielle (médicament). La totalité des dopants prohibés sont, par définition, des substances exogènes.

De son côté, Louis Dehennin, biologiste spécialiste en hormonologie, avait, dès 1987, démontré et publié dans des revues scientifiques que le follicule ovarien préovulatoire contenait de la nandrolone, ainsi que le plasma de la femme enceinte et ce dès la huitième semaine de grossesse. Lors d'une étude présentée en mars 1998, il a également constaté que l'homme produisait de la nandrolone à l'état de traces.

Rappelons tout d'abord que la nandrolone, ou nortestostérone, appartient à la famille des anabolisants et, qu'à ce titre, elle dérive de l'hormone mâle ou testostérone. Bien que qualifié par certains d'archaïque, cet anabolisant est le plus consommé par les athlètes depuis les années 1960 pour une simple et bonne raison : il est le plus performant dans l'optique d'améliorer les qualités physiques d'un sportif et, accessoirement, il n'est pas très « méchant » pour le foie. En revanche, sa présence urinaire pendant de longs mois à la suite d'une injection intramusculaire l'a progressivement éliminée de la panoplie des professionnels de la dope plus enclins à choisir des substances indécelables, moins risquées pour passer le contrôle antidopage la conscience plus tranquille. Lors de l'évaluation des analyses d'urine des contrevenants épinglés en septembre-octobre 1997, on s'est basé sur le fait que les composés détectés ne pouvaient être présents dans le corps humain dans aucune circonstance autre que par un apport artificiel de nandrolone.

Dans *Le Figaro* du 30 octobre 1997, nous avions déjà évoqué la possibilité d'une sécrétion endogène : « Est-on sûr qu'en abaissant le seuil de sensibilité (de l'ordre du millionième de milligramme), on ne va pas apprendre que l'homme produit naturellement de la nandrolone ? Cette hypothèse n'est pas aussi saugrenue qu'elle peut le paraître au premier abord. »

Afin d'étayer cette éventualité, nous avions évoqué l'exemple des courses hippiques. Pendant des années, la présence de nandrolone et de ses métabolites dans les urines d'un cheval entraînait obligatoirement la disqualification du positif. Mais depuis 1984, grâce à des recherches plus poussées [1], on sait que le cheval a une production endogène de nandrolone. Cette découverte a amené le code des courses à fixer un seuil de tolérance et à ne pas sanctionner automatiquement la présence de nandrolone dans les urines.

On sait aussi depuis longtemps que ces composés peuvent se multiplier dans le corps féminin lors de conditions déterminées, par exemple pendant la grossesse [2]. La nandrolone apparaît en début de gestation dès qu'il y a un placenta. À huit semaines, on détecte les métabolites de la nandrolone chez une femme sur deux. À douze semaines, chez cent pour cent des femmes.

Presse écrite : haro sur l'endogène

Claire Dupré (FRA), journaliste : « La nandrolone, stéroïde anabolisant parmi les plus utilisés, fait partie des molécules les plus étudiées. Or, aucune étude sérieuse n'a repéré la moindre sécrétion chez l'homme. » [*Science et Vie Juniors,* 1998, n° 104, mai, p. 42].

Jean-Philippe Leclaire (FRA), journaliste : « Parce que nous produisons naturellement cette substance, répondent la plupart des accusés. Avec des taux si élevés, l'hypothèse d'une sécrétion endogène de nandrolone doit pourtant être rejetée. Afin justement d'éviter les chipotages, le CIO a fixé la barre légale à 2 nanogrammes par millilitre, alors que le seul cas scientifiquement prouvé de sécrétion naturelle par l'être humain (chez la femme enceinte) ne saurait dépasser les 0,5 ng/ml. » [*L'Équipe,* 19 août 1999].

Christian Losson (FRA), journaliste : « L'hypothèse d'une sécrétion naturelle (endogène) de nandrolone est réfutée par les spécialistes les plus crédibles. » [*Libération,* 20 avril 1998].

David Reyrat (FRA), journaliste : « Le judoka Djamel Bouras a quatre mois pour prouver son innocence. Maître Patricia Moyersoen, l'avocate du PSG, commence le travail de sape dans les médias. Production endogène, nandrolone absorbée dans une boisson énergétique. Si ces allégations ne s'appuient sur rien, elles ont un mérite. Elles sèment le trouble dans l'opinion publique. » [*Le Figaro,* 26 décembre1998].

Joël Simon (FRA), journaliste :

1. « Une argumentation nouvelle qui succède au débat sur la production naturelle de cette substance, hypothèse désormais exclue, sauf dans le cas d'une femme enceinte. » [*L'Équipe,* 16 septembre 1999].

2. « Un débat qui a déjà eu l'occasion de rebondir plusieurs fois, de la production endogène évoquée dans un premier temps (mais démentie scientifiquement sauf dans le cas des femmes enceintes) à l'utilisation de pommades ou, plus récemment, de produits de récupération. » [*L'Équipe,* 17 septembre 1999].

Rémy Zaka (FRA), journaliste : « Au fil des mois, l'analyse des scientifiques s'est affinée. Il est désormais acquis qu'une production endogène est exclue, sauf dans le cas d'une femme enceinte. En principe, la découverte de traces d'un dérivé de nandrolone dans les urines correspond bien à la prise d'un produit de synthèse. » [*AFP,* 17 septembre 1999].

Le cheval, la femme enceinte et... l'homme

En ce qui concerne l'homme, plusieurs publications scientifiques, même si elles ne portent que sur des petites populations de sujets testés, montrent bien que la nandrolone peut être présente à l'état naturel dans les urines d'un homme non consommateur d'anabolisants [3, 4, 5, 6]. D'ailleurs, une note technique de la Commission dopage et biochimie du sport du CIO confirme bien la présence endogène de nandrolone [7].

Pour ces spécialistes, en passant des « jumelles de théâtre au télescope haute performance », les chercheurs se sont aperçus qu'en réalité l'homme, et pas seulement le cheval et la femme enceinte, produisait naturellement de la nandrolone ou ses deux métabolites spécifiques (substances résultant de la transformation de la nandrolone dans l'organisme), la 19-norandrostérone (NA) et la 19-norétiocholanolone (NE). Cette notion est désormais parfaitement connue des vingt-cinq laboratoires agréés pour toute la planète par le CIO.

En effet, dans le compte-rendu d'une réunion datant de mars 1996 et regroupant la Commission dopage et biochimie du sport du CIO ainsi que les chefs de laboratoires officiels, il est précisé que l'un des sujets ayant suscité une longue discussion concernait l'introduction des techniques de spectrométrie de masse de haute sensibilité dans les contrôles antidopage et la découverte de productions endogènes (par le corps lui-même). Il est même écrit en toutes lettres qu'avec la mise en place de « techniques plus sensibles d'analyse des stéroïdes anabolisants, il était possible de détecter des petites quantités endogènes (par exemple : nandrolone...) de stéroïdes anabolisants ». [7]

Contre-attaque ministérielle du 11 décembre 1997

Face au front des sportifs qui nient s'être dopés à la nandrolone et invoquent des analyses trop poussées et non validées au plan de leurs significations scientifiques, les pouvoirs publics contre-attaquent par voie de communiqué.

À la suite de différentes prises de position sur les contrôles antidopage positifs à la nandrolone, le ministère de la Jeunesse et des Sports communique une mise au point du Dr Alain Garnier, chef de la Mission de la médecine du sport et de lutte antidopage :

« La communauté scientifique a pour habitude de se référer à un état actuel des connaissances qui est l'inventaire exhaustif des travaux publiés et validés. À l'heure actuelle, aucune publication scientifique ne mentionne une sécrétion endogène, dans le plasma, et, *a fortiori* dans les urines, de métabolites de la nandrolone, stéroïde anabolisant de synthèse, chez l'homme. Les biochimistes et les endocrinologues qui travaillent sur la synthèse et le métabolisme des androgènes auraient depuis longtemps été alertés par l'existence d'une sécrétion endogène de nandrolone ou de ses métabolites. Par ailleurs, loin d'être infinitésimaux pour les experts, les taux retrouvés chez les sportifs concernés (entre 5 et 10 nanogrammes/millilitre) ne plaident en aucune façon pour une éventuelle sécrétion endogène chez l'homme car ils sont supérieurs aux capacités de métabolisation de l'organisme pour cette voie. Une seule incertitude est retenue à ce jour : elle concerne la femme sous traitements œstroprogestatifs oraux (pilule) dont certains, à base de 19 norstéroïdes, pourraient donner des métabolites de la nandrolone, mais là encore à des concentrations très inférieures à celles retrouvées.

Par contre, plusieurs dizaines de milliers d'échantillons urinaires de sportifs ont été analysés dans le monde, par les mêmes techniques, sans jamais mettre en évidence une telle sécrétion endogène ce qui nous conforte dans notre interprétation des résultats de laboratoire. D'autre part, les analyses réalisées plusieurs jours après un contrôle ne peuvent aucunement infirmer ou confirmer les résultats d'une première analyse car la cinétique d'élimination de certains produits est très rapide (24 h). » [8]

Ce plaidoyer *pro domo* manque singulièrement de crédibilité lorsqu'on sait que le CIO lui-même reconnaît l'existence d'une sécrétion endogène de nandrolone et que plusieurs publications non moins scientifiques que celles collationnées par le ministère de la Jeunesse et des Sports confirment la présence naturelle de nandrolone chez des hommes non dopés. Certains de ces experts estiment qu'un taux limite de 5 à 10 ng/ml dans l'urine est nécessaire pour éviter des mesures qui pourraient injustement être prises contre les athlètes.

Recommandations de la commission du Comité international olympique

Face à cette nouvelle donne, la commission a émis les recommandations suivantes : « Pour les agents anabolisants nandrolone (d'autres anabolisants sont également cités dans cette note), la possibilité d'établir une limite décisive est d'approximativement 1 à 2 ng/ml (nanogramme par millilitre). Des niveaux inférieurs ne devraient pas être considérés comme un dopage potentiel. Lorsque les laboratoires trouvent une concentration inférieure à 5-10 ng/ml de tout agent anabolisant (nandrolone comprise), il apparaît important pour l'interprétation des résultats ainsi que pour la comparaison avec des analyses antérieures du même joueur, qu'il soit précisé dans le rapport d'expertise qu'une faible concentration a été décelée en indiquant la technique utilisée. » [7]

En clair, cette note apporte deux informations majeures : que la nandrolone ou ses métabolites sont bien présents naturellement dans le corps de l'homme non dopé et que, lorsque la quantité de nandrolone détectée est comprise entre 5 et 10 ng/ml, on ne peut être catégorique sur la réalité d'une consommation exogène (dopage). À titre d'exemple, la contre-expertise de Vincent Guérin, l'un des footballeurs contrôlé positif en octobre 1997, a montré que les concentrations décelées se situaient dans cette fourchette de 5 à 10 ng/ml. Pourtant, faisant fi de ces directives, un membre du ministère de la Jeunesse et des Sports, conseiller du ministre en matière de dopage, persiste quant à lui à penser que « ces concentrations restent tout à fait significatives. C'est une preuve irréfutable d'une prise de produits interdits. »

De même, l'un des tenants de la ligne officielle, le Dr Alain Garnier (médecin responsable de la lutte antidopage au ministère de la Jeunesse et des Sports), pour ironiser sur la sécrétion endogène de nandrolone avancée par les défenseurs des positifs, n'a pas hésité à affirmer haut et fort que l'homme possédait des ovaires. Eh bien, oui ! On peut le rassurer. Rex Hess et son équipe de chercheurs au département des sciences vétérinaires de l'université de l'Illinois, à Urbana (États-Unis), ont démontré que certaines hormones féminines telles que les œstrogènes sont indispensables au bon fonctionnement de l'appareil génital masculin. Pour les auteurs de l'étude, les futurs spermatozoïdes commanderaient eux-mêmes la synthèse d'œstrogènes dans les testicules, en fabriquant un enzyme, l'aromatase, capable de transformer la testostérone en œstrogène. Or, on sait que la nandrolone peut apparaître lors de cette aromatisation. Tout cela montre bien qu'il faut être très prudent dans ses assertions lorsqu'on aborde l'hormonologie humaine.

Un symposium très positif

En mars 1998, à Cologne, lors d'un symposium scientifique consacré aux techniques de détection des substances dopantes – où étaient présents les responsables des 25 unités de toxicologie agréées par le CIO – deux équipes de chercheurs, l'une française, l'autre belge, ont présenté leurs travaux démontrant que la nandrolone se trouve naturellement dans les corps de l'homme et de la femme. C'est bien sûr une découverte scientifique d'importance dans la mesure où jusqu'au début de l'année 1996, la seule présence de nandrolone ou plutôt de ses métabolites entraînait automatiquement, par le laboratoire agréé du CIO, la rédaction d'un procès verbal d'analyse positive et, par corollaire, la sanction du sportif par sa fédération.

Depuis 1983, le laboratoire antidopage de Cologne, le plus connu de la planète sportive grâce à son ex-patron Manfred Donike décédé en 1995, organise un colloque annuel sur la détection des substances dopantes. Trois communications ont été présentées sur « l'énigmatique » nandrolone. Le premier intervenant, le Pr Franz Delbeke, directeur du laboratoire de Gand en Belgique (agréé par le CIO) démontre la présence endogène (naturelle) de nandrolone dans l'urine des femmes [5] (jusqu'alors, on avait seulement démontré que la femme enceinte sécrétait de la nandrolone par le placenta). C'est ensuite au tour de l'équipe du laboratoire des chevaux de la Fédération nationale des courses françaises (LAB) de prouver sans ambiguïté la présence naturelle de nandrolone chez l'homme. Louis Dehennin – biologiste français confirmé, qui a fait une grande partie de son parcours professionnel à la Fondation de recherche en hormonologie (FRH) – et Yves Bonnaire, le patron du LAB, présentent leur étude intitulée *Excrétion urinaire normale et stimulée de nandrolone endogène sur une population de 30 hommes en bonne santé.* [4] Cette équipe a constaté que la nandrolone existait chez tous les hommes à l'état de traces, en dessous de 1 nanogramme par millilitre et que cette sécrétion pouvait être stimulée naturellement, sans que l'on sache encore de façon certaine pourquoi, atteignant ainsi des taux équivalents à ceux détectés dans la série de cas positifs français de l'automne 1997. Dans le travail de Dehennin et Bonnaire, l'un des trente cas atteignait sans dopage 7 nanogrammes.

La troisième communication présentée par U. Mareck-Engelke, une collaboratrice directe du Pr Wilhelm Schänzer, propose un seuil de détection de la nandrolone afin d'éviter d'épingler des faux positifs ayant une sécrétion naturelle élevée [9]. Compte tenu que lors du recueil des urines à l'occasion d'un contrôle antidopage, ces dernières peuvent être plus ou moins concentrées en raison de la déshydratation inhérente à l'effort physique, les quantités de métabolites détectées ne sont qu'un instantané et ne reflètent qu'imparfaitement les chiffres réels des métabolites de la nandrolone émis par les urines sur 24 heures. C'est comme pour un automobiliste, on ne peut pas établir sa vitesse moyenne sur une distance donnée en enregistrant uniquement sa vitesse instantanée sur un seul point du parcours.

Dans le cas des sportifs français incriminés où l'on détecte seulement « des traces », Manfred Donike prenait déjà en compte, et aujourd'hui ses successeurs lui ont emboîté le pas, à la fois les métabolites de l'hormone mâle (testostérone) et de la nandrolone pour lesquels ils établissent un seuil. Les résultats sont considérés comme positifs lorsque le rapport est inférieur à 500 chez la femme et à 1 000 chez l'homme. Les dossiers analytiques du footballeur Vincent Guérin et de la championne italienne de VTT Paola Pezzo expertisés à leur demande par le Pr Wilhelm Schänzer, n'auraient pas été, selon l'éminent spécialiste « rapportés positifs par le laboratoire de Cologne ».

Face à l'incertitude du seuil proposé par le CIO et non validé par une commission scientifique de consensus, l'UCI change de braquet en mai 1998 en majorant à 10 ng la barre à ne pas tutoyer. Au plus fort de la polémique, les experts médicaux de cette fédération admettent que le taux moyen chez des sportifs non dopés est de 0,082 ng. Les extrêmes possibles par rapport à cette valeur de référence peuvent atteindre naturellement 5 (sans dopage) pour 1 sur 100 000 athlètes et 10 pour 1 sur 1 000 000. En revanche, pendant cette période où les critiques s'accumulent sur son compte, le CIO malgré le doute campe sur ses positions et reste à 2 comme limite supérieure autorisée.

Endogène ou exogène - Ceux qui ont des certitudes

Christiane Ayotte (CAN), directrice du Laboratoire de contrôle du dopage de Montréal :

1. « Le débat autour de la présence naturelle de métabolites de la nandrolone n'est pas nouveau. Les labos du CIO se penchent sur la question depuis les années 80. Contrairement aux dires des avocats, plusieurs études sérieuses ont infirmé l'hypothèse de production de nandrolone par le corps humain. » [*Libération,* 20 avril 1998].

2. « Si, effectivement, on a pu établir, en 1984, chez le cheval, puis chez la femme enceinte, la présence des deux métabolites de la nandrolone (la norandrostérone – 19NA – et la norétiocholanolone – 19NE), ces deux métabolites n'ont jamais été retrouvés chez l'homme. Tout le reste n'est que spéculation. » [*Libération,* 20 avril 1998].

3. « Les chances de contamination par la viande sont de l'ordre de 1 pour 16 millions. Ce qui n'a pas empêché le labo de Gand (non accrédité par le CIO) de proposer d'élever le seuil à 100 nanogrammes par millilitre d'urine (ng/ml) ! Autant fermer les labos et ne plus se préoccuper du dopage. » [*Libération,* 20 avril 1998].

4. « 25 labos dans le monde travaillent spécifiquement sur la question. Nous sommes les mieux placés pour observer ce qui se passe dans les urines des athlètes. Que connaît un pharmacologue ou un spécialiste équestre sur la question ? Nous, on travaille sur le réel. On a, seuls, une vraie légitimité. » [*Libération,* 20 avril 1998].

5. « Sur le rejet de la sécrétion naturelle de nandrolone, il y a un consensus réel entre tous les labos accrédités… » [*Libération,* 20 avril 1998].

Pr Philippe Bouchard (FRA), chef du service d'endocrinologie de l'hôpital Saint-Antoine (Paris) : « La nandrolone est une substance pharmacologique qui développe l'activité hormonale. C'est une substance étrangère, sans ambiguïté. Si l'on en trouve dans les analyses, c'est que le sportif en a pris. Les contrôles sont aujourd'hui très au point. Mais il n'y a rien d'étonnant à ce que les coupables contestent les techniques de dosage, la méthodologie : personne n'aime se faire prendre. » [*Science et Vie,* 1998, n° 966, mars, p. 71].

Pr Jacques de Ceaurriz (FRA), directeur du Laboratoire national de dépistage du dopage (LNDD) depuis le 1er juillet 1997 : « Il n'existe aucun élément scientifique permettant de dire que l'homme fabrique de la nandrolone. » [*AFP,* 24 octobre 1997].

Dr Alain Duvallet (FRA), hôpital Tarnier (Paris) : « Je confirme qu'aucune publication scientifique sérieuse n'a, à ce jour, fait état d'une possible production endogène. Les informations qui ont circulé sont sans fondements. Pour lever les derniers doutes, des études bibliographiques sont en cours. » [*Science et Vie,* 1998, n° 966, mars, p. 71].

Pr Claude-Louis Gallien (FRA), président de la Commission nationale de lutte contre le dopage depuis le 1er août 1996 :

1. « Quant à l'éventualité d'une origine endogène de la nandrolone, le Pr Claude-Louis Gallien a commenté "qu'il serait tout de même curieux que les organismes de six sportifs d'un même pays se mettent à fabriquer de la nandrolone en même temps, alors qu'on n'avait jamais rien constaté de tel auparavant." Dans toute la littérature scientifique, un seul cas est vaguement évoqué. Encore s'agit-il d'une jument assez mal en point. Mais les scientifiques doutent, alors que les avocats affirment et s'engouffrent dans la moindre brèche juridique. » [*L'Équipe,* 17 décembre 1997].

2. « Je ne voudrais pas m'avancer mais l'excuse de la sécrétion endogène de nandrolone me fait penser à l'automobiliste qui, pris avec 1,5 gramme à l'éthylotest, essaie de prouver qu'il sécrète naturellement de l'alcool. » [*L'Humanité,* 12 janvier 1998].

Dr Alain Garnier (FRA), mission médecine du sport et lutte antidopage du ministère de la Jeunesse et des Sports :

1. « Les biochimistes et les endocrinologues qui travaillent sur la synthèse et le métabolisme des androgènes auraient depuis longtemps été alertés par l'existence d'une sécrétion endogène de nandrolone ou de ses métabolites. » [Communiqué de presse du ministère de la Jeunesse et des Sports, 11 décembre 1997].

2. « Par contre, plusieurs dizaines de milliers d'échantillons urinaires de sportifs ont été analysés dans le monde, par les mêmes techniques, sans jamais mettre en évidence une telle sécrétion endogène ce qui nous conforte dans notre interprétation des résultats de laboratoire. » [Communiqué de presse du ministère de la Jeunesse et des Sports, 11 décembre 1997].

3. « Dans une publication datée de 1986, un test à la nandrolone effectué sur douze hommes et douze femmes n'a décelé aucune trace. En revanche, il en a été trouvé chez des femmes enceintes. La sensibilité du test était bien plus fine que les possibilités actuelles et, malgré ça, il n'a pas été trouvé de traces chez des hommes ! Voilà qui permet de rectifier les bêtises qu'on entend par rapport aux taux soi-disant infinitésimaux relevés chez les sportifs actuellement incriminés... » [*Le Parisien,* 19 décembre 1997].

Martial Saugy (SUI), responsable du laboratoire antidopage de Lausanne : « Il y a près de 100 000 contrôles dans le monde. La nandrolone, connue depuis des décennies, est le produit le plus détecté. Il n'y a pas le moindre doute sur une éventuelle sécrétion naturelle, on le saurait... » [*Libération,* 31 octobre 1997].

Dr Jean-Pierre Voignier (FRA), conseil en physiologie des activités physiques : « Non, la nandrolone n'est pas synthétisée par l'homme. Elle ne peut apparaître de façon naturelle dans le corps, du moins à des taux perceptibles... Je n'ai trouvé aucune étude sur la production des dérivés endogènes de la nandrolone : elle semble donc improbable. » [*Science et Vie,* 1998, n° 966, mars, p. 70].

Des preuves concordantes

Le Suisse Olivier Bernhard, contrôlé positif à la nandrolone, a été blanchi par le tribunal arbitral du sport. Le 12 mai 1999, le tribunal arbitral du sport (TAS) a levé la sanction prise à l'encontre du triathlète suisse Olivier Bernhard pour contrôle positif à un anabolisant, la nandrolone, avec un taux urinaire de 3 ng/ml.

Après sa victoire en juin 1998 à Zolfingen, la Fédération internationale de triathlon (ITU) l'avait suspendu pour un an et dépossédé de son titre de champion du monde de duathlon (course à pied et vélo). Contestant ce résultat, il s'était adressé sur les conseils du laboratoire de Cologne à Louis Dehennin qui, par le passé, avait déjà démontré que le cycliste Cyril Sabatier et le joueur de squash Julien Bonétat étaient innocents de dopage.

Ce chercheur reconnu au plan mondial pour ses travaux sur les hormones sexuelles, mais jamais consulté par les instances antidopage de l'Hexagone, a démontré qu'il existait bien une relation entre le régime alimentaire de Bernhard et sa production endogène de nandrolone. Le Suisse pratique un régime alimentaire proposé par un nutritionniste américain qui préconise une supplémentation en acide gras essentiels, indispensables pour la biosynthèse équilibrée de certaines prostaglandines, ainsi qu'une diminution de l'apport en hydrates de carbone afin de mieux contrôler les sécrétions d'insuline et de glucagon. Parmi ces prostaglandines, un rôle éminent est dévolu à la prostaglandine PGE_1 dont l'activité hormonale serait à l'origine d'une forte stimulation de la fonction endocrine du testicule, conduisant ainsi à une production accrue de testostérone et de nandrolone.

Cet effet a pu être démontré à plusieurs reprises par la comparaison des excrétions des métabolites de la nandrolone et de la testostérone, observés dans des recueils urinaires fractionnés de 24 heures au cours de régimes successivement riches en graisse et riches en hydrates de carbone.

Cette observation faite dans le cas du triathlète helvétique devra être confirmée chez d'autres sujets dans des conditions similaires, mais cela pose dès à présent le problème du seuil de concentration de 2 ng/ml appliqué par les laboratoires accrédités par le Comité international olympique. Selon Louis Dehennin, après ce désaveu du TAS envers le règlement antidopage du CIO, il faudrait envisager de rehausser rapidement le seuil de positivité de la nandrolone (2 ng/ml) et de l'amener au moins à 5 ng/ml sous peine de continuer à sanctionner des innocents.

L'hCG stimule la nandrolone endogène

Dès le départ de l'épidémie de nandrolone à l'automne 1997, j'avais envisagé plusieurs pistes afin d'expliquer cette étrange série de cas positifs touchant quatre footballeurs, un judoka, un joueur de hand et une cycliste. À l'époque, malgré l'avis contraire des spécialistes, j'avais suggéré qu'il n'était pas saugrenu de penser qu'une sécrétion naturelle de nandrolone pouvait exister chez l'homme dans la mesure où quinze ans auparavant, la même interrogation s'était posée chez le cheval et, à l'époque, il avait été démontré l'existence d'une sécrétion endogène équine.

Jusqu'en 1985 dans les courses hippiques, la présence de nandrolone, même à l'état de traces, entraînait *ipso facto* la disqualification du pur-sang positif. Mais depuis cette date grâce à des recherches plus poussées, on sait que le cheval a une production endogène de nandrolone. Depuis, le biologiste français Louis Dehennin l'a confirmé : l'homme, comme le cheval, fabrique lui-même en petite quantité de la nandrolone.

De même j'avais estimé qu'on ne pouvait exclure l'interférence d'autres médicaments, voire d'autres substances dopantes. Ainsi un endocrinologue français, Yves Reznik [10] du CHU de Caen, a voulu vérifier cette hypothèse en administrant à dix jeunes hommes de la gonadotrophine (hCG), une hormone présente dans la liste rouge des substances prohibées et stimulant la sécrétion de testostérone (hormone mâle) par la testicule. Le dosage de la norandrostérone, l'un des métabolites de la nandrolone, a alors grimpé de 300 %, ce qui traduit bien évidemment une nette élévation de la fabrication de nandrolone. C'est probablement par le mécanisme de l'aromatisation, lorsque les androgènes (hormone mâle et dérivés) se transforment en œstrogènes que la fameuse nandrolone apparaît. En revanche l'apport d'insuline est sans effet sur la production de nandrolone. En poursuivant les recherches l'on doit s'attendre à trouver d'autres hormones consommées dans un but de dopage et « boostant » la production de nandrolone endogène.

Le Dr Pascal Kintz [6] de l'Institut de médecine légale de Strasbourg, qui s'était fait connaître dans le monde du sport par ses expertises capillaires chez des athlètes soupçonnés de dopage, s'est intéressé récemment à la détection des métabolites urinaires de la nandrolone.

Le but de l'étude était de suivre l'élimination urinaire de la nandrolone administrée par voie orale et par voie injectable ainsi que les précurseurs de la nandrolone, la norandrosténedione et la norandrosténediol absorbées par la bouche chez quatre sujets.

De même, la recherche portait sur les échantillons urinaires d'une soixantaine de sujets sportifs et non sportifs n'ayant pas absorbé de nandrolone ou précurseurs sous quelque forme que ce soit, afin de déterminer si une sécrétion naturelle des métabolites de la nandrolone (NA et NE) pouvait remettre en question le seuil de positivité (2 ng/ml) imposé par le CIO.

Au total, ces résultats, certes incomplets (faible échantillonnage), démontrent qu'il est impossible sur la base du rapport NA/NE de préciser quelle est la nature du produit administré et sa voie d'introduction dans l'organisme.

En ce qui concerne la production endogène, Kintz confirme ce qu'avait déjà démontré le biologiste Louis Dehennin dès le début de l'année 1998 : « La sécrétion physiologique de nandrolone est faible mais pas inexistante. » Sur 45 échantillons urinaires obtenus dans une population masculine témoin, la NA a été retrouvée 24 fois et la NE 11 fois avec des taux moyens de 0,14 à 0,16 ng/ml.

Ne pouvant pas exclure, lors d'une pratique sportive intense, une concentration des urines dans la vessie et donc un éventuel dépassement du seuil de 2 ng/ml, des analyses d'urine de sportifs de haut niveau ont complété ce travail. Les valeurs obtenues sont généralement inférieures à 0,5 ng/ml et aucune valeur supérieure à 1 ng/ml n'a été observée.

Néanmoins, on ne peut pas exclure des taux majorés par déshydratation ou sécrétion anormale lors d'une pratique sportive intense.

Parallèlement, une notion importante a été confirmée : dans tous les cas où il n'y a pas eu administration de nandrolone ou de précurseurs, la concentration de la NA était toujours supérieure à la NE.

De ce travail, on peut dire qu'il confirme sans ambiguïté l'existence d'une sécrétion endogène de nandrolone et que dans le cadre très précis de cette étude, le seuil de 2 ng/ml n'a pas été franchi.

Signalons que dans sa mise à jour de la liste des substances dopantes et méthodes de dopage validée au 1er mai 1999, l'Union cycliste internationale, sur la base d'autres travaux scientifiques, peaufine son seuil en étant un peu moins « laxiste » : « Pour la nandrolone et ses dérivés, un échantillon sera considéré comme positif si la concentration de norandrostérone mesurée dans l'urine après hydrolyse dépasse 5 ng/ml. Si la concentration se situe entre 2 et 5 ng/ml ou est égale à 5 ng/ml, la Commission antidopage peut ordonner des examens complémentaires. Si le coureur refuse de s'y soumettre, il est considéré comme positif. »

Le CIO met de l'eau dans son vin

À la fin de l'année 1998, les autorités olympiques élevaient le seuil à 5 ng/ml pour les femmes, en raison des risques d'interaction avec la prise de certaines pilules contraceptives et les modifications de bilan hormonal en début de grossesse : « Les femmes sont plus susceptibles que les hommes de produire de la nandrolone. », explique le biologiste français Louis Dehennin. « Ce composé apparaît dans le follicule ovarien et lors de la transformation des androgènes en œstrogènes dans le tissu adipeux. Elles encourent donc plus le risque d'être jugées faussement positives. » Depuis la réévaluation du seuil, on remarque qu'elles sont peu nombreuses à avoir été épinglées lors des contrôles.

Au final, tout le monde est d'accord – mis à part quelques irréductibles journalistes et leurs copains médecins - pour admettre que la femme et l'homme ont bel et bien une sécrétion endogène de nandrolone. Aujourd'hui, le litige s'est déplacé et ne porte plus que sur le niveau de cette production naturelle. Le seuil de 2 pour le CIO, voire de 5 pour l'UCI est-il infranchissable sans apport artificiel ? La réponse n'a pas encore été apportée de façon formelle à cent pour cent.

Références

1. Courtot D., Guyot J.-L. et Benoit E., *Mise en évidence de l'élimination urinaire de la 19-nortestostérone d'origine endogène chez le cheval mâle,* CR. Acad. Sci. Paris, 1984, 299, série III, n° 6, pp. 139-141.

2. Reznik Y., Herrou M., Dehennin L. et al, *Taux croissant de 19-nortestostérone plasmatique au cours de la grossesse : quantification par dosage radioimmunologique avec validation par chromatographie en phase gazeuse-spectrométrie de masse* (en anglais), J. Clin. Endocrinol. Metab., 1987, 64, n° 5, pp. 1086-1088.

3. Debruyckere G., De Sagher R., De Leenheer A., Van Peteghem C., *Conséquences de la présence normale des métabolites de la nandrolone dans l'urine de l'homme sur le contrôle de dopage à la nandrolone* (en anglais), Proc. of 4th Symp. On the Analysis of Steroids, Pecs, Hungary, S. Görög ed. 1990, pp. 363-370.

4. Dehennin L. et Bonnaire Y., *Excrétion urinaire normale et stimulée de 19-norandrostérone endogène sur une petite population de 30 hommes en bonne santé* (en anglais), Manfred Donike Workshop, 16th Cologne Workshop on Dope Analysis, 15-20 mars 1998.

5. Delbeke F., *Nandrolone endogène dans l'urine de la femme* (en anglais), Manfred Donike Workshop, 16th Cologne Workshop on Dope Analysis, 15-20 mars 1998.

6. Kintz P., Cirimele V. et Ludes B., *Norandrostérone et norétiocholanolone : les métabolites révélateurs*, Acta Clinica Belgica, supplément 1999-1, pp. 68-73.

7. Segura J., *Information aux chefs des laboratoires accrédités du CIO,* Institut Municipal d'Investigacio Medica (IMIM), Université autonome de Barcelone, 22 août 1996.

8. Garnier A., *Communiqué de presse sur les contrôles antidopage*, ministère de la Jeunesse et des Sports, 11 décembre 1997.

9. Mareck-Engelke U., Geyer H. et Schäntzer W., *Critères de la détection de nandrolone dans le cadre d'un contrôle antidopage* (en anglais), Manfred Donike Workshop, 16th Cologne Workshop on Dope Analysis, 15-20 mars 1998.

10. Reznik Y., Dehennin L., Coffin C. et al, *Production endogène de 19-Nortestostérone (nandrolone) chez l'homme : influence du stress hypoglycémique et de la stimulation testiculaire par l'hormone gonadotrophine chorionique (hCG),* Ann. Endocrin., 1999, 60, p. 279.

« On ne savait pas ce qui se passait en RDA... »

Depuis l'automne 1965 à Madrid, date à laquelle la RDA est devenue sportivement indépendante, le secret a, en effet, été rigoureusement préservé. Les révélations ne sont venues que de sportifs réfugiés ou bien d'entraîneurs de pays de l'Est ayant suivi des stages en RDA. Même si les autorités politico-sportives est-allemandes ont toujours réfuté toute accusation en s'abritant derrière les contrôles négatifs, la constance des thèmes abordés authentifie les témoignages reçus. On peut en retenir quelques-uns parmi les plus marquants.

L'un des premiers fut le cycliste Jurgen Kissner qui, échappé de la zone Est, déclarait que les représentants de l'Allemagne réunie étaient bourrés de médicaments. Mais c'est Renate Neufeld, l'une des meilleures athlètes juniors de son pays (100 et 200 mètres haies), qui fut vraiment la première à donner d'importants détails. Elle révéla en décembre 1978 à l'agence de presse allemande Sport Information Dienst (SID) l'identité des médicaments prescrits par son encadrement : « C'était un véritable enfer. L'entraîneur de mon club, le TSC de Berlin-Est, m'obligeait à prendre des cachets à base d'hormones et des anabolisants. Il les faisait passer pour des vitamines. Cela me faisait horriblement souffrir. Quand j'ai voulu me passer de ces produits, on a exercé sur moi une véritable terreur psychologique. »

L'un des grands soupçons concernant également les Allemands de l'Est était d'effectuer des tests préventifs avant les compétitions officielles. Ces contrôles prirent le nom de « contrôles de sortie ». Après le test positif de la lanceuse de poids Ilona Slupianek en 1977 lors de la coupe d'Europe, l'athlète autorisé à sortir devait être propre.

À la même époque, le laboratoire de Kreischa, près de Dresde, passa sous le contrôle direct de la sécurité d'État. Ainsi, tout ressortissant de RDA contrôlé positif dans son pays échappait à une sanction. Des indiscrétions précisaient même que chaque année le laboratoire de Kreischa procédait à une dizaine de milliers de contrôles-anticontrôles !

DOPAGE EN RDA
Témoignages avant la chute du mur de Berlin

Année	Nom	Spécialité
1966	Jurgen Kissner	Cyclisme – 2e CM
1976	Wolfgang Thüne	Gymnastique – Barre fixe
1977	Renate Neufeld	Athlétisme – 200 m plat
1979	Renate Vogel	Natation – 100 m brasse
1989	Hans Georg Aschenbach Christiane Knacke	Saut à ski – CO 1976 Natation – 100 m papillon

Nous-même, en 1982, avons eu vent de cette technique lors de l'émission télévisée *Droit de réponse* sur TF1 consacrée aux sports et intitulée « La tête et les jambes ». Invité en même temps que Renate Vogel, nageuse est-allemande passée en 1979 à l'Ouest, celle-ci, hors antenne, nous fit quelques révélations sur la préparation scientifique des champions de l'Est, sur les produits spéciaux que l'on pouvait leur administrer contre leur volonté, et, surtout, sur la pratique systématique du précontrôle afin de déterminer si l'arrêt de la chimie avait été opéré suffisamment tôt. L'athlète pouvait alors représenter sa nation sans risque d'être sanctionné. Renate, qui subissait depuis quelques années cette forme de traitement biologique savamment élaboré dans les laboratoires de l'Est, a abandonné lorsque ses tendons des genoux l'ont fait souffrir au point que ses médecins lui firent des infiltrations de cortisone afin qu'elle puisse nager. Mme Vogel désirait des enfants, et pour atteindre cette ambition somme toute respectable, elle avait réalisé qu'il lui fallait fuir cette médecine de la performance à tout prix.

Des quinze sportifs est-allemands qui, entre 1976 et 1979, étaient passés clandestinement à l'Ouest et avaient tous confirmé la pratique étatisée du dopage, les deux derniers en date ont insisté sur les formes de déchéance physique occasionnées par le dopage. L'ancien champion olympique de saut à ski Hans Georg Aschenbach a surtout dénoncé les soins prodigués aux très jeunes sportifs : « Des skieurs de fond ont dû commencer à avoir des injections aux genoux dès l'âge de quatorze ans, à cause d'un entraînement trop intensif. »

De son côté, Christiane Knacke, l'ancienne *recordwoman* du monde et médaillée olympique du 100 mètres papillon, devait apprendre à ses dépens que les manipulations hormonales des parents altéraient la santé des enfants : « Ma fille Jennifer, dès sa naissance, souffrait de spasmes fiévreux. Elle a dû subir un traitement d'un an et demi à l'hôpital afin d'être soulagée. Les médecins ne m'ont pas caché que l'équilibre hormonal de ma fille avait été profondément perturbé en raison de l'injection continuelle d'anabolisants que l'on m'avait imposée. »

Malgré de nombreuses preuves testimoniales et indices morphologiques, certains ont refusé de savoir le rôle important que jouait – sous contrôle de l'État – le soutien chimique dans les résultats sportifs étonnants de la petite RDA. Par exemple, dans un ouvrage paru en 1976, trois auteurs Guy Hermier, du Bureau politique du PCF, Roland Passevant, journaliste à *L'Humanité,* et Michel Zilbermann de la commission sportive du PCF, n'ont pas ménagé leurs efforts pour vilipender tous ceux qui doutaient et jetaient le discrédit sur des championnes, notamment de natation, accusées, sans preuve, de se doper et d'absorber des anabolisants.

Tout d'abord nos trois avocats de la défense éliminent d'un revers de main l'apport biologique pour mettre en avant la qualité du système politique : « Ceux qui cherchent l'hormone miracle qui expliquerait les succès sportifs des pays socialistes se laissent aveugler ou tentent de tromper. Ce n'est pas le sang des athlètes, mais la société que le socialisme régénère grâce à cet immense progrès historique que constitue la disparition de l'exploitation de l'homme par l'homme et l'élimination de la misère, du chômage, du travail épuisant, de l'oppression, de l'inculture. »

Ensuite, ils s'appuient sur de basses manœuvres politiciennes afin d'expliquer de telles campagnes de dénigrement : « Les pires calomnies ont été utilisées dans le secteur de la pratique sportive féminine pour salir les résultats pourtant méritoires de sportives, notamment celles des pays socialistes. Les plus lucides des journalistes ont rapidement détecté la motivation "purement" politique de telles campagnes. »

Enfin, toujours pour notre trio, cela permet aux adversaires de la RDA, spécialement hexagonaux, de ne pas rechercher en profondeur les véritables causes de leurs insuccès chronique : « En fait, ces insinuations qui se renouvellent à l'occasion des grandes compétitions mondiales, témoignent que le sport est devenu un terrain privilégié des attaques anticommunistes. Tout en jetant la suspicion sur les athlètes des pays socialistes, elles essaient de dédouaner le pouvoir en évitant de rechercher les véritables causes des échecs de l'élite française. »

Quelques années plus tard, le président du CIO, Juan Antonio Samaranch, à la tête de l'exécutif du Comité international olympique depuis le 16 juillet 1980 (donc *a priori* parfaitement au courant des dessous des performances athlétiques), a contribué à faciliter efficacement la propagation du dopage en faisant l'éloge de la RDA. En 1988, il honore Erich Honecker président de la RDA : « Pour la clôture des quinzièmes Jeux olympiques d'hiver de Calgary, j'aimerais adresser mes compliments les plus chaleureux pour les résultats vraiment remarquables et extraordinaires des sportifs de votre pays. Ils sont un véritable exemple pour la jeunesse du monde entier et contribuent largement par leur succès et performances à consolider la fraternité, la camaraderie et la paix. »

Malheureusement pour Juan Antonio Samaranch, Guy Hermier, Roland Passevant, Michel Zilbermann et beaucoup d'autres, le 26 août 1993, les autorités allemandes dévoilèrent des documents autant secrets qu'irréfutables, établissant sans ambiguïté que la police secrète d'Allemagne de l'Est, la Stasi, dirigeait et contrôlait tout le processus de la « dope » systématique depuis 1971, et ce jusqu'à la réunification des deux Allemagne en 1990. Certes, la RDA n'avait pas l'exclusive du dopage mais ce qui faisait la différence avec les autres pays, notamment occidentaux, était que l'État en supervisait tous les rouages.

Par ailleurs, sans conteste possible, on ne peut qu'être d'accord avec ce que disait dès le début des années 1980 le recordman de France du lancer du poids, Yves Brouzet : « On parle toujours des pays de l'Est : je voudrais rappeler que ce phénomène du dopage n'est pas propre aux démocraties populaires. Il n'est que de constater les progrès accomplis par des Européens très moyens qui sont allés effectuer leurs études aux États-Unis et qui y accomplissent des prouesses, pour la simple raison que le contrôle antidopage n'existe pas aux USA ! »

Dopage en RDA - Des preuves testimoniales

Bien avant la chute du mur de Berlin le 9 novembre 1989, des transfuges de la République Démocratique Allemande passés à l'Ouest, avaient révélé la généralisation des produits de soutien UM (Unterstuetzende Mittel) à base d'anabolisants.

1977 - Renate Neufeld (RDA) – Spécialiste du 200 m plat

« À 17 ans, je suis entrée à l'Institut des sports de Berlin-Est. Ma spécialité c'est le 80 m haies. Nous avons prêté serment de ne parler à personne des techniques d'entraînement, y compris à nos parents. L'entraînement était très dur, et nous étions très surveillés. Nous signions un registre chaque fois que nous quittions le dortoir et nous devions dire où nous allions et à quelle heure nous allions rentrer. Un jour, mon entraîneur, Günter Clam, m'a conseillé de prendre des pilules pour améliorer mes performances : je courais le 200 m en 24 s. Mon entraîneur m'a dit que les pilules étaient des vitamines, mais j'eus bientôt des crampes dans les jambes, ma voix est devenue rauque, par moments je n'arrivais plus à parler. Puis, j'ai commencé à avoir de la moustache et mes règles se sont arrêtées. J'ai alors refusé de continuer à prendre des pilules. Un matin d'octobre 1977, la police secrète m'a emmenée à 7 heures du matin et m'a interrogée sur mon refus de prendre les pilules prescrites par l'entraîneur. J'ai décidé alors de m'enfuir avec mon fiancé. En décembre 1977, nous sommes passés par la Yougoslavie. » En arrivant en République fédérale, Renate Neufeld a donné ses pilules à examiner au professeur Manfred Donike de l'Institut de recherche sportive de Cologne. « Il s'agit, dit-il, d'anabolisants, d'hormones qui modifient les performances féminines et les rapprochent de celles des hommes. » [Reportage de Bernard Volker (TF1) in *Histoire des Jeux olympiques* de Costelle D. et Berlioux M..- Paris, Larousse, 1980, 238 p. (pp. 173-184)].

1979 - Renate Vogel (RDA) – Spécialiste du 100 m brasse

« Aujourd'hui, quand Renate Vogel Heinrich regarde des photos d'elle durant ses années de compétition, elle dit : "J'en suis malade. Nous n'avions jamais vraiment réalisé de quoi nous avions l'air, parce que les nageuses étaient toujours ensemble. Cela ne m'avait pas frappée jusqu'à ce qu'un jour un vieil ami me dise : Dis donc Renate, tu parles comme un homme et tu as des épaules incroyablement larges."

Renate a eu relativement de la chance. Son poids a chuté de 77 à 65 kilos, bien distribué autour d'une charpente de 1 m 72, et sa voix est revenue à une tonalité normale. Renate a réussi à échapper à un environnement d'entraînement où les stéroïdes anabolisants lui étaient donnés comme le jus d'orange du matin : "On nous les donnait simplement avec les comprimés de vitamines", raconte-t-elle.

Mme Vogel Heinrich n'est pas aussi confiante dans les effets à long terme sur son corps que peuvent avoir les stéroïdes anabolisants pris pendant si longtemps et elle reconnaît ouvertement sa crainte d'avoir des enfants. Soucieuse de son mari, toujours derrière le rideau de fer, elle ne raconte pas volontiers comment elle s'est échappée pour Stuttgart en Allemagne de l'Ouest, à la fin de l'été 1979. Lorsqu'elle est partie, son mari, Volker Heinrich, a été immédiatement arrêté par les Allemands de l'Est. À présent, Renate raconte son histoire sur les camps d'entraînements en Allemagne de l'Est et sur les médicaments, une histoire qui a fait plus que permettre de confondre quelques athlètes qui se dopaient, mais qui a convaincu les autorités sportives que le dopage est une pratique méthodique, couverte, dans les camps d'entraînement subventionnés par l'Etat d'Allemagne de l'Est.

En 1974, Renate Vogel détenait le record du monde féminin du 100 m brasse. Elle était une héroïne nationale, c'est-à-dire qu'elle jouissait des privilèges refusés à la plupart des Est-Allemands : un luxueux appartement, des objets de luxe et des voyages à l'étranger. Ce sont ces voyages à l'étranger qui lui ont ouvert les yeux sur les restrictions intellectuelles du Parti communiste est-allemand. Renate, comme beaucoup de touristes, a pris des photos de son voyage, mais quand elle est rentrée dans son pays, ses clichés ont été censurés. "Ils m'ont laissé montrer mes clichés d'Hiroshima, mais pas de Disneyland ou de Hollywood" constate Renate. Renate a arrêté les médicaments – et forcément son entraînement – mais lorsqu'elle a défié les autorités, elle a perdu un privilège particulier. Elle n'était plus capable de participer au programme mis au point par les médecins spécialisés ce qui, petit à petit, ralentit une athlète qui laissait tomber l'entraînement et ses médicaments. Renate s'est trouvée "en manque", ce qui n'a fait qu'empirer sa santé déjà mauvaise :

"Lorsque je me levais, dit-elle, je perdais souvent conscience. Si je bougeais la tête trop rapidement, je m'évanouissais."

Sa santé, la censure sociale et l'ostracisme dans son pays natal devinrent finalement trop importants et Renate est venue nous faire un récit de première main de ce qu'est un programme d'entraînement sportif en Europe de l'Est où le succès est scrupuleusement planifié comme toute autre production d'une industrie nationalisée. » [Goldman B. et al, *La Mort dans le vestiaire : stéroïdes et sports* (en anglais), Londres, Century Publishing, 1984, 370 p. (pp. 52-53)].

1988 - Hans-Georg Aschenbach (RDA) – Saut à ski

Hans-Georg Aschenbach a commencé par affirmer que les enfants des centres de formation sportive de RDA suivaient des traitements aux stéroïdes anabolisants. Il précise que les apprentis champions de RDA reçoivent trois pilules, jaune, rouge et bleue à chaque repas : « La jaune contient de la vitamine C, la rouge un mélange de plusieurs vitamines, la bleue de la nandrolone. Ce produit est un stéroïde anabolisant interdit que les athlètes de RDA prennent pour atteindre le niveau mondial. Les enfants sont dopés sans qu'eux-mêmes ou leurs parents le sachent. » précise-t-il.

L'ancien champion olympique affirme qu'il a été pour sa part contraint de prendre des stéroïdes pendant toute sa carrière et que tous les autres champions est-allemands sont dans le même cas. Aschenbach a poursuivi son réquisitoire contre les autorités sportives de son pays en les accusant d'avoir brisé la vie de centaines de jeunes espoirs.

« Pour un champion olympique, il y a au moins 350 invalides, a-t-il affirmé. Il y a des gymnastes chez les filles qui ont été contraintes de porter des corsets dès dix-huit ans tant on a usé leur colonne vertébrale et leurs ligaments (...) Il y a aussi des jeunes gens tellement usés par l'entraînement intensif qu'ils en sont lessivés mentalement, ce qui est encore plus douloureux qu'une colonne déformée. » [*Le Figaro,* 19 janvier 1989].

DES PERFORMANCES

165

DOPAGE - L'IMPOSTURE

Références

1. *Droit de réponse : La tête et les jambes,* TF1, 12 juin 1982.
2. Hermier G., Passevant R. et Zilbermann M., *Le Sport en questions,* Paris, Éditions Sociales, 1976, 188 p. (p. 27).
3. Discours paru dans *Neues Deutschland* (mars 1988) et cité dans *Mes Dossiers secrets* de Katarina Witt. – Paris, éd. AJ, 1994, 250 p. (pp. 236-237).
4. *L'Équipe,* 12 juin 1980.

« Les sportifs sont des fous furieux qui se dopent même avec des produits vétérinaires... »

Souvent, pour stigmatiser « la bêtise des sportifs qui se dopent », on nous sert le couplet sur les risques spécifiques liés aux produits vétérinaires.

L'hebdo *IL*, le supplément de *ELLE*, numéro spécial sur le sport, dans un article sur les dangers du dopage ne déroge pas à la règle :

« Pour fabriquer du muscle à toute allure, tous les produits sont bons, même les pires comme les produits vétérinaires (hormones de croissance, anabolisants). »

Il faut rappeler aux chroniqueurs de la chose du dopage que la seule différence entre un médicament humain et une drogue à usage vétérinaire concerne principalement la dose ! La posologie entre une souris et un éléphant n'est évidemment pas semblable ; de même que celle d'un chat par rapport à un haltérophile poids lourd. Et, bien sûr, il arrive que les dopés amateurs d'engrais musculaires piochent, sans retenue, dans la pharmacie vétérinaire pour récupérer plus facilement leurs anabolisants, la réglementation des médicaments du monde animal étant beaucoup plus souple. Arrêtons de diaboliser les produits vétérinaires en les assimilant à de l'arsenic ou du cyanure.

Références

1. BIGO A., « Danger dopage », *Il,* supplément au magazine *Elle,* 1997, n° 207, 6 octobre, pp. 28-29.

« Il ne faut pas faire l'amalgame entre drogue et dopage... »

« Drogue et dopage », blanc bonnet et bonnet blanc!

Le « voyage » que propose ce court éclairage sur la chimie des vestiaires évoque un terme en vogue chez les toxicomanes. Ce n'est pas un simple hasard de plume. Il existe beaucoup de points communs entre dopage et drogue, à commencer par l'utilisation de produits identiques et par des risques de dépendance qui facilitent le passage d'un genre à l'autre. Ce n'est pas tout. La drogue, elle aussi, s'est contentée au début de provoquer des remous isolés à la surface de l'actualité avant de se fondre dans toutes les couches de la société. Qui aurait parié, il y a quelques années, que son usage deviendrait tristement banal aujourd'hui, jusque dans les cours de lycées? Voilà un premier thème de réflexion pour ceux qui sont tentés de minimiser le risque de dopage par les drogues. Pour bien comprendre ce danger, il ne faut pas se contenter de regarder midi à sa porte. Le dopage a des racines historiques dont les ressorts secrets ne sont pas propres au sport. C'est un phénomène de société.

Souvent, il est avancé par un président de fédération qu'en raison de la précision du geste imposé par son sport, le stimulant ne peut être qu'inefficace. C'est parfaitement méconnaître l'action de certains dopants comme, par exemple, la cocaïne, qui suivant la dose, ajuste les réflexes et augmente la clairvoyance. Certains, et même des médecins, ce qui est plus grave, tentent de faire accréditer l'idée que la cocaïne et les amphétamines n'ont rien à voir avec les performances ni avec l'éthique sportives. Ainsi peut-on lire dans la presse médico-sportive : « C'est un choix discutable dans la mesure où il apparaît bien difficile d'établir un rapport entre l'absorption de drogue et l'exploit sportif. »

En dehors de la presse et des médecins attachés au milieu sportif, certains athlètes nient également la présence de la drogue dans les vestiaires. On peut mettre en parallèle l'opinion du joueur de tennis qui va suivre au cas du double vainqueur du Tour de France (1975-1977), Bernard Thévenet. En effet, quelques jours avant de se faire prendre à un test de dopage, le champion français avait affirmé dans un quotidien du soir : « Je ne me suis jamais dopé, cela ne sert à rien. » Ce cas positif avait entraîné de la part du champion des révélations sur l'utilisation de la cortisone par les coureurs; des remous avaient agité le milieu cycliste pendant plusieurs mois avec pour seule conséquence la mise à l'écart du délateur.

Tout comme l'ancien maillot jaune, l'un des meilleurs tennismen français du milieu des années 1980, mettait le public sur une fausse piste en déclarant que la drogue est une arme à rebours qui ne peut avoir sa place sur un court : « Je ne comprends pas qu'on fasse tant de bruit autour de la drogue dans le tennis, car on ne peut rien prouver. Quelqu'un qui se drogue ne peut pas faire une carrière de professionnel. Im-po-ssi-ble. Mais regarde donc un drogué dans la rue : comment veux-tu qu'il bouge sur un terrain? Il ne peut même pas lever les bras. Qu'on puisse imaginer une seconde qu'un type joue bien parce qu'il prend de la coke, ça me fait mourir de rire (...) La drogue, ça tue un individu, ça ne peut pas l'aider à bien jouer. Prendre de la drogue, c'est chercher à fuir quelque chose, c'est fait pour rêver. Sa fonction n'est pas de faire faire mieux quelque chose à celui qui en prend... »

L'argument du drogué incapable de se remuer sur un court est loin d'être décisif surtout si on établit le parallèle avec un sportif « imbibé d'alcool ». En effet, après avoir absorbé une bouteille de whisky, il semble peu probable qu'un athlète puisse se déplacer dans la bonne direction. Or, l'alcool est néanmoins interdit aux JO dans les spécialités sportives telles que le tir, l'escrime, le pentathlon moderne où il s'est avéré que la stabilité émotionnelle pouvait être parfaitement améliorée en buvant « un petit coup ». Plus que jamais, on peut affirmer que l'important c'est la dose.

D'autre part, réserver la cocaïne uniquement aux non-sportifs, c'est faire preuve d'une méconnaissance totale de ses premières utilisations. En effet, si l'on en croit les historiens, dès le XVe siècle, les effets de la feuille de coca (cocaïne) sur l'aptitude du corps humain à accomplir des tâches difficiles avaient été signalés en Amérique du Sud : 30 à 50 feuilles de coca donnaient à un Indien les forces nécessaires pour marcher toute une journée sans temps mort et sans besoin d'aliments : « Tout un peuple, dit Beugnier-Corbeau, voyait dans la plante l'Esprit du Bien et l'entourait d'une vénération superstitieuse. Elle était une promesse de vie pour le moribond qui pouvait en boire la sève, un viatique incomparable pour le voyageur dont elle trompait la faim, un cordial pour réchauffer les sens engourdis par le froid des neiges ou des glaces. » Cette citation est extraite d'une revue de thérapeutique publiée en... 1884. Quelques années plus tard, avec l'organisation des six jours cyclistes, la coco devient le stimulant de base de l'« Écureuil » (surnom des coureurs des six jours). En effet, le Dr Max Novich rapporte dans la revue *Abbotempo* que « les entraîneurs donnaient souvent à leurs poulains de la cocaïne qui était la plus largement utilisée comme stimulant par les cyclistes professionnels, mais son efficacité dépendait du dosage et de la façon dont elle était administrée... »

L'absorption de ce dopant fait toujours partie en 2000 du soutien médicamenteux de l'athlète d'élite ou même de calibre inférieur. « Normal qu'ils se laissent tenter, explique le Dr Jo Mulé, le directeur des services antidopage de l'État de New York, la coke déclenche et stimule l'agressivité. Un athlète qui en prend avant un effort sent sur le moment ses forces décuplées. » Cet effet hypervitalisant est parfaitement connu des sportifs de compétition. Ainsi, le témoignage de Dale Berra, vedette du baseball US des années 1980 en apporte la preuve : « Chaque fois que j'en prenais, je me sentais euphorique, mes sens étaient aiguisés. Je me sentais invincible. C'était comme une clé de contact pour le match. » Deux autres arguments parfaitement significatifs plaident sans détour en faveur de l'amalgame performant drogue-dopage.

En 1927, R. Vettes, de Toulouse, dans sa thèse vétérinaire *Le doping*, rapporte que l'héroïne est le plus actif et le plus courant des produits utilisés pour stimuler un cheval. On peut donc affirmer que l'animal de course ne peut s'injecter sciemment ce stupéfiant afin que les hippodromes de Longchamp ou de Vincennes, par la magie du « voyage », deviennent des prairies paradisiaques où il fait bon gambader sur l'herbe. D'autre part, alors que dès la première liste rouge établie en 1966, les amphétamines figuraient en tête des produits interdits dans le cadre des compétitions sportives humaines, en 1971, la Commission médicale du Comité international olympique, consciente de l'amalgame « came-charge », inscrivait à leur tour cocaïne et héroïne. De même, vouloir réserver les amphétamines aux seuls drogués c'est ignorer tout du sport de haut niveau.

Drogues et substances dopantes : un amalgame parfaitement fondé Effets favorables recherchés par les sportifs et leur entourage médico-technique	
ALCOOL	– Majoration de la force musculaire (« donner des forces et du cœur à l'ouvrage ») – Suppression des effets perturbateurs de l'anxiété liée à la compétition (antistress) – Augmentation de la confiance en soi (« vaincre la trouille ») – Stimulation de la circulation sanguine – Prévention des crampes – Induction d'un sommeil réparateur (bière) facilitant une récupération accélérée – Réchauffement du corps par temps froid
AMPHÉTAMINES	– Excitation du système nerveux central – Stimulation de l'éveil – Renforcement de la confiance en soi – Augmentation de la volonté – Diminution de la sensation de fatigue – Suppression de la fringale – Exacerbation des réflexes en descente (cyclisme) – Réduction du temps de réaction (sprint)
CANNABIS (marijuana, haschisch)	– Euphorie accompagnée d'excitation motrice avec une plus grande vivacité dans la perception des sensations visuelles et auditives – Augmentation de l'agressivité et de la confiance en soi – Stimulation de l'imagination et suppression de l'inhibition, telle que la peur de l'échec peut l'engendrer – Atténuation de l'émotivité, de l'anxiété, de la nervosité et de la crispation; quatre contraintes pouvant perturber l'optimisation de la gestuelle sportive
COCAÏNE	– Accentuation de l'activité cérébrale : percevoir mieux et plus vite – Exaltation de la vigilance et de la mémoire – Stimulation de l'humeur – Ajustement des réflexes – Clairvoyance – Sensation de forces décuplées, d'invincibilité – Tous ces « avantages » sont obtenus pour une durée de 20 à 40 minutes après avoir reniflé une dose de cocaïne – Témoignage du Dr Claude Olievenstein, spécialiste de la drogue : « La cocaïne a un effet excitant et défatigant. Lorsque l'intoxication n'est pas dans sa phase avancée, elle donne des réflexes mieux ajustés. Elle procure une euphorie qui se double d'un sentiment de toute puissance et d'invulnérabilité. Elle augmente la clairvoyance. En cela, ses effets sont assez comparables à ceux des amphétamines. » [*L'Équipe*, 08 juillet 1980]
HÉROÏNE, MORPHINE	– Limitation des douleurs lombaires dans certaines épreuves particulièrement difficiles telles qu'étapes de montagne et contre la montre (cyclisme) – Atténuation de la perception des difficultés de l'effort – Modération des effets secondaires des amphétamines – Jouer malgré une blessure sérieuse de l'appareil locomoteur (pression de l'enjeu et de l'environnement sportif : entraîneur, coach, sponsor...) – Mieux encaisser les coups (boxe) – Recevoir un « dernier coup de fouet » pour émerger dans le final de l'épreuve, le produit étant injecté en course par le cycliste lui-même

	– Combattre les effets douloureux de la nature (règles) – Effets spécifiques pour chaque narcotique : • euphorisant (héroïne, morphine) • antalgique (morphine) • excitant (morphine par voie sous-cutanée)
NICOTINE (tabac)	– Inhibition de la sensation de faim (effet recherché par les athlètes dans les spécialités sportives à catégories de poids) – Production accrue d'hormone antidiurétique (conservation du capital hydrique et camouflage d'autres dopants par retard de l'élimination rénale du produit) – Léger accroissement de la fréquence cardiaque et une élévation discrète de la pression artérielle (mise en action) – Stimulation du métabolisme des acides gras (épargne du super-carburant ou glycogène) – Amélioration du niveau de vigilance. Effet dû à une double action sur le système nerveux : excitante par stimulation de la sécrétion de noradrénaline et apaisante par stimulation de la sécrétion de sérotonine. Au total, stimulation et apaisement de l'intellect – Exaltation de l'humeur (injectée par voie veineuse à haute dose serait 5 à 10 fois plus euphorisante que la même quantité de cocaïne) – Accroît la vivacité et rend plus alerte – Rapidité de l'effet nicotine : le tabac agit plus vite que n'importe quelle drogue prise par injection – À chaque bouffée, un quart de la nicotine inhalée atteint le cerveau en 7 secondes (14 secondes pour l'héroïne) – Améliore la réponse au stress : meilleure concentration et aide à la détente

« Tom Simpson n'est pas mort du dopage mais d'un collapsus... »

De nombreux sportifs sont morts avant lui. D'autres mourront après. Mais l'Anglais Tom Simpson continue d'incarner la victime du dopage. C'est sans doute pourquoi sa mort a fait l'objet de si nombreuses tentatives de détournements.

Il y a trente-trois ans, le Britannique Tom Simpson disparaissait le 13 juillet 1967 sur les pentes surchauffées du Ventoux. Cette fin tragique attribuée aux stimulants déclencha la guerre contre le dopage. Pourtant, certains témoins nient toujours l'implication du survoltage artificiel dans la survenue du collapsus cardiaque fatal. À la suite de l'autopsie, l'ensemble des experts et des médecins sont tombés d'accord pour confirmer que les amphétamines avaient joué un rôle certain dans son décès. Malgré ce consensus, un quarteron d'opposants, Jacques Anquetil, Robert Chapatte, Raphaël Geminiani et le docteur Philippe Decourt, écartent sans nuance la responsabilité des stimulants.

Jacques Anquetil, champion parmi les champions, a largement contribué à fausser l'information sur le dopage et en particulier sur les circonstances de la mort du coureur britannique. Dans *L'Équipe* (12 juillet 1979), répondant à la question d'un lecteur, il déclare : « Autant que je sache, il (Simpson) est mort d'un collapsus cardiaque qui n'a pas été provoqué par l'usage des amphétamines. »

Il raconte à Marcel Jullian, dans *Le Figaro* du 30 juillet 1980, que Simpson « serait mort d'une piqûre qu'on ne lui a pas faite et qui l'aurait sauvé ». Il précise : « Le vrai, c'est qu'on avait interdit la présence de drogue sur le Tour. Même les médecins de service s'étaient abstenus d'en emporter dans leur trousse. (...) Je dis que c'est de la non-assistance à personne en danger et que c'est une honte. Que le serment d'Hippocrate doit passer avant le règlement. Un médecin doit avoir sur lui tout ce qui peut sauver une vie, même si, en d'autres circonstances, le produit administré peut être dangereux ou toxique. »

Cet effarant récit se passe de commentaires. Notons simplement qu'Anquetil en profite pour glisser au passage le sempiternel couplet sur « le produit dangereux » qui peut « sauver une vie ». En clair : un produit jugé dangereux dans des circonstances normales ne l'est pas si c'est un coureur cycliste qui l'utilise dans l'exercice de ses fonctions.

Robert Chapatte, l'ex-patron du service des sports d'A2 et ancien coureur du Tour de France (1948-1949-1950), dans un livre autobiographique *Quand claquent les portes* [1], apporte une contribution efficace pour fausser l'information en faisant passer l'amitié avant la réalité des faits : « Pour ma part de vie publique (1960-1968), cette période a été marquée par un drame comme il en arrive peu dans le monde sportif. Celui-là, la mort en course de Tom Simpson, m'a peiné plus particulièrement à cause des liens amicaux que j'entretenais avec le coureur anglais. En outre, il mérite d'être rappelé en raison des réactions parfois outrancières et des explications fausses qui ont été données du drame... On avait, disait-on, trouvé des cachets dans les poches de Tom et l'autopsie aurait révélé des traces d'amphétamines dans son organisme. Les coureurs apprenant ces rumeurs manifestèrent eux aussi leur indignation. Selon les médecins, dont Félix Lévitan se fit l'interprète, Tom était mort d'une insolation, apparemment. En fait, l'enquête sur les causes du décès conclut à un collapsus cardiaque, conséquence d'un trop grand épuisement. Je l'appris de la bouche même du juge d'instruction chargé de l'affaire, qui n'était autre que le beau-frère de Roger Couderc. Si j'ai parlé aussi longuement de cette tragédie du Tour de France 1967, c'est qu'elle appelait une mise au point définitive sur l'emploi de stimulants pour certains sportifs. Les questions à ce sujet, ô combien délicat, ont commencé à fuser (bien timidement) au début des années soixante. En ce qui concerne Tom Simpson, on a vu que c'était non ! ».

Comme Jacques Anquetil, Robert Chapatte occulte totalement le rôle joué par les amphétamines, mais aussi celui de l'insolation (sic). Un exemple pris dans la vie de tout un chacun va permettre de mieux comprendre la technique de la désinformation utilisée par l'auteur de *Quand claquent les portes*. Il est admis qu'un pourcentage considérable d'accidents de voiture est dû à l'alcool. Un conducteur sous l'emprise de boissons œnoliques n'est plus maître de ses réflexes et lors d'une manœuvre à vitesse élevée va perdre le contrôle de sa voiture. Si la malchance s'en mêle, il percutera un arbre ou tout autre obstacle et y laissera la vie. Une analyse sommaire des événements établira qu'on n'a jamais relevé de cas de mort dus à l'alcool au volant. C'est le platane qui tue, c'est la voiture qui vient en face et non l'alcool que le chauffeur a dans le sang. De même, ce n'est pas l'amphétamine qui tue directement mais la conjonction de plusieurs facteurs : chaleur, difficulté de la tâche, déshydratation, alcool (cognac pour Simpson) et... amphétamine. Cette dernière va faciliter le dépassement de soi-même et son corollaire, l'épuisement de la circulation sanguine (collapsus) et si l'arrêt de l'effort n'intervient pas dans un bref délai, la mort de l'athlète. De même dans le cas de l'alcool, d'autres facteurs favorisent l'accident : la vitesse, l'état de la route (verglas, gravillons), la visibilité, la fatigue etc. Mais en définitive, si le conducteur avait été à jeun, et par conséquent maître de ses réflexes, il aurait négocié la difficulté en douceur et évité la collision mortelle.

Raphaël Geminiani, coureur de bon niveau, spécialiste en revitalisants (« Tous les coureurs de ma génération se dopaient ») s'autorise grâce à ses « connaissances médicales » acquises sur la selle d'un vélo, à porter un jugement sur les compétences d'un médecin :

« C'est Pierre Dumas qui a fait mourir Simpson, vous pouvez l'écrire car la femme de Simpson lui a fait un procès. Les assurances en cas de mort pour dopage auraient considéré Simpson comme suicidaire et se seraient refusées à payer. Or, Madame Simpson a bel et bien gagné son procès. Car Simpson est mort d'un collapsus cardiaque, ce qui peut arriver à n'importe lequel d'entre nous. Dans ce cas, que faut-il faire : immobiliser le malade, maintenir sa tête en bas pour irriguer le cœur et lui injecter de l'adrénaline ou du Maxiton® fort pour réanimer le cœur. Et qu'a fait Dumas ? Il suffit de regarder les photos du drame, elles ne manquent pas. Eh bien Dumas a posé Simpson sur un tas de cailloux la tête en haut. Il a sorti le masque à oxygène, on se demande bien pourquoi et au lieu de l'immobiliser l'a fait transporter par hélicoptère dans un hôpital de Carcassonne [NDLA en réalité Avignon]. Il est démontré, par le docteur Philippe Decourt qui a dénoncé publiquement sans être inquiété, que Tom Simpson est mort par la carence du docteur du Tour. » [2]

Dr Philippe Miserez : « Géminiani a tout faux »

Médecin chef du Tour de France de 1972 à 1981, le Dr Miserez a réagi vigoureusement aux déclarations de Raphaël Géminiani publiées dans *L'Équipe* du 21 juillet 1988 : « J'aime bien Gem, mais ce qu'il raconte est insensé ! Tout est faux, archi-faux, le pire est qu'il le sait lui-même, j'en suis persuadé. Il fait notamment preuve d'une amnésie sélective étonnante. Quand il dit que Tom Simpson est mort d'un collapsus cardiaque, c'est évidemment vrai, mais ce collapsus a été rendu irréversible par la prise de produits dopants. Il accuse le docteur Dumas à propos de Simpson, le traitant même d'assassin ce qui est monstrueux. S'il y a eu un assassin dans l'affaire Simpson, c'est le directeur sportif du Britannique qui aurait dû stopper son coureur avant qu'il ne soit trop tard. Si des accidents se produisent au Ventoux, il y a deux raisons : climatique (en raison de la chaleur qui y règne, du manque d'abri) et médicamenteux, lorsqu'une prise d'amphétamines se révèle désastreuse précisément avec l'effet de la chaleur, qui amplifie considérablement les effets. Dois-je enfin rappeler à Gem qu'à son époque les coureurs se piquaient en course au vu et au su de tout le monde et qu'heureusement cela n'existe plus ? Le docteur Dumas a été à l'origine de la lutte antidopage et de la loi antidopage, il ne faut pas l'oublier, comme le fait Géminiani en éludant le problème du dopage avec une évidente mauvaise foi. » [*L'Équipe*, 22 juillet 1988].

Dans *L'Équipe* du 21 juillet 1988, le Grand Fusil ajoute : « J'avais traité le Dr Dumas d'assassin parce que le Dr Decourt l'avait précédemment déclaré. Le médecin chef du Tour de France s'est d'ailleurs toujours refusé à nous faire un procès. »

En effet, ce praticien, quelques jours après la mort de Simpson survenue le 13 juillet 1967, accusa par voie de presse les médecins du Tour [4] :

« L'amphétamine n'a pu causer la mort de Tom Simpson. Ce dernier n'a pas reçu les soins appropriés à son état. Le 12 septembre prochain, il y aura 2 457 ans que le soldat de Marathon courut annoncer à Athènes que la victoire était assurée et aussitôt après son arrivée, s'écroula et mourut. Il avait fait une longue course, trop rapide, à travers la montagne, dans des conditions climatiques qui, le 12 septembre en Grèce, étaient sensiblement les mêmes que celles subies par Tom Simpson le jour de sa mort. Comme lui, le soldat de Marathon mourut d'un collapsus. Mais on peut être certain qu'il y a 2 457 ans Pheidippides n'est pas mort pour avoir pris des amphétamines. »

Cet acharnement à vouloir prétendre que les amphétamines sont inoffensives semble surprenant lorsqu'on sait que plusieurs publications scientifiques décrivent des cas de mort par abus d'amphétamines [4, 5, 6, 7, 8]. On aura moins de mal à comprendre si l'on sait que le Dr Decourt fut le conseiller scientifique médical du groupe pharmaceutique Specia-Rhône-Poulenc et qu'à ce titre il fit préparer la première amphétamine européenne à laquelle il donna le nom d'Ortédrine®. C'est donc en avocat intéressé qui défend son enfant que le « metteur au point » de l'Ortédrine® écrit : « La première chose qu'il faut savoir est que l'amphétamine est un médicament remarquablement peu toxique. Je ne connais aucun cas d'une mort qui puisse lui être attribuée chez l'homme » [3].

Apparemment, si l'on en croit le rapport d'autopsie effectué à Avignon après la tragédie du Ventoux, les risques encourus par l'étudiant pour « forcer » son cerveau à accumuler les connaissances livresques n'ont rien à voir avec le « menu » d'un athlète contraint d'escalader en pleine fournaise un col de 21,5 km avec une pente moyenne de 7,5 % et culminant à 1 909 m, le tout arrosé de cognac.

En effet, les conclusions des scientifiques ne laissent planer aucun doute sur la participation des amphétamines dans le décès du coureur britannique :

« Les experts commis dans l'information ouverte pour rechercher les causes de la mort du coureur cycliste Tom Simpson ont déposé le rapport de leurs conclusions, il résulte que le décès survenu au cours d'une épreuve cycliste d'endurance est dû à un collapsus cardiaque imputable à un syndrome d'épuisement dans l'installation duquel ont pu jouer certaines conditions atmosphériques défavorables (chaleur, anoxémie, humidité de l'air), un surmenage intense, l'usage de médicaments du type de ceux découverts sur la victime qui sont des substances dangereuses... »

La majorité des médecins qualifiés en médecine de l'effort font référence aux conclusions des médecins légistes d'Avignon. Par exemple, le Dr Gabe Mirkin [9] – médecin du sport américain – dans un livre de conseils, met en garde les adeptes des stimulants en s'appuyant sur le cas du martyr du Ventoux : « Le coureur cycliste britannique Tom Simpson a succombé, après avoir pris des amphétamines, durant le Tour de France 1967. C'est parce que de nombreux cyclistes s'administrent quotidiennement des amphétamines pendant des courses qui peuvent durer jusqu'à vingt et un jours que ce sport compte le plus de décès imputables aux amphétamines. (...) Je n'ai utilisé d'amphétamines qu'une seule fois et j'ai failli en perdre la vie. Je tiens à rappeler à tous les sportifs et surtout à ceux qui veulent se surpasser que les amphétamines n'ouvrent pas le chemin du succès, mais bien celui de la destruction. »

De son côté, l'un de ses confrères autrichiens, le Dr Ludwig Prokop [10] – membre de la Commission médicale du CIO – dans une brochure éditée par l'organisme olympique, décrit : « Le cas du coureur cycliste anglais Tom Simpson qui perdit conscience lors du Tour de France. Il avait pris de l'amphétamine, la fatigue et le soleil lui donnèrent le coup de grâce : il mourut... ». Pour Prokop, ce décès dû aux amphétamines a joué : « un rôle décisif dans la bataille du dopage qui sera combattu de plus en plus énergiquement. »

En France, le Dr René Guillet [11], auteur du manuel *Médecine du Sport* destiné à tous les praticiens de l'activité physique, s'appuie sur le cas du cycliste britannique pour distinguer les déterminants exogènes de l'hyperthermie : « De nombreux facteurs potentialisent l'action des amphétamines et en aggravent encore le danger. Ainsi a-t-on accusé la chaleur, lors de la mort de Tom Simpson en 1967 sur les pentes du mont Ventoux. En effet, les amphétamines en augmentant d'elles-mêmes la température corporelle, conjuguées à l'effort intensif et à la chaleur ambiante, ont provoqué le dépassement de la thermorégulation de l'organisme. »

Même les Anglais, en la personne de Peter Coe [12] – ancien cycliste, entraîneur d'athlétisme et père de Sebastian Coe champion olympique du 1 500 mètres – attribuent aux stimulants la responsabilité du décès de leur compatriote : « J'ai toujours refusé une solution non naturelle. La stabilité de Sebastian le prouve. La mort de Tom Simpson, notre cycliste, a suffisamment prouvé que ce genre de solution est une course sans fin vers le néant. »

Communiqués officiels

1. 13 juillet 1967 – Communiqué officiel du Dr Pierre Dumas – Carpentras – « Le coureur Tom Simpson, tombé sur la route deux km avant le sommet du Ventoux et relevé dans le coma, a été immédiatement traité par les membres du service médical du Tour, qui ont usé de toutes les techniques de réanimation.

Après une légère amélioration, le coureur Tom Simpson a été transporté par l'hélicoptère de la gendarmerie sur le centre hospitalier d'Avignon. La réanimation s'est poursuivie à bord sous la responsabilité du docteur Macorigh. À l'arrivée à l'hôpital d'Avignon, Tom Simpson était en état de mort apparente.

Les services spécialisés de l'hôpital ont poursuivi sans succès la réanimation.

Tom Simpson est décédé à 17 h 40.

Les médecins concernés ont décidé de refuser le permis d'inhumer. »

Signé : Docteur Dumas, médecin du Tour de France

2. 14 juillet 1967 – Information ouverte pour mort suspecte – « Sète - L'autopsie du corps de Tom Simpson a commencé à 15 h 30. Elle s'est achevée à 18 h 10. Elle a été effectuée par le professeur Vulliet, du laboratoire de Marseille, assisté du docteur Ouadi, interne à l'hôpital d'Avignon, et du docteur Aubignat, chef de laboratoire de l'hôpital d'Avignon, et en présence du juge d'instruction Leperlier, du substitut du procureur de la République, M. Magnier, du commissaire central Charbinat et de l'officier de police Sicard. Les gendarmes ont remis deux tubes de médicaments trouvés à proximité du corps de Tom Simpson au moment de sa chute.

Les viscères du coureur britannique ont été prélevés et envoyés à Marseille où ils seront examinés par les spécialistes du laboratoire régional de police scientifique. Le professeur Vulliet s'est refusé à toute déclaration sur les constatations qu'il a déjà faites.

De même M. Magnier s'est borné à déclarer que le permis d'inhumer avait maintenant été délivré et à préciser que l'information judiciaire pour mort suspecte avait été confiée à M. Leperlier, juge d'instruction auprès du parquet d'Avignon. » [*L'Équipe,* 15 et 16 juillet 1967]

3. 14 juillet 1967 – Communiqué des organisateurs – « La direction du Tour de France, profondément bouleversée par la tragédie du mont Ventoux, remercie tous les journalistes de s'être profondément associés au deuil cruel qui nous atteint.

Elle porte à leur connaissance les faits suivants, consécutifs au décès de Tom Simpson et dont la plupart se sont déroulés au cours de la nuit après le communiqué du docteur Dumas concluant au refus du permis d'inhumer :

1. Le Parquet d'Avignon a été saisi immédiatement.
2. L'ouverture de l'enquête a été confiée au commissaire central d'Avignon.
3. Ce dernier, sur instruction du Parquet, a entendu dans la nuit les témoins des faits, à savoir les docteurs Pierre Dumas et Ferrucio Macorigh, médecins du Tour de France, les infirmières du Tour de France, les deux gendarmes de l'escadron de la garde présents sur les lieux au moment de la défaillance de Simpson, le commissaire de police attaché au Tour de France, le directeur technique et les soigneurs de l'équipe de Grande Bretagne.
4. Un médecin légiste a été requis pour pratiquer l'autopsie.
5. Des prélèvements d'urine et de sang ont déjà été effectués.
6. Des tubes de médicaments trouvés sur Tom Simpson ont été placés sous scellés par les enquêteurs.

L'enquête suit son cours. Par ailleurs, le docteur Dumas, médecin chef du Tour de France, a tenu à rappeler ce matin encore que le service médical du Tour de France ne préjugeait en rien, considérant simplement qu'il était anormal qu'un athlète jeune, physiquement bien préparé, décède à l'occasion d'une compétition sportive, ce qui l'avait amené à refuser de signer le permis d'inhumer. »

[*L'Équipe,* 15 et 17 juillet 1967]

4. 03 août1967 – Rapport d'autopsie du Pr Vulliet – « Nîmes - Hier matin, le professeur Vulliet, de Marseille, qui avait procédé à l'autopsie de Tom Simpson décédé dans le Ventoux lors du Tour de France, a déposé son rapport auprès du juge d'instruction du Parquet d'Avignon. Celui-ci avait aussitôt transmis les conclusions de ce rapport au procureur général, à Nîmes, chargé lui-même de les transmettre à la Chancellerie. M. Cambedezedou, substitut général du procureur de la République, a obtenu l'autorisation de la Chancellerie de divulguer les conclusions de l'expert, conclusions qui ont été affichées hier après-midi au Parquet d'Avignon. Voici ces conclusions :

"En vertu des dispositions de l'article C. 24 du Code de Procédure pénal, les experts commis dans l'information ouverte pour rechercher les causes de la mort de Tom Simpson ont déposé leurs rapports. De leurs conclusions, il résulte que le décès survenu au cours d'une épreuve cycliste d'endurance (le Tour de France) est dû à un collapsus cardiaque imputable à un syndrome d'épuisement dans l'installation duquel ont pu jouer certaines conditions atmosphériques défavorables (chaleur, anoxémie, humidité de l'air), un surmenage intense, l'usage de médicaments du type de ceux découverts sur la victime qui sont des substances dangereuses.

À cet égard, les experts toxicologues confirment qu'il a été décelé dans le sang, les urines, le contenu gastrique et les viscères du défunt, une certaine quantité d'amphétamine et de méthylamphétamine, substances qui entrent dans la composition des produits pharmaceutiques retrouvés dans les vêtements de Simpson au moment même de sa défaillance dans la côte du mont Ventoux."

Les mêmes experts précisent que la dose d'amphétamine absorbée par Simpson n'a pu, à elle seule, déterminer sa mort; qu'elle a pu, par contre, l'entraîner à dépasser la limite de ses forces et, par là-même, favoriser l'apparition de certains troubles liés à son épuisement.

Ce rapport a été fait à Avignon, le 3 août, par le procureur de la République, M. Palavesin. » [*L'Équipe,* 4 août 1967]

Des amphets inoffensives

Malgré l'accumulation de publications scientifiques documentées sur les effets délétères des amphétamines et, tout dernièrement, sur les complications de fibrose artérielle pulmonaire, on trouve dans le milieu sportif – notamment cycliste – tout un peloton de consommateurs ou de prescripteurs vantant avec enthousiasme les effets anodins au plan santé de ces stimulants du système nerveux central.

- **Jacques Anquetil (FRA),** cycliste professionnel de 1959 à 1963. Le quintuple vainqueur du Tour, lors de l'escale à Auxerre du Tour de France 1979, s'adresse aux responsables de la loi antidopage : « En interdisant les amphétamines, vous avez détruit une génération de coureurs ! »
- **Jean Dotto (FRA),** cycliste professionnel de 1951 à 1963 : « Jadis, nous prenions des amphétamines mais pas à longueur d'année. Ça ne permettait pas de gagner et ce n'était pas très dangereux. » [*Vélo Star,* 1998, 55, n° 327, décembre, p. 7].
- **Pierre Everaert (FRA),** cycliste professionnel de 1957 à 1966 : « Je ne jurerais pas ne pas avoir pris quelques potions amphétaminées, mais elles m'ont apparemment laissé en excellente santé. » [*Vélo,* 1979, n° 127, février, p. 9].
- **Dr Robert Jeudon (FRA) :** « Mais nous disposons aujourd'hui de toute une série de corps appartenant à la série des "amphétamines" qui, employées aux doses convenables, soit 5 à 30 milligrammes par heure et par voie buccale, ont un minimum négligeable de toxicité et qui stimulent incontestablement la cellule nerveuse, que celle-ci ait à fournir une performance physique ou un effort intellectuel tel qu'un examen ou un concours. » [*Le Cycliste,* 1956, n° 4, avril, p. 103].
- **Dr Vittorio Lincei (ITA),** ancien responsable de la sélection amateurs de la Fédération italienne : « Les stimulants sont utiles, surtout l'amphétamine, et le seul problème important était celui des doses ! » [*L'Équipe,* 10 novembre 1967].
- **Maurice de Muer (FRA),** directeur sportif de l'équipe Peugeot : « On vit dans l'hypocrisie. Tout le monde sait bien que les amphétamines sont moins dangereuses que les corticoïdes. Pourtant, on continue à rechercher les amphétamines. On fait tout pour faire plonger les gars. Dans les autres fédérations, on défend les sportifs. Là, avant on voyait des coureurs affûtés maintenant, ils sont soufflés. » [*L'Équipe,* 19 juillet 1980].
- **Luis Ocaña (ESP),** coureur cycliste professionnel de 1967 à 1977 « Depuis la mise en place des contrôles médicaux, il faut bien dire que la situation ne s'est pas améliorée. C'était dix fois mieux, mille fois mieux de prendre des amphétamines, c'était infiniment moins dangereux. Les abus de cortisone sont graves, très graves. » [*L'Équipe,* 17 juillet 1984].
- **Dr Jacques Thiebault (FRA),** ministère de la Jeunesse et des Sports : « L'amphétamine est un produit excellent qu'il ne faut surtout pas supprimer de la pharmacopée. » [*Europe n° 1,* 28 septembre 1967].

Références

1. Chapatte R., *Quand claquent les portes* (propos recueillis par J.-M. Pinçon), Paris, Laffont, 1987, 222 p. (pp. 125-130).

2. Brunel Ph., « Raphaël Géminiani : "Tapie, c'est Attila !" », *Vélo,* 1984, n° 193, octobre, pp. 52-55 (p. 54).

3. Decourt Ph., « Tom Simpson devait-il mourir ? », *Le Populaire du Centre,* 12 août 1967.

4. Benoit P., *Accidents et intoxications provoquées par les amphétamines,* Thèse Méd., Paris, 1956, n° 663 (Pdt J. Delay).

5. Boncour R. *et al,* « La mort d'un cycliste ou le drame du doping », *Concours médical,* 1968, n° 2, 13 janvier, pp. 210-222.

6. Frommel E., Bernheim J. et Family S., « Du danger du doping par l'amphétamine sur l'hyperthermie physiologique de l'effort musculaire », *Ann. Méd. lég.,* 1963, 43, n° 1, pp. 8-11.

7. Legrand J., « Mort rapide de deux sportifs amateurs après usage d'amphétamines », *Caducycle,* 1977, 5, n° 17, pp. 3-4, *L'Officiel du Cycle,* 1977, n° 23, pp. 22-23.

8. Monnerie R.-C., « Contribution à l'étude des toxicomanes amphétaminiques », Thèse Méd., Paris, 1955, n° 559 (Pdt G. Heuyer).

9. Mirkin G. et Hoffman M., « Les produits pharmaceutiques ou le prix de la victoire » in *La Médecine sportive,* Montréal, Les Éditions de l'Homme, 1981, 326 p. (pp. 147-162).

10. Prokop L., « Le problème du dopage » in *Doping,* Lausanne, Commission médicale CIO, 1972, 64 p. (pp. 10-18).

11. Guillet R. *et al,* « Le dopage et la préparation biologique des athlètes » in *Médecine du sport,* Paris, Masson, 1984, 520 p. (pp. 346-371).

12. Lacour J.-P., « Au nom d'un père et d'un fils », *Le Figaro,* 13 juillet 1981.

« Fausto Coppi a révolutionné l'entraînement et la diététique… »

Pierre Chany*, l'homme aux 49 Tours de France, l'un des plus grands spécialistes de la gestuelle cycliste, dans un ouvrage d'entretiens avec son confrère Christophe Penot paru en juin 1996, quelques jours après son décès, aborde longuement la carrière de Fausto Coppi qu'il présente avec d'autres comme le champion novateur pour ce qui concerne la diététique, l'entraînement, voire l'habillement. En revanche, il défend mordicus que le *campionissimo* de Castellania ne se dopait pas, sauf à la fin de sa carrière en 1959 quand on ne pouvait plus le considérer comme coureur cycliste !

Pierre Chany témoigne et argumente : « Après son dernier Tour d'Espagne (1959), les organisateurs avaient mis sur pied une tournée des critériums avec Fausto à l'affiche. Vous savez quoi ? Pour être sûr de voir Fausto à l'arrivée, ils avaient réduit ces critériums à quarante-cinq kilomètres ! Physiquement, il n'aurait pas pu en faire dix de plus. Il se chargeait avant chaque course. On a dit que la "Dame blanche" elle-même lui faisait les piqûres – possible – (...) Mais je vous parle de Coppi à la fin de sa carrière ! La dernière année ! En 1959 ! Je ne vous parle pas de la grande période. En 1959, il n'était plus coureur, Fausto. Il tentait de sauver les meubles ! Il allait justifier, c'est tout ! (...) Je ne laisserai jamais dire que Coppi se dopait. »

Face à cette affirmation, trois autres témoins contemporains de Coppi et de Chany, ne partagent pas cette vision idéaliste.

Le premier, Gianni Brera [2], journaliste à la *Gazzetta dello sport,* révèle dans un ouvrage consacré à Tullio Campagnolo, que Coppi aurait pris « sept cachets d'amphétamine » pour son record de l'heure de 1942, soit au début de sa carrière professionnelle : « Coppi prépare le record de l'heure pour se faire remarquer par les autorités militaires. Il pédale comme un dératé sur les routes défoncées autour de chez lui ; quand sa jambe va mieux, il se rend au vélodrome Vigorelli de Milan, et quelques tours de piste le persuadent qu'il peut tenter sa chance. Le directeur du vélodrome, Anteo Carapezzi, lui prépare son tableau de marche, basé sur le record de Maurice Archambaud, et Coppi sait tout de suite son avance (ou son retard). Pour la circonstance il avale sept cachets d'une amphétamine assez populaire chez les étudiants qui préparent leurs examens ; il a un maillot de laine rêche, son vélo a des jantes de bois. Coppi souffre : c'est épuisant, terrible, pire que les pires côtes du "Giro". Mais il a une telle classe qu'il bat le record d'Archambaud, de 45,817 km à 45,848, le 7 novembre 1942. »

Le deuxième à s'exprimer sur le dopage de Fausto Coppi fut Rik Van Steenbergen, l'un de ses plus coriaces adversaires dans les courses classiques :

« Le premier dont j'ai su qu'il se dopait, fut l'inégalable champion Fausto Coppi, qui était toujours accompagné par la Dame blanche, un habile médecin. À cette époque, on ne jetait pas de hauts cris pour cela. Tous les grands champions après lui ont eu recours au dopage. Ils devaient bien. »

Le troisième, le docteur italien Giuseppe Lacava, président de la Fédération internationale de médecine du sport de 1947 à 1959, autre témoin particulièrement compétent sur la question du dopage, écrivait dans *L'Équipe* en 1955 [3] :

(*) Pierre Chany est décédé peu de temps avant de suivre son 50e Tour de France.

« Je me souviens d'une photo de Coppi parue dans *L'Équipe*, à l'arrivée du Tour de France, "Voici le visage du vainqueur" disait la légende. Or, c'était surtout le visage d'un dopé, d'un fatigué chronique. Pour moi, cela n'est pas du sport. Et quand je vois une photo du Suisse Ferdi Kubler, l'écume aux lèvres, je vous dis tout de suite : "Voilà un homme qui vient d'absorber de la Sympamine®, ce que vous appelez en France Ortédrine®". » (NDLA : amphétamine).

Le quatrième, Roger Bastide, journaliste à l'immense talent, collaborateur du *Miroir des sports*, du *Parisien Libéré* et de *Cyclisme Magazine*, qui a écrit plusieurs ouvrages de référence sur le cyclisme et, notamment, *Le doping ou les surhommes du vélo*, témoigne lui aussi sur le goût immodéré du champion italien pour les potions de toute nature :

« Il lisait une multitude de revues médicales, il se tenait au courant de tous les progrès accomplis en matière de diététique et d'alimentation sportive. Il sollicita les conseils du célèbre diététicien américain Gaylord Hauser de passage en Italie. Fausto arrivait à la table commune, le soir d'étape, porteur d'une serviette en cuir d'homme d'affaires. Il en tirait fioles, sachets et paquets qu'il alignait devant son assiette. Et le rite commençait : quelques gouttes d'un médicament pour le foie, une ou deux ampoules de "fortifiants". Dans l'assiette, des flocons d'avoine ou des germes de blé ouvraient le repas. Dans le ventre, une mixture destinée à faciliter la digestion, etc. Et le coucher de Fausto, son réveil, s'accompagnaient d'un semblable cérémonial médical. »

Loin de nous l'idée d'affirmer que Fausto Coppi était un champion surfait dont les nombreuses victoires trouvaient leurs origines exclusives dans les officines de pharmacies. À son époque, comme dans les précédentes, et bien sûr encore aujourd'hui, la majorité des coursiers s'affrontait à armes égales puisqu'ils consommaient les mêmes produits. Même s'il a révolutionné l'entraînement et la diététique, il n'en reste pas moins vrai qu'en tant qu'adepte des soins artificiels, le *campionissimo* italien, déjà pourvu d'aptitudes cyclistes très au-dessus de la moyenne, a imposé à ses pairs, pour le suivre à vélo, d'adopter les mêmes nouvelles pilules de la performance – les amphétamines – issues de la pharmacopée militaire.

Soins : le campionissimo sur la sellette

- **Gino Bartali (ITA),** cycliste professionnel de 1935 à 1954 :

1. « Fausto Coppi était redoutable : non seulement à cause de ses qualités athlétiques, mais aussi parce qu'il se tenait au courant de tous les progrès de la médecine sportive. Il en parlait d'ailleurs avec la compétence d'un spécialiste. Tout ce qui était nouveauté médicale dans le domaine des reconstituants, énergétiques, désintoxicants, Fausto Coppi "sautait dessus". » [*But et Club, Le Miroir des sports,* 1960, n° 793, 11 avril, p. 12].

2. « Je ramassais tout ce qui pouvait traîner et qui me semblait suspect : fioles, tubes et boîtes de toutes sortes, car Coppi employait une médecine très particulière. Les amphétamines étant apparues avec la guerre, je devenais suspicieux. Je n'affirmerai jamais qu'il se droguait, je n'en ai pas la preuve mais personne n'ignorait qu'il se ravitaillait en France chez un pharmacien de Menton. » [*L'Équipe,* 2 janvier 1990].

- **Fausto Coppi (ITA),** cycliste professionnel de 1939 à 1959 :

Q : « Tous les coureurs prennent la "bomba" ?

FC : Oui, tous, et ceux qui prétendent le contraire ne méritent pas que l'on parle de vélo avec eux !

Q : Vous, vous preniez la "bomba" ?

FC : Oui, chaque fois que c'était nécessaire !

Q : Et quand était-ce nécessaire ?

FC : Pratiquement tout le temps ! » [Interview extraite du film *Quando Volava l'Airone* (Quand le héron s'envolait), film documentaire vidéo diffusé en 1998 sur Rai Tre dans le cadre d'une émission appelée *Format* et réalisée par Giancarlo Governi].

- **Raphaël Géminiani (FRA),** cycliste professionnel de 1946 à 1960 : « Nous étions en Suisse. Et il nous fallait encore grimper le Simplon. Fausto était nerveux. Préoccupé, inquiet même. Les fanfaronnades de Bartali l'avaient agacé :

– Gem, va te faire préparer un petit bidon par Tragella et tente le tout pour le tout, je t'en supplie.

– T'occupe pas, Fausto. Pas besoin de la pharmacie de Tragella. Je vais te l'assaisonner, ton vecchio. » [in *Mes quatre cents coups... de gueule et de fusil*, Paris, La Table Ronde, 1963, 290 p. (p. 96)].

- **Dominique Jameux (FRA),** producteur à *Radio France* et co-auteur de séries télévisées : « Biaggo Cavanna lui a fait une piqûre d'huile camphrée (dérobée à l'infirmerie de Tortona), seule potion qu'il a pu trouver pour son jeune Faust. » [in *Fausto Coppi. L'échappée belle. Italie 1945-1960*, Paris, Arté Éditions - Éd. Austral, 1966, 185 p. (p. 42)].
- **Raymond Le Bert (FRA),** soigneur cycliste : « Le premier soir des Six jours de Paris 1958, Fausto Coppi me fait comprendre que je devais "regarder" le contenu de sa valise. "Ah ! Non, lui dis-je, pas d'histoires ! Tu fais ce que je te dis, ou je m'en vais. Tout ça, ta valise, tes piqûres, tes ampoules, fini !" Il essaya bien de résister, mais je fus intraitable. Le plus illustre des champions cyclistes dut se contenter de mon art. » [*Détective,* 8 juillet 1964].
- **Raoul Lesueur (FRA),** cycliste professionnel de 1934 à 1952 : « Un jour que j'étais fatigué, Fausto Coppi m'a donné un truc. J'ai passé une nuit blanche. » [*Collec-Cyclisme,* 1981, n° 17, août-septembre, p. 7].

Références

1. PENOT CH., *Pierre Chany, l'homme aux 50 Tours de France,* Paris, Cristel, 1996, 248 p. (pp. 85-89).
2. BRERA G., *Le Géant et la lime,* Vicenza (ITA), Campagnolo, 1995, 176 p. (p. 70).
3. KOOMEN T., *25 ans de dopage* (en néerlandais), Laren (HOL), Luitingh, 1974, 144 p.
4. *L'Équipe,* 24 mars 1955.

« Les amphétamines ont disparu des enceintes sportives... »

Marc Madiot, double vainqueur de Paris-Roubaix (1985 et 1991) et actuel directeur sportif de La Française des Jeux, avait, lors d'une interview publiée en 1992 dans *Sport et Vie* (n° 11, p 70), affirmé : « Je vous mets au défi aujourd'hui de trouver des amphétamines sur le marché. Depuis quelques années, on est contrôlé sur toutes les épreuves et la triche est quasi inexistante chez les professionnels. » Profession de foi qui a le mérite d'être assénée avec conviction mais, malheureusement, très loin de la réalité des faits.

Par exemple, les résultats du laboratoire de dépistage du dopage français montrent que de 1992 à 1995, on a recensé au total quarante-sept cas de dopage aux « amphés » parmi les sportifs de l'Hexagone et vingt cyclistes faisaient partie de la même charrette.

	Amphétamines et apparentés	Cyclisme
1992	6	4
1993	9	5
1994	16	8
1995	16	3
TOTAL	47	20

Dans l'année qui a suivi la publication de ces résultats, deux coureurs nordistes, Rudy Lefebvre et Alexandre Dubois, ont été condamnés à deux mois de prison avec sursis par le tribunal de grande instance d'Arras, pour avoir été interpellés en possession d'amphétamines au cours d'un contrôle douanier le 19 octobre 1996 dans le Pas-de-Calais. Les deux coureurs ont reconnu se réapprovisionner en Belgique et, au moment de leur interception, ils en étaient à leur cinquième déplacement outre-Quiévrain.

Plus récemment, en octobre 1998, l'enquête dans le milieu cycliste d'un juge d'instruction de Poitiers a permis de mettre en évidence l'existence d'un trafic de « pot belge », mélange d'amphétamines, de cocaïne, d'héroïne, de caféine, de morphine et d'antalgiques. Ce cocktail destiné à euphoriser l'effort tout en diminuant la perception des contraintes physiques est fabriqué en Pologne puis « passé » en France dans des bouteilles d'eau minérale. Les dealers du peloton transvasent ensuite le liquide dans des flacons de médicaments injectables banalisés.

L'affaire débute quelques mois plus tôt, en mai, lorsqu'un jeune coureur amateur est victime d'une crise de tachycardie, en pleine course, associée à une forte fièvre. Examiné par un médecin du sport, il explique avoir reçu quelques heures auparavant une injection intraveineuse d'une substance inconnue. Le jeune sportif remet le flacon qui contient encore un peu du produit au médecin. Analysé, le produit s'avère être du « pot belge ». Au total, le juge Bauhain, de Poitiers, va prononcer la mise en examen de trente-et-une personnes.

Le 29 février 2000, une nouvelle affaire éclate dans la région de Narbonne. Trois gendarmes, lors d'un banal contrôle routier, surprennent le passager avant d'une voiture en train de s'injecter dans la veine d'un bras un produit avec une seringue. L'enquête les conduira là aussi à s'intéresser aux « accros » du vélo de la région de Narbonne, Lyon et de l'Isère. Au fil des interpellations et perquisitions, des saisies concernant plusieurs types de produits dopants ou stupéfiants tels que du « pot belge » ont été effectuées. Là aussi, le juge de Perpignan, lieu où a démarré l'enquête, va prononcer vingt-cinq mises en examen.

Début juin 2000, on apprend qu'un nouveau trafic, notamment d'amphétamines et de « pot belge » a été démantelé chez les cyclistes champenois. Les policiers du SRPJ de Reims ont interpellé six coureurs âgés de 20 à 50 ans.

L'affaire a commencé un an plus tôt par le malaise, dû à une surdose d'amphétamines, d'un coureur amateur de l'Aisne âgé de 37 ans, après une course dans la région. L'hôpital de Reims avait déterminé que des médicaments qu'il prenait étaient en fait des amphétamines injectables.

Après enquête, le fournisseur des substances illicites avait été localisé au Benelux, permettant l'identification de certains utilisateurs parmi les cyclistes amateurs de la région. Six coureurs – trois Marnais, un Ardennais, un cycliste originaire de l'Aisne et un du Nord – ont été interpellés. Tous ces cyclistes sont impliqués à des degrés divers pour consommation ou revente de produits dopants, parmi lesquels des amphétamines, des corticoïdes, de la cocaïne, de l'héroïne et des fioles de « pot belge ».

Tout cela montre bien que les amphétamines n'ont pas vraiment quitté le peloton et qu'elles ont même reçu un renfort très prisé par la gent pédalante avec l'arrivée massive du « pot belge ». Ce dernier, également, participe activement lorsque les cyclards veulent faire la fête. Ainsi, après le titre de champion du monde sur route de Luc Leblanc en 1994, et selon les révélations du soigneur Willy Voet, la plupart des coureurs et des cadres de l'équipe de France s'injectèrent un échantillon de « pot belge » pour être à la hauteur des réjouissances et tenir la nuit. À cette occasion, on « baptisa » même l'un des sélectionnés qui n'avait encore jamais pris d'amphétamines.

En dehors du sport et selon l'Organisation mondiale de la santé (OMS) qui a lancé en novembre 1996 un cri d'alarme – un de plus –, les amphétamines et apparentés sont utilisés dans toutes les régions du monde. Dans de nombreux pays, leur consommation est plus courante que celle de la cocaïne et de l'héroïne réunies. C'est ce qu'a souligné le Dr Hiroshi Nakajima, directeur général de l'OMS, lors de la première réunion scientifique mondiale consacrée aux conséquences sanitaires et sociales de la consommation d'amphétamines : « La consommation de ces drogues est devenue un sujet important de préoccupation pour la santé publique dans de nombreux pays, et par-là même pour l'Organisation mondiale de la santé » a-t-il ajouté.

Avoir le grand volant

Dans le jargon des pros du vélo, « avoir le grand volant » signifie conduire chargé, le plus souvent aux amphétamines. L'usage de drogues au volant – notamment pendant la saison des critériums qui suivent le Tour – est attesté par les récits des professionnels. Dans *Le Vélo s'y prête* (Éditions L'Armançon), le premier directeur technique national du cyclisme de 1969 à 1980, Richard Marillier affirme : « Dans les deux, trois jours qui suivent l'arrivée du Tour, 90 % des coureurs seraient probablement positifs ». Et de préciser que « tout le monde sait cela dans le vélo ».

Marc Madiot, coureur puis directeur sportif de La Française des Jeux, déclare en 1989 : « Je n'ai jamais absorbé de produits interdits pendant une course. J'avoue, et cela ne regarde que moi, avoir pris des produits interdits à l'occasion de critériums ».

Erwann Menthéour, cycliste et frère de cycliste, raconte dans *Secret défonce* (Éditions J.-C. Lattès) avoir eu la peur de sa vie, enfant, lorsqu'un ami de son père, Marcel Tinazzi, un coureur pro marseillais, l'a conduit dans son coupé Mercedes, un dimanche. Superbe, en complet croisé et borsalino, l'homme conduisait impérialement... sur le côté gauche de la chaussée! Voyant le gamin terrorisé, il déclara : « Minot, s'il y avait une bagnole en face, ce serait vraiment la fatalité! » Menthéour affirme que ce jour-là il a compris l'effet des amphétamines.

Il y a chez les cyclistes une véritable culture du dopage au volant. Ils roulent plus que n'importe quelle autre catégorie de la population : 40 000 kilomètres par an sur leur vélo, plus tous les trajets en voiture pour rejoindre le départ des compétitions. Ils recourent aux amphétamines, par exemple, pour rester éveillés lorsqu'ils conduisent après une nuit blanche. À petite dose, les amphétamines raccourcissent le temps de réaction. Les sprinters s'en servent pour jaillir plus vite du peloton. Mais, bien sûr, cette habitude ne peut qu'aggraver le risque sur la route, déjà élevé chez les pros du vélo.

« La Fédération française de cyclisme s'engage résolument sur la voie du renouveau... »

En nommant Charly Bérard, contrôlé positif à deux reprises, au poste de directeur sportif de l'équipe de France Route Élite, la Fédération française de cyclisme (FFC) a manqué une occasion unique d'engager le cyclisme sur la voie du renouveau.

Le 24 avril 1999, en remplacement de Charly Mottet démissionnaire, la FFC a annoncé la nomination officielle de Charly Bérard – l'actuel entraîneur national des Espoirs – au poste de directeur sportif de l'équipe de France Route Élite aux Championnats du monde.

À une période charnière pour l'avenir du cyclisme, ce choix, dans le but d'éradiquer les comportements déviants du passé, n'est peut-être pas le plus judicieux...

Rappelons que l'ancien équipier de Bernard Hinault a défrayé la chronique du dopage lorsqu'en 1978, il a été contrôlé positif après sa victoire dans la deuxième étape du Tour d'Ampurdan, course internationale d'amateurs espagnole. Pour cette faute, dans un premier temps, il avait écopé d'un an de suspension. Par la suite, cette pénalité avait été levée unilatéralement par la Fédération française de cyclisme considérant que Bérard, averti trop tard par la fédération ibérique, n'avait pas pu faire valoir son droit à la contre-expertise. Rappelons tout de même que dans 99 % des cas, la contre-expertise confirme la première analyse.

Pas suffisamment échaudé par cette première « erreur », il avait récidivé en se faisant épingler lors de la troisième étape du Tour du Limousin 1987 alors qu'il carburait à l'hormone mâle, un puissant anabolisant. Déjà en 1993, et sans vouloir mettre en doute l'expérience technique du vélo et les qualités de terrain de Charly Bérard, on pouvait s'interroger sur la pertinence de sa désignation à la tête des équipes de France amateurs et espoirs.

Exclusion automatique

Comment assumer efficacement sa tâche d'éducateur alors que la règle instaurée en 1985 par le directeur technique national de l'époque, Lucien Bailly, donnait tout pouvoir à l'entraîneur responsable de l'équipe de France d'exclure automatiquement tout coureur en possession (sur lui ou dans ses bagages) de produits médicamenteux dont l'usage est interdit par la réglementation en vigueur; et *a fortiori* l'usage de ces produits même en dehors d'un contrôle médical positif.

Difficile, avec comme antécédents ces deux dérapages officiellement détectés en 1978 et 1987, d'être crédible.

Depuis que la lutte antidopage est vraiment entrée en action, au tout début des années 1970, Charly Bérard est le cinquième patron du team tricolore. Avant lui et Charly Mottet son prédécesseur, trois anciens vainqueurs du Tour ont occupé cette importante fonction. Jacques Anquetil, le plus endurant, est resté en place pendant dix-huit ans de 1970 à 1987; Bernard Hinault, moins persévérant que son aîné, n'a tenu que six ans, de 1988 à 1993 et Bernard Thévenet, mobilisé par d'autres activités, n'a pu assurer sa fonction que trois ans seulement de 1994 à 1996.

Habitudes de dopage

Parmi ce trio de champions emblématiques, deux ont révélé leurs habitudes de dopage. Par exemple, le Normand, quintuple vainqueur du Tour, ne cachait pas son penchant pour les produits de soutien : « Je me dope parce que tout le monde se dope. » De son côté, Bernard Thévenet, outre le fait d'avoir été pris à un contrôle antidopage au cours du Paris-Nice 1977, avait révélé en fin de carrière qu'il consommait des corticoïdes (stimulants) pendant les deux saisons au cours desquelles il a remporté le Tour de France.

Autre aberration : la présence dans l'encadrement technique de la FFC d'un autre entraîneur national sanctionné pour tentative de fraude lors d'un contrôle antidopage alors qu'il était coureur professionnel au sein d'une grande équipe française. Ce dernier avait récidivé quatre ans plus tard en étant sanctionné pour carence. Un troisième entraîneur national figurant dans l'encadrement des équipes de France a été contrôlé positif dans un critérium.

Or, chacun sait que l'exemple vient d'en haut. Comment modifier la culture du dopage si on ne change pas les hommes qui en sont imprégnés depuis le début de leur carrière ? Compte tenu de l'état d'esprit et de la mobilisation actuels des gouvernements, l'occasion était unique d'installer à la tête de l'équipe de France un ancien coureur de 30 à 50 ans ayant atteint le haut niveau grâce à son travail et, ses qualités personnelles sans avoir eu recours à des artifices chimiques.

Artifices chimiques

Même s'ils ne sont pas nombreux parmi les jeunes retraités à correspondre à ce portrait-type – mis à part Charly Mottet démissionnaire –, on doit penser en premier lieu à des garçons tels Gilles Delion ou Eric Boyer, reconnus par leurs pairs comme des coureurs propres. Plusieurs témoignages, dont celui d'Erwann Menthéour dans son ouvrage *Secret défonce* paru en février 1999, confirment que Gilles Delion – équipier de Menthéour dans l'équipe Aki – fonctionnait bien au naturel.

Ce soutien de moralité non sollicité a beaucoup plus d'impact aujourd'hui que tous les contrôles négatifs effectués par les laboratoires officiels. Il y a certainement d'autres cyclistes qui ont été épargnés par l'épidémie dopante. Il suffit pour les connaître d'interroger le peloton et non de se fier aux contrôles. Rappelons que le palmarès des deux coureurs cités rivalise sans peine avec celui du Niçois nouvellement promu à la tête de l'équipe de France. Par exemple, Gilles Delion a remporté, entre autres, le Tour de Lombardie 1990 et une étape du Tour de France 1992 alors qu'Eric Boyer s'est adjugé le Tour du Limousin en 1992 et a terminé cinquième et premier français du Tour de France 1988. Le coéquipier de Greg LeMond, vainqueur de trois étapes au Tour d'Italie et porteur du maillot rose, aurait même pu prétendre à la quatrième place si le vainqueur Pedro Delgado n'avait bénéficié d'une argutie réglementaire.

Sortir le vélo de l'ornière

Pourquoi Daniel Baal, président de la FFC et son Comité directeur, n'ont pas montré à cette occasion leur réelle volonté de sortir le vélo de l'ornière, en nommant à la tête de l'équipe de France Route Élite un coureur suffisamment fort dans sa tête pour ne pas être tombé dans le piège du dopage ? Mais quand on sait que ce même Daniel Baal avait avoué sur les ondes d'une radio périphérique en juillet dernier, au moment de la tempête qui a ravagé le cyclisme pendant l'été 1998 : « En une semaine, j'en ai appris plus qu'en trois ans », on désespère toujours de voir « le vélo se reconstruire sur la vérité » comme l'a joliment exprimé Bruno Roussel, l'ancien directeur sportif de l'équipe Festina.

La réponse de Daniel Baal, président de la FFC

Dans les colonnes du *Figaro* du 25 septembre 1999, Daniel Baal, le président de la Fédération française de cyclisme, répond à Jean-Pierre de Mondenard quant à la désignation de Charly Bérard. Pour lui, la FFC a marqué une vraie rupture :

« Le comité directeur de la Fédération française de cyclisme a nommé, en date du 24 avril, Charly Bérard directeur sportif de l'équipe de France Route Élite (et non pas directeur des équipes de France).

Il assurera cette fonction sous l'autorité du directeur technique national, Patrick Cluzaud, qui reste, bien entendu, le seul sélectionneur.

Jusqu'à présent, pour assurer cette responsabilité, la Fédération française de cyclisme avait fait appel à des personnalités extérieures à la Fédération, essentiellement en fonction de leur passé sportif. En nommant Charly Bérard, la FFC a voulu faire appel à un cadre technique du sérail.

Nommé en 1993 entraîneur national responsable de l'équipe de France “route seniors”, Charly Bérard a poursuivi cette mission avec les Élite 2 et les moins de 23 ans. Depuis cette date, ses compétences techniques, ses qualités d'éducateur et sa probité ont été unanimement reconnues et appréciées. Dans la lutte contre le dopage, ses messages sont extrêmement clairs et il les relaie bien auprès des sportifs qu'il encadre.

On a pu se rendre compte ces dernières semaines du rôle très nocif qu'ont pu jouer des membres de l'encadrement de groupes sportifs sur l'équipe de France des professionnels. La Fédération française de cyclisme veut marquer une rupture totale par rapport à de tels comportements, de sorte que l'encadrement sera totalement et exclusivement fédéral.

Dans cet esprit, il est donc tout à fait normal que la responsabilité de directeur sportif soit confiée, sous l'autorité du directeur technique national, à un entraîneur national qui pourra s'appuyer sur les compétences du staff habituel, avec lequel il collabore, notamment médecin fédéral et kinésithérapeutes.

On veut nous reprocher le choix de Charly Bérard parce qu'il a été un jour, dans sa carrière de coureur, sportif positif. En tant que coureur, il avait certainement commis une faute, faute pour laquelle il a payé car il a été sanctionné d'une suspension de trois mois en 1987. Par ailleurs, il n'avait précédemment fait l'objet d'aucune sanction. Fallait-il, parce qu'il a failli en cette circonstance, l'exclure à tout jamais de cette responsabilité ou fallait-il lui tendre la main ?

Le second choix peut pleinement se justifier et les qualités humaines et professionnelles que Charly Bérard a démontrées dans son rôle de cadre méritent qu'on le soutienne et non qu'on le salisse. »

L'esprit de contradiction

Les arguments du président sont peu convaincants. Rappelons que pendant toute la carrière de Charly Bérard, les contrôles antidopage étaient peu efficaces et que, selon l'expression du prince de Mérode, « Seuls les plus stupides ou les plus imprudents se font prendre ». On peut tout imaginer...

D'autre part, à la suite de l'affaire Festina, Richard Virenque, par téléphone, s'adresse à Daniel Baal : « Je vais vous salir personnellement et j'ai des éléments contre vous. Si vous me sanctionnez, cela va coûter des millions et la Fédération n'aura plus un sou ». Dans *Le Parisien* du 11 septembre 1998, le président de la FFC commente cette menace du Varois : « Et c'est là qu'il m'informe que j'aurais été contrôlé positif lorsque je courais voici 25 ans. Franchement, si j'avais eu ce problème, j'estime que je ne pourrais plus être président de la FFC ». Si l'on suit ce raisonnement étrange, un contrôle positif, *a fortiori* plusieurs, serait rédhibitoire pour postuler à la présidence de la FFC mais sans conséquence pour être nommé entraîneur national des espoirs et directeur sportif de l'équipe de France Élite aux Championnats du monde !

« La Fédération française de cyclisme, depuis longtemps, pourchasse avec pugnacité les soigneurs illégaux... »

L'affaire Festina a révélé, outre l'existence d'un dopage organisé sous le contrôle du directeur sportif Bruno Roussel, que de nombreux soigneurs étaient toujours formés sur le tas. Le Belge Willy Voet, par qui le scandale du Tour a éclaté, est un ancien cycliste amateur éduqué au contact de Gus Naessens, un soigneur réputé, lui aussi « enfant des embrocations ».

Jeff d'Hont, autre spécialiste de la seringue, exerçait son talent à La Française des Jeux, recruté par Marc Madiot qui, lors de sa déposition au SRPJ de Lille les 29 juillet et 2 octobre 1998, a déclaré aux policiers : « Je suis plus ou moins au courant de la mauvaise réputation de d'Hont et qu'il se livre à ce genre de trafic depuis la fin de l'année dernière. Il est vrai que certains de mes coureurs prennent de l'ÉPO... Des rumeurs concernant l'intéressé (Jeff d'Hont) à propos du dopage couraient depuis un moment [...] J'ai appris la réputation de d'Hont fin 1997, début 1998. Je l'ai engagé le 1er janvier 1997. »

En novembre 1997, une opération de police effectuée aux six jours de Grenoble, a permis de mettre en examen deux soigneurs : Michel Decock (équipe Gan) et Guy Bentabou, accusés d'avoir détenu et distribué des substances médicamenteuses alors qu'ils ne sont ni médecin, ni kinésithérapeute.

Tout cela montre bien que les hommes placés aux postes de responsabilité du cyclisme ont toujours fermé les yeux sur ces acteurs de l'ombre. Que ce soit le président de la FFC, le patron du Tour et même le médecin-chef de la Grande Boucle, ils n'ont rien fait pour assainir cette corporation.

Ils n'ont pas été les premiers à laisser faire et ils ne seront probablement pas les derniers.

Tout cela n'est pas nouveau. Par exemple, dès 1965, dans l'hebdomadaire *Le Miroir des sports* [1], Félix Lévitan directeur du Tour de France, à la question : « Quel est le personnel que vous avez le plus de mal à recruter ? », précisait comment était faite la sélection de cette corporation aux missions ô combien déterminantes dans l'optimisation du physique et du mental des coursiers : « Les soigneurs, en raison de l'importance de leur rôle et de l'action néfaste (dopage) que paraissent exercer ceux dont la moralité serait douteuse nous amène à prendre de solides garanties : les soigneurs doivent être des masseurs kinésithérapeutes diplômés. Il en est certains qui font eux-mêmes acte de candidature, d'autres sont recommandés par le chef soigneur André Renard qui connaît bien son monde, d'autres par les coureurs. Nous acceptons bien volontiers le soigneur souhaité par le coureur à la condition qu'il se soumettre à la règle commune et qu'il remplisse les conditions exigées. »

De même, à peu près à la même époque, lors d'une réunion de la commission médico-sportive de la Fédération française de cyclisme à l'Institut national des sports le 24 avril 1965, on se félicitait de la « disparition des illégaux » : « En ce qui concerne les kinésithérapeutes, le docteur Pierre Dumas expose la doctrine que la Commission a adopté déjà depuis de nombreuses années et qui paraît d'ailleurs efficace puisqu'on voit progressivement disparaître des milieux sportifs les "masseurs" qui n'avaient aucun titre, alors que les kinésithérapeutes officiels prennent maintenant une place essentielle et que d'ailleurs le comité médical de la Fédération est entièrement d'accord pour leur ouvrir largement les portes. »

Quelques mois plus tard, le même Dumas, toujours concerné par le problème de la qualification des soigneurs amenés à pratiquer des massages sportifs sur les coureurs de la Grande Boucle, ne manquait pas, avant le départ de l'épreuve, de rappeler par courrier aux organisateurs de n'accepter que des kinésithérapeutes diplômés : « Je crois bon dans l'intérêt du service médical et afin qu'il ne puisse y avoir de discussion au cours du déroulement du Tour de France et du Tour de l'Avenir, le principe suivant à rappeler d'urgence à tous les directeurs sportifs.

Nul ne peut exercer le massage en France s'il ne possède pas le diplôme de masseur-kinésithérapeute (M-K) ou un équivalent de son pays d'origine. Le ministère de la Santé publique est en droit de demander communication de la liste des masseurs pour vérification. » [2]

Vingt ans plus tard, en 1984, le Dr Gérard Porte, médecin fédéral et responsable du service médical du Tour de France – qui s'est fait particulièrement discret depuis l'affaire Festina –, affirmait dans le quotidien médical *Panorama du médecin* que les illégaux avaient été chassés de « la caravane de juillet » : « Les kinésithérapeutes (3 à 4 en moyenne par équipe) sont tous désormais diplômés et on ne peut que se féliciter de cette évolution car, bien longtemps, ce fut le règne de l'empirisme (aucune connaissance physiologique, anatomique, médicale; cela a souvent conduit à la catastrophe). »

Cela fait seize ans ! Le Dr Porte est toujours en place, de même que les soigneurs illégaux et le peloton continue à tracer sa route cahin-caha.

Qualification des soigneurs : que fait la FFC ?

En 1987, dans un ouvrage consacré aux soins des sportifs *Drogues et dopages* [3], j'épinglais déjà l'irresponsabilité du pouvoir sportif face à la non-qualification des « soigneurs-masseurs » et vice versa.

« Apparemment, nous l'avons vu, l'organisateur dès 1958 souscrit bien volontiers à cette demande en imposant une qualification professionnelle des soigneurs. D'autre part, les instances fédérales semblent également concernées puisque toute personne exerçant une fonction dans le cyclisme de compétition (entraîneur, masseur, etc.) doit être licenciée à la Fédération française de cyclisme (FFC). Ainsi dans la *Réglementation sportive et technique du cyclisme français* (édition 1969), peut-on lire à la page 13 l'article régissant la fonction du soigneur.

ART. 54 - « Les personnes approchant ou se consacrant exclusivement à des coureurs professionnels ou entraîneurs doivent être titulaires du diplôme d'État de masseur-kinésithérapeute (M-K) pour solliciter ou recevoir une licence de soigneur (professionnel). »

Il nous a paru intéressant de comparer ce consensus quasi général sur la présence indispensable de M-K titrés avec la réalité des faits. Pour cela nous avons analysé le nombre des licences délivrées depuis 1973 tant au niveau du siège fédéral de Paris qu'au niveau des comités. Les résultats de ce sondage nous invitent à nous poser plusieurs questions. Comment se fait-il que pour les années 1976 et 1977 la rubrique masseur-kinésithérapeute soit totalement vierge alors qu'il y a respectivement cinq groupes professionnels pour 1976 et un de moins pour 1977 ? On peut imaginer, sans risque d'être contredit, qu'il existe quelques M-K diplômés qui accompagnent les équipes de France amateurs dans les grandes courses par étapes (course de la Paix, Tour du Maroc, Tour de l'Avenir) mais qu'à aucun moment on ne leur impose pour exercer leur fonction de prendre une licence fédérale. Corollaire évident : personne à la Fédération (président, directeur technique national, médecin fédéral) ne se préoccupe de vérifier si tel ou tel soigneur d'équipe amateur ou professionnelle remplit les conditions légales pour masser les coureurs. (*)

En ce qui concerne les organisateurs du Tour de France, il est évident qu'il y a là aussi un « manque » flagrant de contrôle. Par exemple, en 1985, on comptait neuf M-K licenciés au niveau du siège fédéral et neuf également pour l'ensemble des vingt-neuf comités (**). Ceux qui exercent dans les équipes professionnelles sont répertoriés dans la première liste. Cette année-là, le Tour de France accueillait cinq équipes françaises. Or, il est généralement admis qu'il faut trois M-K pour un groupe de dix coureurs qui participe à la ronde de juillet. C'est donc un pool de quinze M-K minimum qui devrait être à la disposition des directeurs sportifs. Or, on peut s'interroger sur la qualification des six manquants à l'appel. Cette interrogation ne sera pas très longue si on fréquente le milieu du vélo où le nombre d'imposteurs est particulièrement fourni. Le chiffre de six est sous-estimé lorsqu'on sait que parmi les neuf répertoriés au siège fédéral, certains ne participent pas au Tour de France mais accompagnent les différentes équipes tricolores amateurs (seniors, juniors, féminines). Ainsi, au total, on s'aperçoit que peu de gens parmi les responsables du cyclisme (techniques et médicaux) se préoccupent réellement de la santé des coureurs.

Fédération française de cyclisme - État des licences 1973-1985

Délivrées par le siège central

	73	74	75	76	77	78	79	80	81	82	83	84	85
Masseurs-kinésithérapeutes	2	2	1	0	0	1	2	3	3	8	9	7	9
Directeurs sportifs de marques (cycles)	15	12	14	14	14	14	13	14	14	16	18	15	17
Mécaniciens	8	8	5	8	7	3	3	6	7	16	14	15	16
Équipes professionnelles françaises	6	7	4 + 3 (1)	5	4	6	5	5	6	67	7	7	6
Délivrées par les 29 Comités													
Masseurs-kinésithérapeutes						1	2	3	3	8	9	7	9

(1) Le 2e chiffre indique le nombre d'équipes étrangères qui « abritent » des coureurs français

(*) On a même vu en 1977, dans la délégation française aux Championnats du monde sur route qui avaient lieu cette année-là au Venezuela, un « soigneur » non reconnu par la faculté.

(**) Autre anomalie : Dix-huit M-K diplômés pour l'ensemble des cyclistes de compétition affiliés à la FFC (53 000 environ). Cela fait beaucoup pour un seul homme ! Que penser des années 1976 et 1977 au cours desquelles le siège fédéral n'avait enregistré aucune licence de M-K diplômé ?

1er janvier 2000 : peut-être une lueur d'espoir de changement ! Le 17 septembre 1999, dans les locaux de la FFC à Rosny-sous-Bois (93), se sont retrouvés autour d'une table les représentants des cyclistes professionnels et les responsables syndiqués de la Fédération française des masseurs-kinésithérapeutes (FFMKR) [4].

À la fin de cette rencontre, le président de la Ligue du cyclisme professionnel français, Roger Legeay, et le président de l'Association des groupes sportifs français (AC 2000) Yvan Sanquer, se sont engagés à ce que chaque équipe ait au moins un kinésithérapeute diplômé au 1er janvier 2000. Puis, à chaque départ à la retraite, ou volontaire pour raisons personnelles, d'un « assistant », celui-ci serait remplacé par un MKDE (masseur-kinésithérapeute diplômé d'État).

Ainsi, on ne devrait compter progressivement que sur des masseurs-kinésithérapeutes pour remplir le rôle des actuels « assistants » dans les équipes professionnelles françaises. Le message a été aussi transmis à la Fédération internationale de cyclisme pour une harmonisation dans un premier temps européenne, puis internationale.

Qualification professionnelle « sur le tas »

Les voies du métier de masseur cycliste sont impénétrables. « Des secrets ! Ce grand mot qui répond à tout parce qu'il ne répond à rien, le cheval de bataille de tous les empiriques qui sont maintenant tout ce qui reste des sorciers. » Cette citation de Jules Barbey d'Aurevilly, « le chevalier des Touches », peut s'appliquer aux soigneurs cyclistes plus ou moins célèbres dont la liste ci-dessous est loin d'être exhaustive. En revanche, dans les autres fédérations, le diplôme n'est pas un handicap.

Nom	Cursus « médical »	Clients célèbres
Barriau (FRA)	Commerçant	– Maurice Schilles (FRA) (Pistard – 1926)
Gino Bartolucci (FRA)	Ancien Tour de France (1926-1929), pilote, manager, mécanicien, directeur technique	– Équipe Peugeot
Jef Beeckman (BEL) « Le roi de la dynamite »		– André Leducq (FRA) – Romain Maes (BEL) – Équipe belge du Tour de France 1935
Guy Bentabou (BEL)	Chauffeur de bus	– Équipe Gan
Le père Brillouet (FRA)	Employé à la Banque de France et diplômé de la Société française des secouristes français	– Maurice Garin (FRA)
Hans Brunner (SUI)		– Hugo Koblet (SUI) – Ferdi Kubler (SUI) – Eddy Merckx (BEL) 1969
Brutus (FRA)	Entrepreneur de chauffage central	– Gabriel Marcillac (FRA) – Georges Faudet (FRA) (« sixdayman »)
Francis Bur (FRA) surnom « Burette »	Étude de kinésithérapie (non diplômé)	– Équipe Gan
Francis Campaner (FRA)	Ex-Tour de France, représentant en vins	– Sean Kelly (IRL) – Équipe Fagor (1985) – Équipe Kas
Guy Caput (FRA)	Fils de directeur sportif-journaliste	– Équipe Miko-Mercier
Biagio Cavanna (ITA)	Ancien boxeur	– Costante Girardengo (ITA) – Fausto Coppi (ITA)
Alex Close (BEL)	Coureur cycliste en activité (1952)	– Stan Ockers (BEL) – Rik Van Steenbergen (BEL)
Emilio Cruz (ESP)	Cycliste professionnel	– Luis Ocaña (ESP) – Équipes Super-Ser, Teka, Once
Michel Decock (BEL) surnom « Barbu »	Boxeur amateur	– Équipes Z et Gan
Charles Deruyter (BEL)	Ex-coureur cycliste (pistard et routier : 16e TDF 1912)	– Piet Van Kempen (HOL) 1935
Pierre Devillard (FRA)	Assureur, commerçant	– Bernard Thévenet (FRA) – Michel Laurent (FRA) – Josiane Bost (FRA)
Pierrot De Wit (BEL)	Ex-spécialiste de la poursuite amateur Pédicure diplômé	– Rudi Altig (ALL) – Eddy Merckx (BEL) – Peter Post (HOL) – Guillermo Timoner (ESP) – Rik Van Steenbergen (BEL)

Gianni de Donato (ITA)	Médecin-usurpateur	– Gianni Motta (ITA)
Guillaume Driessens (BEL)	Ex-cycliste professionnel (1932) Directeur sportif (1947-1988)	– Équipe de football de Vilvorde D1 (1946) – Joe Louis (USA) –boxe – Fausto Coppi (ITA) – Émile Idée (FRA) – Jean Diederich (LUX) – Marcel Ernzer (LUX) – Rik Van Steenbergen (BEL)
Paul Duboc (FRA)	Ex-Tour de France	– Octave Lapize (FRA)
Sadi Duponchel (FRA)	Chauffeur de direction	– Jacques Anquetil (FRA)
Marc Durant (FRA)	Infirmier psychiatrique, ex-cycliste professionnel	– Jean-François Bernard (FRA) – Laurent Jalabert (FRA) (équipe Toshiba)
Mario Ferri (FRA)	Ex-cycliste amateur	– Marcel Cerdan (FRA) – Toto Gérardin (FRA)
Louis Finot (FRA)	Footballeur professionnel 7 sélections 1930-1934	– Jean Maréchal (FRA)
Patrick Gagnier (FRA)	Ex-cycliste professionnel Directeur sportif intérimaire	– Bernard Hinault (FRA) – Équipe Café de Columbia (1990)
Georges Gatier (FRA)	Ex-Tour de France	– Louis Caput (FRA) – Robert Chapatte (FRA) – Maurice de Muer (FRA) – Kléber Piot (FRA) – Roger Queugnet (FRA) – Jules Rossi (FRA)
Jean-Louis Gauthier (FRA)	Ex-cycliste professionnel	– Équipe Z-Peugeot
Éloi Guichard (FRA)	Ancien coureur toulousain	– Victor Fontan (FRA)
André Guilloux (FRA)	Plombier Directeur sportif de l'équipe Juaneda	– Bernard Hinault (FRA)
François Lafourcade (FRA)	Ex-Tour de France	– Équipe Alcyon (1911)
Leloup (FRA)	Retraité des chemins de fer et assistant de Georges Gatier	– Onésime Boucheron (FRA) 1946
Lucien Lesna (FRA)	Ancien champion (1er Bordeaux-Paris 1894-1901 1er Paris-Roubaix 1901-1902)	– Équipe Peugeot – Lucien Petit-Breton (FRA) – François Faber (LUX)
Jean Leys (HOL)	Chauffeur d'une voiture de presse	– « Champions cyclistes »
Piet Liebregts (HOL)	Garçon de course	– Gerrit Schulte (HOL) – Rik Van Looy (BEL) – Léo Duyndam (HOL) – Peter Post (HOL)
Emile Lootens (BEL)	Ex-coureur cycliste	– Frank Kramer (USA) – Gabriel Poulain (FRA) 1905
Marcelino (ESP)	Imprimeur	– Federico Bahamontes (ESP)
Joel Marteil (FRA)	Pâtissier	– Bernard Hinault (FRA)
Guillaume Michiels (BEL)	Ex-coureur cycliste Fabriquant de cercueils	– Eddy Merckx (BEL) 1965-1978
Christophe Milardi (FRA)	Professeur de carrosserie	– Bernard Vallet (FRA) 1985
André Minasso (ITA)	Ex-cycliste	– Jacques Anquetil (FRA) – Raphaël Géminiani (FRA)

		– Roger Rivière (FRA) – Roger Walkowiak (FRA) – Équipe de football pro de St-Étienne (1964-1974)
Auguste Mothans (FRA)	Ex-cycliste	– Victor Delvoye (FRA) 1946 – André Pousse (FRA)
Gus Naessens (BEL)		– Raymond Delisle (FRA)
Robert Naeye (BEL)	Ex-cycliste professionnel	– Lucien Acou (BEL) – Achille Bruneel (BEL) – Gerrit Schulte (HOL) – Arie Van Vliet (HOL)
Jack Neville (USA)	Boxeur	– Bob Spears (AUS) 1920
Julien Prunier (FRA)	Chef d'atelier aux usines d'aviation Caudron	– Maurice Archambaud (FRA)
André Renard (FRA)	Ex-coureur cycliste	– René Le Grevès – Charles Pélissier (FRA) – Maurice Richard (FRA) – Georges Speicher (FRA)
Ronconi (ITA)	Ecclésiastique	– Aldo Ronconi (ITA) (frère de l'homme de mains). A terminé 4e du TDF 1947
Bernard Sainz (FRA)	Ex-cycliste Directeur sportif adjoint Entraîneur et propriétaire de chevaux	– Philippe Gaumont (FRA) – Cyrille Guimard (FRA) – Erwann Menthéour (FRA) – Raymond Poulidor (FRA) – Pierre Trentin (FRA) – Frank Vandenbrouke (BEL) – Richard Virenque (FRA)
Julien Schramm (FRA)	Ancien mineur de fond Ex-cycliste Soigneur de 1935-1963	– Jacques Anquetil (FRA) – Jean Forestier (FRA) – Paul Néri (FRA) – Raoul Rémy (FRA) – Jean Stablinski (FRA)
Le Père Joseph Torcin (BEL)	Manager des six jours	– Pistards belges
Fernand Trignol (FRA)	Chef de figuration spéciale aux studios Pathé (Joinville) Journaliste sportif	– Adjoint de Pierre Viel pendant les six jours
Klaas Van Nek (BEL)	Ex-coureur cycliste (pistard)	Piet Van Kempen (HOL) 1935
José Vidal (ESP)	Condamné par la justice belge	– Eddy Merckx (BEL) 1969 – Rick Van Steenbergen (BEL)
Pierre Viel (FRA)	Préparateur en pharmacie	– Armand Blanchonnet (FRA) – Paul Broccardo (FRA) – Charles Deruyter (BEL) – Toto Grassin (FRA) – Marcel Guimbretière (FRA) – Charles Lacquehay (FRA) – Erich Moeller (ALL) – Peter Moeskops (HOL) – Charles Pélissier (FRA) – Georges Speicher (FRA)

		– Piet Van Kempen (HOL) – Fernand Wambst (FRA)
Willy Voet (BEL)	Ex-cycliste Formé sur le tas par Gust Naessens (autre soigneur réputé) Cours organisés par le Bloso (cours d'EPS)	– Joachim Agosthinho (POR) – Joseph Bruyère (BEL) – Marc Demeyer (BEL) – Jos De Schoenmaecker (BEL) – Edward Janssens (BEL) – Sean Kelly (IRL) – Freddy Maertens (BEL) – Charly Mottet (FRA) – Richard Virenque (FRA)

Références

1. « Le Tour mis à nu : Félix Lévitan, directeur-adjoint du Tour de France, répond aux questions de nos collaborateurs », *Le Miroir des sports,* 1958, suppl. avant Tour de France, n° 688, 2 juin, pp. 7-9 et 26 (p. 9).

2. Lettre du Dr Pierre Dumas adressée le 16 juin 1965 à M. Jacques Goddet, directeur du Tour de France.

3. de MONDENARD J.-P., *Drogues et dopages,* Saint-Mandé, Quel Corps ?, 1987, 315 p. (pp. 221-223).

4. DECORY B., « Un kinésithérapeute diplômé par équipe au 1er janvier 2000 », *Kiné-Actualité,* 1999, n° 739, 14 octobre, p. 3.

« Les médecins du sport font passer la santé de leurs sportifs bien avant les impératifs de rendement... »

Les « pratiques déviantes » des médecins du sport

Le 11 septembre 1998, le quotidien du soir *Le Monde* révèle que le Dr Armand Mégret, nommé le 8 septembre précédent, membre du groupe de travail chargé de réfléchir aux « pratiques déviantes » des médecins du sport, avait prescrit des substances interdites à un coureur avant le départ du Tour de France 1997.

Ce praticien bien connu du milieu sportif et notamment cycliste – il a été longtemps responsable du suivi médical des différentes équipes dirigées par Cyrille Guimard mais aussi depuis deux ans médecin fédéral national de la Fédération française de cyclisme (FFC) et, à ce titre, inspirateur du suivi biologique longitudinal – assume complètement la prescription en cause : « Il ne s'agit pas d'un acte de dopage. L'état de mon patient justifiait la prise pour des raisons thérapeutiques (une bronchite) de ces produits (Diprostène® injectable et Décadron® comprimés : tous les deux appartiennent à la famille des corticoïdes, médicaments absorbés par voie générale et donc prohibés en compétition) lesquels sont d'ailleurs généralement prescrits par les ORL sur des patients atteints de sinusites aiguës. »

Rappelons que les corticoïdes, qu'ils soient pris par voie générale ou par infiltration, sont très appréciés par les sportifs en raison de leurs différents effets dopants. À la fois recherchés comme stimulant la volonté de pousser le corps au maximum en tant qu'euphorisants et antifatigue permettant aux cyclistes de tirer des braquets plus gros et de ne pas sentir les pavés – mais aussi comme antistress et anti-inflammatoires. Certains consommateurs avouent être « capables de grimper les cols en sifflant ».

Autre avantage considérable : ils sont indécelables et ce depuis vingt ans avec leur première inscription sur la liste rouge de l'Union cycliste internationale en 1978.

Rappelons que lors du Tour de France 1998, l'inventaire des valises et des véhicules d'assistance, en dehors de l'ÉPO et des hormones de croissance trouvées dans la voiture Festina, montrait la présence quasi constante de corticoïdes en comprimés, injections et sprays, alors que les tests urinaires étaient tous négatifs.

Dans leur utilisation en médecine sportive, il faut bien comprendre, et ce n'est pas forcément facile pour le grand public, que l'athlète victime d'une pathologie inflammatoire peut suivre un traitement à base de corticoïdes à la condition expresse que, pendant la durée des soins, il s'abstienne de participer à une compétition. Les sportifs et les praticiens qui les traitent ont du mal à admettre cette règle. Ainsi, le coureur ayant mis en cause Armand Mégret a bien précisé l'enjeu de sa consultation : « Je souffrais d'une bronchite que je ne parvenais pas à soigner aux antibiotiques et pour le départ du Tour je devais absolument être guéri. Rester à la maison en juillet, c'était inimaginable. »

En revanche, le texte du code des courses hippiques édicté par la Société d'encouragement de la race chevaline, est beaucoup plus cohérent. Un pur-sang malade ou blessé ne peut pas courir. Pendant la période d'arrêt nécessaire à son état, il peut recevoir tous les traitements médicaux adaptés à sa pathologie sauf, bien sûr, les dopants de l'entraînement tels que les hormones anabolisantes. Pour l'homme, le prince Alexandre de Mérode a rappelé dans les colonnes du *Figaro* (édition du 17 août 1999) la définition du dopage : « Au CIO, nous avons construit notre système sur trois principes fondamentaux : la protection de la santé de l'athlète, la défense de l'éthique médicale et de l'éthique sportive. »

Par rapport à la santé du sportif et à l'éthique médicale, tout le problème est de savoir si pédaler à plus de 40 km/h quotidiennement pendant plusieurs jours, avec une bronchite traitée aux corticoïdes, est vraiment bon pour l'organisme ! Les médecins impliqués dans les groupes professionnels ont du mal à s'opposer aux impératifs de rendement de l'entourage technico-commercial du sportif. De même, ils ont du mal à comprendre et cela d'autant plus que cette pratique n'est toujours pas considérée comme illicite par les textes officiels, que de faire une infiltration avec un corticoïde ou un anesthésique à un genou qui ne veut plus pédaler en raison d'une tendinite et qui manifeste son désaccord par une douleur, définit parfaitement le dopage. En clair, la méthode des piqûres consiste à pousser le corps au-delà de ses aptitudes du moment. Eh bien, pour le Dr Mégret, ce n'est pas contraire à la santé des sportifs et à l'éthique médicale. C'est en tout cas ce qu'il déclare : « J'ai même fait des infiltrations à des coureurs durant le Tour, parce que leur santé l'exigeait. Cela n'a rien à voir avec le dopage auquel on assiste depuis quelques années. » En contradiction avec le praticien de la FFC appartenant au groupe de travail Médecine du sport et lutte antidopage, de nombreuses voix s'élèvent pour stigmatiser cette dérive.

Déjà en 1980, dans sa biographie, Cyrille Guimard – ancien employeur du Dr Mégret – rappelait : « La grande erreur fut, pendant le Tour 1972, de me faire subir des infiltrations au lieu de m'obliger à abandonner car c'est dans les toutes dernières étapes que j'ai courues que se sont créées, au niveau des tendons, des lésions et des traumatismes irréversibles. » De son côté, l'entraîneur de football de l'AJ Auxerre, Guy Roux, confirmait en 1990 que la pratique des infiltrations était un leurre : « Philippe Vercruysse, Abedi Pelé, Dragan Stojkovic, ont payé les piqûres qui leur ont été faites pour pouvoir jouer en Coupe d'Europe. Ça ne pardonne pas. » De nombreux exemples confirment que cette pratique est régulièrement vouée à l'échec. Ainsi, ce hurdler français victime de problèmes aux adducteurs ayant subi 11 infiltrations par le staff médical tricolore et qui doit stopper en demi-finale olympique en 1988. Il doit attendre plusieurs mois avant de fouler à nouveau les pistes. Autre ratage célèbre : le 12 juillet 1998, en passant à travers sa finale contre la France, l'attaquant brésilien Ronaldo apparaît comme une énième victime des infiltrations. Souffrant des genoux depuis le début du Mondial, le corps médical de la *Seleçao* lui faisait régulièrement des infiltrations pour pouvoir jouer malgré son handicap. On a vu le résultat les deux années suivantes. Peu de matches joués et surtout rupture partielle du tendon rotulien droit, une première fois en novembre 1999, et rupture totale quelques mois plus tard en avril 2000, blessure exceptionnelle chez un footballeur. Dans le cas de Ronaldo, ses genoux refusaient de jouer mais son entourage le voulait sur le terrain. Alors, on injecte et peu importe l'avenir immédiat ou à long terme des articulations rétives.

Y a-t-il une différence entre prendre des amphétamines afin de stimuler le corps fatigué à aller plus loin et la méthode des infiltrations ? Aucune. Dans les deux situations, on pousse l'organisme au-delà de ses aptitudes, qu'elles soient physiologiques ou mécaniques, on l'expose à des risques aggravés.

Tant que les médecins du sport n'auront pas compris que vouloir remettre sur pied, coûte que coûte – notamment au moyen d'infiltrations –, un sportif handicapé par une tendinite, et surtout un cycliste dans une course à étapes, s'apparente sans conteste au dopage, on ne peut que douter d'un prochain abandon des « soins » de toute nature des médecins d'équipe.

Face à ce comportement apparemment très répandu au sein du milieu médico-sportif, il faut souhaiter que la commission Médecine du sport et lutte antidopage clarifie enfin les choses.

Les ordonnances musclées du Dr Gan

Philippe Gaumont et Laurent Desbiens, des coureurs de l'équipe Gan, contrôlés positifs à la nandrolone, mettent en cause le Dr Patrick Nédelec, le médecin prescripteur. Tous les trois se défendent avec des arguments peu convaincants.

Laurent Desbiens et Philippe Gaumont, deux coéquipiers de l'Anglais Chris Boardman, ont été contrôlés positifs à la nandrolone, un stéroïde anabolisant interdit dérivé de l'hormone mâle (testostérone).

Au cours de l'année 1996, Desbiens a été « pris » après sa victoire au Vendée International Classic, le 28 avril. Gaumont a été contrôlé positif à trois reprises entre le 23 avril et le 17 mai, lors de ses différentes victoires à la Côte Picarde, aux Quatre Jours de Dunkerque et au Tour de l'Oise. Les deux coureurs minimisent leur responsabilité en mettant en cause les prescriptions du docteur Nédelec, le médecin de l'équipe Gan.

Philippe Gaumont, dans les colonnes de notre confrère *L'Équipe,* affirme qu'il fut l'objet d'une « cure spéciale de trois injections en novembre dernier » et que le médecin lui a demandé de suivre un programme particulier : « Il voulait que je reprenne du muscle dans le haut du corps. Il m'a bien dit qu'en aucun cas je ne serais positif et qu'il n'y avait aucun risque. » Philippe Gaumont ajoute : « C'est un abus de confiance. J'ai été manipulé par Nédelec. Il a commis une faute grave. Je possède toutes les preuves, en particulier l'ordonnance délivrée par Nédelec. »

L'argument d'ignorer que la substance, en l'occurrence le Dynabolon®, spécialité pharmaceutique contenant un stéroïde anabolisant, n'entraîne pas un contrôle positif paraît difficilement recevable de la part d'un cycliste professionnel qui a au moins dix années de compétition cycliste derrière lui (Desbiens 27 ans, Gaumont 23 ans). Cette excuse est d'autant peu convaincante que depuis 1989 la Direction de la pharmacie et du médicament a imposé aux laboratoires pharmaceutiques de faire figurer sur la notice des médicaments, à la rubrique mises en garde, la mention suivante : l'attention des sportifs est attirée par le fait que cette spécialité contient un principe actif pouvant induire une réaction positive des tests pratiqués lors des contrôles antidopage.

Le laboratoire Théramex qui commercialise le Dynabolon®, n'ayant pas failli à la règle, il suffisait de lire la notice... pour savoir que cet anabolisant était interdit aux sportifs de compétition. De plus, depuis la loi française sur le dopage de juin 1989, le ministère des Sports publie régulièrement au moins une fois par an, une liste des spécialités pharmaceutiques françaises contenant des substances dopantes. Au moment des faits, cette liste était adressée à chaque début de saison aux cyclistes professionnels et le Dynabolon® y figurait depuis le début.

Quant au Dr Patrick Nédelec, mis en cause par les deux coureurs positifs, il se défend en expliquant qu'il y avait justification thérapeutique à la prescription des produits incriminés : « J'ai commis une erreur par rapport à la réglementation antidopage mais non par rapport à la prescription thérapeutique. » Pour se dédouaner un peu plus, il a précisé : « J'ai agi en réponse à une demande effective et pressante du coureur. »

L'alibi de la justification thérapeutique ne peut être pris en compte dans la mesure où les stéroïdes anabolisants, de même que l'hormone mâle, n'ont jamais bénéficié de cette règle permettant aux médecins de soigner un sportif malade avec des substances interdites. Rappelons qu'en 1996 dans la liste des substances prohibées, certains médicaments portaient la mention J(*). Ils étaient interdits mais pouvaient faire exceptionnellement l'objet d'une justification thérapeutique (anesthésiques locaux, bêtabloquants et certains stimulants) lorsqu'il n'existait pour le médecin prescripteur aucune autre alternative thérapeutique. La justification thérapeutique avait pour mission de permettre aux sportifs malades, par exemple aux asthmatiques de se soigner et aux

(*) La règle de la justification thérapeutique a été réformée en 1998 et remplacée par la notification préalable. Il suffit alors d'une simple ordonnance de son médecin prescrivant la substance interdite, laquelle devant bien sûr appartenir impérativement à la catégorie des médicaments bénéficiant de la notification préalable.

tricheurs d'être éliminés. Malheureusement, pour le Dr Patrick Nédelec, les anabolisants hormonaux et dérivés tels que la nandrolone n'ont jamais appartenu aux substances bénéficiant de la mention J instaurée par l'arrêté du 3 janvier 1991 de la loi antidopage du 28 juin 1989.

Les anabolisants sont interdits quels que soient les problèmes de santé invoqués. D'ailleurs, dans le *Vidal,* le dictionnaire des médicaments commercialisés en France que tout médecin possède sur son bureau, les indications thérapeutiques du Dynabolon® n'ont aucun rapport avec une pathologie rencontrée chez un sportif jeune. En effet cette médication a reçu son autorisation de mise sur le marché pour les seuls cas suivants :

- chez le sujet âgé : cachexie (maigreur pathologique), état de dénutrition,
- suites d'interventions chirurgicales majeures,
- brûlures étendues, escarres,
- proposé dans le traitement de certaines ostéoporoses (raréfaction du tissu osseux) séniles ou iatrogènes (dues aux médicaments tels que la cortisone).

Ce qui paraît troublant dans cette affaire est que le Dr Nédelec n'est pas un banal généraliste n'ayant pas l'habitude de soigner des athlètes ni même un médecin du sport lambda puisqu'il était membre du comité directeur de la Fédération française de cyclisme (FFC), où il représentait les médecins. Il siégeait également dans la commission nationale de discipline qui sanctionne en cas de contrôle positif les coureurs n'appartenant pas aux groupes sportifs (qualifiés anciennement d'amateurs). De plus, il a été à plusieurs reprises inspecteur médical chargé du contrôle antidopage sur des grandes épreuves, notamment le Tour de France et ce jusqu'en 1994 avant de se consacrer à partir de l'année suivante au rôle de médecin d'équipe, d'abord de l'équipe Castorama en 1995 et de l'équipe Gan en 1996.

Il paraît donc peu vraisemblable qu'il ignorât l'interdiction du Dynabolon® ; quand bien même il l'aurait prescrit à des fins thérapeutiques, il devait savoir que la nandrolone reste dans l'organisme cinq à six mois, voire plus, après la dernière injection. Il est clair que ses prescriptions des mois d'octobre et novembre 1995 exposaient Desbiens et Gaumont à des contrôles positifs pendant de longs mois. Ce qui explique que Gaumont ait été pris à trois reprises à la nandrolone.

À l'époque dans les colonnes du *Figaro* (19 juin 1996) alors que les sanctions n'avaient pas encore été prononcées, nous avions mis en cause l'habitude à ne condamner que les lampistes : « Compte tenu des faibles arguments avancés par les trois protagonistes on espère que la FFC diligentera une enquête afin de déterminer les responsabilités de chacun. Comme l'annonce son président : "Il n'y a pas de raison que les coureurs soient les seuls à être sanctionnés." Malheureusement, connaissant la faible volonté des pouvoirs sportifs français (ministère, fédérations, etc.) d'assainir réellement la haute compétition, on peut craindre que la seule sanction des coureurs incriminés clôture l'affaire. Rêvons un peu en imaginant que le gouvernement français, comme son homologue canadien après le scandale Ben Johnson des Jeux de Séoul, confie au doyen des juges d'instruction une enquête sur le dopage dans le sport français. On s'apercevrait alors que l'usage des substances prohibées est loin d'être un épiphénomène ! »

Épilogue : Six mois ferme pour Desbiens et Gaumont

« Le 16 juillet 1996 la formation disciplinaire de la Ligue du cyclisme professionnel français a rendu son verdict dans l'affaire de dopage qui concernait les deux coureurs du Gan, Philippe Gaumont et Laurent Desbiens, ainsi qu'un troisième homme dont l'identité avait été tenue secrète jusque-là et qui n'était autre que David Derique de l'équipe Cedico.

Les trois coureurs ont écopé de six mois de suspension ferme et d'une amende de 2 000 francs suisses (environ 8 000 francs). Ils ont également été disqualifiés des épreuves où ils avaient été contrôlés positifs. » [*L'Équipe,* 17 juillet 1996].

Au final – il faut s'accrocher pour suivre – Philippe Gaumont qui avait remporté trois courses : la Côte picarde (23 avril), les Quatre Jours de Dunkerque (12 mai) et le Tour de l'Oise (19 mai) pour lesquelles il avait été à chaque fois contrôlé positif à la nandrolone, n'a été sanctionné que pour la Côte picarde et a conservé ses victoires des Quatre Jours de Dunkerque et du Tour de l'Oise. Or, dans le règlement de l'Union cycliste internationale, p. 38, il est précisé : « Si un coureur est trouvé positif pour le même produit ou la même méthode plusieurs fois dans un bref laps de temps et s'il est décidé que ces résultats positifs peuvent résulter d'un seul acte de dopage, les affaires seront jointes et il ne sera prononcé qu'une seule suspension et une seule amende. L'ensemble de ces résultats positifs sera considéré comme une seule infraction pour l'application de l'article 92. Par contre, la perte de points et la disqualification seront appliqués à toutes les épreuves à l'issue desquelles le coureur a été trouvé positif. »

On peut s'interroger sur la règle qui, en l'occurrence, a prévalu pour que Philippe Gaumont soit maintenu premier aux deux courses où il a pourtant bénéficié de l'effet dopant de la nandrolone.

Interrogé sur cette sanction atténuée par rapport à la règle de l'UCI, l'un des responsables de la FFC nous a répondu : « La décision a été arrêtée par la commission disciplinaire, tout à fait compétente pour statuer en toute indépendance. Elle a en effet toute latitude pour décider sans pour autant en référer à la direction fédérale. Sans doute a-t-elle jugé que les sanctions étaient disproportionnées par rapport aux faits enregistrés. Par son indépendance, la commission peut être amenée, au cas par cas, à interpréter la réglementation en vigueur afin d'obtenir une adéquation entre les faits reprochés et la sanction susceptible d'être arrêtée. »

À l'avenir, et afin d'éviter toute suspicion d'arrangement, de combine ou de pression, il serait bien, comme en justice, que soient publiées les motivations de cette décision. Un peu plus de transparence ne peut que renforcer l'action de la lutte antidopage.

L'influence perverse des médecins

Depuis le début des années 1960, et notamment l'abandon des équipes nationales au profit des équipes de marque, les médecins du sport ont progressivement envahi le cyclisme de haut niveau.

Médecins d'équipe sur la sellette

Déjà, à l'époque, l'hebdomadaire sportif *Le Miroir des sports,* dirigé par l'un des deux directeurs du Tour, s'inquiétait de la présence des médecins d'équipe : « La plupart des groupes sportifs étrangers ont leur médecin attitré. Leur présence n'étant pas officiellement approuvée par les organisateurs, certains se sont même camouflés en chauffeurs de voitures de liaison des directeurs sportifs ou de voitures de presse. Les coureurs sont soumis à une préparation scientifique dont nous avons depuis longtemps signalé les dangers dans ces mêmes colonnes. Les organisateurs du Tour pouvaient exercer, avec la formule par équipes nationales, un sévère contrôle des médecins et des soigneurs qu'ils sélectionnaient et appointaient. Il leur est devenu difficile de le faire aujourd'hui avec la formule par équipes de groupes sportifs et le cyclisme risque d'en sortir discrédité. »

À cette époque, certains toubibs, plus soucieux de la santé des coureurs que de la performance à tout prix, s'interrogent sur le rôle de la médecine sportive.

La médecine du surhomme

En effet, doit-on seulement amener un sujet sain en bonne forme, normalement, ou peut-on user de moyens spéciaux pour en faire un surhomme? De même, a-t-on le droit de prendre des sujets sains et d'en faire des cobayes dans le but d'augmenter leur rendement? En 1963, sous la pression des équipes de marque, les blouses blanches des « Géants de la route » seront officiellement admis dans la caravane du Tour. Tout de suite, Félix Lévitan, l'un des patrons de la Grande Boucle, délimite le cadre de leur action : « Ils auront à collaborer avec le médecin-chef du Tour mais ils auront aussi à endosser la responsabilité éventuelle de certains stimulants absorbés par les coureurs inconséquents. » Malgré cet avertissement, de nombreuses affaires de dopage vont émailler l'histoire du Tour.

Médecins chargés du contrôle

Sur les courses cyclistes, et notamment le Tour de France, exercent également les médecins chargés du contrôle. Apparemment, pour quelques-uns la tentation fut trop forte et ils basculèrent dans le camp des dopeurs. Par exemple, en 1976, le Dr Roland Marlier – membre de la Commission médicale de l'Union cycliste internationale, de la Commission médicale belge et autorité reconnue en matière de lutte antidopage – est condamné à six mois de prison avec sursis et 30 000 F d'amende par le tribunal de Gand. Il a été reconnu coupable d'avoir fourni des produits stimulants à Eric De Vlaeminck, plusieurs fois champion du monde de cyclo-cross.

La même année, le Dr François Bellocq, médecin de l'équipe Peugeot mais aussi médecin fédéral et à ce titre membre de la Commission médicale de la FFC, est exclu de cette instance en raison de son statut de responsable médical d'une équipe professionnelle impliquée dans une fraude au contrôle antidopage. Bellocq a commencé à s'occuper de l'équipe professionnelle Peugeot avant même d'avoir passé sa thèse et sans effectuer pour autant « un remplacement » au sein de cette équipe. Cela ne l'a pas empêché de prescrire certains produits aux coureurs : des anabolisants mais aussi des corticoïdes. Le plus connu de ses patients, Bernard Thévenet, a révélé à l'époque qu'il consommait des corticoïdes pendant les deux saisons au cours desquelles il a remporté le Tour de France.

Comme un vulgaire soigneur

Deux ans plus tard, en 1978, nous avons été confronté au cas d'un médecin fédéral français exerçant en Bretagne, occasionnellement chargé du contrôle et réputé pour être un pionnier de l'antidopage. Sollicité par un coureur professionnel qui désirait participer à Bordeaux-Paris, ce praticien à la double casquette lui concocte un plan de soins avec nombre de produits sans histoire mais aussi du Déca-durabolin® (stéroïde anabolisant), du Célestène® (cortisone), du Dynabolon® (stéroïde anabolisant) et enfin du Synacthène® (un stimulant de la surrénale), le tout à des doses croissantes. Ce faisant, ce médecin agit comme un vulgaire « soigneur » avec, toutefois, deux différences importantes : d'une part, le coureur peut être remboursé par la Sécurité sociale (!), d'autre part, il sait exactement ce qu'on lui a prescrit à la différence des produits judicieusement anonymes fournis par les « soigneurs ». Il peut ainsi recommencer tout seul !

Poussé à la faute

En 1996, autre affaire exemplaire : celle du Dr Patrick Nédelec. Deux professionnels de l'équipe Gan, Philippe Gaumont et Laurent Desbiens (maillot jaune sur le Tour 98), contrôlés positifs à la nandrolone, un stéroïde anabolisant, le mettent en cause dans la responsabilité de ce dopage. Licencié par son employeur et exclu de la Fédération pour trois ans, ce médecin présentait un *curriculum vitæ* apparemment irréprochable.

En effet, il avait assumé le contrôle antidopage sur le Tour de France pendant... treize ans, de 1982 à 1994. De plus, il était à la fois membre du Comité directeur et membre de la Commission de discipline de la Fédération française de cyclisme. Mais, en 1995, il était devenu médecin de l'équipe Castorama pour être transféré chez Gan l'année suivante. Après ce long parcours dans l'antidopage, ce changement d'affectation avec des impératifs d'efficacité et de réussite pesant en permanence sur les épaules du médecin d'équipe, l'a probablement poussé à la faute.

Le cycliste professionnel Dominique Lecrocq, qui a exercé son activité de 1984 à 1987, a bien résumé cette fréquente dérive : « Le médecin d'un groupe sportif est jugé sur les résultats et devient très rapidement un prescripteur de potions magiques. »

Pr Francesco Conconi : expert ès dopage

La même année que son confrère Nédelec, le Pr Francesco Conconi, physiologiste italien, membre de la sous-commission Biochimie et physiologie du sport au Comité international olympique, de la Commission médicale de l'UCI et préparateur de Francesco Moser lors de son double record de l'heure en 1984, est accusé de dopage à l'ÉPO (érythropoïétine). En effet, un chercheur italien, Sandro Donati, entraîneur national d'athlétisme et rattaché au Comité olympique italien (CONI) depuis 1985, a démontré – témoignages à l'appui – que le Pr Conconi, qui avait été chargé en 1992 par le CIO de mettre au point une méthode fiable pour déceler l'érythropoïétine, l'hormone « suroxygénant » les muscles, était également l'un des experts en dopage de cette hormone le plus recherché par les sportifs de haut niveau.

La double casquette du Docteur Festina

Avec le Tour 1998 et l'affaire Festina, le Dr Eric Ryckaert, médecin de l'équipe exclue mais aussi membre de la commission antidopage flamande de Belgique, s'ajoute à la liste des praticiens ayant la double appartenance : prescripteur de potions magiques et contrôleur antidopage. Cette litanie interminable s'explique aisément lorsqu'on sait que les étudiants en médecine et en pharmacie sont les premiers consommateurs de stimulants et de tranquillisants (seuls ou associés) : près d'un médecin sur deux y a recours. Lorsqu'ils s'installent dans la vie professionnelle, on peut s'attendre à ce qu'ils prescrivent les mêmes substances à ceux qui doivent donner un coup de collier ou réaliser des prouesses athlétiques.

En plus de ce long et regrettable palmarès des « hommes de science », on pourrait continuer à l'infini et ajouter toutes les compromissions qui, à l'Ouest comme à l'Est, ont pu faire des substances dopantes des produits à usage courant. Les médecins de Molière étaient dangereux mais drôles. Ceux-là ne nous font pas rire.

« Grâce à la presse spécialisée, le lecteur est correctement informé sur le dopage… »

Tout le monde en est persuadé, lorsqu'on veut tenter de marginaliser ce cancer du sport qu'est le dopage, l'éducation doit primer la répression. Or, qui, mis à part la presse sportive, peut jouer un rôle aussi efficace pour éduquer l'ensemble des pratiquants, qu'ils soient de simples débutants ou, au contraire, des champions confirmés ? C'est elle qui dispose du plus grand moyen d'action et de persuasion. Mais faut-il encore qu'elle abandonne la facilité de toujours suivre le courant sentimental du public, de l'encourager, au besoin de l'exploiter, même à des fins commerciales. Tant pis si, pour l'exemple et pour le respect des principes, il faut refuser l'homologation d'un record ou destituer de son titre un champion.

Comme le souligne Jacques Marchand [1], l'ancien responsable de la rubrique cyclisme à *L'Équipe* : « Il est plus confortable, moralement et professionnellement, pour un journaliste, d'être l'ami d'un champion en lui donnant toujours raison quoi qu'il fasse, quoi qu'il dise, quoi qu'il écrive. Mais ce n'est pas lui rendre service et ce n'est surtout pas rendre service à nos lecteurs qui nous font confiance et qui sont trop souvent engagés sur une fausse piste. »

Sur une fausse piste

En 1974, un coureur français [2] de premier plan se fait prendre en Belgique en même temps que de nombreux coureurs belges. Lors d'un journal télévisé, il affirme s'être soigné pour un rhume avec un produit contenant de l'éphédrine. La « piste est fausse » car si on avait interrogé les responsables des analyses des contrôles, le public aurait appris que le produit décelé était une pipéridine (amphétamine apparentée), produit généralement utilisé en psychiatrie (dépressions névrotiques, débilités mentales, etc.) dont les indications principales n'ont rien à voir avec le traitement d'un rhume, même « de cerveau ».

Diplômés par la presse

Les journalistes n'ont pas toujours contribué à éclaircir les ambiguïtés du sport, ni à lever certaines équivoques sur plusieurs soigneurs au parcours pour le moins nébuleux. Ainsi, dans les années 1970, un faux médecin sévissait dans le peloton cycliste. Ce dernier, ancien coureur, a longtemps été le soigneur d'un groupe sportif avant de sauter le pas pour laisser flotter autour de lui, en gardant bien de la démentir, une étiquette de médecin. Tout simplement. Beaucoup de journalistes lui ont-ils facilité la tâche en accréditant – inconsciemment, on l'espère – sa légende de « toubib pédalant », comme on aimait à le qualifier ? L'intéressé se gardait bien de démentir. L'a-t-il fait lorsque, dans le livre de Joop Zoetemelk [3], on lui donnait encore une fois du « docteur Sainz » ?

Dans le même ordre d'idée, en suivant à la télévision une séquence tournée chez le « kinési » de Bernard Thévenet, on peut se demander ce que signifie une « spécialisation » en cyclisme… Le « kinési » en question se révèle alors être un soigneur de la plus belle espèce, faisant dans la « vertébrothérapie » et le magnétisme après avoir vendu des produits vétérinaires et tenu un cabinet d'assurances dont il a gardé le début d'en-tête pour ajouter sur son courrier la mention « soigneur sportif »... Difficile ensuite d'entonner le couplet d'une éducation indispensable et d'un encadrement sain pour parvenir à l'éradication du dopage en cyclisme !

En bas de page

Souvent, la presse se contente de relater les affaires de dopage, à chaud, et en accordant un large écho aux protestations horrifiées des victimes, à leur intention de procéder à une spectaculaire contre-expertise capable de faire éclater la vérité. Et un peu plus tard, la confirmation se glisse en bas de page, sans commentaire. On arrive ainsi au paradoxe de donner de l'éclat à une affaire sans réellement l'utiliser pour dénoncer le fléau, puis à négliger la preuve formelle du dopage. La presse n'est pas foncièrement complaisante, mais elle a manifestement de la peine à écorner une réputation de sportif. On est loin de la féroce jubilation que prête Cyrille Guimard [4] à la révélation des affaires de dopage. « Quel plaisir quand on a réussi à en découvrir un et à le dénoncer à l'opinion publique [...] Avec quelle joie on le révèle à l'opinion ravie... ». C'est encore faux, pour le ton comme pour l'opinion qui n'est pas très sévère – Richard Virenque en est l'exemple le plus récent – à l'endroit des dopés.

De purs amateurs

Dans de nombreux cas, la presse a pris les devants pour s'élever contre les présomptions de dopage ou de simples menaces de contrôle dans des sports encore épargnés, au moins en apparence.

En juin 1966, « À propos d'un contrôle » [5] (c'est le titre de l'article), *L'Équipe* stigmatise la venue à la piscine Georges-Vallerey d'un « commando médical et policier » et ajoute que cette venue a « soulevé quelque étonnement dans le milieu informé du sport [...] parce que la natation, en raison même de son recrutement juvénile, est sous le contrôle permanent d'éducateurs qualifiés, auxquels on peut accorder une confiance absolue [...] Parce que les adeptes de la natation sont de purs amateurs ; aucun intérêt matériel ne saurait les pousser dans la voie dangereuse des rendements artificiellement améliorés... et déloyaux. »

Hélas, pour les éducateurs comme pour les amateurs...

En 1968, à propos cette fois, d'une rumeur de contrôle mal interprétée à l'approche du match de rugby France-Irlande, *L'Équipe* [6] titra « Un navrant quiproquo » pour rappeler au passage que l'état d'esprit britannique et celui du jeu de rugby étaient radicalement incompatibles avec l'idée du dopage. À l'époque, on n'y songeait guère, pas plus qu'un Irlandais de l'Irish Républican Army (IRA) n'aurait songé à s'en prendre à la famille royale. Quant au rugby, qui veut rester – on le lui souhaite – à l'écart du dopage, on peut lui recommander de ne pas y mettre le doigt en faisant, comme dans les années 1970, prendre à ses internationaux le Captagon® (amphétamine) pour une vitamine... et les vessies d'un éventuel contrôle pour des lanternes.

Aujourd'hui, plusieurs décennies après, les mentalités des édiles du ballon ovale ont bien changé puisque du « chez nous, c'est pas possible », on est passé sans transition à « avec l'arrivée en masse de l'argent, le rugby est devenu un sport à risque de dopage ». Un an avant la coupe du monde 1999, Bernard Lapasset [7], le président de la Fédération française de rugby (FFR), s'était montré très ferme vis-à-vis du XV de France : « Depuis 1995, nous faisons signer une charte à chaque joueur : s'il est déclaré positif à un contrôle, il sera immédiatement exclu. De plus, ils recoivent une lettre d'information sur le dopage dans le cadre de l'éthique du rugby. Le message est clair... »

La Fédération a également exigé que tous les internationaux regroupés en stage avant la tournée dans l'hémisphère Sud, puis la coupe du monde 1999, subiraient des contrôles sanguins. À notre point de vue, c'est beaucoup mieux de vouloir jouer la transparence.

L'aura du sport

Derrière cette réticence à l'idée du dopage, ce refus de voir en face ou simplement d'accepter l'éventualité d'une réalité déplaisante, on retrouve l'attitude des dirigeants eux-mêmes, accrochés au souci de conserver au sport son aura.

La presse souffre également d'un manque d'information évident sur les questions de dopage. Le sujet est, certes, complexe mais en manquant de rigueur elle entretient par son influence des idées fausses ou des inexactitudes flagrantes. Les livres, eux aussi, écrits souvent par des journalistes, n'échappent pas à la règle. Voici deux exemples que nous ne situerons pas.

Dans un ouvrage sur le cyclisme : « Les qualités de la testostérone, hormone mâle, sont manifestes : elle donne de l'énergie, de la puissance, le désir de se battre, et diminue la fatigabilité. Mais de là à l'assimiler à ces produits qui fabriquent les mastodontes habituels des Jeux olympiques, il y a un gouffre ! » L'auteur, lui, aurait mérité d'y choir !

Chercher l'hormone

Dans un ouvrage sur l'athlétisme : « Il s'est passé, au cours de l'année 1979, un événement d'une portée considérable : la disqualification de magnifiques championnes [...] pour usage d'anabolisants [...] Les contrôles vont maintenant se multiplier pour dépister les fautifs et les fautives... Mais déjà, on parle d'autres produits permettant de gagner les précieux dixièmes. Ils seraient à base d'hormones... » Décidément, ce pauvre M. Jourdain n'en finit pas de faire de la prose et de sécréter des hormones, sans le savoir !

Pour ne pas tomber dans ce travers

Un responsable de la page sportive d'un grand quotidien, au terme de son parcours professionnel, avait acquis la conviction qu'en tant que journaliste sportif, il se devait de bien connaître la physiologie humaine pour pouvoir apprécier, juger et commenter les performances du corps à l'effort. Or, selon lui, son cursus universitaire manquait singulièrement de formation médico-sportive. Au cours de l'une de nos nombreuses discussions portant sur ce manque de connaissances « techniques » de la presse qu'il regrettait, il reconnut que, parallèlement, s'il avait la possibilité de reprendre ses études de journaliste, il suivrait des cours de... médecine !

Au terme de ces quelques réflexions, il faut espérer que la presse ne prendra pas ombrage de ces quelques lignes qui l'égratignent. Le sujet traité est difficile, très technique et explique bien des erreurs d'appréciations. Puisse ce texte contribuer modestement à lui donner des éléments de réflexion pour le plus grand profit des sportifs.

LE FLORILÈGE DES STYLOS D'OR

Les journalistes restent la plupart du temps muets sur ce qu'ils savent, notamment les combines de toute nature, de peur d'être rejetés – voire exclus – du milieu sportif qu'ils suivent à longueur d'année. *A contrario,* ils se répandent en « tartinant » des pages entières sur ce qu'ils ignorent tout particulièrement par manque de formation spécifique, c'est-à-dire les différents aspects concernant le domaine technico-médico-sportif.

Les exemples ci-dessous glanés dans les pages sportives des médias généralistes ou spécialisés, ne sont qu'un infime échantillonnage de ce que l'on peut relever à longueur de colonne.

Aspirine et dextropropoxyphène : la confusion

Lors de sa réunion de novembre 1996 à Cancun (Mexique), la CM-CIO a décidé de retirer le dextropropoxyphène (analgésique narcotique) de la liste rouge. Rapportant cette information, un quotidien sportif a confondu l'Aspirine (acide acétylsalicylique) et le dextropropoxyphène (Di-Antalvic®) :

« Aspirine autorisée : Le CIO a transféré de la liste des produits interdits à celle des substances autorisées le dextropropoxyphène, un antalgique puissant. Conséquence : les athlètes pourront désormais traiter leurs maux de tête avec de l'aspirine sans être suspectés ou accusés de dopage. Le produit en question, composante de l'aspirine, donnait lieu à des analyses antidopage positives. »

Cette méprise s'apparente à prendre un sous-marin pour un avion ! Si les deux véhicules, pris pour exemple, font partie des moyens de transport spécialement adaptés à deux milieux : l'eau et l'air, leur système de propulsion étant totalement différent, il est illusoire de vouloir voyager sous l'eau avec un avion et voler avec un sous-marin.

En ce qui concerne l'aspirine – ou acide acétylsalicylique – et le dextropropoxyphène, et si tous les deux sont des substances antidouleurs, leur mécanisme d'action diffère de façon significative.

Le premier, l'aspirine, a une action périphérique, c'est-à-dire localisée au site douloureux (maux de tête, douleurs dentaires, lombalgies) ; le deuxième – le dextropropoxyphène – agit directement sur le système nerveux central (cerveau) et, de ce fait, peut provoquer une somnolence et une dépendance psychique vis-à-vis du médicament. En dehors de cette importante spécificité d'action, l'aspirine comme le dextropropoxyphène sont dangereux chez le sportif parce qu'ils permettent, en atténuant les symptômes, de continuer à jouer avec une blessure. Ce qui, bien sûr, peut aggraver la lésion initiale.

Rappelons que certains marathoniens absorbent jusqu'à huit comprimés d'aspirine en une seule prise 30 minutes avant le départ afin d'obtenir un effet antalgique prolongé. Dopage or not dopage ? Dans tous les cas, et une fois de plus avec la diffusion de cette interprétation erronée d'une information sur le thème du dopage, on s'aperçoit que le sujet est très technique, difficile, et que ceux qui ont la charge d'informer « la masse » des pratiquants se doivent impérativement de vérifier toutes leurs affirmations. D'autre part, il est annoncé dans le court extrait relevé dans le quotidien sportif que l'aspirine est dorénavant autorisée alors qu'en réalité elle n'a jamais appartenue officiellement à une liste de substances interdites.

Le rugby pourrait être exposé !

Après la rencontre de rugby pour le moins houleuse entre les Brivistes et les Gallois de Pontypridd le 14 septembre 1997 et surtout à la suite de la rixe d'après match, deux experts de la chose du rugby se sont exprimés et le dopage apparaît comme étant l'une des causes potentielles de ce débordement. Tout d'abord, c'est le président du CA Briviste (à l'occasion également animateur de télévision) qui a décidé de faire procéder à : « une enquête sur le dopage. L'alcool n'explique pas tout. J'ai regardé la cassette et ce n'est pas par hasard si les deux joueurs les plus surexcités se sont retrouvés ensuite au trou. »

Le deuxième spécialiste, Christian Montaignac, journaliste à *L'Équipe* depuis 1967 et signataire de *l'Année du Rugby* depuis 1973, qui, *a priori,* connaît bien le jeu et surtout les joueurs, joue les candides en estimant que la Coupe d'Europe de rugby risque de provoquer l'émergence du dopage : « Si elle fait avancer plus vite le jeu, elle marque une régression. Les comportements révèlent les traces d'un fanatisme naissant, l'exaltation des joueurs les rapproche des attitudes des footballeurs et nulle surprise n'accueillera les premières affaires de dopage et de corruption. » [*L'Équipe,* 19 septembre 1997]

À suivre Christian Montaignac, on doit en conclure que les footballeurs, et probablement les cyclistes, les haltérophiles, les athlètes et d'autres encore, sont des gens peu recommandables se dopant et trichant à l'envi alors que les rugbymen – et certainement les pilotes de F1, les golfeurs ou les alpinistes – gravitent dans un monde différent, oasis de pureté où le dopage est inconnu !

Sans vouloir dresser une liste exhaustive de tous les cas de dopage révélés dans le rugby ces dernières années, où l'on s'aperçoit là aussi comme en football que les anabolisants font désormais partie de la panoplie du joueur de haut niveau, je rappellerai que, dès 1979, un joueur du XV de France – et non des moindres – me révélait personnellement l'emploi courant, lors des matches internationaux, du Captagon®, une amphétamine très prisée dans les sports d'équipe.

Il est clair que l'argent, les médias, les reconnaissances officielles potentialisent la quête du dopage mais que, même sans ces ingrédients perturbateurs, la nature humaine est attirée vers tout ce qui peut lui permettre de jouer les premiers rôles, que ce soit dans le sport ou ailleurs et, bien sûr, dans le foot comme dans le rugby.

L'obscurantisme des médias

À chaque nouvelle affaire de dopage, la presse « tartine » des pages entières sur le sujet, sans réellement se préoccuper de la pertinence des informations diffusées. Elle condamne tous azimuts les sportifs qui se font prendre, les dealers qui courent toujours et la mollesse du pouvoir sportif. Or, elle-même est-elle irréprochable? On peut en douter lorsqu'on comptabilise les bévues publiées! Par exemple, dans la série de cas de dopage relevée courant octobre 1997, il a fallu une semaine pleine pour que le quotidien sportif le plus lu en France rectifie la confusion sur le « sexe » de la nandrolone. Pendant plusieurs jours, on a eu droit à « le » nandrolone et même dans les interviews de médecins spécialistes de la lutte antidopage.

De deux choses l'une : ou ces derniers ont de sérieuses lacunes sur les substances prohibées ou alors *L'Équipe* est trop pauvre pour se payer une relecture par un spécialiste compétent.

De son côté, Guy Roux, considéré par le milieu du foot comme un éducateur de haute volée, nous paraît hors de forme lorsqu'il aborde les questions de dopage. Dans *Télé 7 Jours,* l'homme à tout faire d'Auxerre y va de son contre-pied : « Au club, le plus dopé, c'est moi. Je prends depuis des années un sirop contre la toux interdit car il contient de la Quintonine®. Pareil pour le bon vieux sirop des Vosges®. Prenez-en et vous serez positif! ». Premièrement si Guy Roux soigne sa toux avec de la Quintonine® il aura beaucoup de mal à s'en défaire dans la mesure où cette spécialité pharmaceutique est prescrite dans le traitement symptomatique de l'asthénie fonctionnelle, autrement dit le banal coup de pompe. Rien à voir avec la toux. En ce qui concerne le « bon vieux » sirop des Vosges® , là aussi Guy Roux met le lecteur sur une fausse piste. Ce médicament mis sur le marché en 1946 et que l'on peut obtenir sans ordonnance, ne figure plus sur la liste des substances prohibées depuis octobre 1994, c'est-à-dire trois ans. Et encore de 1991 à 1994, il pouvait être utilisé dans le cadre d'une justification thérapeutique. Aujourd'hui, il n'est pas possible d'être positif avec ce sirop. De plus, on peut rappeler à l'entraîneur d'Auxerre que la notice d'un médicament comporte obligatoirement – s'il est interdit aux athlètes en période de compétition – la mention : « L'attention des sportifs est attirée sur le fait que cette spécialité contient un principe actif pouvant induire une réaction positive des tests pratiqués lors des contrôles antidopage. » Seule condition pour être prévenu à temps : il suffit de lire ladite notice avant de pratiquer l'automédication.

À la prochaine interview, le consultant football de TF1 va peut-être nous raconter sans sourciller que l'on peut être dopé avec des pastilles Valda® ou Pulmol® et, pourquoi pas, la Jouvence de l'Abbé Souris®? La désinformation de l'entraîneur d'Auxerre est totale mais celle du journaliste porte-plume ne l'est pas moins. Les déclarations de Guy Roux rappellent étrangement celles des cyclistes pris au contrôle qui, lors des années 70-80, tentaient de faire croire à l'opinion publique qu'ils étaient innocents car ayant uniquement absorbé des médicaments « destinés aussi aux nourrissons » alors, qu'en réalité, ils étaient « chargés » aux amphétamines.

Méditons sur les effets pervers de l'obscurantisme véhiculé par la majorité des médias. Cette tactique, classiquement, favorise la prolifération des gourous de tout poil et par là-même la diffusion du dopage.

L'éthique déclinée façon « Vertical »

Dans un numéro spécial du mensuel *Vertical* consacré à cent ans d'escalade et d'alpinisme, un journaliste (non identifié) relate la victoire historique de l'Autrichien Hermann Buhl, le 3 juin 1953, sur le neuvième 8 000 mètres de la planète : le Nanga Parbat (8 126 m).

« Le départ a lieu le 16 avril 1953, le tout-Munich ovationne l'équipe. La suite, on la connaît par cœur (sic). Ce sera l'une des plus belles pages de l'himalayisme puisque Hermann Buhl, natif d'Innsbruck, va accomplir l'exploit total en gravissant 1 200 m de dénivelé (du dernier camp au sommet, 8 126 m), seul, sans oxygène, le 3 juillet 1953. La seule aide de Buhl consistera en une petite gourde de thé au coca rapporté de Bolivie par Hans Ertl. À sept heures du soir, Buhl foula le sommet qui avait causé la mort de dix-neuf personnes… »

Ce court extrait où il est fait état pour seul viatique d'une petite gourde de thé au coca occulte allègrement une grande partie des faits réels.

« En réalité, les ouvrages des acteurs de l'expédition austro-allemande révèlent que Buhl a consommé au moins à deux reprises plusieurs comprimés de Pervitine® – autrement dit le même type de dopant (amphétamine) couramment utilisé par les cyclistes et autres athlètes des années sixties. D'ailleurs, Hermann Buhl n'était pas le seul alpiniste d'élite à consommer des amphétamines et autres produits dopants. En effet, lorsqu'on compulse les rapports médicaux des expéditions himalayennes du début des années 1950 au milieu des années 1960, période durant laquelle la plupart des 8 000 m ont été gravis, on constate que les malles estampillées Croix-Rouge contenaient en quantité non négligeable tous les excitants les plus connus des sportifs de haut niveau de l'époque.

Par exemple, dans la pharmacie des grimpeurs français, cela allait des amphétamines (Tonédron®, Maxiton®, Ortédrine®, Corydrane®) à la strychnine, à la caféine, à la Coramine®, à l'éphédrine et à l'heptaminol. Excusez du peu !

De plus le patron de l'expédition au Nanga Parbat, le docteur Karl Herrligkoffer, avait publié en février 1965 un article complet sur Pervitine® et alpinisme où il signalait que "la Pervitine® donnée à dose normale permet de vaincre les plus hauts sommets" ».

Afin de permettre aux lecteurs d'être équitablement informés, j'avais adressé au directeur de la rédaction de *Vertical* les informations ci-dessus. Ces dernières ont été publiées en grande partie dans le n° 102 d'octobre 1997 avec, bien sûr, un commentaire destiné à atténuer la carence du journaliste mais induisant un peu plus dans l'erreur les assidus de ce mensuel : « Merci de cette précision. Mais la mention de la gourde au coca concernait l'ascension finale de Buhl. Il semble que la Pervitine® fut utilisée avant, au cours des premières tentatives et dans les phases d'acclimatement. » [*Vertical,* n° 102, octobre 1997]

Devant cette volonté de désinformation j'avais adressé une nouvelle note comportant les déclarations d'Hermann Buhl lui-même qui, dans l'ouvrage du Dr Karl Herrligkoffer, précise bien que ce n'est pas au cours des premières tentatives, ni dans la phase d'acclimatement mais, bien sûr, pendant l'assaut final qu'il a consommé de la Pervitine® :

« Il est 2 heures de l'après-midi. Je me trouve maintenant en présence d'une muraille verticale de roche vive, coupée de fissures interrompues et de pentes glacées. Je prends deux tablettes de Pervitine® pour me rendre des forces. L'action ne s'en fera sentir que pendant six ou sept heures, je le sais et il me faudra avoir trouvé, entre temps, un abri. Une arête glacée et couronnée de corniches mène à l'épaule. Le versant sud du Nanga Parbat tombe verticalement de quelques milliers de mètres et tout en poursuivant mon ascension, tantôt sur des rochers, tantôt sur des plaques de neige, mon regard plonge dans cet abîme prodigieux : je n'ai jamais vu pareil gouffre ! (...) À 6 heures du soir, je suis sur l'épaule, à peu près à 8 000 mètres d'altitude. Je suis à bout de forces. En tant que montagnard, je sais qu'il faut aller jusqu'au bout, tout en haut, mais ce sentiment ne s'applique pas particulièrement au Nanga Parbat, ce pic inviolé qui a coûté déjà tant de vies humaines, d'où sept expéditions ont dû s'en retourner, vaincues. Je prends une dernière gorgée de coca qui me réconforte pour un instant. Puis je passe sur le flanc nord. Un entassement rocheux mène au sommet qui est à 100 mètres au-dessus de moi. J'abandonne mes bâtons de skis et, incapable de marcher, j'avance à quatre pattes. Brusquement, le sol s'abaisse tout autour de moi. Je suis au sommet. » (pp. 178-181)

Dans les pages suivantes, Hermann Buhl aborde le bivouac nocturne et le retour au camp C : « La remontée vers le Silbersattel est interminable. Il me faut recourir à la Pervitine® pour mobiliser mes dernières réserves de force ; sans cela, je n'arriverai pas au bout. À 17 h 30, me voici enfin sur la croupe. Je regarde en bas et aperçois deux camarades sur la Tête du Maure. Je reprends courage et, poussé par une force mystérieuse, je repars plus facilement. » (p. 188)

D'autre part, à cette époque où l'on parlait librement des soutiens chimiques (car le dopage n'était pas encore synonyme de tricherie envers son corps et envers les autres), chaque fois qu'il est fait mention de prise d'amphétamines, cela se passe dans l'environnement immédiat du sommet (assaut final ou descente). Par exemple, le 31 juillet 1954 à 18 h 30, les vainqueurs du K2, les Italiens Lino Lacedelli et Achille Compagnoni, prendront de la Sympamine® (amphétamine italienne) pour amorcer la descente. Cela ne veut, bien sûr, pas dire que les amphétamines – ces excitants du système nerveux central – n'étaient pas consommées plus avant dans les camps inférieurs, et même par les sherpas. Justement, avant d'atteindre le toit du monde, le 29 mai 1953, les Anglais ont expérimenté la Benzédrine® (une autre amphétamine) sur leurs fidèles porteurs d'altitude. Trois ans après, ce complément d'information n'a toujours pas été publié. Probablement qu'à cours d'arguments, la rédaction de *Vertical,* comme souvent les revues spécialisées de sport lorsqu'il s'agit de dopage, préfère faire cocu le lecteur que d'écorner le rêve.

norandrostènedione et androstènedione : les défaillances des médias

Avec l'affaire Bouras où le professeur Claude-Louis Gallien, président de la Commission nationale de lutte contre le dopage, affirme sans preuve que ce sportif aurait absorbé de la norandrostènedione et non de la nandrolone, les révélations de l'Américain Mark McGwire le recordman des *home runs* (coups hors des limites du terrain de base-ball), grand consommateur d'androstènedione, et l'interdiction par l'ATP Tour de cette même substance, les médias français ont « tartiné » à tour de bras sur la norandrostènedione et l'androstènedione avec des orthographes pour le moins fantaisistes. On se retrouve dans le même cas de figure qu'en octobre 1997 au moment de l'épidémie à la nandrolone où le premier communiqué de l'*AFP* révélant la série de six cas positifs donnait du sexe masculin à « le » nandrolone.

Il a fallu que je prévienne l'Agence France Presse pour que la nandrolone retrouve son genre féminin...

Aujourd'hui avec l'androstènedione et la norandrostènedione, c'est plutôt l'orthographe qui prend ses aises. Voici pêle-mêle quelques morceaux choisis : la Norandrosténédione *(AFP),* du nor-androstène-diol ou de norandrosténédione *(Le Parisien)*, le 19-Norandrostenedione *(L'Équipe)*, la norandrostenendione *(Libération)*, la norandrosténédione *(Le Monde)*.

En réalité, la norandrostènedione du genre féminin comme la nandrolone s'écrit avec un seul accent grave sur le e de stène comme d'ailleurs l'androstènedione. Ces deux substances, en dehors d'être commercialisées notamment aux États-Unis et d'être vendues aux sportifs via Internet, sont également produites naturellement par le corps. Une telle affirmation doit être nuancée car si la sécrétion endogène de l'androstènedione est connue de longue date, l'origine naturelle n'est pas encore prouvée pour la norandrostènedione.

Mais peut-être, comme pour la nandrolone, il suffit d'attendre quelques mois que les recherches s'affinent pour découvrir qu'elle aussi est d'origine endogène ?

Dans l'organisme, qu'elles soient d'origine endogène ou exogène, elles interviennent comme précurseur de la testostérone pour l'androstènedione et de la nandrolone pour la norandrostènedione et donnent toutes les quatre les mêmes résidus urinaires.

D'autre part, comme toutes les substances chimiques, norandrostènedione et androstènedione doivent débuter par une lettre minuscule. Seuls les noms de spécialités commerciales prennent une majuscule.

Le dopage à la mode Marianne

L'hebdomadaire dirigé par Jean-François Kahn n'a pas manqué, comme ses confrères, de couvrir les affaires de dopage du Tour de France 1998. Il a même ouvert ses colonnes à quelques « spécialistes » tels que Bernard Tapie !

Nous constatons une fois de plus que la presse en général est très forte pour philosopher sur les grands sujets de société – le dopage y compris – mais que, malheureusement, dès qu'elle cite des faits précis, elle s'égare complètement dans l'à peu près. Explications de texte.

Alors que dans le numéro du 3 novembre 1997, *Marianne* brocardait *Europe 1* avec ce titre : « Tapie, expert es dopages pour Europe 1», après le Tour de France, l'hebdomadaire ouvrait ses colonnes, dans le numéro du 10 août, à Bernard Tapie, ce donneur de « vérités » tous azimuts. L'ancien patron de l'Olympique de Marseille ressortait le couplet des « dopants qui ne sont pas efficaces chez le footballeur car cela s'accompagne d'une diminution de la clairvoyance, de la lucidité. Au football, ça ne pardonne pas ». On peut alors se poser la question de savoir pourquoi dans le basket ou le foot américain où les aspects techniques et tactiques ainsi que la précision du geste influencent directement le résultat de la compétition, le dopage est abondamment répandu et marche si bien... Les substances modernes, ÉPO, hormones de croissance, etc. agissent sur les performances physiologiques du corps. Le sportif « bien préparé » supporte des charges d'entraînement plus fortes – sans se blesser – court plus vite et plus longtemps, saute plus haut, tape plus fort dans la balle, tire avec plus de facilité avec la tête. Au total, tous les sports peuvent bénéficier avantageusement du dopage.

Rappelons à Bernard Tapie et à tous ceux qui nient le dopage chez les manchots qu'une enquête effectuée en 1958 dans le football italien montrait que 27 % des joueurs prenaient des amphétamines, 62 % des analeptiques cardiovasculaires (stimulants du cœur et de la respiration) et 68 % des hormones (déjà) !

Quarante ans après, alors que toutes les catégories professionnelles de notre société se dopent, que l'argent est entré dans le monde du football de façon démesurée, que les retransmissions télévisées exposent les joueurs aux regards de millions de spectateurs, nos « angéliques joueurs » ne carbureraient qu'à l'eau plate ?

Positifs avec une substance... non prohibée !

France-Soir, dans son édition du 13 août 1998 sous la signature de son correspondant à Madrid Frédéric Hermel, s'intéresse à la forte « médicalisation » du football espagnol. Parallèlement, il met en opposition la suspicion de dopage et l'absence de cas positif : « Mais de là à parler d'utilisation de substances illicites, il y a un pas qu'on n'a pas le droit de franchir pour une raison très simple : personne n'a jamais été déclaré positif aux contrôles antidopage qui ont lieu systématiquement sur deux joueurs par équipe à la fin de chaque journée de championnat. Des examens d'urine (et jamais de sang!) qui n'ont révélé qu'une seule fois la présence de produits dopants. »

Ce journaliste poursuit alors ses révélations qui manquent pour le moins de crédibilité lorsqu'il nous apprend que c'est la créatine qui a fait tomber en 1994 deux joueurs âgés de 17 ans de l'équipe B du Réal Madrid : « À leur insu, le médecin du club, le Dr Neira, licencié à la suite de cette affaire, leur avait administré cette substance qui accélère le développement musculaire. Substance que tout médecin peut se procurer facilement en pharmacie et qui se trouve sur la liste officielle de produits dopants depuis la promulgation d'un décret de loi sur le dopage en 1992. Nous suivons à la lettre la liste définie par le Comité international olympique, affirme-t-on du côté du Conseil national du sport espagnol. »

Lorsqu'on aborde des faits précis, notamment en matière de législation antidopage, il faut absolument vérifier ses sources. Malheureusement, une fois de plus, cela n'a pas été le cas. En effet, la créatine n'a jamais figuré sur aucune liste du CIO. En conséquence, on voit mal le Conseil national du sport espagnol s'appuyer sur la liste rouge olympique pour l'interdire en 1992 ! D'ailleurs, à l'époque, elle ne bénéficie d'aucune aura miraculeuse et vient

tout juste de pénétrer les enceintes athlétiques. En plus de ne pas être interdite par le CIO, la créatine est surtout indécelable puisque le corps en fabrique et l'alimentation en apporte.
La question reste posée de savoir avec quelle substance prohibée les deux joueurs espagnols ont été épinglés ?

Antalgique, anti-inflammatoire et antifatigue : trouvez la différence

Dans son ouvrage *À mon Tour!* [1], Patrick Chêne – à l'époque patron des sports sur France 2–France 3 – entretient la confusion entre soins et dopage.

En 1991, dans son Bordeaux-Paris à vélo effectué avec Jean Mamère dans le cadre du Téléthon, insuffisamment préparé, il se fait « piquouzer » pour atteindre le but. Laissons-le s'exprimer : « Jean et moi en avons vu de toutes les couleurs, mais nous sommes allés au bout. Je me rappelle les sarcasmes souriants et amicaux de Jean qui me promettait les affres du contrôle antidopage : le très prévenant docteur Porte venait en effet de m'injecter un anti-inflammatoire pour débloquer mon épaule douloureuse paralysée par les contractures. »

Tout le monde admet que masquer la fatigue par des amphétamines, c'est du dopage. Alors que, curieusement, pour de nombreuses personnes, telles que Patrick Chêne, camoufler la douleur d'une épaule par des antalgiques ou des anti-inflammatoires, ne serait pas du dopage. Comprenne qui pourra! Par exemple, lorsqu'un fou se frappe la tête avec un marteau, est-il plus efficace de lui mettre du mercurochrome sur la plaie ou de lui enlever le marteau?

Lorsqu'on prend un médicament afin de masquer une défaillance physique, ou mentale, on répond bien à la définition du dopage. Cela ne veut surtout pas dire que l'on ne peut pas se soigner mais qu'il faut arrêter le geste qui fait « crier » le corps, le temps que ce dernier se refasse une santé. Se médicaliser pour aller coûte que coûte jusqu'au bout, porte atteinte obligatoirement à l'intégrité de l'organisme. Les effets pervers de telles pratiques ne provoquent pas forcément des sanctions organiques immédiates, mais dans un avenir plus ou moins rapproché à coup sûr.

Alors que dans d'autres occasions, Patrick Chêne s'insurge contre les dérives biologiques des cyclistes, notamment après l'affaire Festina du Tour de France 1998, là, dans un ouvrage destiné au grand public, il met ses lecteurs sur une fausse piste en accréditant la thèse qu'il est tout à fait « naturel » d'éliminer coûte que coûte les douleurs provoquées par l'effort. Pertinent message!

[1] Chêne P., *À mon Tour!*, Paris, Robert Laffont, 1998, 229 p. (pp. 172-174).

Références

1. MARCHAND J., « De l'éducation... oui, parlons-en!... », *Miroir du cyclisme,* 1967, n° 93, novembre, pp. 6-7.
2. TOLLÉ J.-P., « Les journalistes » in *Les vrais responsables, Caducycle,* 1979, 7, n°26, avril-juin, pp. 43-45 (p. 43).
3. PAGNOUD G., *Zoetemelk, la prochaine étape,* Paris, Solar, 1980, 190 p. (p. 11).
4. GUIMARD C., *Un vélo dans la tête* (avec Bernard Pascuito), Paris, Solar, 1980, 192 p. (pp. 169-179) (p. 172).
5. « 24 heures de sport. À propos d'un contrôle », *L'Équipe,* 29 juin 1966.
6. « Chronique d'Outre-Manche; n'y revenez pas avec le doping! », *L'Équipe,* 13 janvier 1968.
7. LE BOUVIER D., « Le dossier dopage sur le bureau du Board », *France-Soir,* 31 octobre 1998.

« Les athlètes sont pour le dopage... »

Régulièrement, lors des débats sur le dopage, tel spécialiste pour asseoir sa démonstration ou tel plumitif pour révéler l'inconscience des sportifs face aux dangers des drogues de la performance, se réfèrent à une enquête américaine qui associait au dopage deux certitudes hypothétiques : la gloire et... la mort.

Controverse – l'enquête passe-partout

À l'origine de cette enquête, qui était plutôt un sondage, le Dr Gabe Mirkin [1], un médecin américain accompagnateur de l'équipe nationale aux JO, avait en 1975 distribué un questionnaire à une centaine d'athlètes avant une course. Il demandait : « Si vous aviez la possibilité de prendre une pilule qui ferait de vous un champion olympique mais qui vous tuerait au bout d'un an, la prendriez-vous ? »

Plus de la moitié des sportifs répondit de façon affirmative.

Un autre médecin américain spécialiste du dopage, le docteur Bob Goldman [2], s'est demandé si cette acceptation de la mort était universelle parmi les athlètes de toutes disciplines ou bien si ce comportement mortifère était particulier aux coureurs à pied. Aussi Goldman décida-t-il de répéter l'expérience avec les sportifs qu'il connaissait le mieux, à savoir des haltérophiles et des spécialistes des lancers (poids, marteau, disque) et des concours (saut en hauteur, longueur, etc.).

À sa grande surprise, il a été obligé de conclure que les haltérophiles et les athlètes étaient aussi fous que les coureurs. En effet, il a posé à 198 athlètes de niveau mondial, une question similaire à celle de Mirkin : « Si j'avais un produit tellement formidable que si vous le preniez une seule fois vous remporteriez toutes les compétitions auxquelles vous participeriez, depuis le décathlon olympique à M. Univers, pour les cinq années à venir, mais qui aurait un inconvénient "mineur" : il vous tuerait cinq ans après sa prise, le prendriez-vous tout de même ? »

103 des sportifs interrogés (52 %) répondirent oui, que la victoire était tellement fascinante que non seulement ils seraient prêts à l'obtenir en absorbant une pilule (en d'autres termes par une méthode illégale et malhonnête) mais qu'en plus ils étaient prêts à donner leur vie pour cela.

D'après l'auteur de cette seconde enquête : « On peut arguer que c'est seulement parce que les sportifs savaient qu'une telle pilule n'existait pas qu'ils affirmaient pouvoir accepter sans état d'âme un hara-kiri olympique. Dans la réalité, que, face à une telle médecine magique, ils y regarderaient deux fois. Cet argument est peut-être valable mais les faits suggèrent autre chose. Par exemple que les sportifs sont prêts à prendre n'importe quoi ou à faire n'importe quoi à leur corps pour gagner, sans assurance de victoire et avec un apparent mépris de leur vie au-delà des olympiades ou parfois au-delà de la prochaine grande compétition sportive. »

Pour notre part, face à une telle enquête informelle, nous sommes assez sceptiques. Pour y croire et en tirer des conclusions, il faudrait que quelques athlètes médaillés d'or soient décédés moins de un ou cinq ans après avoir souscrit à de telles propositions. Néanmoins, il faut reconnaître que les sportifs n'ont aucune notion de la santé et de la maladie et, qu'à 25 ans, le risque de la mort est une notion particulièrement floue. La majorité des psychologues sait parfaitement que la connaissance d'un risque ne suffit pas à elle seule à modifier un comportement. Par exemple, aujourd'hui, tout le monde n'ignore plus que le tabac tue. Les plus informés sur les conséquences délétères au plan santé du tabagisme appartiennent à la corporation du corps médical. Et pourtant, 30 à 35 % des médecins fument.

De son côté, la championne d'athlétisme Christine Arron, interrogée sur cette étude par *Le Figaro* [3], livre son commentaire : « C'est très grave. Très grave. Mais ce sondage est peut-être représentatif. Surtout de ceux qui ont vécu une enfance difficile ou qui viennent d'un milieu défavorisé. Ils voient l'athlétisme et une médaille d'or comme le seul moyen de s'en sortir. Même si cela ne dure que dix ans. Au moins auront-ils vécu un truc fantastique. Quant à moi, je ne pense absolument pas comme les 70 % du sondage américain. Mais alors pas du tout. Je préfère ne jamais gagner de médaille et profiter de la vie jusqu'à soixante-dix ans. »

Certains, en lisant la championne d'Europe 1998, penseront qu'elle s'est trompée sur le nombre d'années disponibles (10 ans) après la prise de la pilule miracle. En réalité, c'est qu'à chaque citation de cette fameuse enquête américaine par un journaliste ou un spécialiste français, on a droit à des chiffres fantaisistes tant sur la durée de vie que sur les pourcentages des prêts à tout. Par exemple, le Dr Patrick Nédelec – ex-médecin du contrôle antidopage du Tour de France pendant douze ans – écrit dans *l'Équipe Magazine* [4] : « D'un autre côté, un sondage a été lancé aux États-Unis dans une revue médicale. La question était la suivante : si l'on vous donne la pilule qui vous fait monter sur la plus haute marche du podium et vous fait mourir dans les quinze jours qui suivent, la prenez-vous? 75 % des sportifs interrogés ont dit : oui, on la prend ! » Également, l'interviewer de Christine Arron, Alain Page, prend des libertés avec les résultats donnés par Mirkin et Goldman : « Dans un sondage effectué chez des athlètes américains il y a quelques années, 70 % se sont déclarés prêts à prendre un produit miracle qui leur assurerait une médaille d'or olympique même si ce produit pouvait tuer dans les dix ans. »

Bref, cette enquête à la signification pour le moins aléatoire, continue régulièrement à servir d'argument à tous ceux qui veulent passer pour des spécialistes des questions de dopage.

Références

1. MIRKIN G., *La Médecine sportive : prévention, entraînement, alimentation, soins*, Montréal, les Éditions de l'Homme, 1981, 322 p. (p. 147).

2. GOLDMAN B., *La Mort dans les vestiaires : stéroïdes et sports* (en anglais), Londres, Century Publishing, 1984, 372 p. (pp. 31-32).

3. *Le Figaro,* 28 décembre 1998.

4. *L'Équipe Magazine,* 2 novembre 1996.

« Les sportifs sont fair-play par nature... »

Le sport de haute compétition est une course poursuite incessante entre les gendarmes – les officiels des fédérations – et les voleurs – les champions qui veulent toujours jouer avec le règlement afin de passer l'adversaire. Cette dérive qui n'est pas récente touche toutes les formes de compétition qu'elles soient scolaires, sociales, professionnelles, scientifiques, amoureuses (aphrodisiaques), politiques (corruption) ou, bien sûr, sportives.

Dans les enceintes athlétiques, parmi les ingrédients disponibles pouvant faire la différence, on trouve pêle-mêle la corruption, le tirage de maillot – particulièrement à la mode lors du Mondial 1998 – les fautes simulées, l'antijeu, les menaces physiques, les insultes pour pousser à la faute, les vilains gestes pour éliminer un concurrent, la poussette dans les cols et naturellement le dopage. Cette liste est loin d'être exhaustive tant l'ingéniosité de l'homme pour tricher n'a pas de limite.

Des écrits très anciens rappellent qu'en l'an 70 avant J.-C., un dénommé Eudelos, inscrit aux Jeux olympiques, avait vendu ses chances à Philostrate, un autre compétiteur. Nous avons retrouvé dans *La Vie au grand air*, une revue illustrée de tous les sports paraissant pendant le premier quart du XXe siècle, une grande enquête datant de 1910 consacrée « aux truquages dans le sport ». [1] Cette étude concerne bien sûr les activités de compétition les plus pratiquées et, par corollaire, les plus médiatisées de cette période. On en dénombre six : la lutte, la boxe, le cyclisme, l'hippisme, le duel et l'automobile. À la suite de la Grande Boucle 1926 la chronique de l'époque rapporte que « la magistrale épreuve vient de subir une formidable et redoutable éclipse car on n'apprendra rien à personne en disant que le dernier Tour de France s'est déroulé au milieu d'une indifférence quasi générale. » L'auteur de ces lignes, Alphonse Baugé, le célèbre directeur sportif, poursuit en expliquant que le comportement des coureurs indispose Henri Desgrange, le patron du Tour, qui se creuse la tête pour que son règlement soit respecté : « Il s'indigne, non sans de sérieuses raisons, que des coureurs transgressent le règlement, ne cherchent qu'à truquer, qu'à continuellement échafauder les pires combinaisons. » [2]

Comme pour le dopage où la confusion règne sur sa définition, l'éthique sportive paraît floue pour certains.

Par exemple, Jean Graczyck, lorsqu'il fut mis hors course du Tour d'Italie 1959 pour s'être accroché à une moto, eut une réponse assez inattendue : « Personne n'est venu me dire que c'était interdit!... » [3] Effectivement, de nombreux athlètes ont résolu le problème en éliminant le mot « triche » pour le remplacer par « se débrouiller », beaucoup moins négatif pour leur image publique. Au fil des décennies, cette habitude consistant à contourner la règle n'a fait que s'amplifier. Les résultats d'une enquête publiée aux États-Unis en 1983, émanant de l'Institut de criminologie de New York, laissaient d'ailleurs bien augurer de ce qui se passe aujourd'hui. Sur huit mille sept cents personnes soumises au détecteur de mensonge entre 1972 et 1976, cinq mille trois cents – soit 61 % – s'accusaient en priorité d'avoir triché dans une compétition sportive entre douze et dix-huit ans. [4]

On dit toujours, avec justesse, que l'exemple vient d'en haut. Or, les caméras indiscrètes de la dernière coupe du monde de foot, nous ont montré, et par la même occasion à tous les jeunes joueurs de la planète voulant s'identifier aux stars du ballon rond, une épidémie de tirages de maillots. Cette tactique n'a qu'un seul but : entraver les meilleurs. C'est bien sûr toujours la différence de qualités et d'aptitude entre les hommes qui génère la tricherie des moins bons ou des plus faibles et, ensuite, avec la banalisation, tout le monde s'y met. Autre évolution perverse, à partir du moment où plus personne ne respecte la règle, il n'y a plus de « hors-la-loi ». C'est en tout cas l'analyse du canadien Ben Johnson après son contrôle positif du 100 m des JO de Séoul en 1988 : « Je prenais des stéroïdes comme tous les autres qui étaient au départ avec moi ce jour-là. Nous nous sommes battus à armes égales, il n'y a pas eu de tricherie. Un tricheur contourne les règles pour gagner, ce n'est pas ce que j'ai fait, j'ai suivi les mêmes règles que les autres. Ceux qui m'ont traité en paria sont des hypocrites. » [5]

Autres transgressions de la morale sportive : les résultats « arrangés sur ordre supérieur » avant de passer la ligne sont·loin d'être exceptionnels. À Gao, avant l'arrivée du Paris-Dakar 1989, Jean Todt le team-manager Peugeot tire à pile ou face le vainqueur de l'épreuve : le sort désigne le Finlandais Ari Vatanen devant le Belge Jacky Ickx. [6]

En 1996, lors de la classique cycliste Paris-Roubaix, l'équipe Mapei-GB réussit le triplé. Le Belge Johan Museeuw remporte la célèbre classique de l'Enfer du Nord en sprintant mollement devant ses deux partenaires eux aussi en roue libre et rongeant leur frein, l'ordre d'arrivée ayant été décidé par téléphone entre le directeur sportif et le grand patron de l'équipe italo-belge. [7]

Au début de l'année 1995, Mme Michèle Alliot-Marie, alors ministre de la Jeunesse et des Sports, déclarait la guerre à la tricherie. En s'adressant aux responsables du sport français lors de la traditionnelle cérémonie des vœux, elle affirmait : « Ne demandons pas à des jeunes de se comporter mieux que certains dirigeants ou certains commentateurs. » À cette occasion, elle voulait mettre en place un « comité de l'esprit sportif » et un code de déontologie du sport destiné à lutter « contre les nouvelles formes de déviance qui affectent la pratique sportive contemporaine ». [8] Pour Mme Alliot-Marie, une telle opération « contre la tricherie et l'élégance du geste » devait s'inscrire dans la durée. Il faudrait peut-être pour commencer que les commentateurs télévisés adoptent un langage moins pervers en supprimant de leur vocabulaire des expressions telles que « il a du métier » pour signifier en fait « il est truqueur mais il le fait bien » ou « une saine agressivité » pour évoquer un joueur rugueux à la limite de la violence.

Tout concourt ainsi à ce que la mauvaise éducation se perpétue à grande échelle. De même, la plupart des entraîneurs sont des anciens sportifs connaissant tous les trucs ou ayant déjà goûté aux fruits défendus. Parmi les entraîneurs nationaux d'une fédération hexagonale, figurent trois ex-pris au contrôle antidopage dont l'un, circonstance aggravante, pour fraude caractérisée. Gilles Delion, l'un des rares coureurs propres du peloton, a bien expliqué que l'existence du dopage pour un jeune démarre très tôt : « Quand j'ai débuté parce que mon père avait fondé un club de cyclotourisme et m'en avait donné le goût, on m'en parlait déjà. À quinze ans, je savais que certains amateurs n'étaient pas à l'eau claire. » [9]

Dans le cyclisme, l'école de la triche n'est pas récente. Une étude historique sur le cyclisme en Pyrénées-Atlantiques et en Aquitaine, parue en 1994, nous rappelle « qu'en 1973, les quatre premiers du championnat d'Aquitaine des cadets furent déclassés pour un contrôle positif ! » et que lors de l'assemblée générale des clubs béarnais en 1975 le délégué local de la FFC constata que « cette fâcheuse et dangereuse coutume arrive à faire tache d'huile même dans les couches inférieurs de nos licenciés. » [10] Et pourtant, certains dirigeants fédéraux s'étonnent aujourd'hui que les amateurs soient aussi contaminés. À chaque nouveauté réglementaire ou avancée antidopage, un seul mot d'ordre anime les sportifs et leur entourage : ne surtout pas accepter la nouvelle directive mais en trouver, au plus vite, la parade et pouvoir ainsi la contourner.

Répétons-le, la triche sportive sous toutes ses formes est inhérente à la compétition. Afin de limiter cette dérive, il faut contraindre tous les acteurs – dirigeants, sportifs, officiels, éducateurs, journalistes – à respecter les règles et pour cela s'en donner les moyens. En cas de transgression, les sanctions doivent suivre sans « magouille » supplémentaire. Peut-être faut-il envisager en toutes circonstances des commissions de discipline sur le mode du Tribunal arbitral du sport (TAS) totalement indépendantes. Pour ce qui concerne la lutte antidopage, et après trente-cinq ans d'échecs, il nous paraît indispensable de retirer aux fédérations le pouvoir de sanctionner. En revanche, elles devraient concentrer tous leurs efforts sur l'éducation et la prévention.

Le sport : école de vie ou école du vice ?

Roger Bambuck (FRA), ministre de la Jeunesse et des Sports de mai 1988 à mai 1991 : « Je suis peu soupçonnable d'être contre le sport de haute compétition. Mais si une société se met à vendre des exploits fictifs, j'affirme sans hésiter que cette société est en perdition. Si tel était le cas, je ne pourrais plus m'y intéresser. » [*L'Express,* 21 octobre 1988]

Jean-Philippe Bouchard (FRA), journaliste à *France Football :* « On ne peut pas revendiquer l'interdiction du dopage au nom de l'équité sportive si l'on admet comme définition du sport le mot "compétition". Dès que l'on compte les points, il s'agit de profiter des faiblesses de l'adversaire. Tant pis pour le boiteux, le borgne, le faible. Et le dopage s'inscrit logiquement comme un moyen scientifique performant pour aller (toujours) plus vite, plus haut, plus fort. Alors, pourquoi l'interdire ? » [*Marianne,* 10 novembre 1997].

David Douillet (FRA), champion olympique et champion du monde de judo : « À propos du sport de compétition, c'est un lieu commun sans doute de parler d'école de vie, mais qu'il s'agisse d'une discipline individuelle ou collective, on y apprend forcément beaucoup, des joies et des peines, à savourer, à partager. Peut-être davantage encore dans un contexte de sport d'équipe. » [in *L'Âme du conquérant*, Paris, Éd. Robert Laffont, 1998, 275 p. (p. 151)].

Francesco Moser (ITA), cycliste professionnel de 1973 à 1988 : « Pour défaire le dopage, il faudrait déclarer vainqueur celui qui arrive dernier ! » [*L'Équipe,* 9 avril 1999].

Laurent Tettamanti (SUI), cycliste Élite : « Depuis les juniors, voire les cadets, la notion de plaisir et de bienfait disparaît, chassée par l'esprit de compétition. Dès lors, tout est axé sur le résultat. C'est le début de l'engrenage. » [*Info Dimanche,* 31 janvier 1999].

Jean Texier (FRA), culturiste et chroniqueur sportif : « Évidemment, maintenant, si j'avais 18 ans, et si je voulais faire des compétitions de bodybuilding, mon modèle serait sans doute Dorian Yates, puisque c'est lui l'as des as actuel en bodybuilding. Je serais obligé d'apprendre le maniement des seringues, puisque c'est le préalable à toute participation, même modeste, à une compétition de bodybuilding de nos jours, même à un niveau régional amateur. » [*Le Monde du muscle,* 1997, n° 162, janvier, p. 80].

Références

1. MORTANE J., « Les truquages dans le sport – 1. La lutte », *La Vie au grand air,* 1910, n° 591, 15 janvier, p. 40 – « 2. La boxe », *VGA,* 1910, n° 593, 29 janvier, p. 76 – « 3. Le cyclisme », *VGA,* 1910, n° 593, 29 janvier, p. 76 – « 4. Hippisme », *VGA,* 1910, n° 594, 5 février, p. 92 – « 5. Le duel », *VGA,* 1910, n° 595, 12 février, p. 110 – « 6. L'automobile », *VGA,* 1910, n° 596, 19 février, p. 118.

2. BAUGE A., « Une enquête du Maréchal Baugé auprès des anciens de la course », *Le Miroir des sports,* 1926, n° 341, 26 octobre, p. 309.

3. *Le Miroir des sports,* 8 juin 1959.

4. *L'Équipe,* 5 septembre 1983.

5. *L'Équipe,* 22 juillet 1996.

6. BOURGET J.-M., « Jacky Ickx : "Mon nouveau challenge" », *Paris-Match,* 1990, n° hors-série, pp. 7-10 (p. 10).

7. *L'Équipe,* 15 avril 1996.

8. *Le Monde,* 11 janvier 1995.

9. *Vélo Sprint 2000,* 1990, n° 253, avril, p. 56.

10. BIRATELLE F., *Le Cyclisme en Pyrénées-Atlantiques* et en *Aquitaine : 1945-1983,* Aspects d'histoire sociale, Université de Pau et des pays de l'Adour, 1995, 265 p. (p. 246) (Diplôme d'études approfondies d'histoire, 1994-1995).

« Les campagnes d'information sont efficaces… »

Lorsque éclate une affaire de dopage, tout le monde (pouvoirs publics et dirigeants) y va de son couplet : « Dans les plus brefs délais, une campagne d'information sera faite sur les méfaits du dopage et l'utilisation des produits interdits. » En ce qui concerne le volet préventif et éducatif dans la lutte antidopage proprement dite, l'histoire est un éternel recommencement. L'une des toutes premières réunions de grande envergure consacrée au dopage – le premier colloque européen d'Uriage les 26 et 27 janvier 1963 – où étaient réunis scientifiques, pharmacologues, médecins et journalistes sportifs, pratiquants de haut niveau et sportifs professionnels, avait déjà, afin d'éradiquer le dopage, détaillé les deux grands axes de travail.

Un surplace qui dure depuis 1981

Dans la catégorie de ceux qui font semblant de participer à l'effort commun d'éducation des sportifs sur le dopage, on trouve en bonne place l'imposant *Manuel d'éducateur sportif.* Déjà en 1981, j'avais stigmatisé les carences de cet ouvrage, sorte de bible officieuse préparant aux très officiels Brevets d'État. À l'époque, j'écrivais : « En cinq cent vingt pages, il passe au crible tous les tenants et aboutissants du sport mais n'accorde que soixante-six lignes au dopage, dont près de la moitié à la seule législation ! » Aujourd'hui, en 2000, alors qu'on doit en être à la dizième édition publiée et qu'il a grossi de près de 400 pages, on comptabilise toujours le même nombre de lignes qu'il y a dix-neuf ans. D'ailleurs, rien n'a changé non plus en ce qui concerne les textes législatifs où on en est toujours à la loi Herzog, votée en 1965, et bien sûr, dans la liste des principaux agents dopants, les auteurs ignorent les hormones peptidiques (hormone de croissance, érythropoïétine etc.).

Ce n'est vraiment pas très sérieux, d'autant plus qu'il est quasi certain que les deux pages et soixante-six lignes n'ont jamais été vérifiées depuis 1981 puisqu'on peut lire « En France, le congrès d'Oriage », alors que c'est bien sûr Uriage, près de Grenoble, qui a accueilli les 26 et 27 janvier 1963 tous les concernés – journalistes sportifs, médecins, toxicologues, athlètes etc. – pour débattre et trouver d'éventuelles parades à cette importante dérive de la compétition. Fait aggravant, on retrouve le même texte à peu de chose près dans le livre consacré au Brevet d'État d'éducateur sportif 1er et 2e degrés et publié en 1994 par le même éditeur.

Au total, on a du mal à croire que ces gens-là soient vraiment soucieux d'informer les éducateurs auxquels ces ouvrages sont destinés en priorité. On peut également avoir des doutes sur l'actualisation des autres informations.

En premier lieu, il faut, au plan de la prévention, accélérer la recherche sur la diététique, l'entraînement, la musculation et la récupération afin d'apporter des réponses pratiques aux entraîneurs et aux sportifs. Le deuxième point essentiel qui abordait l'information et l'éducation était libellé ainsi : « Le congrès d'Uriage attire l'attention sur le fait qu'un travail rentable ne pourra se réaliser que si dans la formation des universitaires, des médecins, des éducateurs et des entraîneurs, on retrouve la possibilité d'une pensée et d'une action communes. » [1] Pour notre part, à la liste de ceux devant subir en priorité une formation, nous ajouterons les journalistes. En effet, pour que la lutte aboutisse, il faut que tout le monde ait vraiment envie de jouer le jeu et, bien sûr, dans le même camp. Or, à chaque affaire de dopage, il y a trop de discordance entre les avis, les règlements des fédérations et les sanctions. Le tout favorisant sans conteste la désinformation et, par corollaire, l'apologie du dopage.

Pour mettre en place une prévention efficace, il est clair qu'il faut faire l'effort d'une réflexion sur les facteurs favorisants le dopage. On ne peut décidément s'arrêter sur des causes « superficielles » comme celles qu'invoquent, par exemple, ceux qui affirment qu'en raison de la longueur de la liste des produits visés ils ne peuvent se soigner. À cette excuse trop facile, nous préférons la superposition de deux causes bien différentes dans leur nature comme dans les remèdes qu'elles suggèrent. L'une, profonde et fondamentale, liée à ses structures ancestrales : la multiplication des épreuves qui éprouve de plus en plus tous les champions; l'autre, plus circonstancielle, mais jouant un rôle aggravant surtout dans les disciplines les plus exigeantes : un encadrement paramédical inapte et dangereux.

À propos des cadences infernales entretenues par les dirigeants, les organisateurs de courses et les employeurs, Marcel Tinazzi, l'ex-président de l'Union nationale des coureurs professionnels (UNCP), stigmatisait déjà il y a une quinzaine d'années la dérive des stakhanovistes du coup de pédale : « Avant tout, le mal dont souffre le vélo, c'est qu'il y a trop de courses. Le calendrier est trop embrouillé. Et, à la sortie, les coureurs sont trop fatigués. Le dopage, on n'en parlerait pas s'il y avait trois courses par an. Les coureurs sont prisonniers du système. Ils courent toute l'année, ils sont fatigués, ils sont prisonniers de leurs employeurs, du calendrier des courses et, pour suivre, ils sont parfois obligés de tricher. Voilà, nous sommes enfermés dans un système stupide. » [2]

Les chiffres ont donc leur mot à dire. Ainsi, Henri Pélissier, vainqueur du Tour de France 1923, avait trente jours de courses annuels à son programme, alors que Bernard Vallet affirme avoir atteint 225 jours de courses en 1985, ce qui fait tout simplement une progression de 750 % ! Autre chiffre à méditer : l'aîné des Pélissier, en dix-huit années de courses professionnelles, a effectué 52 000 km en courses alors qu'Eddy Merckx, cinquante ans plus tard, en treize saisons, a roulé 400 000 km à l'avant du peloton. En clair, cela veut dire que, pendant que le premier parcourait 1 km à 25 km/h, le champion bruxellois en faisait 10 à 37 km/h! Tant que sera entretenu un milieu aussi favorable à l'excès, il sera vain de compter sur une prise de conscience des principaux intéressés. Peut-on espérer une véritable prise de conscience des dirigeants devant leurs responsabilités? Et envisager l'effort d'éducation qui doit en sortir? Il n'est pas utile d'énumérer ici la liste des mesures indispensables. Chaque fédération agite plus ou moins régulièrement le hochet d'un encadrement sinon professionnel, du moins parfaitement compétent.

Les méthodes de formation existent. La volonté de les appliquer beaucoup moins. En pratique, on trouve des fédérations de pointe comme celle du judo et, en regard, d'autres fédérations qui en sont encore au Moyen Âge. Or, dans cette deuxième catégorie, où l'empirisme l'emporte sur le professionnalisme, n'importe qui, en pratique, peut être médecin et surtout soigneur(*).

En dehors de la prévention (calendrier, encadrement médico-technique, suivi médical), l'information et l'éducation doivent bien sûr trouver leur place. Or, depuis le début des années 1960 et la mise en place de la lutte antidopage, ces deux axes incontournables n'ont eu qu'un rôle très marginal. Prenons l'exemple de la Fédération française de cyclisme (FFC). Au début de l'année 1997, Daniel Baal, son président, part en guerre contre le dopage. Il utilise les publications des comités régionaux pour faire passer un message de fermeté où il insiste sur l'éducation, l'information et la prévention.

Par exemple, dans *Normandie Cyclisme*, il en résume les points essentiels : « Il convient donc parallèlement de maintenir le dispositif répressif actuel et de le

* (cf. « La Fédération française de cyclisme, depuis longtemps, pourchasse avec pugnacité les soigneurs illégaux… »)

renforcer. Les recherches doivent être poursuivies afin que toutes les substances interdites puissent être décelées à l'occasion des contrôles antidopage habituels, réalisés tant à l'occasion des compétitions que des entraînements. Et, plus que jamais, des actions de prévention et d'éducation doivent être mises en œuvre à tous les niveaux. » [3] Toujours à la même époque, dans l'*Orléanais Cyclisme*, il en résume les points essentiels : « Il faut améliorer la prévention et l'information, mettre en œuvre des moyens de contrôle plus élaborés, mener une chasse sans merci contre les pourvoyeurs, biologistes, chimistes et médecins complices. » [4] Un an plus tard, Laurent Brochard, l'un des protagonistes de l'affaire Festina du Tour 1998, est interrogé sur cette question par *Sport et Vie :* « Depuis que vous pratiquez le cyclisme de haut niveau, avez-vous reçu ne serait-ce qu'une fois, une information sur le sujet ? » Réponse de Brochard : « Non, jamais. C'est vrai que ça manque. Dans les petits clubs, ce serait bien de passer le message de temps en temps. À mon avis, ce n'est pas quelque chose qui se pratique très souvent. » [5]

Le prix de la lutte et de la prévention

1987 - 2,5 millions de francs

En 1987, **Christian Bergelin,** alors secrétaire d'État chargé de la Jeunesse et des Sports, partait en guerre contre le dopage. Un budget de deux millions et demi de francs avait été affecté à la lutte antidopage, les deux tiers de cette somme étant destinés à la prévention. Celle-ci comprenait des actions auprès des professionnels de la santé, de l'encadrement sportif et auprès des sportifs eux-mêmes, par l'intermédiaire de dépliants, d'affiches, d'autocollants et d'un slogan : « Dopage, dégage ! ».

1997 - 12 millions

• « En arrivant au ministère, j'ai constaté que le budget affecté à la lutte contre le dopage avait diminué chaque année depuis 1990. J'ai enclenché un mouvement contraire pour revoir à la hausse les moyens sur ce dossier primordial. » [**Guy Drut (FRA),** ministre de la Jeunesse et des Sports de mai 1995 à mai 1997, *JDD*, 4 février 1996].

• Le 20 décembre 1996, lors d'une conférence de presse, Guy Drut annonce que le budget de la lutte antidopage qui, pour l'année écoulée, était de 3,5 millions de francs, passera à 12 millions en 1997.

2000 - 115 millions

• La plus grosse partie des moyens supplémentaires que le ministère a décidé de consacrer à cette lutte en 1998 sera affectée à l'information des sportifs et à celle de leur entourage. Lorsqu'on arrive au contrôle positif, il est déjà trop tard, le mal est fait. » [**Marie-George Buffet (FRA),** ministre de la Jeunesse et des Sports depuis mai 1997, *Le Figaro,* 6 janvier 1998].

• Dans une communication au conseil des ministres, Marie-George Buffet a annoncé que, au cours de l'année 2000, le gouvernement allait consacrer 115 millions de francs à la lutte antidopage et à la protection des sportifs [Source : *Le Quotidien du médecin,* 5 mai 2000].

Si l'on en croit Abel Michéa, journaliste à *L'Humanité* à la fin des années 1960, cette carence au niveau de la pédagogie antidopage n'est pas récente : « Mais qui prend la peine d'éduquer sur ce sujet les jeunes sportifs, de leur dire ce qui est utile, ce qui est nuisible. Et puisque nous parlons de cyclisme, la Fédération française – qui sait bien encaisser les millions de l'organisation des Championnats de France – la FFC, donc, nous dira-t-elle combien elle a organisé de causeries de propagande ? combien elle a réalisé de films éducatifs sur l'entraînement et l'hygiène sportive ? C'est bien joli de sévir maintenant alors qu'on n'a jamais rien fait de constructif auparavant. » [6] En mai 1977, Olivier Dussaix, alors président de la FFC et Jean-Pierre Soisson, secrétaire d'État à la Jeunesse et aux Sports, avaient signé un accord qualifié d'historique par *La France cycliste,* le journal de la FFC [7]. Dans cette convention entre les deux parties, l'État promettait un effort sans précédent en faveur de son encadrement ainsi que de son équipement. En contrepartie, la fédération s'engageait avec l'aide de ce dernier à assurer entre autres :

– une éducation sportive des jeunes depuis la catégorie des prélicenciés,

– à poursuivre son action sur le plan médical dans le domaine de l'information, des examens approfondis et des contrôles

– à porter une attention particulière à ce que ses comités régionaux appliquent avec efficacité les termes de la présente convention.

Si l'on se réfère à ce qui se passe aujourd'hui, l'« accord historique » ne l'a été que sur le papier. Une bonne vingtaine d'années plus tard, sous la pression des affaires de dopage qui éclaboussent le milieu cycliste et ternissent son image, la FFC va se lancer bien timidement dans des actions antidopage. Malheureusement, si l'on en croit la mobilisation des clubs, il est peu probable que l'on enregistre un changement dans les comportements déviants. En effet, une expertise a été menée en 1999 au sein du Comité des pays de Loire afin de vérifier la réalité des actions de prévention des clubs auprès de leurs jeunes licenciés : minimes, cadets, juniors, espoirs. Les résultats de cette enquête sur la campagne antidopage lancée début 1999, ayant consisté à adresser à tous les présidents de clubs un CD-ROM et un livret et à convier les comités régionaux à faire des réunions d'information, ont été présentés lors du congrès de la FFC le 25 février 2000 à Draguignan (Var). C'est le Dr Alain Calvez, président du Comité régional des pays de Loire mais aussi de la Commission médico-sportive et sécurité de la FFC, qui en a dressé le bilan dans le journal fédéral *La France cycliste* [8]. Si 65 % des clubs ont répondu au questionnaire adressé, 53 % des présidents de clubs, une courte majorité, déclarent avoir assisté à une réunion d'information sur la prévention du dopage au cours des douze derniers mois. Concernant les documents adressés par la FFC, 28 % ont été conservés par les présidents, donc hors-circuit, 40 % ont été prêtés à un dirigeant ou à un coureur. 31 % ont été confiés pour préparer une réunion. Chiffre consternant : 81 % des présidents admettent ne pas avoir prévu d'organiser une réunion d'information. Seulement 31 % étaient disposés à accueillir des intervenants pour la mise en place de telles réunions.

La grande majorité des jeunes coureurs déclare être peu informée sur les risques du dopage. Plus de 70 % ont une connaissance personnelle acquise à 30 % par la télévision et la radio et entre 36 et 50 % par leurs lectures ou les discussions entre eux. En revanche, le rôle des clubs et des stages n'intervient qu'à hauteur de 10 %. 58 % des minimes, 62 % des cadets et 62 % des juniors et espoirs ont la sensation de n'être pas pleinement informés. Une volonté d'être mieux formé, par rapport au dopage, ses risques, les alternatives au dopage, s'affirment clairement. 75 % des minimes, 81 % des cadets, 89 % des juniors et espoirs expriment cette volonté. Cette demande de formation s'oriente en priorité en direction de l'encadrement fédéral des clubs, des comités départementaux et régionaux. Signalons que le travail sur lequel s'est appuyé le Dr Calvez a été réalisé par Yannick Thibaudeau, en 1999, dans le cadre de la préparation d'un diplôme universitaire sur la toxicomanie et le dopage à la faculté de médecine de l'université d'Angers.

Dans le monde sportif associatif les dirigeants du cyclisme français sont loin d'être les seuls à faire ce constat d'échec.

En 1994, une enquête d'opinion grand public, lancée par la Commission médicale du Comité national olympique et sportif français (CNOSF) a montré de façon surprenante que trente ans après les débuts de l'action antidopage, 50 % des personnes interrogées croyaient encore que les vitamines étaient des substances proscrites et 25 % continuaient à penser que les antibiotiques figuraient sur les listes rouges des produits prohibés [9]. Fait encore plus significatif, une campagne de sensibilisation sur les agents dopants auprès d'étudiants américains avait non pas découragé mais plutôt favorisé la consommation [10].

Antibiotiques, vitamines et dopage : un tenace amalgame

25 % des Français croient que les médicaments anti-infectieux (antibiotiques) figurent sur la liste des substances interdites en compétition. En 1994, une enquête d'opinion grand public, lancée par la Commission médicale du Comité national olympique et sportif français (CNOSF) a montré de façon surprenante que trente ans après les débuts de l'action antidopage, ils sont encore 25 % à penser que les antibiotiques figurent sur les listes de produits prohibés. Apparemment, parmi ce quart de la population, figurent certains journalistes. Déjà, en 1978, dans le mensuel de course à pied *Courir*, les Drs Michel Iniguez et Pierre Sagnet avaient souligné l'ignorance de ceux qui avançaient l'argument de l'impossibilité de se soigner efficacement avec des antibiotiques à cause du contrôle antidopage : « Les bronchites et les sinusites sont relativement fréquentes chez le jeune adulte. Là aussi, les antibiotiques provoquent la guérison en quelques jours et l'entraînement peut reprendre sans risque. Pour y avoir renoncé, l'illustre Raymond Poulidor, victime d'une bronchite dans les Alpes, dut se contenter d'une très moyenne dix-neuvième place au classement général du Tour de France 1975. Certains, nous l'avons de nos yeux lu, ont voulu faire croire abusivement que les antibiotiques étaient des produits interdits entraînant des contrôles antidopage positifs. Il n'en est rien. »

Plus récemment, dans un ouvrage consacré à l'ascension mythique de l'Alpe d'Huez [*Le Grand Roman de l'Alpe d'Huez,* Éd. Romillat, 1995, 191 p. (p. 54)], Jean-Paul Vespini, journaliste au quotidien *Le Provençal* et correspondant du mensuel *Vélo*, contribue lui aussi à entretenir le mythe du contrôle positif aux antibiotiques. L'histoire se passe toujours dans le Tour de France mais deux ans plus tard, en 1977, avec comme acteur principal Eddy Merckx, quintuple vainqueur de la Grande Boucle : « Dès les premiers lacets du col de la Madeleine, Eddy Merckx, victime d'une intoxication alimentaire (au céleri-rave!) au cours de la journée de repos à Fribourg, accusa le coup. Il n'avait pas pu se soigner convenablement, les médicaments les plus efficaces se trouvant sur… la liste des produits interdits. Toujours le doping qui planait comme un aigle au-dessus de sa proie. Pointé en queue de peloton, le Belge s'accrocha désespérément. »

Bien que dans ce court extrait ne figure pas en toutes lettres le mot « antibiotiques », le traitement d'une intoxication alimentaire fait appel à des médicaments anti-infectieux. Rappelons que, le plus souvent, l'intoxication alimentaire (autres noms : gastro-entérite, toxi-infection, indigestion) est due à un germe (virus ou bactérie) contenu dans un aliment souillé et qui a été ingéré. Les aliments responsables sont le plus souvent crus (légumes) ou cuits mais ayant reposé plusieurs heures à l'air libre (viande, charcuterie) ou des fruits de mer. Les symptômes initiaux sont, en général, les nausées et les vomissements, suivis de diarrhées avec des selles molles ou liquides qui, quelquefois, contiennent du pus ou du sang. Les autres symptômes sont des douleurs abdominales, la perte d'appétit et l'asthénie. Il est évident que dans de telles conditions, il est difficile de gravir un col avec les meilleurs. Habituellement, les symptômes diminuent au deuxième jour d'évolution et disparaissent le troisième ou le quatrième jour. Le traitement associe : le repos au lit, la suspension de l'alimentation solide pendant vingt-quatre heures, la réhydratation par administration de liquides abondants, des médicaments antispasmodiques, antivomissements, antidiarrhéiques, antiseptiques intestinaux et antibiotiques, si la cause est infectieuse. Lorsque les symptômes diminuent, le patient peut commencer à prendre des aliments semi-liquides et faciles à digérer.

La totalité des remèdes que nous venons de citer – antibiotiques compris – et qui interviennent dans le traitement d'une gastro-entérite ou intoxication alimentaire ne contiennent aucune substance prohibée et, pourtant, on continue à nous asséner que l'on ne peut pas se soigner quand on est sportif de compétition. Ce discours apparemment porte ses fruits puisque 25 % des français croient toujours que les antibiotiques sont des substances figurant sur la liste rouge. Que font les pouvoirs sportifs qui depuis des lustres, et à chaque tintamarre médiatique consécutif à une affaire de dopage, annoncent des actions itératives d'information et de prévention? Visiblement, elles sont peu efficaces surtout lorsqu'on apprend par la même enquête du CNOSF citée plus haut que 50 % des français (et donc parmi eux des athlètes ou des parents d'athlètes) croient que les vitamines sont des substances interdites!

Autre constat préoccupant : les médecins qui sont, avec les enseignants, les interlocuteurs les mieux placés pouvant faciliter l'éducation des jeunes sur le corps et la santé, semblent peu aptes à jouer correctement ce rôle. Rappelons à ce sujet qu'une étude effectuée en 1985, sur un échantillon d'étudiants en médecine et en pharmacie, a révélé que 42 % des premiers et 48 % des seconds prenaient, au moment de leurs examens, des excitants et des tranquillisants [11]. Lorsqu'ils seront installés dans leur vie professionnelle, on peut facilement prévoir le comportement qu'ils adopteront face à leurs patients ou clients, qu'ils soient sportifs ou non.

Les ministres y croient

Roger Bambuck (FRA), ministre de la Jeunesse et des Sports de mai 1988 à mai 1991 : « La lutte contre le dopage nécessite l'effort de tous. La répression sans éducation ne sert à rien. L'éducation concerne les sportifs, les entraîneurs qui doivent travailler avec le corps médical. » [*Impact Médecin,* 3 septembre 1988]

Christian Bergelin (FRA), secrétaire d'État à la Jeunesse et aux Sports de mai 1986 à mai 1988 : « Sans action de dissuasion éducative durable, il n'y a pas de lutte antidopage fructueuse. » [*AFP,* 6 mai 1987]

Marie-George Buffet (FRA), ministre de la Jeunesse et des Sports depuis mai 1997 : « Je souhaiterais surtout que les fédérations n'attendent pas le contrôle positif pour intervenir mais qu'elles développent dès maintenant une campagne de prévention et d'information vers leurs sportifs comme vers leurs cadres. Dans le domaine de l'information, l'État a également une responsabilité. Nous éditons actuellement une brochure en direction des plus jeunes. » [*Le Figaro,* 6 janvier 1998]

Alain Calmat (FRA), ministre de la Jeunesse et des Sports de 1984 à 1986 : « Aux Assises de la médecine du sport à Rennes, une commission dopage s'est surtout intéressée à l'information et à la formation des cadres et des sportifs. Elle a également établi des formulations pour un meilleur contrôle en responsabilisant un peu plus les fédérations. Toutes ces réflexions sont actuellement à l'étude. Il en sortira des mesures concrètes dans quelques temps. » [*L'Équipe Magazine,* 28 septembre 1985, p. 80]

Pierre Mazeaud (FRA), ministre de la Jeunesse et des Sports de 1973 à 1976 : « C'est par une politique d'éducation, donc de prévention, que l'on réglera la question du dopage (et en instituant par ailleurs un système répressif sévère pour exclure définitivement les athlètes convaincus de dopage) » [in *Sport et Liberté,* Paris, Denoël, 1980, 230 p. (p. 180)]

De même, tout le monde sait que le tabac tue, les médecins en particulier. Pourtant, 35 % de ces derniers fument! Toujours à propos du tabac, le fléau séculaire de notre société, en vingt ans, le nombre de femmes enceintes qui fument pendant la grossesse a doublé. En 1972, 10 % des femmes fumaient et 41 % arrêtaient pendant leur grossesse [12]. Vingt ans plus tard, ce sont 24,5 % des femmes – soit une sur quatre – qui fument et seulement 30 % d'entre elles qui arrêtent pendant la grossesse. Or, il est désormais reconnu qu'il existe un lien entre tabagisme et mort subite du nourrisson.

Plusieurs études l'ont démontré (sur le football américain, sur les cyclistes du Tour de France), les substances dopantes favorisant la suractivité provoquent des effets délétères au plan santé; et pourtant comme l'a bien résumé Daniel Baal : « J'ai le sentiment profond que la santé n'est, de loin, pas la préoccupation essentielle d'une majorité de sportifs de haut niveau » [13]. De son côté, le cycliste Erwann Menthéour, le premier coureur mis en arrêt de travail pour cause d'hématocrite au-dessus du seuil légal de 50, confirme que la crainte des effets secondaires des drogues de la performance n'est pas un élément incitateur à respecter les règles : « Il est complètement irréaliste de parler de santé à un gamin qui gagne 100 000 francs par mois. Lui dire que le dopage menace son intégrité physique? Il va vous rigoler au nez. » [14] Le constat est évident : la connaissance d'un risque ne modifie pas le comportement des gens même si, comme nous l'avons souligné plus haut, ils appartiennent au corps médical.

La prévention la plus efficace passe par une modification beaucoup plus profonde du comportement de l'individu, et cela dès l'enfance. À cet âge, la santé est un mot creux. Ils ne savent même pas que la vie a une fin. Il faut modifier toute l'éducation des enfants et leur apprendre à connaître, à gérer leur corps. Ce dernier doit être considéré comme un partenaire et non comme un adversaire. Parmi les éducateurs potentiels, le professeur d'EPS nous paraît le plus apte à remplir cette mission. Il peut expliquer à l'enfant de manière concrète pourquoi, lorsqu'il court, il transpire, a soif, s'essouffle, etc. Si les gens connaissaient mieux leur corps, ils ne prendraient pas n'importe quoi. Au total, mieux on connaît son corps, mieux on sait s'en servir et moins on a envie de le dérégler en abusant de drogues aux constants effets secondaires. Face à ce bilan, il est clair que le concept de l'éducation et de l'information doit être entièrement repensé. Pour notre part, nous estimons que les campagnes d'informations ont peu de chance d'aboutir si, en dehors des sportifs et du public, l'ensemble des concernés – entraîneurs, officiels, experts, professeurs d'EPS et médias – ne sont pas préalablement eux-mêmes bien éduqués et formés avec des messages de consensus. Cela bien sûr nécessite une volonté politique au plus haut niveau de l'État avec l'implication active des ministères de la Santé, de l'Éducation, de la Jeunesse et des Sports. Si tel est le cas, cela démontrera que le dopage est enfin réellement considéré comme une priorité de santé publique. En associant l'éducation à la prévention et à la répression, il sera alors possible d'entrevoir la marginalisation du fléau.

Un tryptique obligé des campagnes antidopage

Dr Giorgio Di Prampero (ITA), université de Milan : « Il est préférable de lutter contre le dopage par une propagande efficace parmi les athlètes, leurs instructeurs et... les médecins. » [*L'Équipe*, 10 novembre 1967].

Dr Pierre Dumas (FRA), médecin fédéral de la FFC : « Il faut en effet reconnaître que la dissuasion par l'éducaiton a échoué. Un grand nombre de coureurs qui sont habitués à prendre des risques considérables dans les courses sont souvent prêts à jouer aussi avec leur santé et considèrent encore le risque des médicaments comme un autre. » [*L'Équipe*, 28 juin 1979].

Raphaël Géminiani (FRA), cycliste professionnel depuis 1946 : « En réalité, si l'on veut lutter contre l'abus d'excitants, en ce qui concerne les sportifs, il faut éduquer les jeunes, leur démontrer que cet abus peut entraîner des conséquences dangereuses. » [Géminiani R., « J'en ai de ces Tours dans ma musette... » (propos recueillis par Robert Ichah), *Miroir Sprint*, 1955, n° 480, 22 août, p. 3].

Antonin Magne (FRA), cycliste professionnel de 1926 à 1939 : « Nous avons un grand rôle à jouer, la presse, les éducateurs, me semblent être un barrage plus sérieux que les gendarmes. » [*Miroir du cyclisme*, 1967, n° 92, octobre, p. 14].

Jacques Marchand (FRA), journaliste : « Le contrôle n'est qu'un élément de la lutte antidopage, il n'est pas un remède à lui seul. C'est dans une action plus profonde et plus noble que la répression qu'il faut rechercher le remède en faisant appel à l'éducation. » [*L'Équipe*, 21 décembre 1967].

Dr Patrick Nédelec (FRA), médecin de l'équipe GAN : « À la Fédération française de cyclisme, il n'y a même pas de politique d'éducation des jeunes coureurs et de formation des cadres contre le dopage. » [*JDD*, 10 novembre 1996].

Raymond Poulidor (FRA), cycliste professionnel de 1960 à 1977 : « Pour les jeunes, l'éducation, la surveillance sont à la base de tout. Hélas, on procède à l'envers. C'est un peu comme les parents qui bien souvent ne s'occupent de leurs enfants qu'à partir de leur majorité. » [*Miroir du cyclisme*, 1967, n° 92, octobre, pp. 12-13].

Germain Simon (FRA), président de la FFC de février 1979 à mars 1989 : « L'expression contrôle antidopage me révolte. Je préfère qu'on parle de lutte antidoping. C'est peut-être mon côté éducateur qui surnage, mais je crois également, à ce propos, à l'influence des mots. Il faut intensifier les réunions d'information. Il faut faire passer l'éducation des coureurs avant la répression. Les informer des dangers qu'ils courent. Les persuader que la vie commence seulement quand leur carrière se termine. Il faut arrêter toute la publicité qu'on fait sur ce grave problème, essentiellement au détriment des cyclistes d'ailleurs. » [*Vélo*, 1980, n° 149, décembre, p. 43].

Yannick Stopyra (FRA), ex-international, responsable du centre de préformation de Madine à Bordeaux : « Le comportement des joueurs de demain se prépare aujourd'hui. Les éducateurs ont donc un énorme rôle de prévention à jouer. Il nous appartient, à nous tous, de proposer aux jeunes des valeurs saines. Il faut aider nos jeunes à s'armer psychologiquement afin que, demain, ils soient capables de résister à la tentation du dopage. » [*Le Sport*, 1999, n° 5, février, p. 16].

Références

1. *Médecine, éducation physique et sport* (organe officiel de la Société française de médecine du sport), premier colloque européen sur le doping, Uriage 26-27 janvier 1963, *Méd. Éd. Phys. Sport*, 1964, 38, n° 1, pp. 13-65.
2. SCHALLER G., « Marcel Tinazzi : "Est-ce qu'on va se défoncer la santé pour rien ?" », *L'Équipe Magazine*, 1984, n° 185, 10 mars, pp. 54-57 (p. 57).
3. *Normandie Cyclisme*, 11 février 1997.
4. *Orléanais Cyclisme*, 9 avril 1997.
5. *Sport et Vie*, 1998, n° 48, mai-juin, p. 45.
6. *Miroir du cyclisme*, 1967, n° 91, septembre, p. 31.
7. *La France cycliste*, 1977, n° 1538, 19 mai, p. 1.
8. Comité directeur fédéral du 25 février 2000, *La France cycliste*, 2000, n° 2090, 24 mars, p. 14.
9. CNOSF, *Livre blanc sur la lutte antidopage*, Paris, Éd. CNOSF, 1994, 105 p. (p. 102).
10. BOSWORTH E, *et al*, « Steroïdes anabolisants et athlètes universitaires » (en anglais), *Méd. Sci, Sports Exercice*, 1989, 20 (suppl. 2) 53.
11. MERCIER M., HERBERT A. et RENAUD A., « Enquête en milieu étudiant sur la consommation de médicaments pendant la période d'examens », *Les Cahiers de la prévention*, 1989, n° 2, pp. 79-96.
12. *Le Quotidien du médecin*, 11 juin 1998, p. 11.
13. *Le Dauphiné libéré*, 14 mai 1999.
14. *L'Humanité*, 21 mai 1999.

« Les contrôles inopinés sont faits à l'improviste... »

L'Union européenne (UE), aujourd'hui fer de lance reconnue de la lutte antidopage, à l'issue d'une réunion des ministres des Sports le 17 mars 2000 à Lisbonne, a sélectionné des propositions « fortes et concrètes » qu'elle a présentées au conseil d'administration de l'Agence mondiale antidopage (AMA) le 22 mars à Lausanne.

Les propositions européennes comprennent quatre axes principaux :

– un contrôle douanier efficace des délégations participantes aux JO de Sydney,

– la validation de tests de détection de l'ÉPO pour Sydney,

– la communication au conseil de l'AMA des résultats des contrôles antidopage, en compétition et hors compétition, effectués lors des grands événements sportifs internationaux,

– la réalisation d'au moins mille contrôles hors compétition avant les Jeux olympiques de Sydney, en coopération avec l'Agence australienne antidopage (ASDA), d'autres agences nationales et les fédérations internationales.

Par ailleurs, le Portugal, président en exercice de l'UE, a soumis une proposition d'accord de coopération entre les États membres pour la réalisation de contrôles antidopage. Ce texte demande que chaque État membre s'engage à effectuer des contrôles hors compétition sur des athlètes d'autres États membres qui s'entraînent ou participent à des compétitions sur son territoire. Les frais découlant de la réalisation de ces contrôles hors compétition seraient alors supportés par l'État qui en a fait la demande.

De même, lors de son bilan annuel, à la fin du mois de novembre 1999, le ministre français de la Jeunesse et des Sports a révélé que « la proportion de cas positifs résultant de contrôles inopinés confirme la plus grande efficacité de cette méthode » [1] et, en conséquence, avait annoncé à cette occasion que l'augmentation du nombre de prélèvements en 2 000 concernera essentiellement ce type de contrôle. On a vraiment l'impression que les hautes sphères de l'antidopage découvrent à retardement les performances de ce type de contrôle, tests réalisés en dehors des compétitions, sur les lieux d'entraînement ou au domicile de l'athlète (cette dernière possibilité est prohibée par la loi française). Rappelons que dès 1989, on savait que la façon la moins aléatoire de démasquer les tricheurs passait par le contrôle inopiné. À cette date, la commission d'enquête canadienne sur le dopage diligentée à la suite du cas positif de Ben Johnson aux JO de Séoul en 1988 avait déjà démontré que : « Lorsque les tests de dépistage sont annoncés, les résultats ne sont positifs que dans 2 % des cas, tandis que s'ils sont effectués à l'improviste en dehors des compétitions les résultats sont positifs dans 50 % des cas. » [2] Probablement que les épinglés seraient encore plus nombreux si ce type de prélèvement était réellement fait « par surprise ». Malheureusement, en France, comme le souligne le Pr Michel Rieu de l'hôpital Cochin à Paris : « Ils n'ont souvent d'inopiné que le nom car, en général, tout le monde sait vingt-quatre heures à l'avance qu'ils vont avoir lieu. » [3] Souvenons-nous qu'il y a déjà 37 ans, en 1963, le professeur anglais Raymond Brooks demandait l'instauration de contrôles inopinés hors compétition. Ce dernier, qui mit au point au début des années 1970 la toute première méthode radio-immunologique destinée à dépister les stéroïdes anabolisants, avait prévenu la Fédération internationale d'athlétisme (IAAF) : « Que toute offensive vis-à-vis des stéroïdes devait comprendre des contrôles inopinés hors compétition. Il fallait prendre les athlètes par surprise (à l'entraînement) et leur faire un prélèvement sur le tas.. » [4]

Dès 1977, la Norvège fut la première nation à souscrire aux contrôles inopinés. Onze ans plus tard, en 1988, ils concernaient 75 % de l'ensemble des tests. À cette époque, le système nordique « suit » les athlètes où qu'ils aillent et durant toute l'année. La Convention antidopage des pays nordiques inclut une entente en vertu de laquelle les athlètes peuvent être soumis à des contrôles en tout temps, qu'ils soient ou non dans un pays nordique. Dès 1989, les Norvégiens croient qu'une disposition semblable devrait figurer dans les ententes bilatérales et multilatérales, de façon que les athlètes d'un pays donné, qui s'entraînent ou disputent des compétitions dans un autre pays, puissent être testés par les responsables du contrôle antidopage du pays hôte conformément aux procédures en vigueur à cet endroit. Une telle convention a été signée... en 1999 entre la France et l'Australie.

Dans l'Hexagone, le premier contrôle inopiné remonte au mois d'avril 1988. C'est le Dr Gabriel Dollé, alors responsable de la cellule antidopage au ministère des Sports, qui avait testé quatre athlètes à l'entraînement. Pendant des années, les contrôles « inopinés » à la française seront inefficaces. C'est ce que révèle une commission d'experts du Comité national olympique et sportif français (CNOSF) qui, dans un livre blanc sur la lutte antidopage paru en 1994, explique que « l'expérience française montre que les sportifs sont presque toujours prévenus de la date d'un contrôle inopiné, soit que des fuites se produisent lors de la programmation de ces opérations, soit que les athlètes soient délibérément avertis par leurs autorités fédérales (parfois leur médecin d'équipe). Dans quelques cas où le contrôle semble avoir conservé son caractère inopiné, il n'est pas rare que certains athlètes disparaissent des lieux d'entraînement dès l'arrivée des médecins préleveurs ! Dans le cadre des structures actuelles de mise en place des opérations de prélèvement hors compétition, il paraît illusoire de vouloir conserver un caractère inopiné aux contrôles. »

Même si, actuellement, les contrôles inopinés – bien sûr exécutés dans les règles de l'art – restent plus performants que les tests *a posteriori*, il faut garder raison lorsqu'on sait qu'ils ne piègent que les « imbéciles, les imprudents et les moins expérimentés » ! En revanche, l'existence de substances dopantes efficaces et surtout indécelables dans le cadre d'un contrôle antidopage explique pourquoi, ayant plusieurs longueurs d'avance, les pros de la dope courent toujours en toute impunité. Pour que la peur du gendarme soit dissuasive, il faut coller de près aux pratiques nouvelles, intensifier la recherche des substances indécelables en rendant obligatoire et indépendant le suivi biologique et ne pas attendre dix ans pour appliquer une mesure reconnue efficace par d'autres.

Vous avez dit inopiné ? comme c'est inopiné !

Christine Arron (FRA), athlétisme 100-200 m, recordwoman d'Europe 10 s 73 en 1998 : « Un médecin m'a confié que beaucoup d'athlètes évitent les contrôles inopinés en laissant des coordonnées bidon, sans être sanctionnés. Dans ces conditions, il est difficile de parler de lutte contre le dopage. » [*Télé 7 Jours*, 21 août 1999].

Fabien Barthez (FRA), footballeur professionnel de l'AS Monaco : « Je trouve ce contrôle inopiné de Tignes lamentable. Ils ont toute l'année pour effectuer ces tests et ils choisissent le dernier jour du stage pour ça. Et je ne dis pas cela parce que je faisais partie des six joueurs désignés. Tout le monde était en colère, ceux qui ont été épargnés tout autant. Faire ça pendant les vacances, quand on est avec femme et enfants, c'est mesquin. Moi, ça me dégoûte. Je ne sais pas ce qu'ils cherchent, ce qu'ils veulent à six mois de la Coupe du monde (...) On avait une semaine tranquille et il faut qu'on vienne nous emm... Des contrôles, je veux bien en faire tous les jours, s'ils veulent. Mais, si ça continue, ils viendront jusque dans le cercueil pour vérifier. » [*France Football*, 30 décembre 1997].

Manfred Donike (ALL), directeur de l'Institut de biochimie de Cologne, dans un article paru en 1975 : « On peut se demander pourquoi les fédérations nationales et internationales concernées ne procèdent pas à des tests antidopage à intervalles réguliers. L'une des raisons est que les fédérations s'en tiennent strictement à l'exigence selon laquelle des tests antidopage doivent être effectués le jour même de la compétition, exigence injustifiée puisque les stéroïdes anabolisants ne sont pas employés pour augmenter la performance au moment de la compétition – comme les stimulants – mais sont ingérés des mois plus tôt, au cours de l'entraînement pour obtenir la forme physique optimale recherchée... Par conséquent, les tests de dépistage des stéroïdes anabolisants doivent être effectués non seulement le jour de la compétition mais des mois auparavant, à l'occasion d'événements sportifs mineurs, dans chaque camp d'entraînement. » [Dubin C.L., *Commission d'enquête sur le recours aux drogues et autres pratiques interdites pour améliorer la performance athlétique,* Ottawa, Éd. Centre d'édition du gouvernement du Canada, Approvisionnements et Services Canada, 1990, 714 p. (pp. 445-446)].

Pr Robert Dugal (CAN), chef du laboratoire MRS Santé à Montréal : « Ces composés (stéroïdes anabolisants) sont absorbés de façon répétée sur des périodes de plusieurs mois et les avantages tirés de leur utilisation persistent longtemps après que les athlètes en ont cessé l'absorption, ce qu'ils font généralement avant un événement sportif majeur. Il semblerait donc que, pour un contrôle efficace des stéroïdes anabolisants, il faille effectuer les tests au cours de l'entraînement. » [Dubin C.-L., *Commission d'enquête sur le recours aux drogues et autres pratiques interdites pour améliorer la performance athlétique,* Ottawa, Éd. Centre d'édition du gouvernement du Canada, Approvisionnements et Services Canada, 1990, 714 p. (pp. 444)].

Hans Howald (SUI), médecin chef de l'Institut des sports de Macolin de 1969 à 1988 : « Au temps où la consommation d'anabolisants était aussi forte que celle de l'ÉPO aujourd'hui, nous avons proposé la méthode des contrôles inopinés, radicale à mes yeux, à maintes reprises. Mais le président Juan-Antonio Samaranch n'a malheureusement jamais voulu en entendre parler. » [*Info Dimanche,* 31 janvier 1999].

Dr Jacques Lienard (FRA), président de la Commission centrale médicale de la FFF : « Les contrôles inopinés avaient été écartés car ils sont compliqués à effectuer. » [*France Football,* 21 octobre 1997].

Alexandre de Mérode (BEL), président de la CM-CIO depuis 1965 : « On a souvent évoqué les contrôles en périodes d'entraînement. Nous y sommes favorables, mais nous ne pouvons prendre en compte cette idée; il appartient en effet aux fédérations internationales de s'engager dans cette voie et de le faire avec la plus grande équité possible, ce qui ne paraît pas aisé. » [*L'Équipe,* 16 mai 1983].

Juan Antonio Samaranch (ESP), président du CIO depuis 1980 : « Les contrôles hors compétitions restent notre seul vrai problème, la seule inconnue. Certaines fédérations, comme celle d'athlétisme, mènent une bataille incroyable contre le doping et je suis sûr que nous sommes en train de gagner ce combat. » [Charpentier H. et Boissonnade E., *100 ans de Jeux olympiques,* Paris, Éd. France-Empire, 1996, 797 p. (p. 17)].

Références

1. *Le Quotidien du médecin,* 6 décembre 1999.
2. Dubin C.-L., *Commission d'enquête sur le recours aux drogues et autres pratiques interdites pour améliorer la performance athlétique,* Ottawa, Éd. Centre d'édition du gouvernement du Canada, Approvisionnements et Services Canada, 1990, 714 p. (p. 394).
3. Rieu M., « EPS interroge un physiologiste », *Revue EPS,* 1993, n° 243, septembre-octobre, pp. 9-12 (p. 10).
4. Francis Ch., *Le Piège de la vitesse,* Paris, Éd. Robert Laffont, 1992, 303 p. (p. 93).

« Les pistards français sont épargnés... »

Daniel Baal, le président de la FFC, ne rate pas une occasion d'affirmer haut et fort que la piste française est propre. Pourquoi en douter ? Malheureusement, les faits d'un passé récent et les arguments mis en avant par les différents protagonistes du milieu ont du mal à éliminer le doute. En 1984, à Los Angeles, après le triomphe des Américains lors des compétitions de cyclisme sur piste, Daniel Morelon, l'entraîneur des coureurs français, attribuait leur soudaine réussite à un suivi médical : « extrêmement élaboré (je n'ai pas dit qu'ils se dopaient) alors que nous et beaucoup d'autres, nous en sommes encore au stade de l'empirisme avec nos petites vitamines, etc. » [1] En contradiction avec ce qu'affirmait l'ancien champion olympique de 1968 et 1972, quelques mois plus tard, on apprendra de la bouche du Dr Thomas Dickson (médecin des pistards à la bannière étoilée) que la majorité de l'équipe américaine avait carburé à la transfusion sanguine.

En 1986, deux ans après les joutes olympiques, les « petites vitamines » ayant été mises définitivement au placard et remplacées par une artillerie plus lourde, Morelon se lamente sur cette dérive dans les colonnes du quotidien sportif *L'Équipe* : « Le dopage est désormais au centre de toutes les conversations, je n'hésite pas à dire que nous sommes engagés dans une véritable course aux armements. C'est à celui qui sera le plus malin mais cela n'est pas sans danger, surtout pour les jeunes. Les coureurs entre eux ne parlent que de ça et certains parmi eux sont des toxicomanes. Ils absorbent n'importe quoi pour s'endormir, pour se réveiller et rien ne va tant qu'ils n'ont pas leur piqûre... » [2] Il reconnaît qu'ils ne sont plus à l'âge des potions magiques et qu'en 1986 : « Les coureurs prennent des anabolisants, des produits forts et dangereux. » Cet aspect le préoccupe : « Si le dopage existe de tout temps, il se présente maintenant sous des formes plus dangereuses et pour faire face à la concurrence et rester compétitifs, certains athlètes n'hésitent plus à jouer avec leur santé. Incontestablement, on assiste en ce moment à une poussée du dopage. » [2] Curieusement, dès le début des années 90, les « petits » tricolores vont se mettre – aux Championnats du monde – à engranger des médailles à la pelle et, plus remarquable, sans le secours de la chimie. Quelles peuvent être les raisons de ce changement étonnant alors que le dopage est omniprésent sur les vélodromes ?

C'est Gérard Quintyn, l'entraîneur de Florian Rousseau, qui, lors d'un stage organisé par l'Union cycliste internationale près de Leipzig peu de temps après la chute du mur de Berlin, a pu récupérer et adapter les plans d'entraînement des stars de l'ex-RDA : « Nous avons effectivement adopté quelques méthodes de l'ancienne RDA mais nous avons rejeté certaines charges de travail. Les Français s'entraînent chaque semaine pendant vingt-six à vingt-sept heures. Les ex-Allemands de l'Est travaillaient jusqu'à trente-cinq heures. La différence entre les deux programmes, c'est le dopage. » [3] Ainsi pour l'entraîneur de l'année(*), seules quelques techniques secrètes de musculation « made in RDA » permettent au groupe France de dominer le reste du monde. Pourtant tous les experts indépendants le savent, le dopage n'épargne aucune des spécialités du cyclisme.

(*) Gérard Quintyn a été élu en novembre 1999 « entraîneur de l'année ». Ce trophée attribué pour la première fois lui a été décerné par ses pairs, lors d'un rassemblement des cadres techniques des fédérations olympiques.

Rappelons que chaque fois qu'un groupe d'athlètes ou une nation domine copieusement la planète sportive, l'apport artificiel, révélé à plus ou moins longue échéance, intervient efficacement pour faire la différence. Depuis une trentaine d'années, les exemples pullulent : la natation et l'athlétisme féminin est-allemand, les pistards de ce même pays pendant des années, le groupe Ben Johnson, l'équipe américaine sur piste aux JO 1984, la natation et l'athlétisme chinois en 1993-1994, l'équipe cycliste italienne de la Gewis au milieu des années 1990...

En mars 1997, dans un reportage d'*Envoyé spécial,* Florian Rousseau – champion olympique du kilomètre à Atlanta – se défend contre la rumeur en rétorquant : « Pour l'année 1996, j'ai été contrôlé 12 fois, plus un contrôle inopiné au mois de décembre. Ça s'est toujours bien passé et sur tous les coureurs contrôlés, aucun n'a été testé positif. C'est la preuve que le cyclisme est relativement propre. » [4] Malheureusement pour l'Orléanais, un contrôle négatif apporte tout juste la preuve qu'il n'a pas pris d'amphétamines, ou massivement de l'hormone mâle, mais, à aucun moment, qu'il n'a pas consommé d'hormones de croissance, d'ÉPO, de corticoïdes et certains anabolisants, toutes ces substances étant indécelables dans le cadre d'un contrôle antidopage. Afin de confirmer que la négativité d'un test n'est pas un argument massue, rappelons que le Canadien Ben Johnson avait subi 19 contrôles, tous négatifs, avant de se faire prendre à Séoul au terme de la finale olympique du 100 m plat.

À propos des stéroïdes anabolisants, il faut quand même signaler que ces drogues de la performance ont joué un rôle déterminant dans le gain de dixièmes de secondes sur 100 m plat. Ben Johnson n'avouait-il pas : « Je ne serais jamais descendu sous les 10 si je n'avais rien pris ». Or, les stars du tartan se caractérisent par une masse musculaire imposante (Ben Johnson : + 12 kilos entre 1984 et 1988, Linford Christie : + 17 kg entre 1984 et 1996) afin d'augmenter leur force d'impulsion au sol tout en diminuant le temps d'appui. Les sprinters fréquentant les vélodromes olympiques et ceux des Championnats du monde n'ont rien à leur envier quant à la masse musculaire des membres inférieurs. Le Pr Jean-Paul Escande, expert en signes cliniques révélant le dopage, n'hésitait pas devant les caméras d'*Envoyé spécial* à s'interroger sur la morphologie d'une championne française : « Quel est le tour de cuisse de... (les auteurs du reportage, en le couvrant d'un bip, ont rendu inaudible le nom de l'athlète). Son tour de taille par rapport à son tour de cuisse ? Vous regardez, elle a des jambons de mammouth ! » [4]. En effet, un observateur impartial ne peut que constater que chez les hommes et les femmes les plus rapides de la planète sur 100 mètres les anabolisants de toutes natures sont omniprésents pour titiller les records. Or, les sprinters des vélodromes, pour avoir les mêmes cuisses que les athlètes et battre des records, fonctionneraient selon leurs dires à l'eau de source !

Dans la même émission de télévision de France 2 déjà citée, Gérard Quintyn défend lui aussi la piste « propre » : « Paraît-il qu'on se dope ! Je n'en sais rien. Je ne peux pas vous dire. Actuellement, les contrôles sont tous négatifs. Est-ce qu'il y a des méthodes qu'on ne découvre pas ? Je n'en sais rien. Je suis un peu ignare sur cette question. » [4]

Il n'y connaît rien, dit-il, mais alors qu'il croit que l'interview n'est plus enregistré, il livre quelques aspects techniques du dopage : « Carl Lewis et un marathonien, ça n'a rien à voir. Florian Rousseau ne peut pas faire le Tour de France, ne peut pas monter de col et Miguel Indurain ne peut pas faire de sprints sur piste. Ça ne serait pas le même dopage. Le dopage du sprinter serait pour trouver de la force, des anabolisants, des hormones de croissance. Le dopage de la route serait pour un travail aérobie, genre ÉPO. » [4]

Immédiatement, la grosse artillerie du pouvoir sportif hexagonal va réagir aux propos tenus dans le reportage de l'émission *Envoyé spécial* consacré au dopage. C'est tout d'abord le Comité national olympique et sportif français (CNOSF) qui le fait savoir dans sa lettre du mois de mars : « Oui, le dopage existe. Oui, il faut lutter contre lui de toutes nos forces. Oui, il faut préserver sans faiblesse les sportifs de cette spirale infernale et adapter sans cesse les moyens de prévention, le suivi médical et faire progresser les méthodes de contrôles et d'analyse. Oui, il faut combattre sans merci les prescripteurs ou pourvoyeurs de tous ordres, qu'ils agissent par complaisance ou par intérêt.

Mais, à trop vouloir démontrer, le reportage *Dopage : toujours plus* diffusé sur France 2 le jeudi 20 mars est souvent tombé dans l'indigne et l'inacceptable : d'abord, en offrant à certains qui s'étaient fait prendre une tribune commode pour se donner des allures d'innocence en distribuant les accusations ; ensuite, en laissant clairement entendre que les contrôles antidopage sont fantaisistes, que l'ensemble des dirigeants du sport et les fédérations sont complices et surtout que seuls des dopés peuvent devenir champions olympiques en livrant à la suspicion publique, par d'habiles utilisations de paroles et des images, un athlète et un entraîneur dont les qualités ont valeur d'exemple. »

On a du mal à être convaincu lorsqu'on sait que Henri Sérandour, l'actuel président du CNOSF, alors qu'il était président de la Fédération française de natation (FFN), au milieu des années 1980, n'hésitait pas à nier le dopage dans son sport de prédilection, sous le fallacieux prétexte que les pilules à muscle sont inefficaces dans les bassins d'eau douce : « Le dopage n'est pas développé en natation pour des raisons purement physiologiques (les anabolisants auraient un effet en contradiction avec la glisse des athlètes, la vitesse nécessite une musculature fine). » [5]

Daniel Baal, le président de la Fédération française de cyclisme, lui aussi va prendre la défense de ses ouailles : « Le reportage *Dopage : toujours plus* diffusé le 20 mars 1997 dans le cadre de l'émission *Envoyé spécial* sur France 2 a donné au grand public une bien piètre image du sport. Une fois de plus, le dopage, sujet grave et difficile, a permis de réaliser de l'audience sans que l'émission ne permette de réaliser la moindre avancée dans la lutte contre ce fléau… Ainsi peut-on supposer que les contrôles sont totalement inefficaces alors que des substances dangereuses et interdites, comme les amphétamines ou les anabolisants sont parfaitement décelés. Ainsi laisse-t-on entendre que seuls des athlètes dopés peuvent remporter des médailles aux Jeux olympiques alors qu'on ne dispose d'aucune preuve. Et pour couronner le tout, à la faveur d'un habile montage, on jette la suspicion sur un champion, cycliste évidemment, Florian Rousseau. Cela est révoltant et affligeant. Florian Rousseau, athlète sain et droit, et son entraîneur Gérard Quintyn méritent une toute autre considération. À continuer dans cette voie détestable de la suspicion et de la salissure inutile, il faudra bientôt qu'un sportif apporte systématiquement la preuve de son honnêteté chaque fois qu'il réalisera une grande performance. Comme si une grande performance ne peut pas être le fruit du talent et du travail tout simplement. » [6]

Le problème est qu'on a vraiment du mal à croire ce dirigeant qui avouera, sur les ondes d'une radio périphérique en juillet 1998 (lors de l'affaire Festina), donc plus d'un an après l'émission incriminée : « En une semaine, j'en ai appris plus qu'en trois ans. » Et plus récemment, le 23 octobre 1999 lorsque *Le Figaro Magazine* a fait un sujet sur l'état catastrophique de l'ossature de la championne cycliste Catherine Marsal et que cette dernière a indiqué qu'elle parcourait 27 000 km dans l'année, Baal là aussi a rétorqué qu'il ne savait pas : « Le cas Marsal est édifiant. Elle a été sollicitée très jeune et je suis sidéré par les charges de travail qu'elle a subies. Je n'imaginais pas qu'elle fasse 27 000 kilomètres par an! Quasiment ce que font les professionnels hommes. » [7]

Face à de telles déclarations, on a du mal à admettre que des gens comme Sérandour ou Baal même s'ils ont pris le train en marche, puissent être des acteurs efficaces du renouveau de la lutte antidopage. Confrontés à une telle situation, on s'aperçoit que certains responsables des fédérations n'ont rien à envier aux élus de la société, au comportement parfaitement bien décrit par Claude Got, expert en santé publique : « La culpabilité politique (NDLA : ou fédérale) commence avec le refus de savoir ». [8]

Félicia Ballanger compte sur le congélateur

Le jeudi 22 juin 2000 les experts « indépendants » du Comité international olympique (CIO) ont repoussé la validation du test urinaire anti-ÉPO exogène mis au point par le laboratoire français de Châtenay-Malabry (92). Aujourd'hui, avec l'officialisation de ce type d'appareil frigorifique par l'UCI, la traque des tricheurs change de braquet. En effet, cette innovation dans l'arsenal antidopage va permettre aussi à tous les sportifs sains, qui en ont marre d'être soupçonnés après un exploit hors norme, de faire valider leur performance *a posteriori* en confirmant qu'ils n'ont pas pris d'ÉPO, de corticoïdes de synthèse, de PFC ou d'hémoglobine réticulée. C'est en tout cas ce qu'avait demandé il y a déjà deux ans Félicia Ballanger, la sprinteuse tricolore, multimédaillée aux Championnats du monde et aux JO. Dans son ouvrage *Droit dans le mur,* Daniel Baal, le président de la FFC, en témoigne : « Bien décidée à battre son propre record du monde du 500 mètres départ arrêté à l'occasion des Championnats du monde de Bordeaux en 1998, elle souhaitait que sa performance ne puisse en aucun cas être contestée. Aussi a-t-elle proposé de doubler le contrôle antidopage classique par un contrôle sanguin. Mieux, elle a demandé que des échantillons supplémentaires d'urine et de sang soient conservés en vue d'analyses ultérieures lorsque la science sera en mesure de retrouver des substances actuellement indécelables. Elle m'en avait parlé. Et sa volonté a été respectée. Le contrôle classique a été effectué peu après son record, mais aucune contre-expertise n'a été nécessaire puisque la première s'est révélée négative. Le second flacon a donc été envoyé au laboratoire national de Châtenay-Malabry où il est conservé, tandis que le prélèvement de sang effectué le matin est gardé à Lausanne. Cette démarche de transparence très déterminée est à l'opposé des maintes résistances affichées par les routiers professionnels. »

Souhaitons que le comportement de Ballanger fasse un maximum d'émules au sein des différentes composantes du milieu cycliste mais aussi vers les autres sports s'estimant jusqu'alors à l'abri de la contamination.

De même, on aimerait bien connaître en raison de quel miracle l'ÉPO (érythropoïétine) ne serait d'aucun profit pour les spécialistes de l'emballage final : le 20 octobre 1999, le sprinter allemand Jan Van Eijden, celui-là même qui lors des Championnats du monde 1998 à Bordeaux en quart de finale, avait poussé Florian Rousseau à disputer une troisième manche, et la Lituanienne Edita Kubelskiene ont été déclarés hors course aux Championnats du monde de cyclisme sur piste à Berlin, à la suite d'un contrôle sanguin montrant un hématocrite (pourcentage du volume des globules rouges dans le sang) supérieur à 50 témoignant d'un probable dopage à l'ÉPO. Immédiatement, le milieu de la piste a joué la surprise en estimant que cette substance n'avait aucun intérêt chez eux : « Les sprinters travaillent en anaérobie, a expliqué à *l'AFP,* un médecin d'équipe. Donc, c'est un non-sens de vouloir prendre un produit qui est censé agir sur du travail en endurance et aérobie. Le seul intérêt de l'ÉPO serait d'aider à assumer des charges de travail pour la durée et la répétition. »

Daniel Morelon a jugé « incompréhensible cette affaire » : « Soit c'est sa nature soit c'est artificiel. Je n'en connais pas les données. Mais j'ai du mal à comprendre car l'intérêt de la prise de ce type de produits est nul pour un sprinter. » Dans le même registre, Daniel Baal, le président de la FFC, à chaque fois qu'un journaliste veut le titiller sur la présence possible de l'ÉPO « sur la piste », y va de son couplet sur la substance inefficace et inadaptée à l'effort du sprinter : « Attention, il ne faut pas tout mélanger. Ici, on est dans le cyclisme sur piste. Ce n'est pas une discipline d'endurance. Dans ce contexte, l'ÉPO ne servirait pratiquement à rien et je ne vois pas pourquoi les sprinters en prendraient... » [9] Difficile d'adhérer à ce genre d'argument lorsqu'on sait que l'hormone de croissance (qui favorise la prise de masse musculaire) est d'autant plus efficace qu'elle est couplée à l'ÉPO, que les culturistes – les champions du volume musculaire – en consomment régulièrement et que son efficacité a été démontrée chez les nageurs où les voies anaérobies sont aussi prépondérantes, sinon plus, que chez les sprinters. Olivier Hue, un triathlète qui a participé à des expériences scientifiques sur l'ÉPO, en témoigne : « Sans ÉPO, les respirations tous les 5 temps, c'est assez difficile. Avec ÉPO, on arrive à respirer tous les 11 temps. » [10]

Pour nous persuader que l'ÉPO n'a rien à faire sur la piste, il faudrait que Daniel Morelon nous explique pourquoi aux JO de Los Angeles 1984 les poursuiteurs américains ont été « survoltés » avec succès grâce à la transfusion sanguine qui, tout comme l'ÉPO, sert à améliorer le transport de l'oxygène, mais aussi – pour cette dernière – associée à des anabolisants spécifiques, la puissance musculaire.

Par le passé, Bernard Hinault, le quintuple vainqueur du Tour de France, avait lui aussi, voulu nous faire prendre des vessies pour des lanternes en affirmant : « Il n'y a aucun intérêt à utiliser des anabolisants dans le vélo. » [11] Dans le contexte actuel, et en raison des carences du contrôle antidopage, il est bien sûr déplorable de ne plus pouvoir croire en des performances « naturelles ». D'un autre côté, si les pistards français accumulent les exploits sans adjuvants illicites, la communauté sportive internationale aurait dû, toutes affaires cessantes, faire le siège des entraîneurs tricolores, pour connaître « la formule » gagnante et s'en inspirer le plus vite possible. Or, malgré leurs nombreuses carences, des contrôles positifs fleurissent toujours un peu partout sur la route comme sur la piste. Signalons que chez les spécialistes du pignon fixe, on épingle régulièrement des contrevenants qui se recrutent probablement, selon l'expression du prince Alexandre de Mérode, président de la Commission médicale du CIO, parmi « les plus stupides ou les plus imprudents » [12]. Le Tour de France 1998 a bien confirmé la généralisation du phénomène dopage au sein de la gent pédalante. À partir de ce constat, il faut vraiment être naïf pour croire que les routiers sont des « pas très fute-fute » qui carburent à des drogues dangereuses et prennent le risque de se faire épingler au contrôle alors que les pistards sont des angelots absorbant pour seul viatique de l'eau pure. Pour nous convaincre, il faudrait d'autres arguments que ceux d'avoir seulement copié les exercices de musculation de la RDA, même avec une adaptation à la française (27 heures d'entraînement au lieu de 35), tout en rejetant les artifices chimiques de soutien préconisés par les Allemands de l'Est.

En ce qui concerne le président de la FFC, en exercice depuis le 20 février 1993, dans sa quête d'un sport sain, il ne nous paraît pas être l'homme vraiment providentiel pour éradiquer le fléau. Ces deux dernières années, à chaque fois qu'émergeait un problème ou une situation anormale (dopage organisé sur le Tour de France 1998, premier bilan alarmant du suivi médical longitudinal, charges d'entraînement des féminines) Daniel Baal faisait part de son étonnement : « Je n'imaginais pas... » On a du mal à comprendre l'ampleur de cette ignorance, d'autant plus qu'il affirme dans son livre-témoignage *Droit dans le mur* et sans sourciller : « Je continuerai à faire bénéficier l'UCI de mes connaissances, de mon expérience du terrain que je fréquente assidûment depuis plus de vingt cinq ans. » [9]

Références

1. Dolet B., « Morelon et la fabrique US », *L'Équipe*, 4 août 1984.
2. Brunel Ph., « Morelon rompt le silence », *L'Équipe*, 5 septembre 1986.
3. Gatellier J.-L., « Les recettes est-allemandes à la sauce française », *Le Parisien*, 22 octobre 1993.
4. Golbérine G., *Dopage : toujours plus*, émission *Envoyé Spécial*, France 2, 20 mars 1997.
5. Peyretou M., *La Dimension réelle du dopage*, DESS Économie et gestion du système de santé, Université de Paris 1, Panthéon-Sorbonne, 1986, 138 p. (p. 56).
6. Baal D., « Communiqué : une salissure inutile », *Orléannais Cyclisme*, 9 avril 1997.
7. Fliecx P. *et al*, « Actualité. Cette jeune championne a 75 ans », *Le Figaro Magazine*, 1999, n° 17168, 23 octobre, pp. 36-41.
8. Got Cl., *Le Monde*, 10 février 1999.
9. Baal D., *Droit dans le mur, Le cyclisme mis en examen* (collaboration de Henri Montulet), Grenoble, Éd. Glénat, 1999, 316 p. (pp. 79, 155).
10. Hue O., *Stade 2*, France 2, 18 h 50, 19 juillet 1998.
11. Hinault B., *Le Généraliste*, 21 novembre 1989, p. 51.
12. de Mérode A., *L'Équipe*, 14 août 1992.

Cyclisme

Les positifs de la piste : 1984-1999

Nom	Épreuve	Date	Substance carence fraude	Sanctions	Particularités
1984					
Brent EMERY (USA)	JO Los Angeles poursuite par équipe (éliminatoires et 1/4 de finale)	03.08	transfusion sanguine	non sanctionné	amateur révélations du Dr Thomas Dickson, médecin de l'équipe USA
Steve HEGG (USA)	JO Los Angeles poursuite individuelle (1er) poursuite par équipe (2e)	02.08	transfusion sanguine	non sanctionné	amateur révélations du Dr Thomas Dickson, médecin de l'équipe USA
Patrick MC DONOUGH (USA)	JO Los Angeles poursuite par équipe (2e)	05.08	transfusion sanguine	non sanctionné	amateur révélations du Dr Thomas Dickson, médecin de l'équipe USA
Leonard Harvey NITZ (USA)	JO Los Angeles poursuite individuelle (3e) poursuite par équipe (2e)	02.08	transfusion sanguine	non sanctionné	amateur révélations du Dr Thomas Dickson, médecin de l'équipe USA
Gerhard STRITTMATTER (ALL)	Championnats de RFA de poursuite Précontrôle JO	 31.07	anabolisant anabolisant	 retiré de la sélection olympique	amateur non sanctionné par sa fédération
Danny VAN HAUTE (USA)	JO Los Angeles course aux points 1re série (él.)	01.08	transfusion sanguine (autologue : son propre sang)	non sanctionné	amateur révélations du Dr Thomas Dickson, médecin de l'équipe USA
Mark WHITEHEAD (USA)	JO Los Angeles course aux points 2e série (él.)	01.08	transfusion sanguine (hétérologue : sang de son frère)	non sanctionné	amateur révélations du Dr Thomas Dickson, médecin de l'équipe USA

1985					
Isabelle NICOLOSO (FRA)	Km départ lancé (Bercy)	11	positive	non sanctionnée	amateur, CE négative, record non homologué pour intervalle trop important entre 1re analyse et CE
1986					
Yavé CAHARD (FRA)	Colorado Springs, journée des records	16.08	positif anabolisant		professionnel
Fabrice COLAS (FRA)	Colorado Springs, journée des records	16.08	positif anabolisant		amateur
Gilbert HATTON (USA)	CM keirin (6e) CM vitesse (7e)	30.08 01.09	positif positif	hors course hors course	professionnel professionnel
1987					
Hacen AGGAR (FRA)	Semaine fédérale sur piste	26.07/ 02.08	positif	6 mois 1 000 FF	amateur
Jean-Yves BRUNEAU (FRA)	Semaine fédérale sur piste	26.07/ 02.08	positif	6 mois 1 000 FF	amateur
Isabelle NICOLOSO (FRA)	Semaine fédérale sur piste	26.07/ 02.08	positif	6 mois 1 000 FF	amateur
1988					
Werner BETZ (ALL)	CM 1/2 fond (4e)	25.08	positif	hors course	professionnel
Luigi BIELLI (ITA)	CM 1/2 fond (4e)	24.08	négatif	hors course	amateur entraîneur positif (Taddeo Grifoni)
Vincenzo COLARMARTINO (ITA)	CM 1/2 fond (1er)	24.08	anabolisant : testostérone	hors course	amateur
Ottavio DAZZAN (ITA)	CM vitesse, série C (3e)	23.08	positif	hors course	professionnel
Dieter DURST (ALL) [entraîneur]	CM 1/2 fond (3e)	24.08	positif	hors course	amateur
Massimo FRATARCANGELI (ITA) [entraîneur]	CM 1/2 fond (1er)	24.08	positif	hors course	amateur
Claudio GOLINELLI (ITA)	CM (2e vitesse)	24.08	anabolisant : nandrolone	hors course	professionnel
Taddeo GRIFONI (ITA) [entraîneur]	CM 1/2 fond (4e)	24.08	positif	hors course	amateur
Steve HEGG (USA)	JO, sélections américaines (poursuite)		stimulant : caféine		amateur

Peter NAESSENS (BEL)	JO, précontrôle			anabolisant	amateur
Patrizio RAMPAZZO (ITA)	CM amateur, Gand (tandem) (4e)	25.08	carence	hors course	amateur
Roland RENN (ALL)	CM 1/2 fond (3e)	24.08	négatif	hors course	amateur entraîneur positif (Dieter Durst)
Renzo SARTI (ITA)	CM amateur, Gand (tandem) (4e)	25.08	carence de Rampazzo		amateur
Stan TOURNE (BEL)	CM de demi-fond (2e)	25.08	stimulant : amphétamine	hors course	professionnel
1990					
Philippe BOYER (FRA)	interpellé à la frontière franco-belge	30.12	stimulants (amphétamines) et anabolisants	Tribunal d'Arras : amende de 20 000 F	professionnel (trafic de stupéfiants)
Philippe VERNET (FRA)	interpellé à la frontière franco-belge	30.12	stimulants (amphétamines) et anabolisants	Tribunal d'Arras : amende de 10 000 F	professionnel (trafic de stupéfiants)
1991					
Carey HALL (AUS)	CM de Stuttgart (1er)	14.08	anabolisant : stanozolol	disqualifié, 3 mois avec sursis	amateur
Bill HUCK (ALL)	Réunion piste à Bassano Del Grappa (ITA)	28.08	anabolisant : nortestostérone	3 mois puis blanchi pour « vice de forme »	amateur
José-Manuel MORENO (ESP)	Réunion piste à Bassano Del Grappa (ITA)	28.08	anabolisant : nortestostérone	3 mois puis blanchi pour « vice de forme »	amateur
Stephen PATE (AUS)	CM de Stuttgart (3e)	14.08	anabolisant : stanozolol	disqualifié, 3 mois avec sursis	amateur
1992					
Philippe TARANTINI (FRA)	Six Jours de Stuttgart Six Jours de Grenoble	22.01 04.11	stimulant : amphétamine carence	3 mois avec sursis 6 mois ferme (récidive)	professionnel confirmé en appel
1993					
Hervé BUTTIGLI (FRA)	Six Jours d'Eybens	04.09	anabolisant : nandrolone	6 mois dont 3 avec sursis	amateur
Marion CLIGNET (FRA)	CM Valence, poursuite 2e manche (1re)	11/13.06	stimulant : caféine	3 mois ferme (UCI)	amateur, aggravés à 7 mois par la FFC
Galina ENIOUKHINA (RUS)	CM d'Hamar (NOR)	20.08	positive	hors course après le quart de finale	amateur

1996					
Frédéric LANCIEN (FRA)	Contrôle inopiné		anabolisant : nandrolone	6 mois dont 2 ferme	amateur, pour soigner des blessures
1997					
Andreas KAPPES (ALL)	Ch d'Allemagne sur piste à Cottbus, course aux points (1er)	06		3 mois ferme	professionnel
1998					
Cartsen WOLF (ALL)	Six Jours de Grenoble (3e)	29.10/ 03.11	positif	6 mois 2 000 FS	professionnel
1999					
Andrea COLLINELLI (ITA)	Stage d'entraînement (poursuite)	05	Ht > 50	inapte 15 jours	professionnel c. sang
Yuichiro KAMIYAMA (JAP)	Ch d'Asie de Keirin	06	stimulant : éphédrine	1 mois	professionnel, pensait que c'était des « vitamines »
Edita KUBELSKIENE (LIT)	CM vitesse	20.10	contrôle sanguin Ht > 50	inapte 15 jours	amateur c. sang
Tim LYONS (AUS)	hors compétition	25.03	positif		amateur (poursuite)
Tim O'SHANNESSEY (AUS)	hors compétition	25.03	positif		amateur (poursuite)
Jan VAN EIJDEN (ALL)	CM vitesse	20.10	contrôle sanguin Ht 51,5	inapte 15 jours	professionnel c. sang

« Les substances dopantes inoffensives doivent être libéralisées... »

C'est là une thèse qui fait de plus en plus d'émules mais dont la justification est un non-sens pour ce qui est de la santé. Depuis le milieu des années 1970, des médecins français, avec pour chefs de file François Bellocq et Bruno de Lignières, préconisent la libéralisation du dopage sous contrôle médical en argumentant que c'est le sport de haut niveau qui tue beaucoup plus que le dopage. Et qu'en conséquence, un soutien hormonal médicalisé serait la moins mauvaise des solutions. Cette vision au nihilisme bien affirmé, qui a bien sûr reçu l'aval total du milieu sportif notamment cycliste – mais pas de la majorité des dirigeants internationaux –, a été rejetée par le Comité consultatif national d'éthique en mai 1993.

Après l'affaire Festina du Tour de France 1998, certains responsables sportifs, préoccupés surtout par la santé du sport et très accessoirement par celle des sportifs, ayant compris qu'ils avaient tout à perdre à vouloir s'opposer de front aux athlètes en cherchant à optimiser la lutte antidopage, ont repris la thèse de la libéralisation en l'édulcorant. C'est ainsi que le numéro un de l'olympisme actuel, Juan Antonio Samaranch, dans une interview parue en juillet 1998 dans le quotidien madrilène *El Mundo* s'est montré partisan de réduire « drastiquement » la liste des produits interdits lors des compétitions sportives. Pour le successeur de Pierre de Coubertin : « La liste actuelle des produits dopants doit être réduite drastiquement. Tout ce qui ne porte pas atteinte à la santé de l'athlète, pour moi, ce n'est pas du dopage. Actuellement, on considère dopants toutes les substances interdites par la Commission médicale du CIO. Pour moi, cela ne suffit pas. Un produit dopant est celui qui premièrement nuit à la santé du sportif et deuxièmement augmente artificiellement son rendement. Si seule cette seconde condition se vérifie, pour moi, ce n'est pas du dopage. » Même si quelques semaines plus tard sous la pression internationale, Samaranch mettait de l'eau dans son vin, son message avait été reçu cinq sur cinq par des membres du CIO et, notamment, Guy Drut, l'un de ses plus fidèles soutiens lors des toutes dernières tempêtes olympiques.

L'ancien champion olympique du 110 m haies, présent sur le plateau de *Stade 2* le deux janvier 2000, et interrogé sur l'avenir de la lutte antidopage, n'a pas hésité à enfourcher la foulée de Samaranch pour préconiser d'autoriser les substances dopantes « inoffensives ». De même, l'Australien Phil Coles, autre membre du CIO, a pris la défense de Samaranch en déclarant à la chaîne de télévision ABC qu'il y a un besoin urgent de simplifier la liste des produits dopants. Dans ce même camp des « libéraux », l'on trouve également Robert Louis- Dreyfus, actuel PDG d'Adidas et de l'Olympique de Marseille qui croit que des « additifs » bien dosés sont sans dangers dès lors qu'ils sont administrés sous surveillance médicale : « À l'instar de la libéralisation de la drogue, mieux vaut tolérer des additifs bien dosés et administrés par des docteurs sérieux (sic) que de laisser le dopage clandestin aux mains de charlatans. » [1]

Visiblement, ni Samaranch, Drut, Coles ou Robert Louis-Dreyfus n'ont lu Paracelse, cet alchimiste et médecin suisse du XVIe siècle, qui avait bien compris que la dose jouait un rôle majeur dans l'effet « anodin » d'un médicament : « Toutes les substances sont des poisons, seule la dose en fait qu'elles ne sont pas toxiques. » Or, tout le monde sait, en tout cas ceux qui fréquentent assidûment les coulisses des enceintes athlétiques de haut niveau, que le sportif a une fâcheuse tendance, surtout si cela « fait du bien », à doubler, voire tripler la posologie. D'autre part, il faut quand même rappeler à tous les apologistes des substances dopantes « inoffensives » qu'il faut des années voire des décennies, pour que le corps médical se rende compte qu'un médicament ou une drogue est délétère pour la santé (cf. p. 240, tableau « Médicaments retirés du marché pour toxicité avérée »).

Effets pervers des remèdes miracles

« Encore des médicaments – plus ou moins "miracles" – retirés de la vente selon le quotidien *Paris-Presse* : le Tripariol® contre le cholestérol qu'un demi-million d'Américains consommaient régulièrement et journellement; il provoquait calvitie, troubles cutanés, voire la cataracte. Un autre, allemand, cette fois, un tranquillisant : le Thalidomide® a subi le même sort; des femmes en ayant absorbé ont mis au monde des enfants privés de bras et de jambes. » [*Le Cycliste*, 1962, n° 724, 9/10, sept-oct., p. 299].

Quelques exemples montreront la constance de ce phénomène. Il a fallu cinquante ans (1820-1870) d'utilisation régulière de la morphine pour que les périls en apparaissent au grand jour. Quinze ans d'emploi médical de la cocaïne (1870-1885) pour en établir les dangers. Quant à l'héroïne, produit particulièrement difficile à manier, il a fallu quand même attendre quatre ans d'usage thérapeutique pour que les forfaits en soient dénoncés.

En ce qui concerne les stéroïdes anabolisants, la catégorie des dopants les plus consommés par la gent athlétique pendant ces quarante dernières années, il faut se souvenir qu'au début de leur commercialisation, en 1960, les experts de la chose médicale les assimilaient à de simples vitamines. Aujourd'hui, on sait que ces fameuses « vitamines » des années 1960 provoquent de nombreux cancers (foie, prostate, testicule, reins etc.), des artérites, des atteintes cardiovasculaires, etc.

Si Samaranch, Drut, Coles et Louis-Dreyfus étaient médecins, ils sauraient que régulièrement le corps médical est informé que tel ou tel médicament, après dix, vingt, trente ans d'exploitation, est retiré du marché pour atteintes toxiques avérées. De même, il faut savoir que les maladies iatrogènes, affections dues aux seuls médicaments, provoquent au moins autant de décès que les accidents de la route. Et surtout, le danger des substances médicamenteuses n'est pas le même si on les prend pour passer l'après-midi dans un hamac ou pour faire 250 km à vélo lors d'une étape du Tour de France. L'écrivain Jean-Paul Sartre, lorsqu'il travaillait à ses manuscrits, consommait quotidiennement pour se stimuler l'esprit vingt comprimés de Corydrane® (une amphétamine) avec pour seule épreuve physique : s'asseoir et se lever d'une chaise ! Dans son cas, le risque était chronique. Mais si un athlète d'endurance absorbe la même dose pour effectuer une compétition, notamment sous la chaleur, il est probable sinon certain qu'il se retrouvera au mieux en réanimation et, au pire, à la morgue. En plus de militer pour l'autorisation des dopants « bons pour la santé », les tenants de la libéralisation se gaussent des défenseurs de l'antidopage qui n'ont que le repos comme seule parade au surmenage sportif : « En somme, la seule solution éthique qui s'offre au médecin confronté à un sportif de haut niveau souffrant des excès de son activité, c'est de le mettre au repos, temporairement ou définitivement. » Ils ajoutent pour enfoncer le clou : « Répondre à un sportif que la seule solution c'est le repos est contre-productif du point de vue de la santé, mais aussi injuste. » On aimerait alors que les convaincus de l'innocuité des médicaments nous expliquent clairement pourquoi dans le milieu hippique, où les enjeux financiers sont également considérables, cela ne provoque aucun débat éthique de laisser au pré un cheval blessé ou malade le temps qu'il soit soigné et complètement rétabli ?

Ainsi, la conclusion qui s'impose c'est que l'homme se préoccupe beaucoup plus efficacement du bon état physiologique du cheval que de sa propre santé. Ce comportement déviant n'est pas récent puisque il y a une quarantaine d'années, le Dr Georges Ronneaux, secrétaire général de la Société d'études médicales du cyclisme, l'avait déjà analysé : « Les Sociétés de course hippique ont pour but l'amélioration de la race chevaline. Dans les compétitions athlétiques, c'est l'amélioration des records qui est avant tout recherchée. » [2]

Au total, que des dirigeants se disant responsables colportent sur une chaîne publique la thèse qu'il existe des substances dopantes efficaces et « inoffensives » – alors qu'ils n'ont jamais fait aucune étude de médecine – montre bien que la ministre Marie-George Buffet et ses conseillers scientifiques ont encore beaucoup de pain sur la planche pour renverser la vapeur du mythe de la substance performante et anodine.

Références

[1] *Capital,* 1999, n° 97, octobre, p. 7.

[2] *Le Cycliste,* 1962, n° 720, (1-2), janv. fév. p. 24.

Médicaments retirés du marché pour toxicité avérée

Spécialités (exemples)	**Classe pharmacologique**	**Motif principal du retrait**	**Mis sur le marché Retrait du marché « Durée de vie »**
ALIVAL®	antidépresseur	toxicité hématologique	1977 – 1986 = 9 ans
DIFLUREX®	diurétique	hépatotoxicité	1976 – 1991 = 15 ans
DUPÉRAN®	antalgique	toxicité hépatique	1977 – 1987 = 10 ans
GLIFANAN®	antalgique	réaction anaphylactique	1965 – 1992 = 27 ans
ISOMÉRIDE®	anorexigène	valvulopathies cardiaques	1985 – 1997 = 12 ans
LYSEDEM®	antioedémateux	cytolyse hépatique	1986 – 1996 = 10 ans
PONDÉRAL®	anorexigène	valvulopathies cardiaques	1967 – 1997 = 30 ans
RUMALON®	chondroprotecteur	réactions allergiques	1962 – 1992 = 30 ans
SURVECTOR®	antidépresseur	hépatite, acné	1978 – 1999 = 20 ans
TANDÉRIL®	anti-inflammatoire	toxicité hématologique	1961 – 1985 = 24 ans
TELDANE®	antihistaminique	troubles du rythme ventriculaire	1978 – 1997 = 21 ans
TRANCOGÉSIC®	antalgique	toxidermies bulleuses	1968 – 1996 = 28 ans
TRANCOPAL®	myorelaxant	toxidermies bulleuses	1960 – 1996 = 36 ans

« Le suivi médical longitudinal contrôlé est une arme innovante et dissuasive... »

On a tendance à penser que le suivi médical longitudinal contrôlé (SMLC) est une invention récente mis en œuvre après le tremblement de terre de l'affaire Festina du Tour de France 1998. C'est Cyrille Guimard, l'ancien pro des années 1970 et directeur sportif de plusieurs vainqueurs du Tour, qui, le premier, va imaginer ce type d'investigation longitudinale afin de changer la relation en vigueur : « gendarme contre tricheur ».

Sous la pression des événements du Tour de France 1998, un an plus tard, la Fédération française de cyclisme (FFC) met en place un suivi médical complet de tous les coureurs professionnels français dans le but immédiat de protéger la santé du peloton et, accessoirement, de tempérer la triche. Ces mesures « suggérées » par le ministère de la Jeunesse et des Sports s'articulent autour du suivi médical longitudinal contrôlé (SMLC) qui comprend deux axes :

- Le suivi médical est maintenu à l'intérieur des clubs et reste à la charge des médecins tant chez les pros que chez les amateurs. Toutefois, chez les professionnels, le recrutement de ces médecins sera plus draconien, suivant une charte que doivent signer les directeurs sportifs de toutes les équipes évoluant dans cette catégorie. Des gages de moralité et de réelles compétences médicales seront exigées. De plus, les anciens « soigneurs » seront remplacés par des « assistants paramédicaux ». (S'il suffisait de débaptiser les « faux soigneurs » pour les éliminer, cela se saurait depuis longtemps.)
- Une surveillance médicale extérieure est imposée sous forme d'un examen médical annuel complet qui sera effectué par un médecin désigné par la Fédération. Cet examen se doublera de quatre consultations biologiques par an effectuées devant un médecin indépendant sous la houlette du ministère de la Jeunesse et des Sports. Un « carnet du coureur » assurera la liaison entre suivi interne et externe.

Il est clair que ces différentes mesures, si elles sont correctement appliquées, permettront, grâce aux prélèvements sanguins, de progresser dans la connaissance des modifications biologiques dues à l'effort cycliste chez des athlètes de haut niveau. Parallèlement, elles donneront aux scientifiques les moyens d'identifier de nouveaux stigmates biologiques de dopage mais, bien sûr, cela ne donnera pas des résultats immédiats. À notre avis, les classements du Tour de France 1999 n'ont guère été influencés par le SMLC. Il est probable qu'il en sera de même pour le Tour de l'an 2000. Mais il fallait bien commencer pour tenter de sortir de l'impasse ! Rappelons pour mémoire que le suivi médical avec plusieurs examens annuels nous est proposé chaque fois qu'une affaire de dopage bouscule le train-train des habitudes du milieu cycliste.

Fin 1974, à la suite d'une épidémie de cas positifs aux pipéridines (amphétamines) jusque-là indécelables, Cyrille Guimard, alors qu'il était coureur et président de l'Association des professionnels, avait soumis à la Commission médicale nationale de la FFC une proposition d'expertises biologiques différentes, le contrôle en place étant jugé « non satisfaisant » pour plusieurs raisons (but répressif, « technique » de prélèvement peu appréciée des coureurs, tests inefficaces, etc.) [1]

La méthode préconisée par Guimard consistait à suivre à intervalles réguliers, tous les trois mois par exemple, les coureurs professionnels pour déterminer si le cycliste testé usait et abusait de produits dopants. Devant une réponse affirmative du corps médical, le sujet aurait été mis au repos pendant un temps plus ou moins long, avec interdiction de participer à quelque compétition que ce soit. Remarquons au passage que cette proposition tendait simplement à substituer un contrôle périodique à une contrôle systématique et une mise au repos à une suspension.

Soumise aux experts toxicologiques et pharmacologues français, cette proposition fut unanimement jugée irréalisable par des gens dont le problème n'était pas de jouer les adjudants sadiques dans le peloton mais de fournir une réponse scientifique. L'un des spécialistes consultés, le Pr Jean Ginet – de Nantes – qui deviendra quelques années plus tard responsable de la surveillance médicale de l'équipe Renault-Gitane dirigée par Guimard, avait répondu : « Nous ne devons à aucun prix nous laisser influencer par de telles demandes des coureurs professionnels (ou amateurs). Surtout lorsqu'on connaît le milieu cycliste. Il ne faut montrer aucun laxisme dans ce domaine. » [1] Un autre spécialiste, le recteur Pierre Magnin, de l'académie de Besançon, avait mis en avant l'inadaptation des techniques du moment : « Le problème posé est pertinent mais n'est pas réalisable dans l'état actuel de l'organisation et des moyens d'analyse. » [1]

De son côté, le professeur de pharmacologie de Nantes, H.-L. Boiteau, penchait pour le *statu quo :* « Seules les modalités de contrôle actuellement en vigueur et correctement appliquées paraissent capables d'apporter les preuves indiscutables d'un dopage chez un coureur cycliste. » [1] Au final, la proposition n'avait pas eu de suites.

Trois ans plus tard, après l'exclusion pour tricherie du Belge Michel Pollentier, porteur du maillot jaune lors de l'édition 1978 du Tour de France, et devant le tintamarre médiatique provoqué par sa sortie *ex abrupto,* les instances fédérales ont cherché une nouvelle approche de la lutte antidopage, notamment en ressortant la proposition de Guimard et de ses pairs, à savoir une surveillance médicale plus poussée des sportifs de haut niveau.

C'est le Dr Pierre Dumas, ancien médecin-chef de la Grande Boucle pendant treize ans (et depuis 1968 chargé du contrôle antidopage) qui, en juin 1979, dans les colonnes de *L'Équipe* va aborder à nouveau ce thème : « La visite médicale régulière et approfondie est la solution la plus rationnelle et je sais d'ailleurs que cette idée se fait jour dans les milieux sportifs. Par exemple, tous les athlètes sous contrat, chez les amateurs, doivent se soumettre tous les mois à une visite médicale approfondie. » [2] Que cela ait été suivi d'effet, c'est une autre histoire…

Apparemment, ce n'était qu'un vœu pieux puisque, trois ans plus tard, après la fronde collective des cyclistes professionnels avec à leur tête Bernard Hinault refusant un contrôle antidopage effectué lors du critérium de Callac dans les Côtes d'Armor, 48 heures après l'arrivée du Tour de France, les services de Mme Edwige Avice, ministre des Sports, avaient organisé une réunion de réflexion avec Lucien Bailly, directeur technique national du cyclisme. Le communiqué publié par le ministère à l'issue de l'entrevue indiquait que plusieurs problèmes concernant le sport et la médecine avaient été abordés au cours de l'entretien : il a été question « de l'instauration d'un système médico-sportif plus complet et notamment d'un suivi médical adapté aux modalités spécifiques de la profession cycliste », thème qui sera examiné au cours d'une réunion interministérielle sur la médecine du sport, fixée en septembre. Ce thème sera en outre examiné à la mi-octobre lors de la réunion des médecins fédéraux. » [3]

Rappelons que ces réflexions étaient émises il y a dix-huit ans, en août 1982, et que l'on continue à attendre des miracles du suivi médical. Apparemment, et à l'heure actuelle, le milieu cycliste n'est plus autant persuadé de l'influence du SMLC sur la limitation des « armements biologiques ». Christophe Bassons, le « Mr propre du peloton », en a fait le constat en début d'année 2 000 : « Depuis l'été 1998, on a fait du bruit, mais la lutte contre le dopage n'a pas avancé. » [4]

De son côté, Roger Legeay, l'ancien patron de la ligue professionnelle nationale et actuel directeur sportif de l'équipe Crédit Agricole, admet que le SMLC n'intervient que modestement en tant que « peur du gendarme » : « Il est évident que le suivi ne permet aucune sanction. Il n'y a pas le côté répressif, dissuasif pour le coureur. » [5] Ces deux opinions sont résumées par Daniel Baal, le président de la FFC : « Depuis deux ans, sur le plan strict de la lutte contre le dopage, on n'a pas avancé d'un pas. Les mêmes substances ne sont toujours pas retrouvées, d'autres sont peut-être apparues. Nous avons fondé beaucoup d'espoirs sur le suivi médical longitudinal et, effectivement, il a largement contribué à faire évoluer les mentalités et a eu un effet extrêmement bénéfique sur la protection de la santé. Mais ce suivi médical nous donne aussi des infos, y compris sur ce que j'appellerais la persistance, voire la recrudescence de comportements déviants. » [6]

Au total, le SMLC a privilégié la santé avant l'éthique en contribuant à la fois à rendre le peloton, notamment français, plus conscient de sa propre santé, parallèlement à un certain désarmement, mais aussi, malheureusement, à une professionnalisation encore plus accrue du dopage.

Suivi médical UCI

1. **Mars 1997**
   Prise de sang à l'improviste au départ des courses testant la valeur de l'hématocrite. Un résultat supérieur à 50 entraîne un « arrêt de travail » de 15 jours.
2. **Janvier 1999**
   Mise en place du suivi médical longitudinal contrôlé.
3. **Janvier 2000**
   Actualisation du programme de prévention :
   - visite médicale annuelle (examen cardiologique) ;
   - analyse sanguine complète trimestrielle (quatre par an) ;
   - livret de santé personnel : mention des substances soumises à restriction et prescrites à des fins thérapeutiques ;
   - bilan biologique élargi : ferritine, protéine C réactive (PCR), cortisol, testostérone, LH (hormone luteinisante). La Fédération française de cyclisme dose en plus : l'érythropoïétine (ÉPO), le récepteur soluble à la transferrine (RST, marqueur indirect de la consommation d'ÉPO) et l'ostéocalcine (marqueur indirect de l'utilisation des corticoïdes) ;
   - toute valeur anormale ou significativement pathologique doit être communiquée au médecin contrôleur dans un délai de dix jours dès la réception du résultat.
4. **Février 2000**
   En France, en dehors du cyclisme, dix-neuf disciplines avaient mis en place un suivi biologique allant de un à plusieurs bilans annuels.
   Rappelons que c'est le triathlon qui a initié ce genre de surveillance depuis novembre 1996.

SMLC : les partisans et les sceptiques

Daniel Baal (FRA), président de la Fédération française de cyclisme (FFC) depuis 1993 : « En France, le deuxième examen médical aura lieu entre les 15 et 30 avril pour toutes les équipes. Tous les résultats qui présenteraient des anomalies seront traités par une commission d'expertise médicale qui pourra donner un avis défavorable à la poursuite de l'activité. Les coureurs seraient alors arrêtés dans un premier temps pour faire des examens complémentaires puisqu'on tient à traiter le problème sur le plan de la santé et sur aucun autre. » [*AFP,* 28 mars 1999].

Christophe Bassons (FRA), cycliste professionnel depuis 1996 : « Je ne suis pas optimiste pour le cyclisme. En 2000, on va faire un pas en arrière en matière d'effort contre le dopage. En 1999, les gars avaient un peu peur. Entre les enquêtes de police et la nouveauté du suivi longitudinal, ils se méfiaient. Maintenant, le suivi, ils savent qu'au pire, c'est quinze jours d'arrêt-maladie... Depuis l'été 1998, on a fait du bruit, mais la lutte contre le dopage n'a pas avancé. » [*Le Monde,* 06 février 2000].

Philippe Bouvet (FRA), journaliste : « Avec le nouveau suivi médical, il semble que l'on possède enfin une vraie alternative aux contrôles antidopage toujours inefficaces et c'est une chance formidable pour les jeunes qui vont peut-être pouvoir vivre le vélo plus heureux. » [*L'Équipe,* 02 février 1999].

Pr Jacques de Ceaurriz (FRA), directeur du laboratoire de dépistage du dopage : « Il faut, pour minimiser les risques de faux positifs, obtenir des surveillances personnalisées et longitudinales des sportifs au lieu de se borner, comme c'est le cas aujourd'hui, à des examens ponctuels, aux résultats plus ou moins aléatoires et qui peuvent toujours être contestés. » [*Le Monde,* 15 août 1998].

Dr Jean-Luc Daussin (FRA), angéiologue, médecin chargé de la lutte antidopage en Alsace par le ministère de la Jeunesse et des Sports : « Le Dr de Lignières a aussi dévié dans son livre la signification du suivi médical longitudinal contrôlé qui ne servirait plus qu'à justifier l'utilisation de produits compensatoires. » [*Dernières Nouvelles d'Alsace,* 18 octobre 1999].

Dr Gérard Dine (FRA), médecin biologiste responsable du suivi médical longitudinal : « J'insiste aussi sur un point : le suivi longitudinal n'est pas un contrôle antidopage, il n'a rien de répressif et ses résultats sont privés : ils appartiennent au coureur et sont communiqués simultanément au médecin fédéral. Nos profils biologiques ont l'avantage de déterminer s'il s'est passé quelque chose dans le mois qui vient de s'écouler. On a également mis au point d'autres marqueurs pour apprécier une manipulation qui remonterait à six mois. Autrement dit, c'est la fin des coureurs préparés ou chargés, comme vous voulez. » [*L'Équipe,* 02 février 1999].

Pr Claude-Louis Gallien (FRA), président de la Commission nationale de lutte contre le dopage de 1996 à 1999 : « En France, on a proposé une prévention médicale, une sorte de médecine du travail sportif. On voudrait aussi mettre en place un suivi biologique : prélever du sang, des urines ou des cheveux tous les trois mois et surveiller. Le sportif devient son propre témoin. Pour que cela coûte moins cher, on peut envisager de créer des "pipithèques" par exemple. En cas de synthèse endogène, on peut le savoir. » [*L'Humanité,* 12 janvier 1998].

Hein Verbruggen (HOL), président de l'UCI depuis 1991 : « On a répandu en France l'idée qu'à travers le suivi médical on peut tirer des conclusions sur un éventuel dopage. C'est faux. Car aujourd'hui encore si on voit quelque chose qui ne marche pas dans le corps d'un athlète (sic), il est impossible de dire que c'est à cause de médicaments défendus. » [*Le Figaro,* 12 mai 1999].

Références

1. « Rapport concernant la proposition de l'Association des coureurs professionnels sur le contrôle antidopage », *Caducycle,* 1977, 5, n° 17, janvier-mars, pp. 6-9, n° 18, avril-juin, pp. 19-23.
2. « À bout portant, le docteur Dumas : "Une nouvelle étape de la lutte antidopage" », *L'Équipe,* 29 juin 1979.
3. Communiqué du ministre, 24 août 1982.
4. Bordenave Y., « Christophe Bassons veut exercer son métier de cycliste sans renoncer à exprimer ses idées », *Le Monde,* 5 février 2000.
5. Reuters, 30 janvier 2000.
6. Bouvet Ph., « Baal : "Dans une impasse" », *L'Équipe,* 9 mai 2000.

« Le dopage n'est pour rien dans l'explosion des records...»

La question revient régulièrement au moment des compétitions olympiques : comment est-il possible de battre encore et toujours des records jugés extraordinaires ? Car en moins d'un siècle – le temps d'un soupir dans la durée de l'évolution – s'est produit un boum fantastique des performances. Pourquoi ? Sept éléments de réponse.

Plusieurs facteurs (qui varient, bien sûr, en fonction des caractéristiques de chaque spécialité athlétique) peuvent intervenir : améliorations techniques, méthodes d'entraînement et de préparation, modifications biomorphologiques, matériel high-tech, sélection à partir d'une population plus nombreuse et en meilleure santé, aspects psychologiques et drogues des podiums en constant progrès.

Les améliorations techniques

En sport comme ailleurs, il arrive qu'une simple nouveauté technique change entièrement les données d'un problème. En 1952, quand l'Américain Parry O'Brien décida d'expédier le poids en tournant le dos à l'aire de lancer, il fit gagner, avec ce quart de tour d'élan supplémentaire, un mètre à tous les meilleurs spécialistes mondiaux du jet de boulet. En 1968, à Mexico, le sauteur en hauteur américain Dick Fosbury transforma la discipline avec son franchissement dorsal – évolution ultime du bon vieux ciseau de papa. Depuis, ce saut sur le dos, ou *fosbury-flop*, est utilisé par tous les spécialistes.

Athlétisme	
100 mètres = 0 s 81 en 87 ans	**Hauteur = 45 cm en 82 ans**
1912 D. Lippincott (USA) 10 s 6	1912 G. Horine (USA) 2,00 m
1999 M. Green (USA) 9 s 79	1994 J. Sotomayor 2,45 m
Perche = 2,12 m en 81 ans	**Marathon = 49 min 36 s en 91 ans**
1912 M. Wright (USA) 4,02 m	1908 J. Hayes (USA) 2 h 55 min 18 s 4
1993 S. Bubka (UKR) 6,14 m	1999 K. Khannouchi (MAR) 2 h 05 min 42 s

Les charges d'entraînement

En 1952, au moment des JO d'Helsinki, Emil Zatopek faisait figure de phénomène parce qu'il s'imposait une course d'une quinzaine de kilomètres par jour. En 2000, les meilleurs marathoniens avalent quarante kilomètres quotidiens. Les femmes ont d'ailleurs suivi puisque, il y a une dizaine d'années déjà, la double championne et recordwoman du monde, la Tchécoslovaque Jarmila Kratochvilova, en faisait autant que ses homologues masculins. Jusqu'à ce que ses tendons d'Achille manifestent leur désaccord.

Les modifications biomorphologiques

La croissance et la puberté sont plus précoces, les gens sont plus grands. Un homme du vingtième siècle n'entre pas dans les armures des cavaliers de la célèbre bataille de 1515, à Marignan. La taille moyenne des individus augmente de décennie en décennie. En France, elle était de 1,65 mètre en 1880 et 1,74 mètre en 1980. De même, celle des décathloniens aux Jeux olympiques de Rome, en 1960, était de 1,84 mètre alors que trente ans auparavant, elle n'était que de 1,76 mètre. Aujourd'hui, lors d'une finale du 100 m nage libre, les huit qualifiés ont une taille supérieure à 1,90 m. Ce simple paramètre morphologique montre bien que les performances maximales iront toujours en progressant, même sans dopage.

La sophistication du matériel

Le nageur de l'an 2 000 se mouille couvert du cou aux chevilles, équipé de nouvelles combinaisons intégrales. À la pointe du progrès, et inspiré de la peau de requin selon son fabricant australien, la combinaison Fastskin devrait habiller la plupart des nageurs aux prochains Jeux olympiques de Sydney. Le tissu inventé reproduit les stries en V qui créent de petits tourbillons. Une empreinte de résine en forme de denticule provoque, elle, de grands tourbillons. Ces deux courants attirent l'eau plus près du corps, qui glisse donc plus facilement. Speedo affirme que Fastskin est 7,5 % plus rapide que tous les autres maillots. De son côté, Adidas « habille » de son *full bodysuit* Ian Thorpe, le jeune prodige australien. On parle d'un gain de sept centièmes de seconde sur 100 mètres. D'autres experts évaluent qu'en une minute, on gagne deux mouvements sur une distance équivalente. Déjà en 1990, les maillots de bain avaient subi une avancée technologique en étant confectionnés dans un tissu synthétique ultraléger et imperméable (72 % de nylon, 28 % de spandex). Des tests ont permis de quantifier l'avantage par rapport aux maillots classiques : trois dixièmes de secondes sur 100 yards. En 1996, à Atlanta, la piscine olympique était équipée d'un système électronique de pompage limitant les vagues des compétiteurs. Dès la fin des années 1960, l'eau des bassins olympiques est additionnée de sel afin de mieux porter les nageurs et de substances chimiques pour la rendre plus glissante. À Sydney, tous les nageurs – hommes et femmes – seront rasés et, pour certains hommes, de la tête aux pieds. Il a été démontré qu'un nageur glabre bénéficiait d'un avantage de 0,6 % sur un adversaire non rasé. Cette innovation remonte à une quarantaine d'années.

La sélection

Elle fonctionne de mieux en mieux. Presque tous les hommes ont la possibilité de faire du sport, et donc de révéler leur potentialité. S'il y a plus de sportifs, il y a plus de grands champions. Le nombre d'athlètes de premier plan intervient aussi comme source d'émulation. En 1896, aux premiers Jeux olympiques, les 295 concurrents provenaient de 13 nations. En 1996, à Atlanta, la participation atteignait le chiffre record de 197 nations pour 10 310 concurrents (6 979 hommes et 3 513 femmes).

Le psychisme

L'entraînement le plus poussé et la technique la plus raffinée sont des minimums indispensables; ils ne garantissent pas pour autant le succès. On proclamait qu'avec de l'entraînement on arrive à tout. C'est dépassé. On peut tout juste dire maintenant que sans entraînement on n'arrive à rien. Seulement, au-delà de la perfection technique et physiologique accessible à tous les plus doués, il existe des éléments décisifs, des facteurs d'ordre psychique. Ils sont peut-être assez obscurs et à coup sûr plus malaisés à définir que des possibilités appréciables au chronomètre, mais quand arrive l'heure de vérité, ce sont eux qui emportent la décision. Pour les prochains JO, de nombreuses délégations iront en Australie accompagnées d'experts en préparation mentale. Pour s'en convaincre, il suffit de lire les pages sportives où l'on constate que ces derniers sont souvent sollicités pour expliquer le comportement de leurs athlètes.

Le record de longévité des records (au-delà de 20 ans)

25 ans	Jesse Owens (USA)	8,13 m en longueur (1935-1960)
25 ans	Patrick Ryan (USA)	57,77 m au marteau (1913-1938)
23 ans	Bob Beamon (USA)	8,90 m en longueur (1968-1991)
20 ans	Peter O'Connor (GBR)	7,61 m en longueur (1901-1921)
20 ans	Jesse Owens (USA)	10 s 2 au 100 m (1936-1956)
20 ans	4 x 100 m (USA)	39 s 8 (1936-1956)
20 ans	4 x 400 m (USA)	3 mn 08 s 2 (1932-1952)
20 ans	Lee Evans (USA)	43 s 86 au 400 m (1968-1988)

Les drogues de la performance

Le sportif est souvent prêt à prendre n'importe quoi, pourvu que cela soit, de préférence, efficace et difficile à détecter. Depuis Los Angeles, on sait pourtant que les « chercheurs de médailles d'or olympiques » déjouent la sagacité des analyses en proposant aux sportifs l'hormone de croissance (hGH) comme anabolisant de substitution (la plupart des stéroïdes étant parfaitement repérés même si l'interruption de la cure remonte à six mois). Selon certains alchimistes, cette hormone résiste encore à tous les contrôles. Elle serait même à l'origine de plusieurs records du monde. En plus de l'hGH, d'autres substances invisibles au contrôle (ÉPO jusqu'à très récemment, IGF I, peptides mimétiques, ACTH, hormones thyroïdiennes etc.) permettront aux chasseurs de médailles de grimper sur les podiums grâce à la chimie, tout en étant honorés par les pontes du Comité international olympique (CIO).

Au sujet de ces derniers, rappelons que depuis le début de la lutte antidopage, tous les experts n'ignorent plus que les tests urinaires effectués par le CIO sont incapables de chiffrer l'ampleur du fléau, que des centaines de médailles ont été attribuées à des sportifs dopés et que de s'appuyer sur le nombre faible de cas positifs pour affirmer que l'on maîtrise le dopage s'apparente à une mystification déjà parfaitement mise en évidence dans le rapport de la commission d'enquête du juge canadien Charles Dubin en 1990 (expertise diligentée par le gouvernement canadien à la suite du contrôle positif de Ben Johnson le 24 septembre 1988 à Séoul). Or, encore récemment, malgré les révélations venant d'Allemagne de l'Est et d'ailleurs, on pouvait lire dans la *Revue olympique,* sous la signature de Raymond Stefani, professeur de génie électrique à l'université d'État de Californie et avec l'accord de l'organe officiel du mouvement olympique : « Les trois médailles d'or (200 m et 400 m 4 nages, 400 m nage libre) remportées par la nageuse Michelle Smith (IRL) aux JO d'Atlanta, n'auraient dû lui valoir que des éloges. Au lieu de cela, on l'accusa d'avoir absorbé des substances dopantes. Tous les contrôles donnèrent des résultats négatifs, prouvant ainsi que ces accusations étaient sans fondement. » [1]

En réalité, à l'occasion d'un contrôle inopiné, elle verse du whisky dans l'éprouvette afin de camoufler la prise de dopants ! Après enquête, la Fédération internationale de natation l'a définitivement éliminée des bassins. De cet épilogue : aucun mot dans la *Revue olympique* !

Après les JO d'Atlanta, le Dr John Hawley, directeur du laboratoire haute performance du Sports Science Institue d'Afrique du Sud, interrogé sur la question « des records jusqu'où ? » avait fait cette analyse pleine de bon sens : « Si vous me demandez quelles sont les limites de la performance humaine, je vous répondrai que nous les avons déjà dépassées. La plupart des records actuels sont des records dopés. » [2]

Rêvons un peu. Il est clair que si les laboratoires antidopage estampillés CIO devenaient plus performants, que les substances indécelables n'échappaient plus à leurs analyses, ce que souhaite la majorité des athlètes, il faudrait alors attendre dix à vingt ans, voire plus, pour que « les records dopés » soient enfin battus par des sportifs naturels. Compte tenu des différents facteurs analysés on peut affirmer qu'à court et à moyen terme il n'y a pas de limite à cette escalade des records.

Des prouesses artificielles

Christine Arron (FRA), athlète, championne d'Europe du 100 m en 1998 : « De plus en plus, on demande des records mais les records ne peuvent pas être battus indéfiniment. Si ces gens-là le font sans rien prendre et bien je dis chapeau ! Moi, je ne peux pas... » [*JDD,* 22 août 1999].

Dr Jaimie Astaphan (CAN), médecin de Ben Johnson : « Ben Johnson est le premier homme bionique. Je l'ai fabriqué gramme par gramme. » [*L'Express,* 24 novembre 1989, p. 127].

Pr Claude-Louis Gallien (FRA), président du PUC et de la FNSU, président de la Commission nationale de lutte contre le dopage de 1996 à 1999 : « Alors ou bien on revient tout de suite à la simple notion de compétition ou bien on continue dans la course aux records et ce sera bientôt la fin du sport, puisqu'il deviendra uniquement l'affaire de quelques mutants programmés pour ça. » [*L'Express,* 28 novembre 1989, p. 142].

Ben Johnson (CAN), spécialiste du 100 m plat, banni des JO de Séoul : « Je ne serais jamais descendu sous les 10 s si je n'avais rien pris ! » [*L'Équipe,* 22 juillet 1996].

Jean-François Kahn (FRA), journaliste : « Pourquoi croit-on que dans toutes les disciplines, des records sont sans cesse battus ? A priori, c'est impossible. Cela doit, à un moment ou à un autre, s'arrêter. Mais non ! On va toujours plus vite, on saute toujours plus haut : la médecine est passée par là ! » [*Marianne,* 20 juillet 1998].

François Ruff (FRA), médecin-chef du laboratoire de physiologie à la faculté Necker (Paris) : « Le dopage est, en vérité, un expédient qui empêche la science de vraiment travailler pour faire progresser le sportif de haut niveau. En s'abandonnant à la facilité du dopage, il écarte une préparation biologique qui utiliserait certaines notions de diététique, qui respecterait les rythmes propres des sportifs que l'on peut étudier grâce à la chronobiologie (science qui permet de voir à quel moment l'homme agit, assimile le mieux...). Et dans ce contexte, aussi, on peut battre les records. » [*Le Figaro,* 01 septembre 1980].

Références

1. STEFANI R., « Des notes de comparaison : athlétisme, haltérophilie, natation », *Revue olympique,* 1998, XXVI, n° 21, juin-juillet, pp. 51-55 (p. 54).

2. HAWLEY J., *Tracks and Fields,* 1996, décembre, p. 73.

« Le dopage ne concerne pas les amateurs... »

Fin février 2000, quatre cyclistes amateurs du Vélo Sprint de Narbonne se font épingler par la gendarmerie de Perpignan et sont mis en examen pour utilisation d'amphétamines et plus particulièrement de « pot belge », un cocktail de produits dopants (amphétamine, antalgiques, caféine, cocaïne, héroïne, morphine). Les dirigeants interrogés tombent des nues, on est habitué à ce type de comportement depuis l'affaire Festina de juillet 1998, et, devant les médias, affirment avec conviction que si la culpabilité des coureurs se confirme, ils les excluront du club mais ajoutent aussitôt qu'il ne faut pas généraliser et que probablement le cyclisme est le sport le mieux contrôlé donc le moins touché. Certains y vont de leur couplet pour s'étonner que des cyclistes du dimanche se chargent au « pot belge » pour ramasser « quelques trophées assortis d'une poignée de milliers de francs de primes ». Sur ce thème, l'hypocrisie n'est pas récente. Déjà en 1941, le Pr Demole, à l'occasion d'un cours de médecine sportive sur le doping, racontait, alors que, déjà, le dopage sévissait à plein dans le milieu de la petite reine, « il y a quelques mois, le président d'une de nos sociétés cyclistes me disait : "inutile de s'encombrer de règlements, chez nous le doping n'existe pas !" » [1]

Rappelons que depuis la refonte des catégories en 1995, on classe les compétiteurs en trois séries : 1) élite, regroupant les professionnels et les meilleurs amateurs; 2) nationale, où l'on retrouve les anciennes première, deuxième et meilleures troisième catégories; 3) régionale, avec les coureurs restants. Tout ce petit monde participe à des courses de février-mars à septembre-octobre, plusieurs fois par semaine pour les catégories les plus huppées et une seule fois pour la dernière. À partir du moment où il y a une confrontation entre les hommes, qu'elle soit sportive ou non, le dopage se répand avec plus ou moins d'amplitude si d'autres facteurs se surajoutent tels que l'argent, les médias, la gloire, le surmenage et, bien sûr, un contrôle antidopage peu performant.

Dans notre pays, les responsables, qu'ils soient politiques ou sportifs, en décalage avec la réalité connue de longue date, « découvrent » l'ampleur d'un phénomène avec une ou deux guerres de retard, le Tour de France 1998 en est le meilleur exemple. Sans l'intervention de la justice et de la police, les médias n'auraient eu qu'à commenter les chiffres rassurants de 110 contrôles urinaires négatifs alors que les perquisitions montrèrent qu'un nombre conséquent de valises étaient positives. Or, le milieu sait bien que l'extension du dopage chimique date de la fin des années quarante avec comme chef de file Fausto Coppi. *Le Campionissimo* italien, dans une interview rediffusée en 1998 sur la RAI 3 [2], expliquait qu'il prenait « la *bomba* » (amphétamine) « chaque fois que cela était nécessaire ». Et quand était-ce nécessaire ? « Pratiquement tout le temps ! » Coppi étant le meilleur coureur et de loin, les amphétamines efficaces, il ne restait alors plus qu'une alternative aux autres : changer d'activité ou faire comme le recordman de l'heure.

Plusieurs faits ou témoignages datant d'une quarantaine d'années confirment que le milieu amateur carburait lui aussi aux mêmes adjuvants chimiques que leurs aînés... En 1962, le Pr Antonio Venerando [3] publiait les résultats des contrôles effectués à l'occasion du championnat sur route des amateurs italiens qui avaient été préalablement avertis du contrôle. Malgré cette mise en garde il vont quand même être 14 sur 30 soit 46,6 % positifs aux amphétamines, à l'époque la seule substance détectable. En 1965, les tests effectués en Belgique donnent 18,2 % de positifs chez les amateurs et 37 % chez les pros [4]. La même année, en Italie, sur 510 cyclistes amateurs soumis à un prélèvement, 168, soit 33 %, tombent pour présence d'amphétamines [5]. Trois ans plus tard, le Dr Lucien Maigre, alors médecin chef du Tour de France en remplacement du Dr Pierre Dumas écarté après le décès de Tom Simpson sur les pentes du Ventoux, fait part, en pleine Grande Boucle, de son étonnement : « Je viens d'apprendre qu'à Bordeaux, à l'occasion de la finale nationale du Premier Pas Dunlop, sorte de Championnat de France réservé aux juniors (17 ans dans l'année), sur six prélèvements d'urine ayant été effectués, cinq se sont révélés positifs ». [6] Tant que le pouvoir politique n'aura pas intégré que le dopage est inhérent à la compétition sportive, et qu'à ce titre il nécessite une thérapeutique d'une autre ampleur que celle qui lui est administrée aujourd'hui (notons parmi les nombreuses carences l'absence de contrôle des corticoïdes de synthèse alors que ce sont les substances les plus répandues dans le peloton), on passera son temps à feindre l'étonnement à chaque découverte d'un trafic et ce d'autant plus qu'il concerne les « purs ».

L'exemple vient d'en haut

Jacques Anquetil (FRA), cycliste professionnel de 1953 à 1969 : « Je prends des stimulants, il est impossible, comme professionnel, d'agir autrement, mais je vous déconseille, vous les jeunes, d'en faire autant. » [*L'Humanité Dimanche,* 22 octobre 1967, p. 49].

Louison Bobet (FRA), cycliste professionnel de 1947 à 1961 : « J'étais très en colère contre Jacques Anquetil. Jacques ne s'est pas rendu compte des effets désastreux que ses déclarations ont produit dans les rangs des jeunes. » [*Miroir du cyclisme,* 1967, n° 92, octobre, p. 14].

Marie-George Buffet (FRA), ministre de la Jeunesse et des Sports depuis 1997 : « Le pourcentage de dopés chez les treize millions de sportifs amateurs dans notre pays est plus important que dans le sport de haut niveau, et cela concerne un nombre sans cesse croissant de jeunes sportifs. Les mômes sont concernés, c'est intolérable et, sur le fond du problème, il est moral, urgent, vital, de redonner au sport tout son sens. » [*Vélo Un,* 1999, n° 34, janvier, p. 23].

Sharron Davies (GBR), vice-championne olympique du 400 m x 4 nages, journaliste : « L'Allemande de l'Est Petra Schneider (1re 400 m x 4 nages JO 1980) m'a dit avoir commencé à se doper à l'âge de 14 ans. On lui faisait prendre des pilules bleues en lui cachant qu'il s'agissait de produits interdits. À 16 ou 17 ans, elle a compris en voyant son corps se transformer et sa voix muer que tout cela était anormal. Mais elle ne s'est jamais rebellée. Elle craignait que sa famille n'ait des ennuis. » [*L'Express,* 3 décembre 1998].

Peter Hildreth (GBR), athlète médaillé de bronze au 110 m haies des championnats d'Europe d'athlétisme 1950 : « Je souhaite que mes petits-enfants aiment leur sport, mais j'espère qu'ils ne seront jamais assez bons pour rejoindre l'élite où on les forcera sûrement à prendre des dopants. » [in *Les Nouveaux Seigneurs des anneaux* de Andrew Jennings (en anglais), Londres, Pocket Books, 1996, 360 p. (p. 249)].

Marc Jeuniau (BEL), journaliste : « Anquetil était un champion hors du commun, un coureur d'une qualité exceptionnelle, un exemple pour la jeunesse. En le condamnant pour usage de produits dopants on a attiré l'attention des jeunes sur les vertus de certains médicaments. » [*Miroir du cyclisme,* 1977, n° 233, juin, p. 9].

Rica Reinisch (RDA), nageuse, triple championne olympique en 1980 à Moscou : « J'avais 14 ans lorsque mon entraîneur Uwe Neumann m'a donné pour la première fois des pastilles bleues. Ni moi, ni mes parents ne savions ce que c'était (NDLR : de l'Oral-Turinabol®, un stéroïde anabolisant – substance dopante la plus utilisée en RDA). Ensuite, on m'a fait des piqûres. On me disait que c'était des vitamines. » [*VSD,* 24 décembre 1997].

Références

1. DEMOLE V., *Médecine sportive et doping,* recueil des travaux présentés au cours de médecine sportive tenu à Lausanne du 16 au 18 octobre 1941, Lausanne, Éd. Librairie de l'Université F.-Rouge, 1941, 205 p. (pp. 183-202) (p. 199).

2. COPPI F., Interview extraite du film *Quando Volava l'Airone (Quand le héron s'envolait),* film documentaire vidéo diffusé en 1998 sur Rai Tre dans le cadre d'une émission appelée *Format* et réalisée par Giancarlo Governi.

3. VENERANDO A., « Pathologie du doping et moyens de contrôle », *Méd. Ed. Phys. Sport,* 1964, 38, n° 2, pp. 79-92 (p. 89).

4. Congrès de Lisbonne, 16 septembre 1965.

5. MONTANARO M. *et al, Le contrôle du doping en Italie dans le sport cycliste,* Bratislava, Éd. Vydatel'stvo sport, 1973, 246 p. (pp. 131-135).

6. MAIGRE L., *Miroir Sprint,* 5 juillet 1968.

« Le contrôle antidopage est un facteur performant de médecine préventive... »

Le cancer de Lance Armstrong met en évidence la double carence du suivi médical et du contrôle antidopage. Début octobre 1996, Lance Armstrong, le cycliste américain champion du monde sur route 1993, âgé de 25 ans, et futur double vainqueur du Tour de France 1999-2000, révèle qu'il est atteint d'un cancer du testicule et que dès le diagnostic porté il a été opéré de la tumeur glandulaire primitive et de métastases au cerveau, autrement dit de la dissémination à distance de cellules cancéreuses. Les médecins, compte tenu de l'extension du processus, lui donnent alors 50 % de chances de s'en sortir.

Le cas d'Armstrong nous paraît exemplaire dans la mesure où on a du mal à comprendre pourquoi le cancer n'a pas été détecté plus tôt alors qu'en raison de son statut de sportif de haut niveau l'ex-leader des Motorola se devait de passer des bilans médico-physiologiques et biologiques réguliers ; de même qu'en tant que cycliste professionnel souvent sur un podium il était contraint de subir de fréquents contrôles antidopage.

Dans les faits, il a fallu qu'il crache du sang et qu'il se plaigne d'une douleur au bas-ventre traînant depuis plusieurs semaines pour consulter enfin la faculté et que le diagnostic soit porté à partir d'une échographie (examen destiné à identifier des pathologies des tissus mous) et d'analyses sanguines mettant en évidence le principal marqueur biologique d'un cancer du testicule : un taux élevé d'une hormone appelée bêta gonadotrophine chorionique humaine (hCG).

Alors que chez un homme sain, ce taux est voisin de zéro, chez Lance Armstrong, il culminait à 90 000. Or, l'hCG est une hormone interdite par la législation antidopage du CIO et des fédérations internationales telles que l'UCI depuis 1988, pour la simple raison qu'elle permet d'augmenter efficacement la production de testostérone ou hormone mâle et donc de faciliter la performance. C'est parce que depuis 1984 l'hormone mâle ne passait plus à travers les mailles du filet du contrôle antidopage que le monde sportif s'est mis à consommer aussi des gonadotrophines chorioniques.

hCG : effets recherchés par les sportifs

Chez la femme : pas d'intérêt pour accroître la « vigueur musculaire ».

Chez l'homme :

- Croissance musculaire par stimulation de la production de testostérone (en association avec une alimentation supplémentée en protéines).
- Capacité de s'entraîner accrue.
- Excitant de la volonté et de l'agressivité.
- Recul du seuil de fatigue.
- Stimule à la fois la production de testostérone et d'épitestostérone : cette caractéristique permet d'augmenter le taux de testostérone sans dépasser le rapport légal de 6.

Dans les deux sexes :

- Perte de poids : « mobilise » les amas graisseux.

Tout au long de la saison 1996, le coureur américain avait passé plusieurs tests urinaires, notamment après sa victoire dans la Flèche wallonne et, plus significatif, après sa deuxième place au Grand Prix Eddy Merckx le 1er septembre, soit un mois seulement avant la découverte de son cancer. Malheureusement pour Lance Armstrong, l'hCG n'est pas systématiquement recherchée dans les urines pour la simple raison qu'à l'époque aucun seuil formel de positivité n'avait été défini et admis. Comme pour toutes les hormones endogènes (hormone de croissance, érythropoïétine, ACTH...) qui, par définition, sont sécrétées par l'organisme lui-même, il existe des variations individuelles de sécrétion très importantes, expliquant pourquoi, alors que les toxicologues s'escrimaient sans succès à définir un seuil officiel, elles étaient toujours indécelables dans le cadre d'un contrôle antidopage. En ce qui concerne l'ÉPO, rappelons qu'en mars 2000, deux chercheurs français ont mis au point une méthode directe de détection urinaire de l'ÉPO exogène (artificielle) mais que cette analyse innovante ne sera officialisée par le CIO qu'en août 2000 et appliquée pour la toute première fois en septembre à Sydney.

Alors que l'on sait que de nombreux sportifs utilisent à des fins dopantes l'hCG (en 1987, le Pr Raymond Brooks révélait que 10 % des sportifs anglais en prenaient), depuis la date de son interdiction en 1988, aucun cas positif n'a été enregistré en France. Selon le responsable d'un laboratoire agréé par le Comité international olympique, l'hCG n'est recherchée que lorsque le fameux rapport testostérone/épitestostérone urinaire dépasse 6, témoin d'un taux d'hormone mâle suspect pouvant être en rapport avec un dopage à la gonadotrophine chorionique. À la différence du dopage à l'hCG, la plupart des cancers du testicule, et notamment le choriocarcinome (celui d'Armstrong) n'entraînent pas une production accrue de testostérone malgré une hCG très élevée, cette dernière n'est donc que rarement recherchée, mis à part dans certains pays, tels la Grande-Bretagne.

Cancer du testicule :
un jeune athlète anglais sauvé par un contrôle antidopage positif

En 1989, on a trouvé dans les urines d'un sportif anglais choisi pour être contrôlé aux championnats scolaires d'athlétisme une forte dose de gonadotrophine chorionique qui n'est sécrétée normalement que par les femmes enceintes (grossesse ou maladies du placenta) et les sujets atteints de tumeurs cancéreuses, notamment au niveau du testicule. Le jeune athlète souffrait en effet d'un cancer du testicule qui a été opéré rapidement et avec succès. Cet adolescent britannique peut adresser un grand merci à la lutte antidopage lorsqu'on sait qu'ils ne furent que 8 sur 1 800 participants à être contrôlés. Ce cas démontre que les Anglais recherchent l'hCG et que les tests biologiques, en dehors de démasquer les tricheurs, peuvent contribuer efficacement au suivi médical de sportifs de compétition.

Dans certaines formes de cancer du testicule – celui d'Armstrong en fait partie – l'hCG augmente de façon considérable, c'est pourquoi les spécialistes considèrent sa présence comme l'un des deux marqueurs tumoraux biologiques (l'autre est l'alpha-fœtoprotéine) dont la fiabilité du dosage permet un diagnostic sûr et, parallèlement, un suivi précis de l'efficacité du traitement associant l'ablation du testicule atteint et des métastases, et la chimiothérapie.

Le 1er septembre 1996, Lance Armstrong, lors du contrôle antidopage effectué à la suite de sa seconde place au Grand Prix Eddy Merckx, avait probablement un taux déjà très élevé d'hCG (tensions inguinales depuis des semaines, extension ganglionnaire du cancer un mois plus tard) alors que les résultats transmis par le laboratoire de l'UCI furent classés négatifs.

Même s'il n'existe pas de seuil admis par tous pour définir le dopage à l'hCG, il faut la rechercher systématiquement, ce qui apparemment n'était pas rentré dans les mœurs analytiques avant 1996, afin de signaler les cas suspects aux fédérations qui se chargeront, dans les meilleurs délais, de contacter les intéressés. Si les laboratoires adoptent rapidement cette stratégie, l'exemple du Sanglier d'Austin – tel est le surnom d'Armstrong – n'aura pas été vain ; le contrôle antidopage permettra alors d'ajouter à son rôle purement répressif, une action préventive dont la finalité ne peut que réjouir ceux qui militent pour un suivi plus efficace des athlètes de haut niveau.

« La notification préalable autorise les soins et élimine les tricheurs... »

Quelques pathologies chroniques, notamment respiratoires (asthme), ne sont pas incompatibles avec la pratique d'un sport de haut niveau. Cependant, certains médicaments indispensables au traitement de ces affections contiennent des substances pouvant entraîner un contrôle positif. Dans le but de ne pas sanctionner des athlètes suivant une thérapeutique indispensable, le CIO impose la règle de la notification écrite préalable du médecin d'équipe. Ce dernier doit établir un rapport complet adressé, avant les épreuves, à la Commission médicale du CIO qui donne ou non son accord (la plupart du temps la réponse est positive). Rappelons qu'au milieu des années 1990 l'arrivée du salbutamol au hit-parade des produits identifiés dans les urines des athlètes de tout sport suggérait plusieurs questions sur ce tonique respiratoire appartenant à la famille des bêtastimulants.

Nous sommes tous des asthmatiques!

Selon l'organe de presse professionnel *Panorama du médecin* du 27 septembre 1994 : « 80 % des skieurs d'un pays nordique et 82 % de tous les médaillés en ski de fond étaient réputés asthmatiques ! Les chiffres relevés aux Jeux olympiques de Lillehammer (février 1994), impressionnants, étaient commentés et expliqués au vingt-cinquième Congrès mondial de la Fédération internationale de médecine du sport qui s'est déroulé à Athènes au mois de septembre suivant. »

Signalons que des études, hors Jeux olympiques, portant sur différents sports, font état de 3 à 15 % d'athlètes réellement asthmatiques (9 à 10 % dans une population normale). Lors du Tour de France 2000, les résultats des contrôles urinaires des 21 étapes furent négatifs (il faudra attendre plusieurs mois avant de connaître les tests anti-ÉPO *a posteriori*). En revanche, le laboratoire de Châtenay-Malabry, qui analyse tous les échantillons de la Grande Boucle, a révélé que nombre de ces échantillons comptaient bien des traces de substances interdites (salbutamol et corticoïdes notamment), mais que les cyclistes concernés avaient fourni un justificatif médical (selon l'UCI, deux cyclistes n'auraient pas fourni le sésame réglementaire). Ils seraient quand même 20 à 25 % à avoir utilisé de la Ventoline®. Un quart du peloton serait ainsi asthmatique. Compte tenu de ce fort pourcentage, on aimerait bien savoir si les « ventolinés » figurent parmi les hommes de tête ou bien se traînent dans *le gruppetto* ?

Quels sont ses effets?

Le salbutamol, dénomination internationale de la substance active est commercialisé en France sous les noms de Airomar®, Asmasal clickhaler®, Buventol Easyhaler®, Combivent®, Salbumol®, Spréor®, Ventide®, Ventodisk® et, le plus connu, Ventoline®. C'est un broncho-dilatateur bêta 2-stimulant présenté sous plusieurs formes : spray (inhalation), sirop, comprimés et injection. Il exerce une action stimulante sur les récepteurs bêta 2 des muscles lisses bronchiques, assurant ainsi une dilatation des bronches importante et prolongée de trois à cinq heures. L'expérience montre qu'en dehors de faciliter la respiration il provoque une euphorie mentale, un peu comme tous les stimulants.

A-t-il des effets dopants?

Bien que certaines études aient conclu à l'absence d'effets objectifs de la forme en spray sur la performance, deux travaux scientifiques [1,2] ont montré que le salbutamol en inhalation améliorait la fonction pulmonaire chez les sportifs d'endurance de haut niveau, même s'ils n'étaient pas asthmatiques. Certains continuent à dénigrer tout effet stimulant au salbutamol, en écrivant : « Comment imaginer que des produits de consommation aussi courants que les bêtastimulants puissent avoir des propriétés stimulantes méconnues, alors qu'ils sont utilisés à l'échelle mondiale depuis plus de vingt ans. »

Rappelons à ces contempteurs que, dans les années 1960, les anabolisants étaient considérés comme de simples vitamines et que, dix ans plus tard, on affirmait toujours qu'ils n'avaient aucun effet sur la prise de masse musculaire. Tous les scientifiques dignes de ce nom savent qu'il faut souvent plus de vingt ans pour connaître toutes les propriétés d'un médicament. D'autre part, la molécule du salbutamol étant très voisine de celle du clenbutérol (produit très répandu dans l'ancienne RDA et qui a valu à la sprinteuse allemande Katrin Krabbe quatre ans de suspension), un autre bêta 2-stimulant ayant en plus des propriétés anabolisants bien établies, il semblerait que les sports de masse musculaire se soient rabattus sur le salbutamol, permis sous certaines conditions, au détriment du clenbutérol, beaucoup plus efficace sur le relief musculaire, mais ayant l'inconvénient majeur d'être bien sûr interdit mais aussi facilement détectable.

Est-il facile à identifier lors d'un contrôle ?

Contrairement à ce qui a été affirmé sur une chaîne de télévision publique, le salbutamol en spray passe bien dans les urines. En effet, on peut lire sur la fiche technique du médicament que 60 à 80 % de la dose inhalée est éliminée par les reins. Ainsi, quelle que soit la forme d'administration, comprimés et injection, mais aussi inhalation, le salbutamol est facilement identifiable par les experts toxicologues. Malheureusement, et dans l'état actuel de nos connaissances, il n'est toujours pas possible, de façon indiscutable, d'affirmer que le sportif a pris le salbutamol en comprimés ou en spray. En d'autres termes, cela veut dire qu'en toute impunité on peut affirmer avoir pris un spray pour soigner son asthme, alors qu'en réalité on s'est stimulé avec des comprimés. Pour éviter cette ambiguïté, la législation française, à la différence de l'UCI, a instauré la justification thérapeutique depuis l'arrêté du 3 janvier 1991.

La justification thérapeutique : les règles du jeu

La justification thérapeutique (JT), introduite par décret dans la législation française le 3 janvier 1991, a été remplacée le 10 juin 1998 par la notification préalable beaucoup plus laxiste. Un certain nombre de substances désignées sur la liste des produits interdits peuvent bénéficier d'une justification thérapeutique auprès de la Commission d'interprétation de la fédération concernée. Pour obtenir une dérogation d'utilisation d'une substance interdite émargeant à la liste des médicaments ayant le label « justification thérapeutique », les conditions suivantes doivent être remplies :

- il doit s'agir d'un médicament désigné sur la liste comme pouvant bénéficier de cet avantage (certains bêta-stimulants, tels que le salbutamol, le salmétérol et la terbutaline pris en spray ; les corticostéroïdes par inhalation, injection locale ou intra-articulaire et en application locale ; les anesthésiques locaux à l'exception de la cocaïne qui est interdite),
- ce médicament doit être prescrit par un médecin pour une maladie bien précise,
- le médecin n'a pas d'autre choix que ce médicament pour faire sa prescription et ne peut pas remplacer ce médicament par un autre non interdit,
- la maladie justifie bien l'utilisation de ce médicament,
- le sportif doit signaler la prise de ce médicament le jour du contrôle et l'existence d'un dossier médical en sa possession, dossier fait au moment de la prescription (ce dossier doit contenir un résumé clinique, des examens complémentaires datés et justifiant l'emploi du médicament, ainsi que l'ordonnance datée avec le tampon de la pharmacie faisant foi de la date d'acquisition du médicament. Ceci dans le but d'éviter les prêts de médicaments d'un sportif à l'autre). Ce dossier sera communiqué à la Commission d'interprétation de la fédération si le contrôle se révèle positif. C'est cette commission qui décide si le dossier est recevable ou pas.

Pour les bêta 2 mimétiques (salbutamol [Ventoline®] et terbutaline [Bricanyl®] employés dans l'asthme, le dossier médical de justification thérapeutique doit comprendre (précision ministérielle du 21 décembre 1994) :
«... Les tests d'exploration fonctionnelle respiratoire suivants :
- spirométrie avec boucle débit/volume sous placebo et bêta 2 mimétique,
- tests de provocation à la métacholine ou au carbachol,
- test d'effort sur bicyclette ergométrique ou tapis roulant,
- tests à l'adénosine si négatif.

Ceux-ci devront être réalisés sous la responsabilité d'un médecin pneumophtisiologue agréé qui orientera éventuellement le patient, en fonction des impératifs techniques, vers un laboratoire habilité. La liste de ces médecins est disponible dans les directions régionales de Jeunesse et Sports. »

Qu'est-ce que la justification thérapeutique?

Venant compléter la loi française sur le dopage du 28 juin 1989, l'arrêté du 3 janvier 1991 instaurait cette justification thérapeutique (elle a été supprimée par l'arrêté du 10 juin 1998 et remplacée par la notification préalable). Grâce à cette dérogation, certains produits, tels que le salbutamol et apparentés, pouvaient être prescrits à des sportifs sans que ceux-ci encourent de sanctions, à condition qu'il n'existe pas d'équivalent non dopant et que ces substances figurent sur la liste française des substances prohibées avec la mention J. Toutefois, l'ensemble des produits portant la mention J restaient interdits. Cette mention signifiait qu'une procédure spécifique pouvait être engagée par le sportif afin de prouver qu'il a absorbé ces produits a des fins exclusivement thérapeutiques.

La règle du CIO, qui prévaut toujours, est très voisine. Depuis 1976, les bêta-stimulants en aérosol, tels que le salbutamol, sont autorisés à condition que le médecin en fasse la demande avant les épreuves, en rédigeant un rapport complet à la Commission médicale du CIO. En revanche, en dehors des aérosols, les bêta-stimulants sont considérés comme dopants par la réglementation olympique. Seule l'UCI fait bande à part en libéralisant sans restriction le salbutamol et apparentés puisqu'elle autorise l'ordonnance rédigée *a posteriori* (voir le cas de Laurent Brochard aux Championnats du monde 1997.) Jusqu'au mois de juin 1998, en raison de l'impossibilité de distinguer sur le plan des tests urinaires les sportifs qui se soignaient avec un spray à la Ventoline® de ceux qui se dopaient avec des comprimés de la même substance, la justification thérapeutique de la loi française était la seule façon objective de permettre à la fois aux asthmatiques de se soigner et aux tricheurs d'être éliminés.

En 1998, on est passé à la notification préalable

La notion de justification thérapeutique introduite par la France en 1991 est remplacée par celle de la notification préalable qui réglemente l'utilisation de certaines substances ou voie d'administration à des conditions définies. Par exemple, les fameux corticostéroïdes qui ont alimenté la chronique des valises et des *mobil homes* du Tour de France 1998 sont interdits par voies orales et rectale, et par injection systémique (IM ou IV). En revanche, ils sont autorisés avec une notification préalable du médecin (ordonnance) par inhalation, injection locale ou intra-articulaire ou même sans notification en application locale (anale, dermatologique, nasale ou ophtalmologique).

Laurent Brochard avait une justification thérapeutique lors de son titre mondial

Les autorités du cyclisme n'ont pas ouvert de dossier à propos du contrôle antidopage subi par Laurent Brochard lorsque le Français de l'équipe Festina avait remporté le Championnat du monde 1997 à San Sebastian (Espagne). Laurent Brochard a utilisé un produit, l'Inzitan® (une spécialité espagnole), contenant un corticoïde (indécelable) et un anesthésique à usage local : la lidocaïne, figurant sur la liste des produits interdits mais qui peut être employé dans le cadre d'une justification thérapeutique. Selon l'UCI, le Français, qui souffrait d'une hernie discale, a apporté au moment voulu tous les éléments pour se justifier. Interrogé sur le sujet, le président de la Fédération française de cyclisme, Daniel Baal, s'est montré affirmatif : « Je démens de la manière la plus formelle que ce soit un contrôle positif. Le produit est interdit sauf s'il fait l'objet d'une justification thérapeutique avérée. À partir de là, il n'y avait aucune raison d'ouvrir un dossier sur ce cas. Au vu de l'ordonnance, l'Union cycliste internationale nous a expressément demandé de ne pas ouvrir de procédure. »

La version racontée dans son livre par Willy Voet, soigneur officiel de Brochard aux joutes mondiales, et donc témoin direct de l'affaire, montre bien que la justification thérapeutique à la mode UCI autorise toutes les dérives : « Normalement, explique "l'homme de main" de Brochard, ce certificat aurait dû être présenté lors du contrôle, mais il faut croire que l'UCI se fichait bien de savoir si cette prescription avait été rédigée avant ou après le Mondial. L'essentiel était que les apparences soient sauves. Elles le furent. Laurent Brochard souffrait du dos depuis longtemps, une hernie discale dont il n'avait pas voulu se faire opérer et qu'il préférait soigner par hydrothérapie (?). L'aubaine. J'ai donc proposé à Bruno Roussel (directeur sportif) de fournir un certificat antidaté, qui a été établi par le médecin espagnol de l'équipe Festina, Fernando Jimenez. Ce justificatif thérapeutique antidaté et présenté après coup n'a posé aucun problème aux instances internationales. Ce qui est contraire à l'éthique – mais nous n'en sommes plus là – et à leurs propres règlements. L'UCI affirme, par la voix de son président, pourfendre le dopage, mais elle a étouffé une affaire d'autant plus embarrassante que le Mondial est organisé sous son égide. À mes yeux, il ne reste qu'une solution à son président : démissionner. » [*Massacre à la chaîne,* Paris, Éd. Calmann-Lévy, 1999, 213 p. (pp. 192-193)].

Mise à jour 2000 : introduction d'un seuil pour le salbutamol

Afin de séparer les athlètes asthmatiques, qui se soignent, des tricheurs, les nouvelles règles du CIO pour l'année 2000 introduisent un seuil légal pour le salbutamol (Ventoline®). Rappelons que cette molécule a des propriétés à la fois stimulantes sur la respiration et anabolisantes au niveau musculaire. En conséquence, si le taux urinaire se situe entre 100 et 1 000 nanogrammes, l'athlète sera considéré positif à un stimulant. En revanche, si son taux dépasse 1 000, son contrôle sera équivalent à celui d'un dopé aux anabolisants. L'existence de ces deux seuils pour cette même substance trouve sa justification car certaines fédérations prévoient des sanctions suivant le qualificatif de stimulant léger ou d'anabolisant. En revanche, et pour l'instant, les corticoïdes de synthèse peuvent être consommés sans restriction à la seule condition d'avoir une ordonnance médicale et même *a posteriori*... pour l'UCI.

Justification thérapeutique, notification préalable :
le carnaval des ordonnances de complaisance

Daniel Baal (FRA), président de la FFC depuis 1993 : « La lidocaïne est certes un produit interdit mais cette interdiction supporte une exception lorsqu'il y a ce qu'on appelle une justification thérapeutique. Et c'était le cas pour Laurent Brochard. J'ai d'ailleurs l'ordonnance rédigée par le médecin espagnol. Pourquoi aurais-je caché cette affaire ? Depuis six ans que je suis à la tête de la fédération, on nous accuse d'enterrer des affaires mais c'est faux. Je n'ai aucun intérêt à laisser le dopage se propager. » [*Le Monde,* 1er avril 1999].

Max Godemet (FRA), directeur technique national adjoint à la Fédération française de Rugby : « Le 22 novembre 1997, lors du dernier match joué sur la pelouse du Parc des Princes, nous avons pris une dérouillée, 52 points à 10. En face, les Springboks nous avaient fait savoir avant la rencontre, et pour prévenir les contrôles, que quinze de leurs garçons souffraient d'asthme lors d'efforts et se trouvaient donc sous Ventoline®. Et que dix-huit joueurs étaient blessés et soignés aux corticoïdes. » [*La République du centre,* 27 mars 2000] (Selon le Dr Jacques Mombet, médecin de la FFR, il y avait « seulement » onze joueurs sous Ventoline® et cinq sous corticoïdes injectables).

Jean-Pierre Lafarge (FRA), directeur général du laboratoire de dépistage du dopage : « Mon travail est de déceler la présence de produits interdits, je n'ai pas d'état d'âme à avoir. Mais le laboratoire ne détecte pas le dopage, il détecte des substances interdites et il est vrai qu'il existe des produits plus ou moins anodins. Je me sens plus à l'aise avec la réglementation depuis que la France a créé des commissions d'interprétation médicale pour juger si un produit a été utilisé sur justification médicale ou non. » [*Libération,* 24 octobre 1994].

Freddy Maertens (BEL) cycliste professionnel de 1972 à 1987 : « De quel droit nous interdirait-on de recourir aux médicaments qui nous sont prescrits par les médecins ? Ils ne nous est même plus permis de soigner un rhume ! » [*Cyclisme Magazine,* 10 juin 1974].

Antonin Magne (FRA), directeur sportif des cycles Mercier-BP de 1946 à 1967 : « Je voudrais attirer l'attention des pouvoirs publics sur ce point : certains des produits inscrits au tableau (c'est-à-dire proscrits) sont nécessaires, en quantité infinitésimale, à la santé de l'athlète ! Il serait donc possible d'en retrouver une légère trace, à l'examen d'urine, sans que l'on puisse dire que cet athlète doit être considéré comme dopé. Il est donc indispensable, pour la Faculté, de déterminer à partir de quelle dose le sportif encourait une sanction. » [*Miroir du cyclisme,* 1966, n° 80, décembre, p. 7].

Références

1. BEDI J.-F. et HORVATH G.-H., « Amélioration des performances physiques par inhalation d'albutérol » (en anglais), *Can J. Sport Sci,* 1988, 132, n° 2, pp. 144- 148.

2. SIGNORILE J.-F. « et al », « Effet de l'inhalation aiguë de salbutamol (bronchodilatateur) sur le rendement énergétique » (en anglais), *Med. Sci. Sport Exercise,* 1992, 24, n° 6, pp. 638-642.

« Les chambres d'altitude sont une alternative naturelle à l'ÉPO artificielle... »

L'entraînement en caissons hypoxiques n'est pas, à proprement parler, une nouveauté. Les Russes et surtout les Allemands de l'Est avaient déjà conçu de tels programmes au cours des années 1960. Dans le plus grand secret, évidemment.

Dans l'optique des Jeux olympiques de 1968, plusieurs pays se sont souciés d'adaptation à l'altitude et organisèrent des stages d'entraînement en montagne pour leur élite sportive. Mexico se situe en effet à 2 240 m au-dessus du niveau de la mer et chacun craignait que l'air raréfié ne pénalise ses athlètes. En 1965, la France ouvrait ainsi son site à Font Romeu dans les Pyrénées orientales (1850-2200 m). À cette époque, la seule préoccupation des spécialistes était de préparer les athlètes à des efforts en altitude. On n'envisageait pas d'en tirer un quelconque bénéfice en plaine.

Les Russes, eux, voyaient déjà plus loin. Ils avaient réfléchi que l'habituation de l'organisme à faire face à une insuffisance d'oxygène pouvait constituer un complément utile au travail en endurance. Car elle rappelait l'hypoxie motrice rencontrée à l'effort. Du mois de mai 1963 à juin 1964, ils lancèrent une grande étude à l'Institut central de recherche sportive sous la direction des Prs Letounov et Rosenblum [1]. Quinze athlètes participèrent aux expériences, chacun possédant de solides bases de quatre à six années d'entraînement intensif. Ils étaient soumis à de brèves ascensions à des altitudes de 4 000 mètres en chambres barométriques. Les tests physiologiques révélèrent une bonne adaptation à l'hypoxie et surtout une amélioration de la capacité d'entraînement. Ces coureurs résistaient mieux à la fatigue, récupéraient plus rapidement et affichaient aussi une plus grande motivation. Pendant cette période, leurs performances se sont nettement améliorées passant même par un pic à l'issue du programme. Les entraîneurs émérites Vanine, Diessyat-Chikov et Popov notèrent ainsi que leurs poulains avaient gagné de trois à vingt-et-une secondes sur leur meilleur chrono.

Une chambre avec vue

En France aussi, nous avons des infrastructures qui permettent de placer l'organisme en situation d'oxygène raréfié. À la fin des années 1980, un caisson hypobare a été installé dans l'ancien hôpital militaire de La Tronche, proche de Grenoble, dans les locaux du centre d'études et de recherches du service de santé des armées, sous la direction du Dr Bittel [2]. Imaginez une pièce de 10 m^2 pour 34 m^3 qui fasse office de haute montagne : « Le mont Blanc n'était pas assez haut pour mener nos recherches. Il nous a fallu créer un Everest artificiel » explique-t-il. Dès le début, le caisson a été utilisé par des alpinistes qui voulaient se préparer à gravir le toit du monde tout en restant à 214 mètres d'altitude, celle de Grenoble. On pouvait même monter plus haut. Jusqu'à 10 000 mètres ! À ce niveau, la pression atmosphérique tombe à 0,03 bar, la température descend à – 40°C et le vent souffle régulièrement à 80 km/heure. Cette chambre permet de recréer toutes les caractéristiques des hautes altitudes. Deux puissantes souffleries font le vent, un tapis roulant et une bicyclette ergonomique facilitent tous les types d'efforts. Enfin, on trouve de nombreux appareils pour enregistrer la température en divers endroits du corps, l'électrocardiogramme, les gaz inspirés et expirés, etc. Toutes ces informations sont transmises à un ordinateur qui pilote la chambre en fonction des programmes d'entraînement ou des protocoles de recherche.

Secret d'alcôves

À la même époque en Allemagne de l'Est, des chercheurs s'intéressaient aussi aux vertus de l'entraînement en chambre dépressurisée. Ils testèrent d'abord des coureurs cyclistes et des marcheurs dans une installation dépendant de l'armée, à l'Institut de médecine aéronautique à Kreischa. Puis, en 1966, ils construisirent la toute première chambre réservée à l'entraînement sportif de haute compétition à Kienbaum, soit environ à 40 kilomètres de Berlin. Tout cela s'est fait dans le plus grand secret. Il faudra attendre la chute du mur en 1989 pour apprendre la vérité [3]. Peter Frenkel, champion olympique des 20 km-marche aux Jeux de Munich, a donné ainsi une interview à la radio Deutsche Rundfunk où il raconte sa préparation. À l'époque, il s'entraînait dans des installations à Varsovie conçues à l'origine pour les pilotes de chasse. Il leur prête d'avoir amélioré son meilleur chrono de trois minutes : « Je me suis entraîné dans la chambre dépressurisée jusqu'à la compétition. J'ai pris le train la veille au soir et j'ai passé une nuit tranquille en wagon-lit jusqu'à Munich ; je suis allé au stade olympique, je me suis échauffé et c'est ainsi que j'ai gagné mon titre. »

L'utilisation à large échelle de ces chambres hypoxiques a été confirmée par l'ancien président de la Fédération est-allemande de sports gymniques (DTSB), Manfred Ewald [4].

Comment ce secret a-t-il pu être conservé pendant plus de vingt ans ? « Ils m'auraient emprisonné pendant des années si j'en avais parlé » explique-t-il aujourd'hui. Selon Werner Trellenberg, entraîneur en chef des athlètes, on ne plaisantait pas avec la consigne de confidentialité : « Ceux qui s'entraînaient ici devaient signer un papier par lequel ils s'engageaient à ne rien dire. Nous possédions un avantage sur nos adversaires, il fallait absolument protéger notre avance. »

En 1979, la RDA décide d'agrandir ses installations en vue des Jeux de Moscou et entame la construction d'un immense complexe dans les environs de Kienbaum. Le pays se dotait ainsi de la possibilité d'emmener ses athlètes en très haute altitude alors que, paradoxalement, le plus haut sommet du territoire, le Fichtelberg, culmine à peine à 1 214 mètres. Et voilà une des raisons qui explique qu'avec 17 millions d'habitants, la RDA soit parvenue à récolter 519 médailles olympiques au nez et à la barbe de nations plus riches et plus peuplées.

La RDA déplace les montagnes

À Kienbaum, le sport est-allemand disposait ainsi d'un outil unique : deux stades superposés, un au niveau de la mer, l'autre à l'altitude de La Paz en Bolivie. Cachés sous un terril recouvert d'herbe, ils étaient impossibles à distinguer même avec les plus puissants satellites espions. Seule une cheminée signalait leur existence. Dans ce bunker, le sportif pouvait grimper à quatre mille mètres d'altitude en quinze minutes. De telles cures s'échelonnaient sur trois semaines afin de permettre aux corps de produire davantage de globules rouges. De nombreux champions sont venus ici parfaire leur préparation : « Dès 1979, nous expérimentions des altitudes simulées allant jusqu'à 4 000 mètres, alors que d'autres pays n'en étaient qu'à 2 300 mètres » explique Rolf Donath [4], le directeur de l'Institut central de médecine sportive de Kreischa (près de Berlin) et lui-même ancien sportif de haut niveau. À ces altitudes, certaines expériences se révélèrent désastreuses. « Un jour, un athlète s'est effondré avec un œdème du poumon, reconnaît-il. Heureusement, nous avons pu le redescendre et le soigner rapidement. » Malgré ces inconvénients, la méthode porte ses fruits. « Quatre des médailles gagnées aux Jeux olympiques de 1980 à Moscou l'ont été par des sportifs en stage à Kreischa » confirme Donath. Il parle, notamment, du vainqueur du marathon Waldemar Cierpinski et celui du 50 kilomètres-marche Hartwig Gauder. On sait aussi que les cyclistes Lutz Hesslich, Olaf Ludwig et Uwe Ampler fréquentaient régulièrement l'établissement.

Le Shisha Pangma (8 047 m) à vélo et sans sortir de chez lui

À la fin de l'été 1988, un alpiniste lyonnais, Patrick Berhault, expérimentait une nouvelle méthode médicale d'acclimatation à la très haute altitude. Ce salarié du centre pilote d'alpinisme et d'escalade de Vaulx-en-Velin dans la banlieue lyonnaise devait rejoindre une mission partie à la conquête du Shisha Pangma (8 047 m), l'un des quatorze sommets au-delà de 8000 de la chaîne himalayenne.

Alors que ses compagnons se trouvaient déjà au camp de base depuis plusieurs semaines pour parfaire leur acclimatation, Patrick Berhault demeurait chez lui dans le Puy-de-Dôme, près du village de Chabreloche, à quelques centaines de mètres au-dessus du niveau de la mer. Il rejoindra finalement l'équipe pour entamer l'ascension finale pratiquement du jour au lendemain. Pour lui, celle-ci s'est déroulée sans problèmes majeurs, alors que plusieurs de ses compagnons durent renoncer en raison du mal aigu des montagnes. Le succès de Partick Berhault est d'abord celui d'une expérience médicale lyonnaise imaginée par un médecin du sport et de la montagne, Corinne Cristol, en liaison avec le laboratoire stéphanois de physiologie du Groupement d'intérêt public « GIP Exercice » du Pr André Geyssant [5]. Les chercheurs avaient élaboré un programme qui consistait à pédaler pendant deux heures par jour sur une bicyclette ergométrique en inhalant un cocktail d'azote et d'air ambiant qu'il préparait lui-même. Sur son vélo, Patrick a démarré à 4 000 m pour atteindre les 5 500 m une semaine plus tard. En trois semaines, sa préparation était terminée. Il lui restait à découvrir les paysages de son ascension virtuelle.

Les prisonniers de la chambre à air

Dans les années 1980, les salles dépressurisées prenaient des allures gigantesques. « Kienbaum II » avait les dimensions d'un terrain de football et comportait un circuit pour l'athlétisme et un bassin pour l'aviron et le canoë-kayak. Outre l'altitude, Werner Trellenberg [3] rappelle les avantages techniques : « On pouvait s'entraîner par n'importe quel temps. À l'intérieur des installations, la température était constamment à 21 degrés. Bien sûr, côté négatif, il y avait parfois des problèmes psychologiques. » Certains supportaient mal le cloisonnement. On comprend mieux certains visages fermés des athlètes de l'époque. Eux qui étaient habitués à vivre comme des taupes, étaient tout simplement aveuglés par la lumière du jour.

Alternative à l'ÉPO

Christophe Bassons [6], l'un des équipiers de Richard Virenque pendant l'année 1998, a refusé de suivre le protocole de dopage à l'érythropoïétine du groupe Festina : « Chacun fait ce qu'il veut, explique-t-il pour démontrer sa différence. Moi, j'ai ma philosophie. J'ai fait mon choix après avoir analysé les moyens d'améliorer mes performances. J'essaie de faire en sorte que mon taux de globules rouges augmente, mais de manière strictement naturelle, pour une meilleure oxygénation des muscles. Je tiens à ce que mon corps produise naturellement de l'ÉPO et que mon organisme en fasse sa propre gestion. »

C'est l'entraîneur des Festina, Antoine Vayer, qui lui a suggéré la technique de la chambre d'hypoxie. Bassons, en septembre 1998, avait ainsi passé deux semaines dans un établissement spécialisé en Savoie, à Brides-les-Bains, plus précisément à l'auberge du Phoque. Le frère du propriétaire, Lionel Laurent, médaillé de bronze avec l'équipe de France de biathlon aux Jeux de Lillehammer en 1994, a importé de Norvège le système déjà largement utilisé depuis plus de trois décennies par les Allemands de l'Est.

Il est clair que cette technique, en soumettant le corps à une raréfaction en oxygène, tout en s'entraînant dans la chambre avec un *home-trainer*, stimule efficacement la production de globules rouges et ce d'autant plus que l'on « grimpe » aux environs de 4 000 m. Peut-on là aussi parler de dopage ? La question reste ouverte.

En attendant, il faudrait s'assurer qu'une chambre d'hypoxie couplée à des entraînements à l'air libre ne présente aucun danger pour qui que ce soit et que cette méthode soit validée par la communauté scientifique internationale. C'est seulement à partir de ces données que l'on pourra envisager une large diffusion de manière que tout sportif puisse en profiter... sans risque.

Références

1. Kovalienko V., « La chambre barométrique et l'aide qu'elle peut apporter à l'athlétisme », *Bulletin AEFA,* 1966, n° 10, pp. 21-22.
2. Morice G., « L'altitude en boîte », *Science et Vie,* 1990, n° 869, février, pp. 54-55.
3. L'Hermitte S., « La montagne sous vide ! », *L'Équipe,* 26 avril 1990.
4. « Quand la RDA respire à 4 000 mètres. À Berlin ! », *AFP – Le Figaro,* 13 février 1990.
5. Savart J.-P., « Expérience. L'Himalaya à vélo et sans sortir de sa salle de bains », *Libération,* 28 septembre 1988.
6. Gatellier J.-L., « Le champion propre des Festina », *L'Équipe,* 10 septembre 1998.

CONCLUSION

Pour en sortir : il y a des solutions

Pour s'en sortir, il y a des solutions. Il s'agit de l'allégement des calendriers, de l'augmentation d'un encadrement réellement qualifié, du déblocage de gros moyens financiers exigés par un contrôle vraiment dissuasif et surtout de la mise en place d'une agence mondiale, totalement indépendante du CIO, des fédérations internationales et nationales et des gouvernements, prononçant seule les décisions répressives.

Il faut sortir du dopage. Tout le monde est d'accord. Déjà, en 1970, dans le journal de la Fédération française de cyclisme, Antonin Magne, alors président de la Commission nationale du cyclisme professionnel, écrivait : « Il faut en finir...». Ce titre lapidaire concernait une récente affaire de dopage dans laquelle était impliqué Paul Gutty. En effet, le vainqueur de la course au paletot tricolore, ayant enfreint la règle de l'interdiction des stimulants, venait d'être déchu de son titre de champion de France. Le premier directeur sportif de Raymond Poulidor, qui savait ce que pédaler veut dire pour avoir remporté, entre autres, deux Tours de France (1931 et 1934), concluait ainsi son article : « Il faut en finir avec des méthodes qui, trop longtemps, sont venues compromettre les principes même du sport en portant atteinte à la santé des athlètes. » C'était il y a trente ans. Depuis, les méthodes en question, loin d'avoir disparu, se sont multipliées et perfectionnées. Parallèlement, différents procès tels que ceux de Laon et de Poitiers en 1987, des affaires instruites par la justice dans le milieu cycliste amateur et professionnel à Poitiers en 1999, Perpignan et Reims en 2000, mettant en cause pratiquants, pourvoyeurs et médecins, ont bien montré que le mal était profondément enraciné dans la mentalité du monde sportif, autant chez les acteurs qu'au sein de leur environnement (équipes soignantes, organisateurs, parents, sponsors officiels). Alors, tous dopés ? Tous drogués ? Dans ce cas, il ne resterait qu'à tourner définitivement la page sportive ou à la réduire à un mauvais succédané des jeux du cirque.

Guerre au doping : dès 1955 on proposait des mesures...

Trois mois après le Tour de France 1955 où il avait dirigé pour la première fois le service médical, et engagé l'offensive contre le doping, le Dr Pierre Dumas avait donné une conférence devant un aréopage de médecins et de kinésithérapeutes, tous membres de la Société médicale française d'éducation physique et de sport. Le but de cette conférence et des débats qui l'ont animés, était que la Société prenne position sur la question du doping et qu'elle propose des solutions pour éradiquer le fléau déjà perçu comme tel, en tout cas pour le corps médical. C'est le jeune journaliste de *L'Équipe*, Michel Thierry, invité à la réunion, qui en avait rapporté les conclusions dans le quotidien sportif du 10 Faubourg-Montmartre (Paris IXe) :

« Le Dr Dumas préconise devant la Société médicale de l'EPS la guerre au doping avec une saine propagande et des stages d'information pour les soigneurs... et les coureurs... **Conclusions pratiques** – Après que le Dr Dumas eut spécifié que son exposé s'est volontairement inspiré de règles plus descriptives et éducatives que techniques ; après les diverses discussions qui suivirent cet exposé, la Société en vint aux conclusions suivantes :

1) **Condamnation du doping** qui émane tout d'abord d'un sentiment de tricherie dont les effets ensuite ne peuvent qu'être néfastes à l'organisme.
2) **Invitation aux fédérations** pour que cette condamnation soit générale. Ces fédérations, et en particulier la FFC, doivent insister auprès des clubs pour que tous s'attachent un médecin actif.
3) **Travail en commun avec les soigneurs ;** ces derniers étant conviés à des stages d'information médicale, pharmaceutique et même de diététique.
4) **Effort de propagande.** Pour combattre la crédulité des sportifs, il faut les éduquer, leur faire découvrir les effets désastreux du doping et en plus entourer ce mot de fantasmagorie à la manière des *Mystères de Paris*. "La presse a là un grand rôle à jouer" ponctua le Dr Dumas.

Espérons, toutefois, que l'élan étant maintenant donné, la lutte contre le fléau se poursuivra de façon de plus en plus concrète. » [*L'Équipe*, 27 octobre 1955].

On ne peut croire, malgré l'épaisseur du catalogue des « combines » stimulantes, à la capitulation de la sagesse et de l'enthousiasme face à la tentation suicidaire du dopage. Et cette espérance vaudrait bien de lui adjoindre quelques garde-fous. On ne peut se résigner à laisser entamer le potentiel de bonheur offert par la pratique directe du sport ni celui, indirect, qu'il recèle lorsqu'il se fait spectacle. À chacun de ses grands moments, sa magie, sa vibration exquise demeurent intactes : dans le sillage d'un champion cycliste affronté à la montre ou au harcèlement d'un sommet de col, dans le coude à coude d'un 800 mètres olympique, dans la pureté d'un dribble comme dans celle d'un essai de plein champ, ou encore dans la formidable tension d'un départ de grand prix de formule 1. Mais il n'est pas plus raisonnable de s'y accrocher pour chasser ses doutes que de verser à l'inverse dans la chasse aux sorcières. Il vaut mieux en tirer les leçons, faire un bilan sans détours ni faux-fuyants pour stopper le mouvement des uns sur la mauvaise pente et en détourner les autres.

Haro sur le CIO

L'action du Comité international olympique n'a jamais été convaincante. Il faut des hommes neufs et indépendants du pouvoir sportif. L'affaire du Tour de France 1998 l'a parfaitement démontré : ce n'est pas la généralisation du dopage qui a été révélée (déjà, dans les années 1950, la majorité du peloton marchait aux amphétamines) mais l'ampleur de la collusion du milieu sportif (médecins, entraîneurs, dirigeants) et surtout la totale inefficacité de la lutte antidopage. Les faits démontrent les carences chroniques du CIO. En septembre 1995, à Lausanne, le CIO et la Communauté européenne ont conjointement décidé de consacrer plus de deux millions de dollars à la lutte contre le dopage par injections d'hormones de croissance exogène. Alors que l'on savait, dès le début des années 1980, que l'hormone de croissance indécelable avait pris le relais des anabolisants (testostérone et stéroïdes), la Commission médicale du CIO, en la personne de son expert numéro un, Manfred Donike, attestait en 1989 dans l'hebdomadaire *L'Équipe Magazine* que cette substance était sans intérêt pour l'athlète : « Les amphétamines, l'éphédrine "indispensables" il y a vingt-cinq ans, mériteraient presque d'être rayées des tableaux. Même chose pour l'hormone de croissance. Elle n'a aucune utilité sportive. » Quatre ans plus tard, dans le bimestriel *Sport et Vie,* Donike n'y croyait toujours pas : « L'efficacité de ces hormones de croissance n'a jamais été prouvée. »

Marche arrière deux ans plus tard, en septembre 1995. Les experts médicaux du CIO accomplissent un changement de cap à 180° : « Nous savons maintenant que l'hormone de croissance est une des drogues les plus utilisées dans le sport de haut niveau et qu'elle représente l'une des plus grandes menaces pour l'avenir du mouvement olympique. »

En clair, pendant quinze ans, le CIO n'a rien fait et de nombreux podiums olympiques ont été occupés par des athlètes préparés à l'hormone de croissance, mais aussi à la cortisone, à l'érythropoïétine, à la testostérone et autres substances indécelables. Rappelons que sur l'ensemble des Jeux été-hiver, la RDA, de 1968 à 1988, a engrangé grâce à des artifices chimiques 519 médailles (30 en 1968, 80 en 1972, 109 en 1976, 149 en 1980, 24 en 1984 et 127 en 1988).

Le CIO a profité du cataclysme du Tour de France 1998 pour organiser quelques mois plus tard, en février de l'année suivante à Lausanne, une énième réunion et se présenter comme l'interlocuteur obligé pour faire avancer les choses. Observateur de la lutte antidopage depuis bientôt trente ans, il nous est difficile de croire que ce même CIO, qui a cautionné, volontairement ou par laxisme, le dopage pendant des décennies va, grâce à un coup de baguette magique et avec à sa tête les mêmes hommes (Samaranch et de Mérode en place depuis des lustres), provoquer un changement radical vers un sport net.

Le président Juan Antonio Samaranch, à la tête de l'exécutif depuis le 16 juillet 1980, donc *a priori* parfaitement au courant des dessous des performances athlétiques, a contribué à la propagation du dopage en faisant l'éloge de Ben Johnson et de la RDA, deux mythes dont la réussite reposait en grande partie sur l'utilisation des substances prohibées. Quant à Alexandre de Mérode, président de la Commission médicale depuis 1967, il est le champion toutes catégories des déclarations fantaisistes et ne craint pas de se contredire d'une année sur l'autre. Tantôt, les contrôles antidopage permettent d'affirmer que tous les sportifs participant aux JO sont propres (Moscou 1980 : aucun positif), tantôt ces mêmes contrôles sont inefficaces : « Seuls les plus stupides ou les plus imprudents se font prendre ». Compte tenu de leur bilan, Samaranch et de Mérode doivent laisser leurs places à une nouvelle équipe où figurent des experts triés sur le volet et motivés, avec un financement adapté à la gravité du problème et, surtout – nous insistons sur ce point – indépendants du pouvoir sportif.

Les Forçats de la langue de bois

Médecins antidopage – Ne vont pas avouer que leur bilan est nul.

Médecins des fédérations – Ne vont pas admettre qu'ils soignent et suivent des dopés.

Pouvoir sportif (ministère, CIO, Tour de France) – Ne va pas reconnaître que son action est un échec. Guy Drut (ministre des Sports) : « Si le nombre de cas de dopage augmente depuis quelques années, tout en étant loin de se multiplier (2,1 % en 1996), c'est que la lutte s'avère efficace » [*Le Sport,* 1996, n° 28, juillet, pp. 31-32]. Avec la mise en place d'un test urinaire de détection directe de l'ÉPO par le Laboratoire national de dépistage du dopage (LNDD) de Châtenay-Malabry (92) dirigé par le Pr Jacques de Ceaurriz et assisté de Françoise Lasne, la lutte antidopage – principal sujet de préoccupation ces deux dernières années depuis l'affaire Festina – pourrait recoller à la roue des tricheurs. Néanmoins, quand on sait qu'il existe toujours des substances efficaces et indécelables, il faut une sacrée dose d'optimisme, proche du pathologique, pour affirmer comme Jean-Marie Leblanc, le patron du Tour, que « le problème du dopage est résolu à 90 % » et que « la course pourra se dérouler avec l'égalité des chances retrouvées ».

Président de fédération – Ne va pas concéder que son sport est contaminé par le fléau. Lorsqu'il est confronté aux affaires de dopage, le président de la FFC a une curieuse façon de taper en touche. Tout au début du Tour 1998, alors que Willy Voet venait de se faire épingler à la frontière franco-belge avec tout l'arsenal dope-niveau, il expliquait au journaliste du *Figaro Magazine :* « L'affaire Festina ne s'est pas produite sur le Tour, elle n'a pas de lien direct ». Il faut une bonne dose de naïveté pour croire que l'ex-soigneur de Richard Virenque transportait sa cargaison de substances pharmaceutiques dans le seul but de la promener à travers la France ! Deux ans plus tard, en avril 2000, dans l'affaire dite de Perpignan où des amateurs et des ex-professionnels ont été incarcérés pour violation de la législation sur la détention et le transport de produits stupéfiants et violation de la loi sur le sport relative à « l'offre, l'administration de substances ou procédés de nature à modifier artificiellement les capacités de sportifs à l'occasion de compétition », Daniel Baal nous explique : « Que l'on ne se trompe pas : dans l'affaire de Perpignan, nous sommes bel et bien face à un juteux trafic de produits stupéfiants, c'est-à-dire de drogues. Nous sommes dans la délinquance pure et dure. Cela n'a plus rien à voir avec le cyclisme. Face à cela, nous, fédé, nous sommes impuissants. »

Rappelons que les médicaments interceptés dans cette enquête par le juge de Perpignan sont des corticoïdes, de l'ÉPO, des anabolisants, des amphétamines et du pot belge. On est également en présence de cyclistes consommant ou impliqués dans un trafic de dopants et, pourtant, pour le premier dirigeant de la FFC, tout cela n'a rien à voir avec le vélo...

En 1989, le Hollandais Hein Verbruggen, alors président de la Fédération internationale de cyclisme professionnel depuis novembre 1986, affirmait avec justesse : « Le CIO me fait rire avec ses appels à ne pas tricher, quand on sait toute la pression qui existe sur les athlètes. S'il y a trois millions de dollars au bout de la piste, je prends un cachet pour gagner. Et 90 % des êtres humains font comme moi…»

Cette déclaration faisait preuve d'une très bonne connaissance de la nature humaine. Or, dix ans plus tard, à la suite de l'affaire Festina, lorsque la lame de fond a déferlé sur le cyclisme, le président de l'UCI a réagi violemment contre tous ceux qui déclaraient que 90 % du peloton consomment le fruit défendu.

Ce chiffre, bien que très concordant avec sa déclaration de 1989, ne lui convient pas car, effectivement, il accrédite sans nuances l'inefficacité chronique de la lutte antidopage de l'UCI. Il ajoute : « Si 90 % du peloton se dopait, je ne manquerai pas de démissionner sur-le-champ. » Aujourd'hui les aveux de certains coureurs et la fouille des valises démontrent que le cyclisme professionnel est très largement contaminé. Alors qu'attend Verbruggen pour démissionner ?

Presse sportive – Ne va pas scier la branche sur laquelle elle se maintient en équilibre depuis des lustres. Pour mieux verrouiller le système, elle joue même l'attaché de presse du CIO. Par exemple, Alain Lunzenfichter, de *L'Équipe*, écrit le 17 juillet 1996 : « Le prince de Mérode avait dit un jour : “Seuls les plus stupides ou les plus imprudents se font prendre”. Tout simplement parce que les autres se tiennent à carreau ! 93 938 contrôles en 1995 et seulement 1,61 % de positifs n'est pas un mauvais résultat. »

Autre exemple, les atermoiements médiatiques de Jérôme Bureau, le directeur de la rédaction de *L'Équipe*. Dans le mensuel *Ça m'intéresse* de juillet 1989, il affirme sans ambages : « Parmi les sportifs de haut niveau, l'ampleur du dopage ne fait aucun doute (…) C'est depuis la fin des années 1960 que le fléau est devenu endémique ». Mais, sept ans plus tard, lors d'une émission de télévision, il effectue un virage à 180° : « Heureusement, il y a très peu de sportifs qui se dopent (…) Il y a moins de dopage dans le sport que dans la vie réelle ». [*À l'ouest d'Edern*, M6, 4 mai 1996]. Puis, au mois d'août de la même année, nouveau virage à 180° : « Pour l'avenir des Jeux, en revanche, il restera même loin d'Atlanta quelques graves questions qu'il faudra bien essayer de régler. À propos du dopage d'abord, où les “gendarmes” ont, malheureusement, sans doute pris un train de retard sur les “voleurs” ». [*L'Équipe*, 5 août 1996].

Ces quelques déclarations mises bout à bout démontrent une certaine difficulté à trouver sa voie entre cynisme et naïveté.

Les sportifs eux-mêmes – Ne vont pas confesser que les contrôles sont inopérants.

Au total, on se sert de l'inefficacité de la lutte antidopage (pourcentage voisin de 0) pour affirmer qu'il n'y a pas de dopage dans le sport. Tout le monde est donc content !

Ainsi, les plus concernés par la lutte antidopage, illustrent bien la citation du physicien allemand Albert Einstein : « Peu d'hommes sont capables d'exprimer une opinion qui diffère des préjugés de leur milieu ambiant. »

Des sanctions dissuasives

La disparité des peines encourues nuit fortement à l'efficacité de la lutte antidopage. Par exemple, les athlètes soviétiques pris au Championnat d'Europe d'athlétisme en1978 à Prague ne furent même pas suspendus par leur propre fédération et ont donc pu s'aligner dans toutes les compétitions nationales et, grâce à une remise de peine de la fédération internationale, participer aux Jeux olympiques de Moscou. Dès 1967, Fiorenzo Magni, ancien champion cycliste des années 1950, avait stigmatisé l'inconséquence des pouvoirs sportifs avec l'anarchie des sanctions. Pour un même contrôle positif, on pouvait être innocenté… ou radié à vie.

En 2000, soit plus de trente ans après, les règles du jeu sont toujours aussi confuses. Pour une faute similaire, on trouve pêle-mêle deux blanchis (Merlene Ottey et Dieter Baumann), quelques condamnés pour deux ans comme Javier Sotomayor (peine réduite à 12 mois afin de lui permettre de disputer les JO de Sydney), une nageuse chinoise, Wu Yanyan, suspendue pour quatre ans, un haltérophile cubain, Ernesto Montoya Laurencio, radié à vie et trois footballeurs américains privés de quatre matches…

Il est clair que le combat contre le dopage, en dépit des apparences, n'a pas atteint maturité, efficacité et sérieux.

Propositions constructives

Marie-George Buffet (FRA), ministre de la Jeunesse et des Sports depuis le 8 mai 1997 : « Nous allons créer un conseil indépendant, comme le comité d'éthique, formé de personnalités scientifiques, administratives, juridiques, sportives (mais non fédérales). Il s'agira pour lui de décider des contrôles, de valider les résultats des analyses, de réduire les délais en cas de contre-expertise, de suivre les procédures jusqu'à l'appel. Les commissions de contrôle dopage des Fédérations existeront toujours, mais ce conseil sera supra-fédéral. »[*L'Équipe,* 9 janvier 1998].

Robert Chapatte (FRA), cycliste professionnel de 1944 à 1954 : « De toute façon, le dopage restera une réalité tant que les laboratoires efficaces seront en nombre insuffisant, tant que des officiels neutres ne pourront pas imposer inopinément à tout athlète un contrôle complet et tant que les préposés aux prélèvements seront des amateurs et non des spécialistes vigilants. » [« Ce que je sais du dopage ». – *VSD,* n° 513, 2 juillet 1987].

Stéphane Diagana (FRA), président du groupement des athlètes : « L'athlétisme a besoin de stars, l'IAAF ou le CIO ont besoin de performances pour assurer la pérennité du sport. Or, ce sont eux qui ont la tâche de sanctionner les gens qui se dopent. Il faudrait laisser cela à un organisme indépendant. » [*L'Équipe,* 29 novembre 1996].

Dominique Garde (FRA), cycliste professionnel 1981-1991 : « Soit on va au bout des choses, c'est-à-dire que les élus, les instances sportives, les coureurs et les sponsors acceptent de dire la vérité et de se réunir autour d'une table dans un laps de temps très court. Soit cette histoire finit en queue de poisson et ce sera alors la légalisation du dopage dans le sport. » [*Centre Dimanche Le Progrès,* 26 juillet 1998].

Philippe Lamblin (FRA), président de la Fédération française d'athlétisme : « Personnellement, je souhaite que soit mise en place une sorte d'ONU pour la lutte contre le dopage. Une structure totalement indépendante des fédérations. Une structure transversale tous sports confondus, qui éviterait que, pour le même produit, on prenne trois mois en athlétisme, six en football, ces derniers généralement purgés pendant la trêve. Mais en la matière, je suis considéré comme un Don Quichotte. » [*Le Figaro,* 20 août 1999].

Serge Lang (FRA), journaliste à La Gazette de Lausanne : « Plusieurs mesures peuvent être envisagées : 1) contrôler systématiquement et quotidiennement les bagages des coureurs et des soigneurs ; 2) éliminer de l'épreuve les coureurs qui sont connus comme appartenant à la Compagnie des chargeurs réunis ; 3) en indiquant d'une manière vraiment scientifique au coureur et athlète de n'importe quelle discipline, quels sont les fortifiants authentiques et les stimulants néfastes. » [*L'Équipe,* 9 juillet 1962].

Gianluigi Stanga (ITA), directeur sportif de l'équipe Polti : « On ne changera pas les habitudes de dopage des coureurs de 28-30 ans. En revanche, il faut étendre le contrôle médical aux jeunes amateurs. Quand on aura dégagé une élite saine, de costauds naturels, la partie sera gagnée. » [*Le Point,* 25 juillet 1998].

Préleveurs professionnels

Alain Blondel, l'un des meilleurs décathloniens français de la fin des années 1980, sixième en finale olympique à Séoul, affirmait à l'époque : « Je prétends qu'actuellement, si on prend quelqu'un (au contrôle antidopage) c'est un coup de chance. Quand un athlète est désigné pour le contrôle, il ne faut plus le lâcher d'une semelle. J'ai été tiré au sort cet hiver (1988) à l'INSEP et, si j'avais voulu tricher, cela aurait été un jeu d'enfant. » Le manque de professionnalisme des préposés aux prélèvements biologiques facilite en effet les affaires de dopage. Ce fut le cas en octobre 1976 quand éclata l'affaire dite « du courrier de Dax ».

À l'occasion des contrôles qu'il exerçait durant l'Étoile des espoirs à Dax, un jeune médecin fraîchement débarqué dans les courses professionnelles et sans expérience des contrôles, constata des anomalies alors que l'équipe Peugeot lui faisait le « coup de la sympathie », il mangeait même à la table d'un très récent vainqueur du Tour de France. Le dernier jour de l'épreuve, qui comportait plusieurs étapes, après avoir fait volontairement preuve de mansuétude, il surprit deux sans grade en flagrant délit de fraude avec une « topette », c'est-à-dire un flacon permettant de fournir une autre urine au contrôle. Or, ces coureurs n'acceptèrent pas de jouer les lampistes dans la mesure où les « grands » du peloton faisaient la même chose. Il s'ensuivit toute une série de révélations qui secouèrent le monde cycliste pendant plusieurs semaines. Afin d'éviter ce genre de faux pas, il faut que les préposés au contrôle soient des « professionnels » de la question.

Check-list des armes antidopage

1. Appliquer la loi du 23 mars 1999 relative à la protection de la santé des sportifs et à la lutte contre le dopage, notamment envers ceux qui en facilitent l'usage (encadrement médico-technique).
2. Agence mondiale antidopage (AMA), indépendante, supranationale et extérieure au milieu sportif.

   - Le CIO n'y a pas sa place. Comment peut-on croire que l'organisme olympique qui a cautionné le dopage pendant des décennies va, grâce à un coup de baguette magique, avec les mêmes hommes en place depuis des lustres, provoquer la révolution de la lutte antidopage vers un sport net?

   - Les fédérations ne doivent pas être impliquées dans le contrôle et les sanctions de leurs propres sportifs. C'est comme dans une famille : quand il y a un tricheur ou un assassin, ce ne sont pas les parents qui condamnent et sanctionnent mais des juges professionnels et, éventuellement, un jury populaire dont on vérifie très soigneusement à l'avance qu'il n'a aucun lien avec l'accusé. En revanche, l'information, l'éducation et la prévention doivent figurer en tête des actions fédérales. À la fin des années 1970, le Pr belge Michel Debackere, celui-là même qui avait fait « tomber » Eddy Merckx en 1977, soumettait quelque temps plus tard un projet avant-gardiste où il ressortait *in fine* que « le contrôle antidopage ne devait plus s'effectuer par les fédérations mais par une commission spéciale ayant pouvoir d'opérer à l'occasion de toute manifestation sportive dans le pays. »

   Cette AMA indépendante pourrait être une émanation de l'OMS ou de l'UNESCO.
3. Laboratoire antidopage pilote et indépendant exclusivement réservé à la lutte antidopage et sous la responsabilité de l'AMA, tout en impulsant le travail et le contrôle de fonctionnement des différents laboratoires agréés par ses soins.

   - Financé par le CIO et les États.

   - Scientifiques sélectionnés sur leurs compétences et travaillant exclusivement sur la recherche et la détection des substances dopantes.
4. Intensification des contrôles inopinés (à l'entraînement), réellement à l'improviste, et non « téléphonés », et dont les prélèvements seraient faits par des agences privées au professionnalisme réputé. L'IAAF et la FINA délèguent déjà leurs contrôles inopinés à travers les frontières – même de Chine – à de telles structures. Par exemple, l'IDTM (International Doping Test Management basée en Suède).
5. Harmoniser la lutte internationale (CIO, FI et États) afin de mettre « en place un cadre juridique identique, évitant les conflits de juridictions qui ralentissent aujourd'hui les procédures, déroutent les gens de bonne foi et jettent la suspicion sur les instances dirigeantes. »
6. Lutte sans répit à l'encontre des pourvoyeurs, des prescripteurs de médicaments dopants et de tous ceux qui font l'apologie du dopage (par exemple, pendant plusieurs années, une revue mensuelle destinée aux sportifs, vendue dans les kiosques de l'Hexagone, présentait dans chacun de ses numéros « l'anabolisant du mois » en expliquant comment s'en servir pour augmenter la force, la puissance, la masse musculaire et la date pour stopper la cure afin d'être négatif au contrôle).
7. Retirer la lutte antidopage au pouvoir sportif, notamment au CIO. Devant l'inefficacité chronique des contrôles a posteriori, et en paraphrasant Clemenceau, on doit admettre que la lutte antidopage est probablement une affaire trop sérieuse pour qu'on la laisse au pouvoir sportif.
8. Financement de la lutte : on est loin du compte. Comme le cycliste Gilles Delion le suggère dans *Le Figaro* du 8 juin 2000 : « Il faut encore trouver plus de fonds pour lutter contre le dopage. Je suis favorable à l'idée d'un prélèvement, ne serait-ce qu'un pour cent à la fois sur l'ensemble des secteurs économiques du cyclisme mais aussi sur les salaires et primes des coureurs. Ces derniers s'y retrouveraient largement en frais de produits, au niveau de leur santé, dans leur manière de vivre tout court. »

   Pour notre part, nous estimons que l'ensemble du monde sportif, notamment privé, doit mettre la « main à la poche », notamment les gros sponsors (Adidas, Nike) ainsi que le quotidien *L'Équipe,* parallèlement partenaire d'événements sportifs. Pour ce dernier, s'il reversait à la lutte antidopage un « petit » centime par exemplaire vendu, cela ferait un peu plus d'un million de francs par an. En adhérant à cette proposition, cela serait un bon début pour démontrer sa volonté de « couvrir » un sport propre!
9. Promouvoir tous les sportifs réellement reconnus « propres », notamment par leurs pairs, en leur donnant des postes à responsabilité et des avantages financiers. Que tous les médias, et particulièrement la télévision, les montrent en exemple et les sollicitent en priorité par rapport aux partisans du *statu quo.*

10. Réintroduire la justification thérapeutique à la française délivrée sur dossier médical par des médecins indépendants et n'exerçant pas dans le sport de l'athlète sollicitant cette dérogation.
11. Organiser régulièrement à l'échelle internationale des réunions médico-sportives de consensus afin de déterminer et de codifier les règles de traitement des pathologies sportives les plus efficaces et les moins dommageables pour les athlètes. Faire de même pour l'entraînement, la nutrition, la préparation mentale, etc. Que tous ces aspects de la préparation à la compétition soient débattus au grand jour et au plan international.
12. Intensifier l'information, l'éducation et la prévention, et ce, dès le plus jeune âge en faisant un effort considérable de formation, prioritairement auprès des instituteurs, professeurs des écoles et d'EPS, médecins scolaires, généralistes et du sport.
13. Faire taire « les langues de bois » en mettant en quarantaine les responsables sportifs qui la pratiquent.

Financement de la lutte : on est loin du compte

Le 26 septembre 1996, un communiqué de l'*Agence française de presse* (AFP) signale que « le Comité international olympique et la Communauté européenne ont conjointement décidé de consacrer plus de deux millions de dollars (10 millions de francs) à la lutte contre le dopage par consommation d'hormones de croissance. Le CIO et la CE financeront à raison de 900 000 écus chacun et sur trois ans un programme de recherche visant à mettre au point une méthode fiable de détection de la prise illicite d'hormones de croissance (hGH). Selon les experts de la Commission médicale du CIO, ce type de dopage constitue l'une des plus grandes menaces pour le sport et le Mouvement olympique. »

En parallèle, on peut comparer les dépenses somptueuses du même CIO pour des opérations autant prestigieuses que non prioritaires face à la menace du dopage.

Par exemple, la construction du musée olympique à Lausanne. Pour la réalisation de ce bâtiment digne d'un palais antique, le CIO met 17 millions de francs suisses (68 millions de FF) dans l'affaire. Partenaires et sponsors financent les 82 % restants. La facture totale atteint 400 millions de francs français. Inauguré en grande pompe le 23 juin 1993, la flamme allumée ce jour-là par la patineuse allemande Katarina Witt brûle en permanence dans une vasque réalisée par le designer André Ricard.

En 1996, le musée abritait plus de 40 000 reliques retraçant la grande épopée olympique. Tout cela est, bien sûr, plus important que... la santé des athlètes. Autre dépense superfétatoire : en septembre 1994, le congrès du centenaire de la rénovation des Jeux olympiques avait coûté 15 millions de dollars, soit 75 millions de francs français !

Rappelons qu'en 1987 le budget antidopage de la Jeunesse et des Sports était de 3,5 millions pour passer à 115 millions en 2000. Si on s'en réfère aux clubs de football, on a grimpé de plusieurs divisions ! Mais aussi, depuis deux ans, tour à tour, les corticoïdes de synthèse, les PFC, l'hémoglobine réticulée et l'ÉPO sont tombés dans la nasse des toxicologues.

Pour les autres actions, nous renvoyons à la check-list des armes antidopage. Au total, on s'apercevra que la lutte contre le dopage ne relèvera plus de l'utopie lorsqu'on s'attaquera réellement aux causes fondamentales, c'est-à-dire en amont de l'éprouvette. Mais cette porte de sortie ressemble à s'y méprendre à celle de la drogue : on ne peut l'ouvrir qu'en poussant tous ensemble, comme en mêlée. Il faut évidemment que tout le monde ait envie d'en sortir.

Sigles olympiques, fédéraux, médicaux et sportifs

ABC American Broadcasting Corporation
ACCS Amicale cycliste du Corps de santé
ACTH Adréno-cortico-trophic hormone (hormone peptidique interdite)
AFP Agence France-Presse
AGFIS Association générale des fédérations sportives internationales
AIBA Fédération internationale de boxe amateur
AMA Agence mondiale antidopage (cf. WADA)
ANOC Association des comités nationaux olympiques
AP Associated Press
ASDA Agence australienne antidopage
CIO Comité international olympique
CM-CIO Commission médicale du CIO
CNO Comité national olympique
CNOSF Comité national olympique et sportif français
CNLD Commission nationale de lutte contre le dopage
CNOSF Comité national olympique et sportif français
CNRS Centre national de la recherche scientifique
CONI Comité olympique national italien
CPLD Conseil de prévention et de lutte contre le dopage
DHEA Déhydroépiandrostérone (hormone anabolisante interdite)
DTN Directeur technique national
DTSB Fédération est-allemande de sports gymniques
EPO Érythropoïétine (hormone peptidique interdite)
EPS Éducation physique et sportive
FFA Fédération française d'athlétisme
FFB Fédération française de boxe
FFC Fédération française de cyclisme
FFF Fédération française de football
FFHB Fédération française de hand ball
FFME Fédération française de montagne et escalade
FFMKR Fédération française des masseurs-kinésithérapeutes
FFS Fédération française de ski
FFS Fédération française de squash
FFT Fédération française de tennis
FI Fédérations [sportives] internationales
FIBA Fédération internationale de basket-ball
FIFA Fédération internationale de football association
FIMS Fédération internationale de médecine du sport
FINA Fédération internationale de natation
FIS Fédération internationale de ski
FISA Fédération internationale des sociétés d'aviron
FNSU Fédération nationale des sports universitaires
FRH Fondation de recherche en hormonologie
GIP Groupement d'intérêt public
GR Globules rouges
hCG Hormone gonadotrophine chorionique (hormone peptidique interdite)
hGH Human Growth Hormone, hormone de croissance (hormone peptidique interdite)
IAAF Fédération internationale d'athlétisme amateur
IBU Union internationale de biathlon
IBF International Boxing Federation
IDTM International Doping Test Management (Suède)
IFBB Fédération internationale des bodybuilders
IGF-1 Insulin Like Growth Factor n° 1 (facteur de croissance interdit)
INS Institut national des sports
INSEP Institut national du sport et de l'éducation physique
ISRF Fédération internationale de squash et raquettes
ISU International Skating Union (sports de glace)
ITU Fédération internationale de triathlon
JAS Juan Antonio Samaranch (Pdt CIO depuis 1980)
LAB Laboratoire de la Fédération nationale des sociétés de courses
LH Hormone lutéinisante (interdite)
MJS Ministère Jeunesse et Sports
NA Norandrostérone
NE Norétiocholanolone
OMS Organisation mondiale de la santé
PCF Parti communiste français
PFC Perfluorocarbones (transporteur artificiel d'oxygène interdit)
PUC Paris Université Club
RDA République démocratique allemande
SAA Stéroïdes anabolisants androgènes
SID Sport Information Dienst (agence de presse allemande)
SIDA Syndrome d'immunodéficience acquise
SMLC Suivi médical longitudinal contrôlé
STH Hormone somatotrope (cf. hGH)
TAS Tribunal arbitral du sport
THC Tétrahydrocannabinol
UCI Union cycliste internationale
UE Union européenne
UNCP Union nationale des cyclistes professionnels
URSS Union des républiques socialistes soviétiques
USATF Fédération américaine d'athlétisme
USOC Comité olympique des États-Unis
VTT Vélo tout terrain
WADA World Antidoping Agency (cf. AMA)

INDEX DES SUJETS TRAITÉS

INDEX DES NOMS PATRONYMIQUES

INDEX DES PÉRIODIQUES ET ORGANES DE PRESSE

TABLE DES MATIÈRES

Saisie et mise en page : CAHOUÉ Compogravure, Toulouse.

Achevé d'imprimer en juin 2003 sur les presses de la Nouvelle Imprimerie Laballery - 58500 Clamecy

Dépôt légal : juin 2003 – Édition n° 2 – Numéro d'impression : 306047

Imprimé en France